东亚直突摇蚊亚科七属系统学研究

（双翅目：摇蚊科）

生态环境部海河流域北海海域生态环境监督管理局
生态环境监测与科学研究中心　著

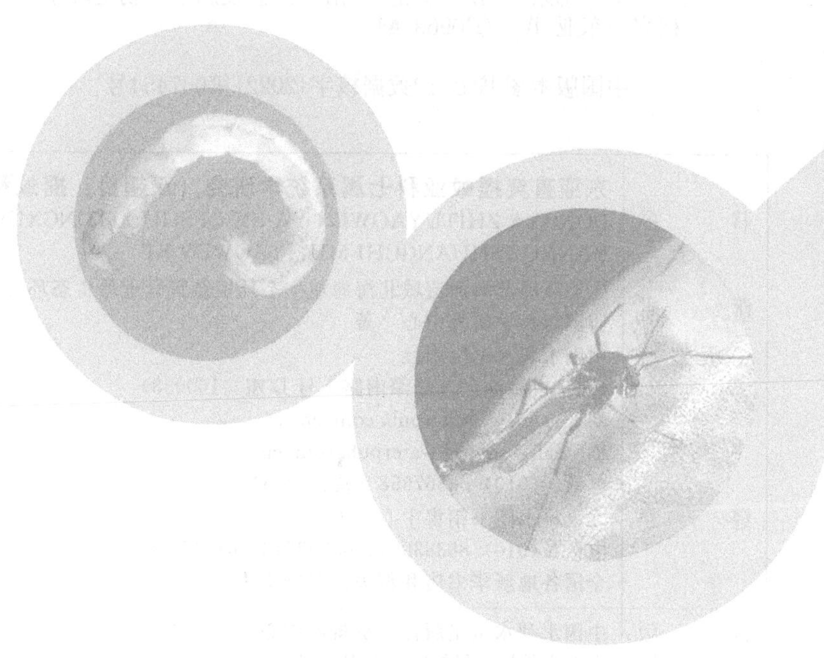

中国水利水电出版社
www.waterpub.com.cn
·北京·

内 容 提 要

本书研究的类群为隶属于摇蚊科中直突摇蚊亚科的七个属：毛突摇蚊属（*Chaetocladius*）、毛胸摇蚊属（*Heleniella*）、异三突摇蚊属（*Heterotrissocladius*）、克莱斯密摇蚊属（*Krenosmittia*）、沼摇蚊属（*Limnophyes*）、肛脊摇蚊属（*Mesosmittia*）和直突摇蚊属（*Orthocladius*）。该七属为世界范围内基础研究尚十分薄弱的摇蚊科类群。本研究的地理范围为东亚地区（East Asia），隶属Bănărescu（1992）淡水动物地理区划中印区（Sino-Indian region）的大部（除东南亚以外），是世界摇蚊生物多样性最高的区域之一。

本研究回顾了该七属世界和东亚地区的分类学研究历史和现状；介绍了该类群的分类地位及各个属的分类研究概况、基本形态特征等内容，并对研究涉及的种类进行了详细描述。生物地理区系分析部分，分别依据 Wallace 传统区划和 Bănărescu 世界淡水生物地理区划对世界已记录的七属种类进行了生物地理学分析，结果表明该七属在东亚地区有较高的物种多样性。

图书在版编目（CIP）数据

东亚直突摇蚊亚科七属系统学研究 ：双翅目 ：摇蚊科 / 生态环境部海河流域北海海域生态环境监督管理局生态环境监测与科学研究中心著. -- 北京 ：中国水利水电出版社, 2021.12
ISBN 978-7-5226-0397-1

Ⅰ. ①东… Ⅱ. ①生… Ⅲ. ①摇蚊属－生物地理学－研究－东亚 Ⅳ. ①Q969.44

中国版本图书馆CIP数据核字(2022)第007454号

书　　名	**东亚直突摇蚊亚科七属系统学研究（双翅目：摇蚊科）** DONGYA ZHITUYAOWEN YA KE QI SHU XITONGXUE YANJIU (SHUANGCHI MU：YAOWEN KE)
作　　者	生态环境部海河流域北海海域生态环境监督管理局生态环境监测与科学研究中心　著
出版发行	中国水利水电出版社 （北京市海淀区玉渊潭南路1号D座　100038） 网址：www.waterpub.com.cn E-mail：sales@waterpub.com.cn 电话：（010）68367658（营销中心）
经　　售	北京科水图书销售中心（零售） 电话：（010）88383994、63202643、68545874 全国各地新华书店和相关出版物销售网点
排　　版	中国水利水电出版社微机排版中心
印　　刷	北京中献拓方科技发展有限公司
规　　格	184mm×260mm　16开本　19印张　462千字
版　　次	2021年12月第1版　2021年12月第1次印刷
定　　价	**118.00**元

本书编委会

主　编　孟宪智　孔凡青

副主编　张世禄　赵燕楚　梁舒汀

编写组　孔凡青　赵燕楚　梁舒汀　黄艳凤
师文惠　陈佳林　刘　帅　张邓壮
石雅峰　黄　鑫　周琳普

前言

摇蚊科（Chironomidae）隶属双翅目（Diptera），长角亚目（Nematocera），与蚊虫近缘。摇蚊体形与蚊虫相似，因其成虫口器退化而有"不咬人的蠓虫"（non-biting midge）之称。摇蚊科名 Chironomidae 源于希腊文，意为"摆手"，因成虫静止时前足不停摆动而得名，故中文里称之为"摇蚊"。常见摇蚊幼虫水生，俗称红虫，其实还有黄色或褐色等其他颜色的幼虫。世界上已知约 5000 种，在自然界中十分常见，生态分布也比较广泛。摇蚊是水生态环境重要的指示生物，对于反映水生态环境质量具有重要意义。这也决定了摇蚊在实践上具有很重要的意义。另外，摇蚊还可引起哮喘、皮炎等过敏性疾病，危害人类健康，在医学上也有很大的研究价值（Armitage *et al*. 1995）。

直突摇蚊亚科（Orthocladiinae）由 Kieffer 于 1911 年建立，为摇蚊科已有的 11 个亚科中最大的一个亚科。本书对东亚地区直突摇蚊亚科 7 个属进行了系统研究，该七属包括：毛突摇蚊属（*Chaetocladius* Kieffer 1911）、毛胸摇蚊属（*Heleniella* Gowin 1943）、异三突摇蚊属（*Heterotrissocladius* Spärck 1922）、克莱斯密摇蚊属（*Krenosmittia* Thienemann & Krüger 1939）、沼摇蚊属（*Limnophyes* Eaton 1875）、肛脊摇蚊属（*Mesosmittia* Brundin 1956）、直突摇蚊属（*Orthocladius* v. d. Wulp 1874）。Sasa（1995）将毛突摇蚊属、毛胸摇蚊属、异三突摇蚊属、克莱斯密摇蚊属、沼摇蚊属和肛脊摇蚊属划归到中足摇蚊族（Tribe Metriocnemini）中，直突摇蚊属则划归到直突摇蚊族（Tribe Orthocladiini）中，但此观点存在争议。据统计，在本研究成书之前，全世界此七属所属物种已记录有 321 种，分布于全球各大动物地理大区。该七属中的一些种类的幼虫可作为水环境生物监测和水质评价的指示生物；许多种类幼虫为经济害虫。因此，该类群的研究具有十分重要的经济和生态意义。

本书中涉及的研究类群的地理范围为亚洲的东部（包括中国、蒙古、朝鲜、韩国、日本和俄罗斯远东地区等国家和地区)，东亚地区包括了 Sclater-Wallace 传统动物地理区划中“东洋区”东北部以及“古北区”的东南部（中国古北区范围的全部地区、俄罗斯远东地区、朝鲜半岛、韩国以及日本列岛）。在 Bănărescu 的淡水区划中东亚的绝大部分划归于中印区，只有少部分划归于全北区，且是在中印区和全北区之间的过渡地带。东亚地区不但是世界上物种多样性丰富的地区，同时在世界动物地理大区区划中也是重要和关键的地区。

东亚该七属的分类研究较薄弱，部分类群尚无系统研究。王新华和郑乐怡（1991），Wang & Sæther (1993)，Wang & Guo (2004) 对克莱斯密摇蚊属（*Krenosmittia*)、沼摇蚊属（*Limnophyes*）和肛脊摇蚊属（*Mesosmittia*）做过一些成虫的系统报道，王士达等（1977)、颜京松等（1977，1982)、叶沧江和王基林（1982）等对部分属的某些种只有零星的报道。其中包括可疑种、同物异名种及只进行鉴定而没有正式发表的分布种，且多数种是基于幼虫做出种类鉴定，部分种类的分类地位值得怀疑，尚需通过进一步的工作加以核定。此外，近十余年国内新增大量新采集的标本尚未系统研究，因此尚有许多种类有待进一步发现和描述。Yamamoto（2004）曾对日本记录的直突摇蚊亚科种类进行了初步整理，发现其中许多旧有记录种类为错误鉴定或同物异名。而 Sasa 等发表的大量日本种类在种类鉴定和归属上存在较多的问题，因此有必要依据模式标本的检视进行系统的整理修订。

本书对东亚地区直突摇蚊亚科七属做全面系统的描述和分析，完成本类群东亚种类的记述和修订，同时分别根据 Sclater（1858）-Wallace（1876）的传统分区和 Bănărescu（1992）世界淡水动物地理区域划分对东亚该类群进行生物地理分析。对两种区划的合理性进行了比较分析，求证了传统动物地理区划对水生动物的局限性和 Bănărescu 的淡水动物地理区划将传统古北区的东南部和传统东洋区的全部归为中印区的合理性。本研究旨在填补该类群国内研究的空白，研究结果将对国际上本类群的研究提供重要的补充。

受作者学术水平限制，文中难免会有疏漏和不足之处，敬请各位专家和同行批评指正。

作　者

2021 年 4 月

目录

第1章 总 论

1.1 直突摇蚊亚科的研究概况

直突摇蚊亚科（Orthocladiinae）由 Kieffer 于 1911 年建立，为摇蚊科中最大的一个亚科，也曾被认为是到目前为止摇蚊科系统发育关系研究中了解最少的一个亚科。直突摇蚊亚科在摇蚊科已知 11 亚科中的系统发育关系图如图 1.1.1 所示（Sæther，2000），在这个系统发育图中，滨海摇蚊亚科（Telmatogetninae）处于分支图的基部，与摇蚊科中其余亚科互为姐妹群关系，而其余亚科又分成两个半科，分别为摇蚊半科和长足摇蚊半科，直突摇蚊亚科与摇蚊科中另一大的亚科——摇蚊亚科（Chironomininae）互为姐妹群。

迄今直突摇蚊亚科（Orthocladiinae）共分为 4 个族，包括滨海摇蚊族（Clunionini）、棒脉摇蚊族（Corynoneurini）、中足摇蚊族（Metriocnemini）和直突摇蚊族（Orthocladiini）。根据 Sasa & Kikuchi（1995）相关研究成果，四族之间并无明显的区分特征。Wang（2000）中国摇蚊名录记载该亚科中的 53 个属 178 种，占所统计种类的 38.8%。本研究涉及的 7 个属中的 6 个属隶属中足摇蚊族（Tribe Metriocnemini），1 个属隶属直突摇蚊族（Tribe Orthocladiini）。

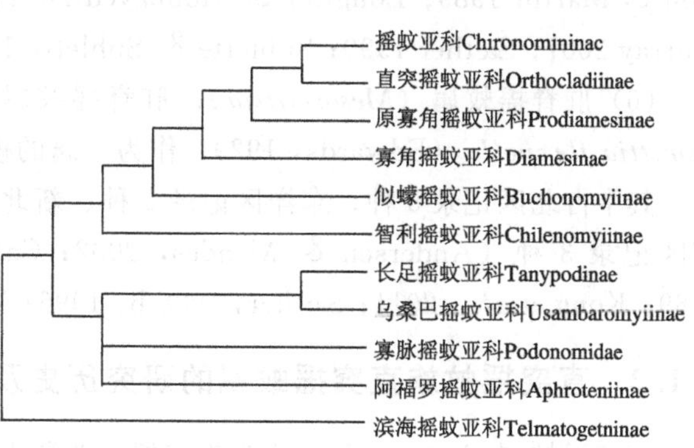

图 1.1.1 摇蚊科各亚科系统发育关系图（Sæther，2000）

1.1.1 中足摇蚊族六属的研究历史及概况

（1）毛突摇蚊属（*Chaetocladius*）。毛突摇蚊属由 Kieffer 于 1911 年建立，并以 *Dactylocladius setiger*（Goetghebuer）作为本属的模式种。

本属世界上共记录 57 种，其中古北区记录 46 种、东洋区记录 8 种、新北区记录 5 种、热带区记录 4 种（Ashe & Cranston 1990；Chaudhuri *et al*. 2001；Cranston & Martin 1989；Harrison 1992；Makarchenko 2011；Oliver *et al*. 1990；Sublette & Sublette 1973；

Wang 2000；Yamamoto 2004）。

（2）毛胸摇蚊属（*Heleniella*）。毛胸摇蚊属由 Gowin 于 1943 年建立，并以 *Heleniella thienemanni* Gowin 作为该属的模式种。

该属世界共记录 10 种，其中古北区记录 8 种、东洋区记录 3 种、新北区记录 3 种（Reiss 1968；Sæther 1969，1985；Steiner 1984；Andersen & Wang 1997；Wang *et al*. 1991；Wang 2000；Yamamoto 2004）。

（3）异三突摇蚊属（*Heterotrissocladius*）。异三突摇蚊属由 Spärck（1922）建立，并以 *Metriocnemus cubitalis*（Kieffer）作为该属的模式种。在本研究之前，本属共记录 16 种，其中古北区记录 8 种、东洋区记录 6 种、新北区记录 7 种（Ashe & Cranston 1990；Kong & Wang 2011；Oliver *et al*. 1990；Sæther 1975，1993；Sæther & Schnell 1988；Singh 1958；Stur & Wiedenbrug 2005；Sublette & Sublette 1973；Yamamoto 2004）。

（4）克莱斯密摇蚊属（*Krenosmittia*）。克莱斯密摇蚊属由 Thienemann & Krüger 于 1939 年建立，并以 *Smittia gynocera*（Edwards）为本属模式种。本属在世界上共记录 17 种，其中古北区记录 15 种、东洋区记录 2 种、新北区记录 3 种、热带区记录 2 种（Cranston & Sæther 1986；Cranston *et al*. 1989；Wang 2000；Guo & Wang 2004；Yamamoto 2004）。

（5）沼摇蚊属（*Limnophyes*）。沼摇蚊属由 Eaton 于 1875 年建立，并以 *Limnophyes pusillus* Eaton 作为该属的模式种。世界上共记录该属 92 种，包括古北区 57 种、新北区 21 种、新热带区 9 种、东洋区 23 种、热带区 4 种、澳洲区 1 种（Chaudhuri 2001；Cranston & Martin 1989；Longton & Moubayed 2001；Makarchenko & Makarchenko 2011；Murray 2007；Sæther 1990；Sublette & Sublette 1973；Yamamoto 2004）。

（6）肛脊摇蚊属（*Mesosmittia*）。肛脊摇蚊属由 Brundin 于 1956 年建立，并以 *Mesosmittia flexuella*（Edwards，1929）作为本属的模式种。肛脊摇蚊属在世界上共记录 18 种，其中古北区记录 5 种、东洋区记录 2 种、新北区记录 7 种、新热带区记录 11 种、热带区记录 3 种（Andersen & Mendes，2002；Caldwell *et al*.，1997；Cranston *et al*.，1989；Kong *et al*.，2011；Sæther，1985 b，1996；Wang，2000；Yamamoto，2004，2008）。

1.1.2 直突摇蚊族直突摇蚊属的研究历史及概况

直突摇蚊属 *Orthocladius* 作为直突摇蚊亚科中的一个属由 v. d. Wulp 于 1874 年建立，并以 *Tipula stercoraria* v. d. Wulp 作为模式种。目前该属被划分为 6 个亚属：赭直突摇蚊亚属［*O.*（*Eudactylocladius*）Thienemann］、真直突摇蚊亚属［*O.*（*Euorthocladius*）Thienemann］、寄莼直突摇蚊亚属［*O.*（*Pogonocladius*）Brundin］、钻木直突摇蚊亚属［*O.*（*Symposiocladius*）Cranston］、中直突摇蚊亚属［*O.*（*Mesorthocladius*）Sæther］和指名亚属［*Orthocladius* s. str.］。

该属在全北区普遍存在，除了南极之外，在各个动物区系中均有记录。目前全北区所记录的种类大部分属于指名亚属。目前，该属在古北区和新北区的研究相对较为完善，比较综合性的修订工作集中在以下方面：

在中国，Wang（2000）中记录了本属中的11种，其中包含6种幼虫。

Soponis（1977）修订了新北区指名亚属的种类，共计29种，其中包括14种雌虫、19种蛹和14种幼虫；Rossaro *et al*.（2001，2002）对古北区的指名亚属中的16种成虫和蛹做了系统的回顾，共描述新种6个（包括后来被算作同物异名的种类）。

Soponis（1990）对全北区真直突摇蚊亚属（Subgenus *Euorthocladius*）的种类进行了修订，共描述了15种，其中包括3个新种，12种蛹和11种幼虫。

Cranston（1984）系统回顾了赭直突摇蚊亚属中 *O*.（*Eudactylocladius*）*fusmanus*（Kieffer）的同物异名，并于1999年修订了新北区的此亚属中的种类，共5种成虫、5种蛹和4种幼虫，其中包括1个新种；Sæther（2004 b）记录了产于挪威的本亚属中的3个新种，并提供全北区本亚属成虫检索表，到目前为止，此亚属共描述9种成虫、7种蛹和5种幼虫。

Sæther（2003）修订了全世界的钻木直突摇蚊亚属（Subgenus *Symposiocladius*），共计8种，其中包括7种蛹和6种幼虫。Kong *et al*.（2012）记录了采自中国的该亚属4种。

Sæther（2005）建立了一个新亚属，中直突摇蚊亚属（Subgenus *Mesorthocladius*），共描述2个新种，规范了亚属属征，将原来放在真直突摇蚊亚属（Subgenus *Euorthocladius*）的三种转移到新的亚属之内。Kong *et al*.（2012）记录了采自中国吉林的该亚属1种，使得本亚属的种类达到7种。本书之前，直突摇蚊属该六亚属在世界范围内成虫、蛹和幼虫已记录种类数目统计见表1.1.1。

表1.1.1　直突摇蚊属六亚属在世界范围内成虫、蛹和幼虫已记录种类数目统计

亚属名	成虫	蛹	幼虫
真直突摇蚊亚属 *Euorthocladius* Thienemann	23	12	13
赭直突摇蚊亚属 *Eudactylocladius* Thienemann	11	7	5
中直突摇蚊亚属 *Mesorthocladius* Sæther	6	5	6
指名亚属 *Orthocladius* s. str.	61	30	2
寄莼直突摇蚊亚属 *Pogonocladius* Brundin	1	1	1
钻木直突摇蚊亚属 *Symposiocladius* Cranston	8	7	6

1.2　材料和方法

1.2.1　材料来源

本研究选用的标本采自中国28个省级行政区，共计1000余片玻片标本，大部分来源于南开大学摇蚊实验室的长期采集，部分来源于国内外同行的借予和赠送，除书中涉及的日本和俄远东的模式标本外，其余标本现均藏于南开大学生命科学学院摇蚊研究室。成虫大多利用灯诱、扫网和马氏网（Malaise net）等方法采集。本研究所涉及的日本标本来自日本国立博物馆的收藏。

标本采集主要包括扫网、灯诱、马氏网诱捕以及用吸管、毛笔等工具从蜘蛛网、墙壁上捕捉等，本研究所用中国标本均为扫网和灯诱获得。主要优缺点见表 1.2.1。

表 1.2.1 摇蚊标本常用采集方式及其优缺点

方 法	优 点	缺 点
扫网	采集地点及生境可以随时更换	对标本产生一定程度的机械性损伤
灯诱	由于摇蚊的趋光性，采集到的数量一般都比较多	受环境影响大，不适合风大的天气，种类一般较少
马氏网诱捕	可以昼夜采集，不受时间的限制；采集的种类和数量比较丰富；对标本没有机械性损坏	采到的种类不仅是摇蚊，且因其触角、翅、足等结构脆弱，极易受到甲虫、蜂类、蛾类等类群干扰而身体发生折断
蜘蛛网、墙壁上捕捉	对标本的机械性损伤小，易得到完整的标本	效率低

1.2.2 标本保存和制作

摇蚊成虫保存于浓度为 75%的酒精中，显微镜玻片标本制作遵照 Sæther（1969）的有关流程。

（1）药品：95% 乙醇、无水乙醇、香柏油、二甲苯、加拿大树胶。

（2）工具：解剖镜、显微镜、载玻片（7.5mm×2.5mm）、盖玻片、玻璃刀、解剖针（2 支）、培养皿若干、解剖镊（2 支）、标签纸。

（3）操作步骤：

1）将标本置于装有 95%乙醇的培养皿中脱水（5～10min）→无水乙醇（2 次，每次各 10min）。

2）将脱水后的标本移至装有香柏油的培养皿中（静置 5～10min），待其逐渐透明，解剖标本（将标本解剖为头、胸、腹、翅、足五部分）。

3）将解剖后的头、胸、腹、翅、足分别移至载玻片上，装片位置如图 1.2.1 和图 1.2.2 所示。

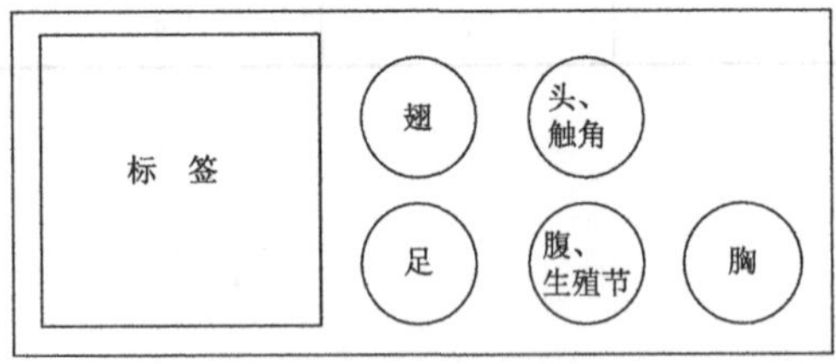

图 1.2.1 玻片标本示意图

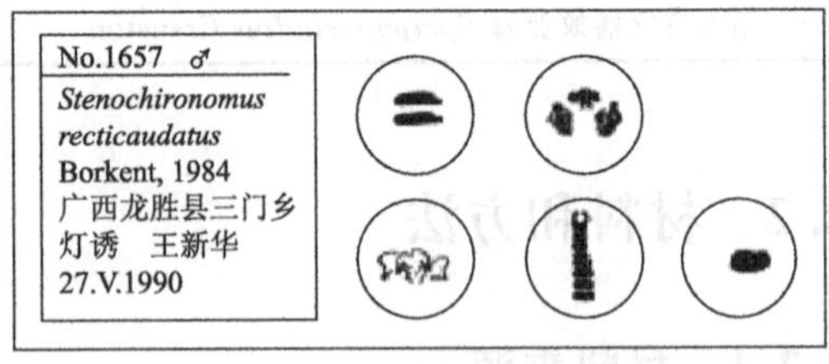

图 1.2.2 玻片标本实物图

4）滴入适量树胶，并以盖玻片封片。

5）将采集数据完备的标签贴于载玻片左侧。

（4）特殊标本的处理。如果标本个体较大，可用浓度为 8%的 NaOH 或 KOH 溶液处理。方法如下：首先将标本置于装有 50%乙醇的培养皿中，将标本解剖为头、胸、腹、足、翅5部分，然后将其中胸、腹两部分移至装有浓度为8%的 NaOH 溶液的坩埚内，于微火上处理，见身体各部分肌肉离析出即可；然后将胸、腹及其余各部分移至装有75%乙醇的培养皿中脱水10分钟；按照上述处理程序制备玻片标本。

1.3 术语和测量标准

1.3.1 术语

本研究形态学术语参照 Sæther（1980）和 Sæther（1990），缩写、英文术语和中文名称参照如下：

Ac：	acrostichal	中鬃
An：	anal vein	臀脉
AnL：	anal lobe	臀角
AnP：	anal point	肛尖
Ap：	antepronotum	前胸背板
Aps：	antepronotals	前胸背板鬃
AR：	antennal ratio	触角比（末鞭节长/其余鞭节长）
B：	brachiolum	臂脉
C：	costa	前缘脉
Cl：	clypeus	唇基
Cu：	cubitus vein	肘脉
Dc：	dorsocentrals	背中鬃
Fcu：	cubital fork	肘脉叉
Fe：	femur	腿节
Gc：	gonocoxite	抱器基节
Gs：	gonostylus	抱器端节
H：	hypopygium	生殖节
HR：	hypopygium ratio	生殖节比（抱器基节长/抱器端节长）
HV：	hypopygium value	生殖节值（体长/10倍抱器端节长）
IV：	inner verticals	内顶鬃
IVo：	inferior volsella	下附器
LR：	ratio of metatarsus to tibia	足比（跗节Ⅰ长/胫节长）
M：	median vein	中脉
M_{1+2}：	median 1+2 vein	中脉$_{1+2}$
M_{3+4}：	median 3+4 vein	中脉$_{3+4}$
Ov：	outer verticals	外顶鬃
P1：	front leg	前足
P2：	mid leg	中足

P3:	hind leg	后足
Pa:	prealars	翅前鬃
PCu:	posterior cubitus vein	后肘脉
Pha:	phallapodeme	阳茎内生殖突
R:	R (radius)	径脉
R_1:	radius 1 vein	径脉$_1$
R_{2+3}:	radius 2+3 vein	径脉$_{2+3}$
R_{4+5}:	radius 4+5 vein	径脉$_{4+5}$
Sa:	sternapodeme	腹内生殖突
Sct:	scutellum	小盾片
Scts:	scutellars	小盾片鬃
Scu:	scutum	盾片
Sq:	squama	腋瓣
Svo:	superior volsella	上附器
T:	tergite	背板
ta1-5:	tarsomeres 1-5	跗节1-5
Tc:	tibial comb	胫栉
Ti:	tibia	胫节
TL/WL:	total length/wing length	体翅比(体长/翅长)
Ts:	tibial spur	胫距
Tsa:	transverse sternapodeme	横腹内生殖突
VR:	venarum ratio	翅脉比(Cu脉/M脉长)
WL/Pfe:	wing length/profemur	翅腿节比(翅长/前足腿节长)

1.3.2 测量标准和比值

本书中4个或4个以上的测量数据均给出了最小值、最大值和平均值，平均值后括号内数字为测量标本的数量；测量标准和比值如下所示：

体长(TL)：胸长+腹长；胸长为从两个肩横脉的交界处至后胸背板后缘处的长度；腹长为从第1腹背板的凹陷处至抱器基节末端的长度。

翅长(WL)：从弓脉至翅端的长度。

肘脉长(Cu)：从弓脉至FCu脉外端的长度。

中脉长(M)：从弓脉至RM脉外端的长度。

翅脉比(VR)：Cu脉长/M脉。

触角比(AR)：触角末鞭节长/其余鞭节长之和。

幕骨长：幕骨的纵向长度。

足各节长度：如图1.4(d)所示。

足比(LR)：第1跗节长/胫节长。

肛尖长：自肛尖基部到端部长。

横腹内生殖突（Tsa）和阳茎内生殖突（Pha）的长度：如图 1.4（f）所示。

抱器基节长（Gc）：从抱器基节和抱器端节交界处至两抱器基节交界处的长度。

抱器端节长度（Gs）：从抱器端节和抱器基节交界处至其端部的长度。

生殖节比（HR）：抱器基节长/抱器端节长。

生殖节值（HV）：体长/抱器端节长×10。

1.3.3 附图说明

本研究主要以雄虫特征为依据，未涉及幼虫、蛹和雌虫部分；幼虫部分可参见唐红渠（2006）。图 1.3.1 给出了直突摇蚊亚科雄成虫身体各个部分形态结构图。

多数种类绘制了食窦泵、幕骨和茎节，翅和生殖节图，有些种类还绘制了胸部、上腹器图。其中生殖节分为左、右两部分：左半部分为背面观，包括第Ⅸ背板、抱器端节背面、上附器、下附器背面、抱器基节、肛尖；右半部分为生殖节腹面观，包括抱器基节、抱器端节和上附器的腹面、下附器的腹面、横腹内生殖突、阳茎内生殖突。

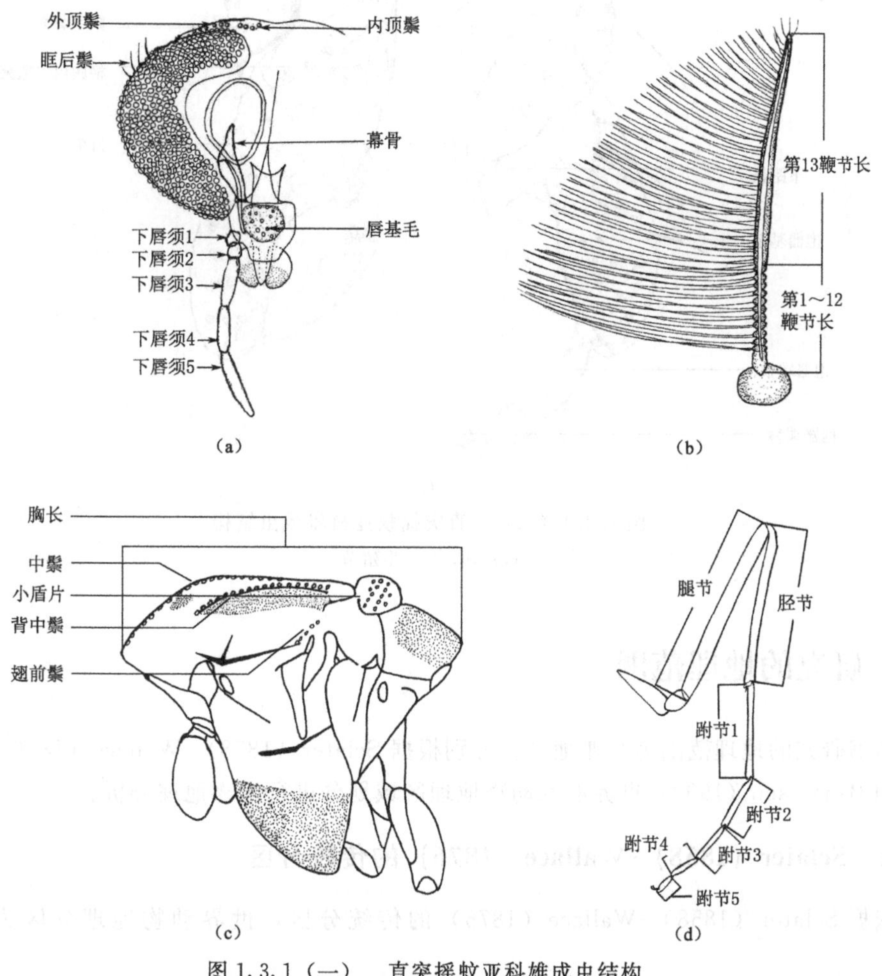

图 1.3.1（一） 直突摇蚊亚科雄成虫结构

(a) 头；(b) 触角；(c) 胸；(d) 足

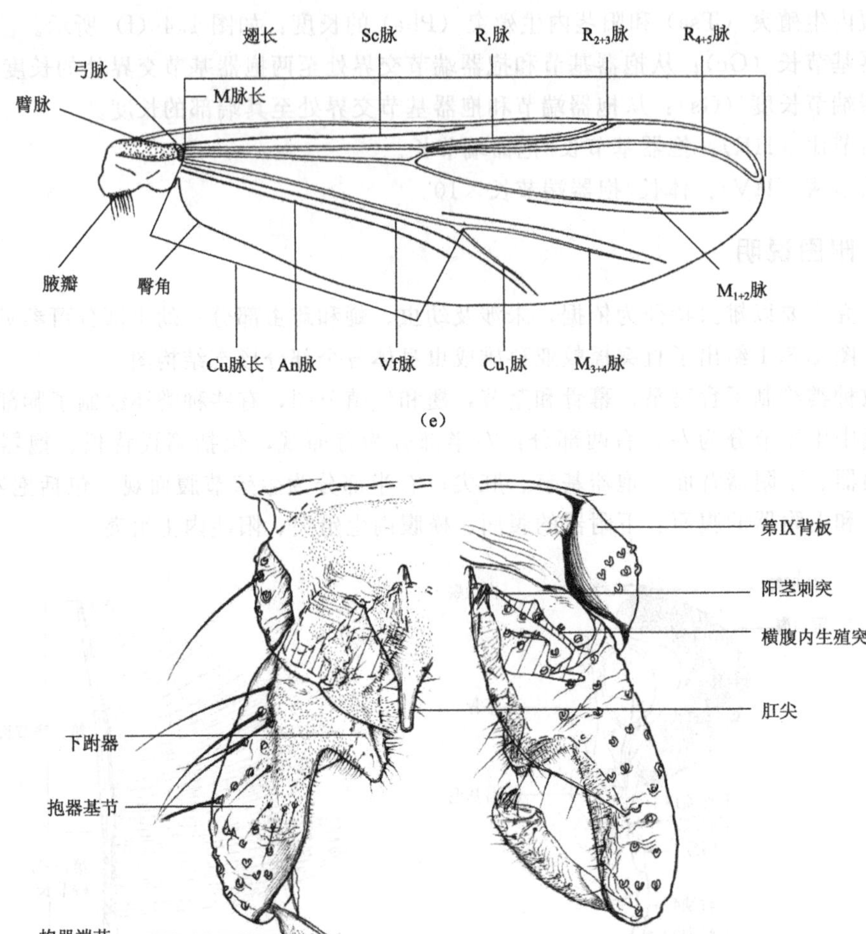

图 1.3.1（二） 直突摇蚊亚科雄成虫结构

(e) 翅；(f) 生殖节

1.4 研究的地理范围

本书研究的地理范围为东亚地区。分别根据 Sclater（1858）-Wallace（1876）的传统分区和 Bănărescu（1992）世界淡水动物地理区域划分进行生物地理分析。

1.4.1 Sclater（1858）-Wallace（1876）的传统分区

依据 Sclater（1858）-Wallace（1876）的传统分区，世界动物地理分区为以下六大区：

（1）澳洲区（Australian realm）：包括澳大利亚、新西兰、塔斯马尼亚以及附近的太平洋上的岛屿。西里伯斯、摩鹿加以及小巽他群岛在大洋洲区和东洋区之间形成一条过渡带。

(2) 新热带区 (Neotropical realm)：整个中美、南美大陆以及它们的所属岛屿，墨西哥南部以及西印度群岛。

(3) 热带区 (Ethiopian realm)：也称埃塞俄比亚界，包括阿拉伯半岛南部、撒哈拉沙漠以南的整个非洲大陆、马达加斯加岛及附近岛屿。撒哈拉沙漠形成一条与古北区相连的过渡带。又称非洲区。

(4) 东洋区 (Oriental realm)：包括亚洲南部喜马拉雅山以南和我国南部（即自亚洲的喜马拉雅山脉至黄河长江之间的地带以南的热带亚洲）、印度半岛、斯里兰卡岛、中南半岛、马来半岛、菲律宾群岛、苏门答腊岛、爪哇岛和加里曼丹岛等大小岛屿。

(5) 古北区 (Palearctic realm)：包括欧洲大陆、北回归线以北的非洲（即地中海沿岸和红海沿岸），以撒哈拉沙漠与非洲区分界，以及阿拉伯半岛、喜马拉雅山脉以北的亚洲（以喜马拉雅山脉至黄河长江之间的地带与东洋区相连）。

(6) 新北区 (Nearctic realm)：墨西哥以北的北美洲，包括格陵兰、加拿大、美国（包括阿拉斯加和阿留申群岛，但不包括夏威夷）、墨西哥的沙漠和半沙漠地区，南到北回归线。

而有关古北区和东洋区两大动物区系在中国境内的分界和地理范围，本书依据张荣祖 (1979，1998，1999) 的中国动物地理区划方案，两大区在我国的分界西起横断山脉北端（北纬 30°，雅鲁藏布江大拐弯由巴塘经理塘、康定、马尔康、黑水至若尔盖一线)，经过川北岷山（白水江流域为其最北限）与陕南的秦岭（秦岭北坡与黄土高原之间)，沿伏牛及淮河向东达于长江以北的通扬运河一线（在安徽境内西起金寨、经六安、寿县、长丰、定远以至来安)，终于江苏盐城一带。以喜马拉雅山脉部分最为明显，在黄河和长江中、下游地区，由于地势平坦，缺乏自然阻隔，因而呈现为广阔的过渡地带。

1.4.2 Bănărescu (1992) 世界淡水动物地理区域划分

Bănărescu (1992) 提出的世界淡水的动物的地理区划将整个世界的淡水动物分为了八个区域，另外还包括两个过渡带，一个是全北区和新热带区的过渡带，为中美和安替列过渡带；一个是全北区和中印区的过渡带，为西亚过渡带：

(1) 全北区：包括①北美东部亚区；②北美西部亚区；③墨西哥亚区；④欧洲—地中海亚区；⑤西伯利亚亚区；⑥西蒙古利亚亚区；⑦北美北极亚区；⑧贝加尔亚区。

(2) 中印区：包括①东亚亚区；②高亚亚区；③南亚亚区。

(3) 非洲区。

(4) 马达加斯加区。

(5) 新热带区。

(6) 澳洲区。

(7) 新西兰区。

(8) 印度洋—西太平洋区。

在 Bănărescu 的淡水区划中，使用了“中印区”，它包括①东亚亚区；②高亚亚区；

③南亚亚区以及一个与全北区过渡的西亚过渡带。该区划没有出现东洋界，将传统动物地理中东洋界的地域划分给了中印区和印度西太平洋区。中国依旧就在两个分区中，但是在Bănărescu的淡水区划中，中国的绝大部分是处在中印区中，只有极少部分是在全北区中，且是在中印区和全北区较模糊的地带。Bănărescu将马达加斯加岛从非洲界中分离出来单独作为了一个区，把澳洲大陆和新西兰分开，将原来传统的澳洲界分为了澳洲区和新西兰区。从新热带界中拿出中美洲一部分作为和全北区北美几个亚区的过渡带，即中美-安的列过渡带。

第2章 七个属种类记述

2.1 毛突摇蚊属系统学研究

2.1.1 毛突摇蚊属研究概况

Kieffer于1911年建立毛突摇蚊属（*Chaetocladius*）。该属最初作为*Dactylocladius*属的一个亚属，*Dactylocladius setiger*（Goetghebuer）为本属的模式种。

该属的主要特征：眼部光裸无毛，中鬃短却明显，背中鬃单列，部分种类双列，翅膜区无长毛但常具有粗糙的毛点，腋瓣一般具有缘毛，中后足的胫距常具有齿状结构，肛尖富于变化，阳茎刺突有多根细的刺聚集而成，这些重要特征可将其与其他属分开。

根据Cranston *et al*.（1989），毛突摇蚊属（*Chaetocladius*）的未成熟阶段常发现于潮湿的落叶、植物或者泥中，在泉水、池塘、小溪、沟渠、下水道的植物，水坑当中都有发现。该属的大部分种类可定义为半水生，一部分种类为完全水生，且大部分种类可以在高山、寒带和半寒带区域发现。该属主要在全北区分布（新西兰和印度尼西亚所记录的种类还需要重新鉴定）。

2.1.2 毛突摇蚊属雄成虫的鉴别特征

据Cranston *et al*.（1989）属征：体小型至大型，体长1.5～3.9mm。

（1）触角（Antenna）：7或13鞭节，多数为13鞭节，毛形感器位于触角的第2、3鞭节和最末鞭节，有些种类在第4、5、6鞭节也常具有毛形感器。触角末端不具或者偶有末端毛，触角比（AR）：0.3～2.8。

（2）头部（Head）：复眼具有微弱或者强壮的软毛，复眼具有或者不具有楔形的背部延伸，头部鬃毛较多，一般成单列，内顶鬃的数目较外顶鬃少；下唇须第三节末端具有5～15根明显的感觉棒和锥形感器。

（3）胸部（Thorax）：前胸背板发达，与盾片的突出部分几乎没有接触，常具有发达的肩陷，但不呈浅色，和一些小的凹陷共同形成一个卵形窝。中鬃短但明显，发生于前胸背板或者其附近；背中鬃单列，偶有双列，翅前鬃一般数目较少，在少数种类中数目较多，翅上鬃在多数种类中缺失，少数种类中存在，小盾片上也具有单列但不整齐的小盾片鬃。

(4) 翅 (Wing)：翅膜区无毛，常具有粗糙的刻点，臀角由轻微退化到十分发达，在多数种类中突出。前缘脉略有延伸或者中度延伸；R_{2+3}脉终止于R_1脉和R_{4+5}脉中间，与R_1脉或者R_{4+5}脉距离较近，或者逐渐消失；R_{4+5}脉止于M_{3+4}脉的背部末端；FCu 脉在 RM 脉的背部相对处或近相对处，Cu_1脉由略微向背部弯曲到几乎笔直，后肘脉和臀脉终止于 FCu 脉的背部，R 脉、R_1脉、R_{4+5}脉有毛或者无毛。除极少数种类外，腋瓣具有缘毛。

(5) 足 (Legs)：中足和后足胫节的胫距常具有明显的齿状结构，伪胫距存在于中足和后足第一和第二跗节，有时在前足的第一跗节上也存在，毛形感器存在于后足第一跗节的大部分区域（该属目前仅有一种不存在此结构），有时在中足的第一跗节也存在毛形感器。爪垫比较退化或者十分发达。

(6) 生殖节 (Hypopygium)：肛尖形态多变，多数种类比较发达，成三角形或者两侧平行，末端部分透明，不具有或者最多具有极少量的分散着生的微毛，基部则密生微毛。阳茎内突发达，前末端具有钩状结构。横腹内生殖突或多或少成拱形，前缘突起圆钝、尖锐或者退化。阳茎刺突笔直或略弯曲；阳茎刺突常由多根细的刺聚集而成，轻度骨化，而在 *C.*（*Amblycladius*）亚属当中，阳茎刺突消失。*C.*（*Chaetocladius*）亚属的抱器基节具有十分发达的下附器，其上着生发达或不发达的瘤状结构，在 *C.*（*Amblycladius*）亚属当中，下附器明显消失。抱器端节富于变化，中部常弯曲，与 *Parakiefferiella* 属相似。亚端背脊一般较细长，位于抱器端节的前端，有些种类不存在该结构。抱器端棘在 *C.*（*Chaetocladius*）亚属中存在，而在 *C.*（*Amblycladius*）亚属中则不存在。

根据 Sæther (1986)，本属可以分为两个亚属，即 *C.*（*Amblycladius*）Kieffer 亚属和 *C.*（*Chaetocladius*）亚属，其中前者仅包括唯一的种，为 *C.*（*Amblycladius*）*subplumosus* Kieffer；根据幼虫的特征，*C.*（*Chaetocladius*）亚属被划分为四个群，即 *dentiforceps* 群、*piger* 群、*vitellinus* 群和 *acuticornus* 群。然而，该划分是基于幼虫的特征，在成虫阶段则并不支持，故本研究不采用该亚属和群的划分的观点。

雄成虫属征修订：根据观察标本和相关研究文献等，将 Cranston *et al*. (1989) 中的属征做如下修订："内顶鬃的数目较外顶鬃少"修订为"除圆叶毛突摇蚊 *Chaetocladius absolutus* 外，内顶鬃的数目一般较外顶鬃少"。"前缘脉略有延伸或者中度延伸"修订为"前缘脉不延伸、略有延伸或者中度延伸"，如采自中国浙江和日本的短脉毛突摇蚊 *Chaetocladius oyabevenustus*，其前缘脉不发生延伸。其余特征均与本属雄成虫属征相符。

2.1.3 检索表

东亚地区毛突摇蚊属雄成虫检索表

1. 阳茎刺突不存在 ………………………………………………………… 2
   阳茎刺突存在，发达或者不发达 ………………………………………… 3
2. 肛尖 2/3 处光裸无毛 ………………………………… *C. perennis* (Meigen)
   肛尖 2/3 处具有大量刚毛 ……………… *C. amurensis* Makarchenko & Makarchenko
3. 阳茎刺突极发达，始于第Ⅷ腹节 ………………………………………… 4
   阳茎刺突始于第Ⅸ腹节 …………………………………………………… 5

4. 下附器圆柱状，肛尖具刚毛…………………………… *C. toganomalis* Sasa & Okazawa
下附器非圆柱状，肛尖光裸无毛 ………… *C. variabilis* Makarchenko & Makarchenko
5. 下唇须第 5 节明显短于第 3 节 …………………………………………………………… 6
下唇须第 5 节明显长于或等于第 3 节 ……………………………………………………… 7
6. 肛尖长约 30μm，抱器端节末端成直角 ……………………… *C. dentiforceps* Edwards
肛尖长于 100μm，抱器端节末端不成直角 ………… *C. mongolveweus* Sasa & Suzuki
7. 阳茎刺突成钩状对称…………………………… *C. tibetensis* Wang, Kong & Wang
阳茎刺突不成钩状对称 ………………………………………………………………… 8
8. 翅腋瓣具有缘毛 …………………………………………………………………………… 9
翅腋瓣不具有缘毛…………………………………………………………………………… 10
9. 抱器端节末端膨大…………………… *C. nudisquama* Makarchenko & Makarchenko
抱器端节末端弯曲，但不膨大 ……………………………………… *C. tenuistylus* Brundin
10. 肛尖半圆形 ………………………………… *C. togatriangulatus* (Sasa & Okazawa)
肛尖一般呈三角形 …………………………………………………………………………… 11
11. 阳茎刺突长刺状 ……………………………………………………………………… 12
阳茎刺突形状多样，但非长刺状 ………………………………………………………… 13
12. 第Ⅸ背板光裸无毛……………………… *C. unicus* Makarchenko & Makarchenko
第Ⅸ背板或多或少具毛……………………………………………… *C. shouangulatus* Sasa
13. 肛尖近透明 ……………………………………………… *C. gunmatertia* (Sasa & Wakai)
肛尖不透明…………………………………………………………………………………… 14
14. 阳茎内突长于 150μm ……………………… *C. hakusanprimus* (Sasa & Okazawa)
阳茎内突短于 100μm ………………………………………………………………… 15
15. 肛尖短于 15μm …………………………… *C. tatyanae* Makarchenko & Makarchenko
肛尖长于 20μm ………………………………………………………………………… 16
16. 第Ⅸ背板具 38～54 根长刚毛 ………… *C. ketoiensis* Makarchenko & Makarchenko
第Ⅸ背板一般少于 20 根长刚毛……………………………………………………………… 17
17. 下附器圆盾，略呈球形 ……………………… *C. absolutus* Wang, Kong & Wang
下附器一般呈三角形或矩形 ………………………………………………………………… 18
18. 阳茎刺突三角形………………………………… *C. triquetrus* Wang, Kong & Wang
阳茎刺突非三角形 ………………………………………………………………………… 19
19. 肛尖钝三角形，头部鬃毛较少（5 根）………… *C. togaconfusus* Sasa & Okazawa
肛尖非钝三角形，头部鬃毛一般多于 10 根……………………………………………… 20
20. 肛尖仅基部一半具毛，末端一半光裸 ……………………………………………… 21
肛尖均匀被毛 ………………………………………………………………………………… 22
21. 抱器端节中部明显弯曲………………… *C. insularis* Makarchenko & Makarchenko
抱器端节中部不弯曲 ……………………………………… *C. ligni* Cranston & Oliver
22. 抱器端节长椭圆状 ……………………………………… *C. otujiprimus* Sasa & Okazawa
抱器端节非长椭圆状 ……………………………………………………………………… 23

23. 前缘脉延伸至明显超过 R_{4+5} 脉末端 ………………………………………………………… 24
前缘脉延伸不超过或略超过 R_{4+5} 脉末端 ………… *C. oyabevenustus* Sasa & Okazawa
24. 抱器端节末端明显变粗 ……………………………………………………………………… 25
抱器端节末端不明显变粗 …………… *C. autumnalis* Makarchenko & Makarchenko
25. 肛尖长于 80μm ……………………… *C. pseudoligni* Makarchenko & Makarchenko
肛尖不超过 30μm ……………………………………………………………………………… 26
26. 抱器端节内缘凹陷 ……………………… *C. elegans* Makarchenko & Makarchenko
抱器端节内缘不凹陷 ………………………………………………… *C. holmgreni* (Holmgren)

2.1.4　种类描述

2.1.4.1　圆叶毛突摇蚊 *Chaetocladius absolutus* Wang, Kong & Wang

Chaetocladius absolutus Wang *et al.*, 2012: 43.

(1) 模式产地：中国（西藏）。

(2) 观察标本：正模，♂，(BDN No. 012)，西藏自治区色季拉山西侧，29. ix. 1997，扫网，T. Solhøy & J. Skartveit 采。

(3) 鉴别特征：该种具有圆形的下附器，并可以将其与本属除 *C. artistylus* Bhattacharyay & Chaudhuri 外的其他种加以区分。本种的阳茎刺突由两根逐渐变细的刺构成，翅具有发达的臀角，而 *C. artistylus* 具有较细的抱器端节和不发达的翅臀角，而 *C. absolutus* 抱器端节非细长，且翅臀角发达。

(4) 雄成虫（$n=1$）：体长 4.75mm。翅长 3.35mm。体长/翅长 1.42。翅长/前足腿节长 2.91。

1) 体色：头部深褐色；触角浅黄棕色；胸部深棕色；腹部浅棕色；足浅棕色；翅几乎透明。

2) 头部：触角末鞭节长 900μm，触角比（AR）2.57；唇基毛 14 根；头部鬃毛 12 根，包括内顶鬃 7 根，外顶鬃 3 根，后眶鬃 2 根；幕骨长 210μm，宽 50μm。食窦泵、幕骨和茎节如图 2.1.1 (a)；下唇须各节长度（μm）分别为 17、29、114、88、132，第 5 节和第 3 节长度比值为 1.16。

3) 胸部：背中鬃 12 根，中鬃 10 根，翅前鬃 7 根，小盾片鬃 9 根。

4) 翅［图 2.1.1 (b)］：臀角发达，翅脉比（VR）1.00，前缘脉延伸 10μm 长，腋瓣缘毛 32 根，臂脉有 1 根毛。R 脉具 19 根毛，R_1 脉具 2 根毛。

5) 足：前足胫距长度为 95μm，中足两胫距的长度分别为 29μm 和 26μm；后足两胫距［图 2.1.1 (c)］的长度分别为 80μm 和 30μm；前足胫节宽 36μm，中足胫节宽 35μm，后足胫节宽 49μm。后足胫节具 12 根胫栉，最长者 48μm。胸足各节长度及足比见表 2.1.1。

6) 生殖节［图 2.1.1 (d)］：肛尖细长，长 50μm。第Ⅸ背板具 7 根刚毛。肛节侧片 (LSIX) 具 6 根长刚毛。阳茎内突（Pha）长 93μm；横腹内生殖突长 138μm。阳茎刺突长 60μm，由两根逐渐变细的刺构成。抱器基节长 211μm，下附器半圆形，上具 14 根长毛。抱器端节长 110μm，亚端背脊短；抱器端棘 13μm 长。生殖节比（HR）1.92，生殖节值

(HV) 4.32。

表 2.1.1　圆叶毛突摇蚊 *Chaetocladius absolutus* 胸足各节长度 (μm) 及足比 (*n*=1)

足	fe	ti	ta1	ta2	ta3	ta4	ta5	LR	BV	SV	BR
p1	1150	1450	1125	575	450	275	150	0.78	2.57	2.31	1.64
p2	1230	1400	740	410	310	210	140	0.53	3.15	3.55	1.67
p3	1330	1700	1010	590	420	260	160	0.59	2.83	3.00	2.38

(5) 分布：中国（西藏）。

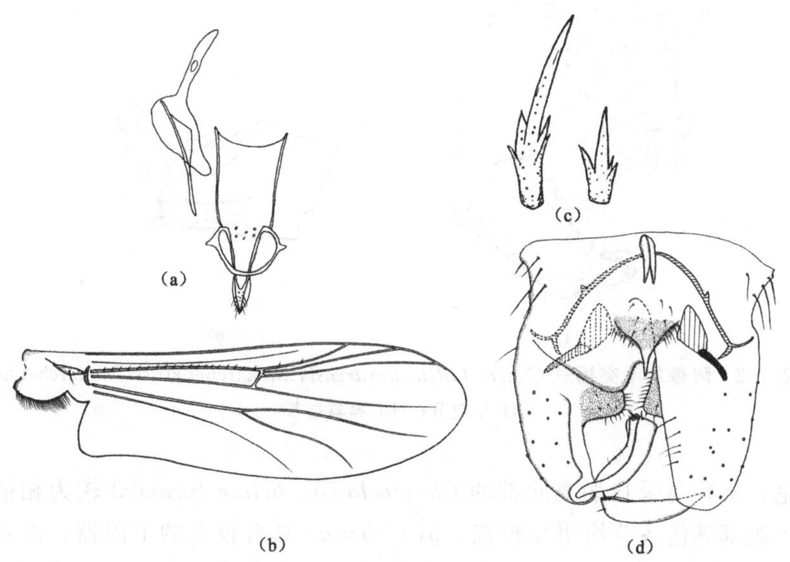

图 2.1.1　圆叶毛突摇蚊 *Chaetocladius absolutus* Wang, Kong & Wang

(a) 食窦泵、幕骨和茎节；(b) 翅；(c) 后足胫距；(d) 生殖节

2.1.4.2　阿穆尔毛突摇蚊 *Chaetocladius amurensis* Makarchenko & Makarchenko

Chaetocladius amurensis Makarchenko & Makarchenko, 2006: 276; 2011: 111.

(1) 模式产地：俄罗斯远东阿穆尔河畔。

(2) 鉴别特征：本种第九背板和第九肛节侧片具数目较多的长刚毛，抱器基节下附器较宽，密被长毛，抱器端节宽而长，结构复杂，近末端具有亚端背脊，这些特征可以将其与本属其他种类区分开。

(3) 雄成虫。触角比 (AR) 0.70～0.74；唇基毛 9～10 根；头部鬃毛 13～24 根。下唇须各节长度 (μm) 分别为 24～28，44～52，116～132，100～108，132～162；第三节具毛形感器。前胸背板鬃 4～6 根，背中鬃 13～14 根，中鬃 13～17 根，翅前鬃 4 根，小盾片鬃 7 根。臀角略退化，R 脉具 16～20 根刚毛，R_1 脉具 2～3 根刚毛，R_{2+3} 脉不易分辨。R_{4+5} 脉具 15～20 根刚毛。腋瓣具 7～8 根缘毛。前足胫距长 40～56μm，中足 2 胫距长分别为 28μm 和 28～34μm；后足 2 胫距长分别为 56～64μm 和 28μm。后足胫节胫栉具

13～17 根刚毛。前足比（LR1）0.68～0.69；中足比（LR2）0.48～0.49；后足比（LR3）0.59～0.60。生殖节［图 2.1.2 (a)、(b)］：肛尖长 52～60μm，基部具突起，宽 20～26μm。第九背板具 40 根长刚毛。不具有阳茎刺突。抱器基节长 400μm，下附器较宽，密被长毛。抱器端节结构复杂，长 208～260μm，近末端具有亚端背脊，抱器端棘长 16～18μm。

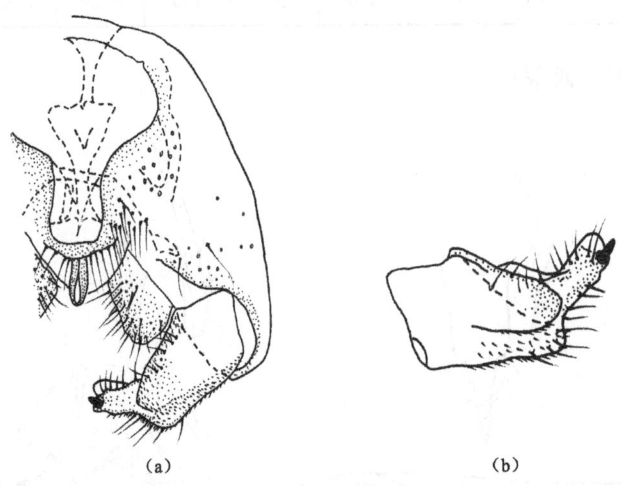

图 2.1.2　阿穆尔毛突摇蚊 *Chaetocladius amurensis* Makarchenko & Makarchenko

(a) 生殖节；(b) 抱器端节

（4）讨论：本种与采自瑞典北部的 *Chaetocladius britae* Säwedal 较为相似，两者的生殖节相对于腹部其他各节均明显较宽，但 *C. britae* 具有较窄的下附器，而且两者的抱器端节的形状也有明显的差异。本研究未能检视到该种模式标本，鉴别特征等引自原始描述。

（5）分布：俄罗斯（远东地区）。

2.1.4.3　秋毛突摇蚊 *Chaetocladius autumnalis* Makarchenko & Makarchenko

Chaetocladius autumnalis Makarchenko & Makarchenko，2004：312；2011：111.

（1）模式产地：俄罗斯（远东地区）。

（2）鉴别特征：本种触角比（AR）约为 1.0，肛尖基部宽，端部尖细，下附器背叶和腹叶分别具突出结构，抱器端节细长，不具有亚端背脊，这些特征可以将其与本属其他种类区分开。

（3）雄成虫。触角比（AR）1.0；复眼光裸无毛，头部鬃毛 9 根，包括内顶鬃 6 根，外顶鬃 3 根。下唇须第 5 节和第 3 节长度比值为 1.14。前胸背板鬃 3 根，背中鬃 9 根，中鬃 10 根，翅前鬃 5 根，小盾片鬃 6 根。R 脉具 13 根刚毛，R_1 脉具有 13 根刚毛，R_{4+5} 脉在末端具 11 根刚毛。腋瓣具 2 根缘毛。前足胫距长度为 60μm，中足 2 根胫距长度分别为 24μm 和 24μm；后足 2 根胫距长度分别为 56μm 和 24μm。后足胫节胫栉具 14 根刚毛。前足比（LR_1）0.66；中足比（LR_2）0.48；后足比（LR_3）0.55。生殖节［图 2.1.3 (a)、 (b)]：第九背板有 11 根刚毛。肛节侧片具有 3 根长刚毛。肛尖基部很宽，端部尖细，下附器背叶较宽，在背叶和腹叶分别具 2 个突出物，抱器端节细长，不具有亚端背脊。生殖节比（HR）2.05。

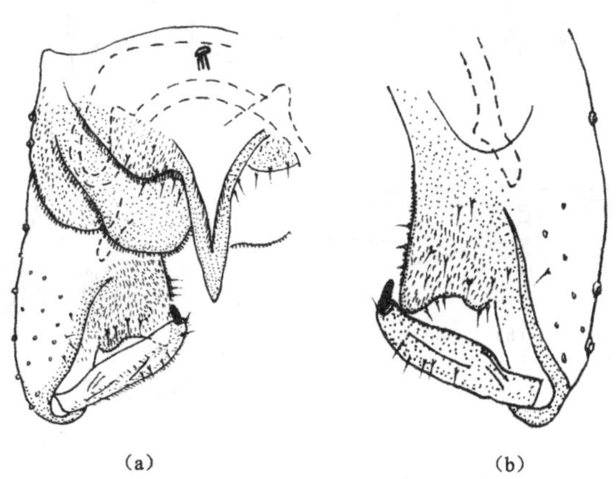

图 2.1.3　秋毛突摇蚊 *Chaetocladius autumnalis* Makarchenko & Makarchenko

(a)(b) 生殖节

(4) 讨论：本研究未检视模式标本，鉴别特征引自原始描述。

(5) 分布：俄罗斯（远东地区）。

2.1.4.4　细尾毛突摇蚊 *Chaetocladius dentiforceps* (Edwards)

Spaniotoma dentiforceps Edwards，1929：346.

Chaetocladius dentiforceps（Edwards），Pinder，1978：42；Wang 2000：635；Makarchenko & Makarchenko，2011：111.

(1) 模式产地：英国。

(2) 观察标本：1♂，内蒙古自治区莫尔道嘎森林公园，8. vii. 1988，扫网，卜文俊采。

(3) 鉴别特征：该种具有小的肛尖和下附器，抱器端节末端成直角，下唇须第 5 节与第 3 节长度之比小于 1，这些特征可将其与本属的其他种区分开。

(4) 雄成虫（$n=1$）。体长 3.38mm。翅长 2.18mm。体长/翅长 1.55。翅长/前足腿节长 2.69。

1) 体色：头部深褐色；触角浅黄棕色；胸部深棕色；腹部浅棕色；足浅棕色；翅近透明。

2) 头部：触角末鞭节长 670μm，触角比（AR）1.68；唇基毛 14 根；头部鬃毛 11 根，包括内顶鬃 2 根，外顶鬃 6 根，后眶鬃 3 根；幕骨长 154μm，宽 22μm。食窦泵、幕骨和茎节如图 2.1.4（a）所示；下唇须第 5 节和第 3 节长度比值为 0.64。

3) 胸部：背中鬃 9 根，中鬃 4 根，翅前鬃 6 根，小盾片鬃 3 根。

4) 翅［图 2.1.4（b）］：臀角较发达，翅脉比（VR）1.05，前缘脉延伸 30μm 长，腋瓣缘毛 25 根，臂脉有 1 根毛。

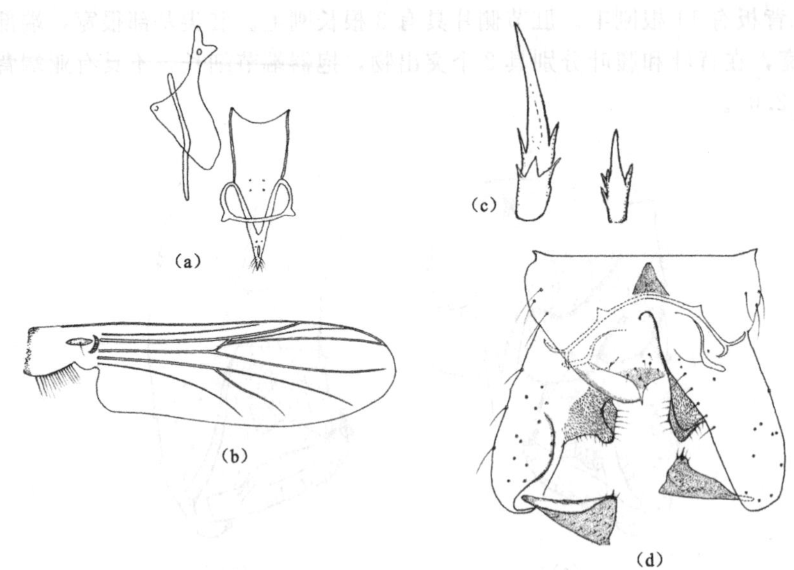

图 2.1.4　细尾毛突摇蚊 *Chaetocladius dentiforceps*（Edwards）
(a) 食窦泵、幕骨和茎节；(b) 翅；(c) 后足胫距；(d) 生殖节

5）足：前足胫距长度为 70μm，中足 2 根胫距长度分别为 23μm 和 22μm；后足具有 2 根胫距，长度分别为 70μm 和 40μm［图 2.1.4（c）］；前足胫节宽 39μm，中足胫节宽 38μm，后足胫节宽 44μm。后足胫节具有一个 40μm 长的胫栉。胸足各节长度及足比见表 2.1.2。

表 2.1.2　细尾毛突摇蚊 *Chaetocladius dentiforceps* 胸足各节长度（μm）及足比（*n*=1）

足	fe	ti	ta1	ta2	ta3	ta4	ta5	LR	BV	SV	BR
p1	810	990	700	430	310	200	130	0.71	2.34	2.57	1.64
p2	900	920	450	260	210	150	120	0.49	3.07	4.04	1.67
p3	930	1060	610	350	260	150	120	0.58	2.95	3.26	2.38

6）生殖节［图 2.1.4（d）］：肛尖较短，长 30μm，上具 10 根刚毛。肛节侧片（LSIX）具有 6 根长刚毛。阳茎内突（Pha）长 100μm；横腹内生殖突长 90μm。阳茎刺突长 60μm。抱器基节长 207μm，下附器较小，上具 6 根长毛。抱器端节长 92μm，亚端背脊长而低；抱器端棘 15μm 长。生殖节比（HR）2.25，生殖节值（HV）3.67。

（5）讨论：本种所具有的三角形阳茎刺突在本属中较为特殊，与采自辽宁的三角毛突摇蚊 *Chaetocladius triquetrus* 较类似，但本种的细小的肛尖将两者明显区别开。

（6）分布：中国（内蒙古），俄罗斯（远东地区），欧洲部分国家。

2.1.4.5　优美毛突摇蚊 *Chaetocladius elegans* Makarchenko & Makarchenko

Chaetocladius elegans Makarchenko & Makarchenko，2001：175；2011：111.

（1）模式产地：俄罗斯远东地区弗兰格尔岛。

（2）鉴别特征：本种触角 14 鞭节，阳茎刺突细长且明显由两根刺构成，抱器端节略弯且内缘具凹陷，这些特征可以将其与本属其他种类区分开。

(3) 雄成虫。触角 14 鞭节，触角比（AR）0.88～1.45；复眼光裸无毛或具细毛，唇基毛 4 根；头部鬃毛 12～13 根，包括内顶鬃 4～5 根，外顶鬃 8 根。下唇须第 5 节和第 3 节长度比为 1.28。前胸背板鬃 4 根，背中鬃 12～19 根，中鬃 13～15 根，翅前鬃 5～6 根，小盾片鬃 5～11 根。翅臀角发达，R 脉具 6～10 根刚毛，R_1 脉具 0～3 根刚毛，R_{4+5} 脉不具刚毛。前足胫距长 64μm，中足 2 根胫距长度分别为 27μm 和 24μm；后足 2 根胫距长度分别为 72μm 和 26μm。后足胫节胫栉具12～13 根刚毛。前足比（LR_1）0.60～0.62；中足比（LR_2）0.42；后足比（LR_3）0.56。

(4) 生殖节（图 2.1.5）：第九背板具有 14～18 根刚毛。肛节侧片具有 4～9 根长刚毛。肛尖长 27～28μm。抱器基节具双下附器，其中一个略向内弯曲。抱器端节略弯曲，凹陷处内缘具 7～9 根短刚毛。生殖节比（HR）2.10。

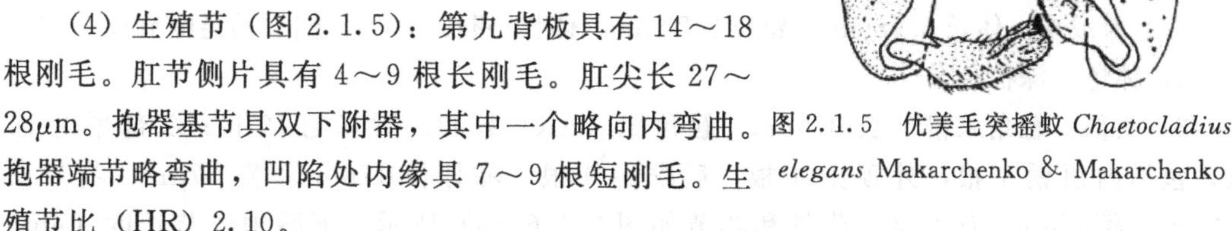

图 2.1.5 优美毛突摇蚊 *Chaetocladius elegans* Makarchenko & Makarchenko

(5) 讨论：本研究未检视到模式标本，鉴别特征等引自原始描述。

(6) 分布：俄罗斯（远东地区）。

2.1.4.6 群马毛突摇蚊 *Chaetocladius gunmatertia* (Sasa & Wakai)

Bisaiyusurika gunmatertia Sasa & Wakai，1996：87.

Chaetocladius gunmatertia Yamamoto，2004：12.

(1) 模式产地：日本。

(2) 观察标本：正模，♂，(No.291：087)，日本本州岛群马县前桥，27.ii.1996，Suzuki 采。

(3) 鉴别特征：本种触角比（AR）较高（2.63），肛尖小玻璃质近透明，阳茎刺突小，具杯状基部，下附器矩形，抱器端节也略成矩形，中部较宽，不具有亚端背脊，这些特征可以将其与本属其他种类区分开。

(4) 雄成虫。体长 4.30mm，翅长 2.90mm。体长/翅长 1.48。棕色，小盾片、腹部和足深棕色。触角比（AR）2.63。翅光裸无毛，翅脉比（VR）1.05，臀角成直角，腋瓣具 20 根缘毛，前缘脉末端略超过 R_{4+5} 脉的末端，Cu_1 脉较直。前足胫距长度为 96μm，中足 2 根胫距长度分别为 40μm 和 35μm；后足 2 根胫距长度分别为 77μm 和 28μm。后足胫节的胫栉具有 24 根刚毛。前足、中足和后足的足比（LR）分别为 0.66、0.46 和 0.57。肛尖小玻璃质近透明，具 16 根刚毛，阳茎刺突小，具杯状基部，由两根刺组成，长 36μm。抱器基节的下附器矩形，抱器端节略成矩形，中部较宽，末端略有凹陷，不具有亚端背脊。

(5) 讨论：Sasa & Wakai (1996) 根据本种具有矩形的抱器端节最初将本种划分到 *Bisaiyusurika* 属中，并以肛尖和伪胫距的特征将其与该属中的其他两个种区别开。Yamamoto (2004) 将本种划分到毛突摇蚊属（*Chaetocladius*）中，根据 Cranston *et al.*

(1989) 中关于 *Chaetocladius* 属的属征的描述，Yamamoto (2004) 将该种转移至毛突摇蚊属是正确的。本研究未能检视到该种模式标本，上述鉴别特征等引自 Sasa & Wakai (1996)。

(6) 分布：日本。

2.1.4.7　白山毛突摇蚊 *Chaetocladius hakusanprimus* (Sasa & Okazawa)

Orthocladius hakusanprimus Sasa & Okazawa，1994：68.

Chaetocladius hakusanprimus，Yamamoto，2004：12.

(1) 模式产地：日本。

(2) 观察标本：正模，♂，(No. 250：069)，日本本州岛石川县白山南 2000 米附近，11. x. 1992，Suzuki 采。

(3) 鉴别特征：本种触角比 (AR) 约为 2.0，肛尖较长，逐渐变细，阳茎刺突较长，由多根刺并排组成，下附器背缘骨化明显，这些特征可以将其与本属其他种类区分开。

(4) 雄成虫。体长 5.08mm，翅长 3.20mm。体长/翅长 1.59，翅长/前足腿节长 2.84。

1) 体色：深棕色。

2) 头部：触角末鞭节长 870μm，触角比 (AR) 1.93；唇基毛 12 根；头部鬃毛 14 根，包括内顶鬃 1 根，外顶鬃 4 根，后眶鬃 9 根。幕骨长 176μm，宽 57μm；茎节长 242μm，宽 97μm。食窦泵、幕骨和茎节如图 2.1.6 (a) 所示。下唇须各节长度 (μm) 分别为 40、70、200、160、280，第 5 节和第 3 节长度比值为 1.40。

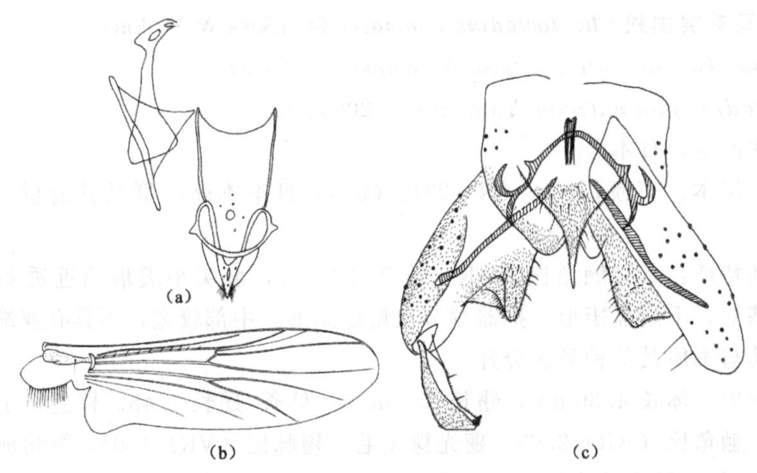

图 2.1.6　白山毛突摇蚊 *Chaetocladius hakusanprimus* (Sasa & Okazawa)

(a) 食窦泵、幕骨和茎节；(b) 翅；(c) 生殖节

3) 胸部：背中鬃 8 根，中鬃不明，翅前鬃 4 根，小盾片鬃 6 根。

4) 翅 [图 2.1.6 (b)]：臀角一般发达，翅脉比 (VR) 1.08，前缘脉延伸 80μm 长，R 脉具 10 根刚毛。腋瓣缘毛 15 根，臂脉有 1 根毛。

5) 足：前足胫距长度为 80μm，中足 2 根胫距长度分别为 35μm 和 30μm；后足 2 根胫距长度分别为 70μm 和 35μm；前足胫节宽 70μm，中足胫节宽 70μm，后足胫节宽 79μm。后足胫节的胫栉具有 13 根刚毛。胸足各节长度及足比见表 2.1.3。

表 2.1.3 白山毛突摇蚊 *Chaetocladius hakusanprimus* 胸足各节长度（μm）及足比（$n=1$）

足	fe	ti	ta1	ta2	ta3	ta4	ta5	LR	BV	SV	BR
p1	1125	1375	1000	575	400	225	150	0.73	2.59	2.50	2.27
p2	1300	1350	700	450	300	175	125	0.51	3.19	3.79	1.25
p3	1250	1550	1050	600	425	250	125	0.68	2.75	2.67	1.33

6）生殖节［图 2.1.6（c）］：肛尖较长，逐渐变细，具 8 根刚毛，长 100μm，宽 50μm。肛节侧片（LSIX）具有 5 根长刚毛。阳茎内突（Pha）长 150μm；横腹内生殖突长 130μm。阳茎刺突长 88μm。抱器基节长 350μm，下附器的背叶骨化明显。抱器端节长 150μm，不具有亚端背脊；抱器端棘长 13μm。生殖节比（HR）为 2.33，生殖节值（HV）为 3.38。

（5）讨论：该种与 *C. shouangulatus* Sasa 明显相似，二者具有相似的肛尖和下附器，但 *C. hakusanprimus* 的阳茎刺突明显较粗，且 R_{4+5} 脉不具毛，而 *C. shouangulatus* 阳茎刺突较之细长，R_{4+5} 脉具有 10 根毛。

（6）分布：日本。

2.1.4.8 霍姆格伦毛突摇蚊 *Chaetocladius holmgreni*（Jacobson）

Chironomus holmgreni Jacobson，1898：204.

Chaetocladius holmgreni（Holmgren），Makarchenko & Makarchenko，2001：175；2004：314；2011：111.

（1）模式产地：欧洲。

（2）鉴别特征：本种下附器角状，外叶具有大量刚毛，抱器端节桶状，近端部较细，不具有亚端背脊，具有长的抱器端棘，这些特征可以将其与本属其他种类区分开。

（3）雄成虫。触角比（AR）1.10；复眼光裸无毛，唇基毛 5 根；头部鬃毛 14 根，包括内顶鬃 7 根，外顶鬃 7 根。前胸背板鬃 4 根，背中鬃 11 根，中鬃 18 根，翅前鬃 6 根，小盾片鬃 9 根。翅臀角发达，R 脉具 17 根刚毛，R_1 脉具 25 根刚毛，R_{4+5} 脉不具刚毛。腋瓣具 12 根缘毛。前足胫距，长度为 68μm，中足 2 根胫距长度分别为 28μm 和 36μm；后足 2 根胫距长度分别为 72μm 和 32μm。后足胫节胫栉具 17 根刚毛。前足的足比（LR_1）为 0.67，中足的足比（LR_2）为 0.43，后足的足比（LR_3）为 0.60。生殖节［图 2.1.7（a）（b）］：第九背板具有 28 根长刚毛。肛节侧片具有 9 根长刚毛。肛尖长 40μm。

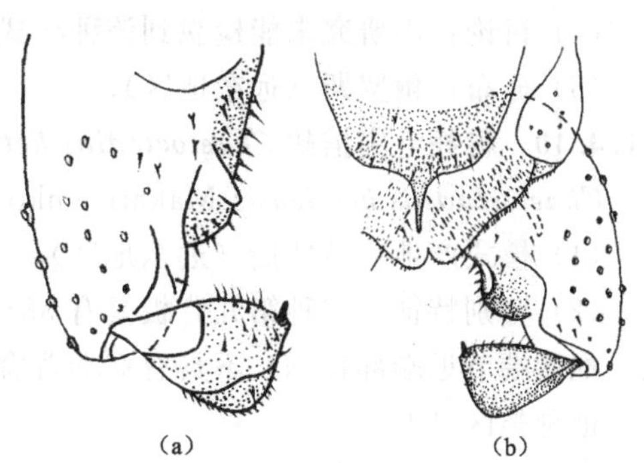

图 2.1.7 霍姆格伦毛突摇蚊 *Chaetocladius holmgreni*（Jacobson）

（a）（b）生殖节

（4）讨论：本研究未能检视到该种模式标本，鉴别特征等引自 Makarchenko & Makarchenko（2001）。

（5）分布：俄罗斯（远东地区），欧洲部分国家。

2.1.4.9 弯铗毛突摇蚊 *Chaetocladius insularis* Makarchenko & Makarchenko

Chaetocladius insularis Makarchenko & Makarchenko，2004：312；2011：111.

（1）模式产地：俄罗斯（远东地区）。

（2）鉴别特征：本种触角比（AR）1.36～1.46，肛尖基部一半被细毛，抱器基节下附器成三角形，抱器端节中部一半略弯曲，具亚端背脊，这些特征可以将其与本属其他种类区分开。

（3）雄成虫。触角比（AR）1.36～1.46；复眼光裸无毛，具较短的背部延伸，唇基毛 6～7 根；头部鬃毛 10～11 根，包括内顶鬃 9～10 根，外顶鬃 4～6 根。下唇须各节长度（μm）分别为 36～48、60、156～160、128～134、2.4～224。前胸背板鬃6～8 根，背中鬃 9～13 根，中鬃 16～19 根，翅前鬃 4～5 根，小盾片鬃 6～9 根。翅臀角发达，R 脉具 16～19 根刚毛，R_1 脉具2～4 根刚毛，R_{4+5} 脉不具刚毛。腋瓣具9～11 根缘毛。前足胫距长度为 76μm，中足 2 根胫距长度分别为 32μm 和 36μm；后足 2 根胫距长度分别为 68～72μm 和36～48μm。后足胫节胫栉具16～17 根刚毛。前足的足比（LR_1）为 0.73～0.74，中足的足比（LR_2）为 0.48～0.49，后足的足比（LR_3）为 0.62。生殖节（图 2.1.8）：第九背板具有 8～16 根刚毛。肛节侧片具有 4～6 根长刚毛。肛尖长 66～72μm，基部一半被细毛。抱器基节下附器成三角形。抱器端节中部一半略弯曲，具亚端背脊，抱器端棘 12～16μm。生殖节比（HR）2.30。

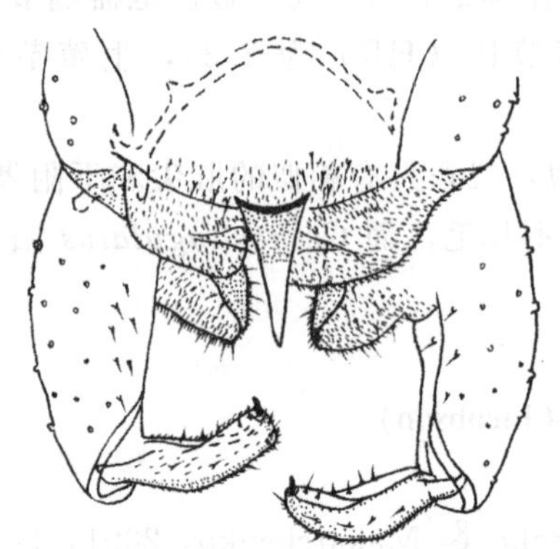

图 2.1.8 弯铗毛突摇蚊 *Chaetocladius insularis* Makarchenko & Makarchenko

（4）讨论：本研究未能检视到该种模式标本，鉴别特征等引自原始描述。

（5）分布：俄罗斯（远东地区）。

2.1.4.10 科托毛突摇蚊 *Chaetocladius ketoiensis* Makarchenko & Makarchenko

Chaetocladius ketoiensis Makarchenko & Makarchenko，2004：314；2011：111.

（1）模式产地：俄罗斯（远东地区）。

（2）鉴别特征：本种第九背板具有 38～54 根长刚毛。下附器角状，外叶具有大量刚毛，抱器端节近端部较细，不具有亚端背脊，具有长的抱器端棘，这些特征可以将其与本属其他种类区分开。

（3）雄成虫。触角比（AR）1.28～1.39；复眼光裸无毛，具较短的背部延伸，唇基毛 6 根；头部鬃毛 17 根，包括内顶鬃 9 根，外顶鬃 8 根。下唇须各节长度（μm）分别为 48、60、140、132、208。前胸背板鬃 3～4 根，背中鬃 15～17 根，中鬃 23～25 根，翅前鬃 6～7 根，小盾片鬃 6～8 根。臀角发达，R 脉具 11～16 根刚毛，R_1 脉具 5 根刚毛，R_{4+5} 脉具 3～6 根刚毛。腋瓣具 10 根缘毛。前足胫距长度为 68μm，中足 2 根胫距长度分别为 28μm 和 28μm；后足 2 根胫距长度分别为 64μm 和 28μm。后足胫节胫栉具 19～20 根刚毛。前足的足比（LR_1）为 0.64～0.66，中足的足比（LR_2）为 0.37～0.44，后足的足比（LR_3）为 0.59。生殖节［图 2.1.9（a）（b）］第九背板具有 38～54 根长（48～

64μm）刚毛。下附器角状，外叶具有大量刚毛，抱器端节桶状，近端部较细，不具有亚端背脊，具有长的抱器端棘。生殖节比（HR）2.40。

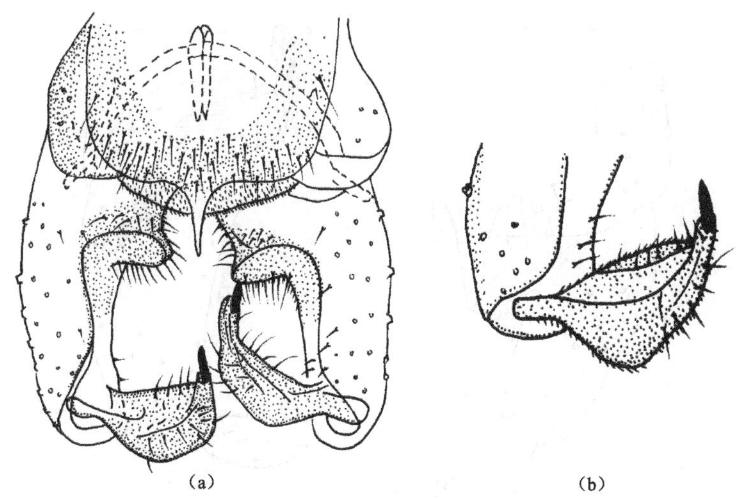

图 2.1.9 科托毛突摇蚊 *Chaetocladius ketoiensis* Makarchenko & Makarchenko

(a) 生殖节；(b) 抱器端节

（4）讨论：本研究未能检视到该种模式标本，鉴别特征等引自原始描述。

（5）分布：俄罗斯（远东地区）。

2.1.4.11 木毛突摇蚊 *Chaetocladius ligni* Cranston & Oliver

Chaetocladius ligni Cranston & Oliver，1988：143；Makarchenko & Makarchenko，2011：111.

（1）模式产地：美国。

（2）鉴别特征：本种触角比（AR）一般小于 1.0，肛尖三角形，较细，阳茎刺突有数目较多的长刺构成，下附器背叶光裸，腹叶形状多变，这些特征可以将其与本属其他种类区分开。

（3）雄成虫。体长 2.80～3.40mm，翅长 1.48～1.82mm。

1）头部：触角末鞭节长 213～340μm，触角比（AR）0.55～0.99；唇基毛 7～10 根；头部鬃毛 9～14 根，包括内顶鬃 3～5 根，外顶鬃 6～9 根。下唇须第 4 节短于第 3 节和第 5 节，第 5 节长于第 3 节。

2）胸部：前胸背板鬃 7～9 根，背中鬃 13～18 根，翅前鬃 5～8 根，小盾片鬃 6～10 根。

3）翅：臀角明显，R 脉具 5～21 根刚毛，R_1脉具 5～9 根刚毛，R_{4+5}脉具 12～21 根刚毛。腋瓣具 5~8 根缘毛。

4）足：中足和后足的第一跗节和第二跗节具有伪胫距，前足、中足和后足的足比分别为 $LR_1$0.71～0.76、$LR_2$0.42～0.47 和 $LR_3$0.55～0.58。

5）生殖节（图 2.1.10）：肛尖三角形，细长，阳茎刺突由数目较多的刺构成，抱器基节的下附器背叶窄且光裸无毛，腹叶形状多变，多成圆形，抱器端节具有宽而低的亚端背脊。

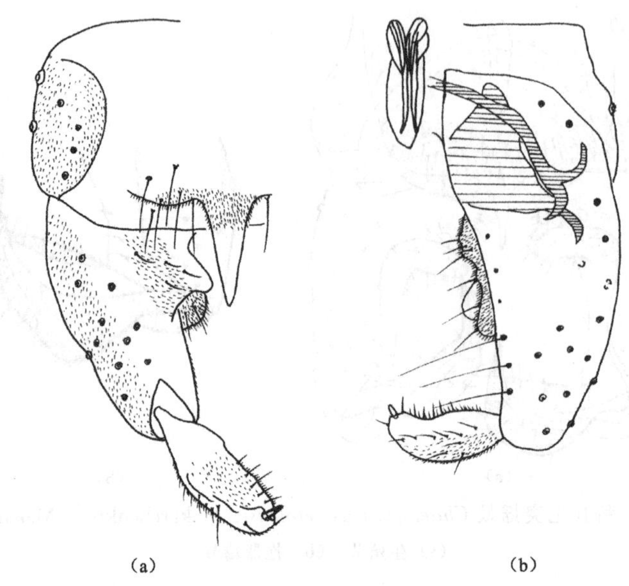

图 2.1.10　木毛突摇蚊生殖节 *Chaetocladius ligni* Cranston & Oliver

(4) 讨论：Cranston & Oliver (1988) 根据采自美国的标本建立该种，并对其幼虫和雌成虫进行了详细的描述，*Chaetocladius ligni* 和 *C. melaleucus* (Meigen) (Edwards 1929；Pinder 1978) 相近，但因前者具有较低的触角比值和较小的下附器可以将两者区别开。本研究未能检视到该种模式标本，鉴别特征等引自 Cranston & Oliver (1988)。

(5) 分布：俄罗斯（远东地区），美国。

2.1.4.12　蒙古毛突摇蚊 *Chaetocladius mongolveweus* Sasa & Suzuki

Chaetocladius mongolveweus Sasa & Suzuki，1997：149；Hayford，2005：194.

(1) 模式产地：日本。

(2) 观察标本：正模，♂，(No. 306：042)，蒙古 Bogdhran 山 2400m 处，S. Suzuki 采。

(3) 鉴别特征：本种臀角发达，下唇须的第 5 节明显短于第 3 节，抱器基节下附器较大，肛尖发达，抱器端节粗短，这些特征可以将其与本属其他种类区分开。

(4) 雄成虫。体长 6.25mm，翅长 3.50mm。体长/翅长 1.79，翅长/前足腿节长 2.33。

1) 头部：触角末鞭节长 1000μm，触角比 (AR) 1.67；唇基毛 11 根；头部鬃毛 22 根，包括内顶鬃 2 根，外顶鬃 10 根，后眶鬃 10 根。幕骨长 229μm，宽 88μm；茎节长 264μm，宽 66μm。食窦泵、幕骨和茎节如图 2.1.11 (a) 所示。下唇须各节长度 (μm) 分别为 70、100、230、160、170，第 5 节和第 3 节长度比值为 0.74。

2) 胸部：背中鬃 17 根，中鬃 19 根，翅前鬃 10 根，小盾片鬃 22 根。

3) 翅 [图 2.1.11 (b)]：臀角发达，翅脉比 (VR) 1.07，前缘脉延伸 100μm 长，

R 脉具 11 根刚毛，其余脉不具毛。腋瓣缘毛 18 根，臂脉有 1 根毛。

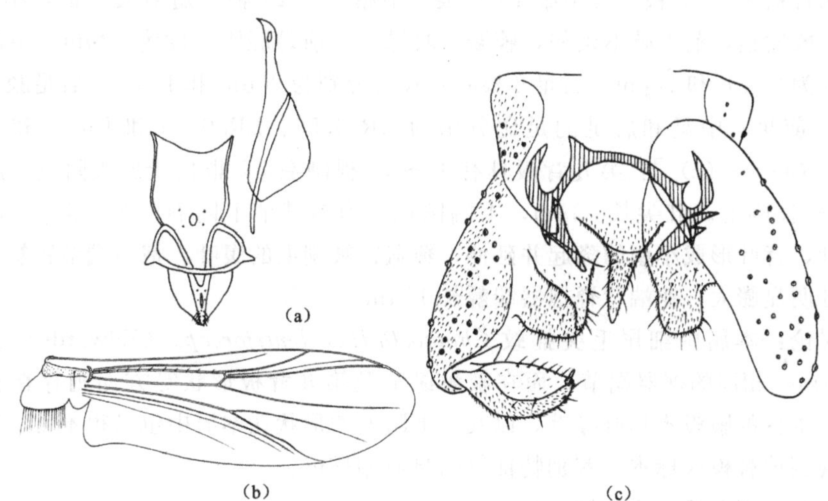

图 2.1.11 蒙古毛突摇蚊 *Chaetocladius mongolveweus* Sasa & Suzuki

(a) 食窦泵、幕骨和茎节；(b) 翅；(c) 生殖节

4）足：前足胫距长度为 130μm，中足 2 根胫距长度分别为 66μm 和 44μm；后足 2 根胫距长度分别为 110μm 和 35μm；前足胫节宽 100μm，中足胫节宽 88μm，后足胫节宽 110μm。后足胫节的胫栉具有 13 根刚毛。胸足各节长度及足比见表 2.1.4。

表 2.1.4 蒙古毛突摇蚊 *Chaetocladius mongolveweus* 胸足各节长度（μm）及足比（*n*=1）

足	fe	ti	ta1	ta2	ta3	ta4	ta5	LR	BV	SV	BR
p1	1500	1750	1200	640	450	280	220	0.69	2.87	2.71	1.43
p2	1500	1650	770	430	330	230	180	0.47	3.35	4.09	1.88
p3	1700	2125	1075	500	380	200	175	0.51	3.90	3.56	2.13

5）生殖节［图 2.1.11（c）］：肛尖发达，具 7 根刚毛，长 118μm，宽 38μm。肛节侧片（LSIX）具有 8 根长刚毛。阳茎内突（Pha）长 88μm，横腹内生殖突长 150μm。阳茎刺突长 30μm。抱器基节长 352μm，下附器发达且圆钝。抱器端节长 154μm，抱器端棘 20μm 长。生殖节比（HR）2.29，生殖节值（HV）4.06。

（5）讨论：该种是蒙古国有记录的毛突摇蚊属（*Chaetocladius*）的唯一种。

（6）分布：蒙古。

2.1.4.13 裸瓣毛突摇蚊 *Chaetocladius nudisquama* Makarchenko & Makarchenko

Chaetocladius nudisquama Makarchenko & Makarchenko，2003：205；2011：111.

（1）模式产地：俄罗斯（远东地区）。

（2）鉴别特征：本种触角 14 鞭节，不具有腋瓣缘毛，抱器端节末端明显膨大，这些特征可以将其与本属其他种类区分开。

（3）雄成虫。触角 14 鞭节，触角比（AR）0.60～0.89；复眼光裸无毛，唇基毛 6

根；头部鬃毛 4 根，包括内顶鬃 2 根，外顶鬃 2 根。下唇须第 5 节和第 3 节长度比值为 1.21。前胸背板鬃 1～2 根，背中鬃 4～8 根，中鬃 21～24 根，翅前鬃 3 根，小盾片鬃 4 根。臀角一般发达，前缘脉不延伸，腋瓣不具缘毛。前足胫距长度为 32μm，中足 2 根胫距长度分别为 20μm 和 12μm；后足 2 根胫距长度分别为 26μm 和 12μm。后足胫节胫栉具 11 根刚毛。前足、中足和后足的足比分别为 LR_1 0.56、LR_2 0.46 和 LR_3 0.52。生殖节[图 2.1.12（a）～（c）]：第九背板具有 10～11 根刚毛，2 根位于肛尖附近。肛节侧片具有 4～6 根长刚毛。肛尖长 53μm，末端圆钝。抱器基节上附器明显，其上密被短毛，下附器双叶，背叶形成小型的隆起并延伸，覆盖密被刚毛的腹叶。抱器端节密被细毛，末端在弯曲处明显膨大；亚端背脊抱器端棘长 12μm。

（4）讨论：本属中细尾毛突摇蚊 *Chaetocladius dentiforceps*（Edwards）也具有和 *C. nudisquama* 相同的抱器端节，而在腋瓣缘毛及第九背板形状等方面则存在较大的差异。此外，本种的腋瓣不具有缘毛，以及上下附器的形状在本属中也是很不常见的。本研究未能检视到该种模式标本，鉴别特征等引自原始描述。

（5）分布：俄罗斯（远东地区）。

2.1.4.14　尾辻毛突摇蚊 *Chaetocladius otujiprimus* Sasa & Okazawa

Chaetocladius otujiprimus Sasa & Okazawa，1992a：77；Yamamoto，2004：12.

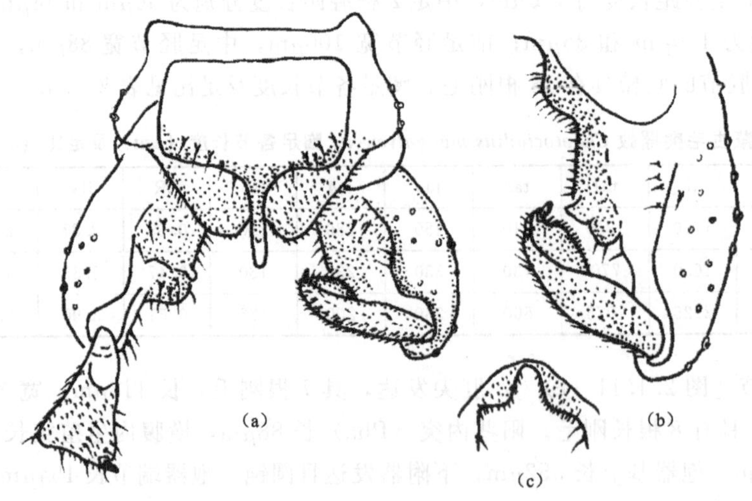

图 2.1.12　裸瓣毛突摇蚊 *Chaetocladius nudisquama* Makarchenko & Makarchenko

（a）生殖节；（b）抱器基节和抱器端节；（c）上附器

（1）模式产地：日本。

（2）观察标本：正模，♂，（No. 250：69），日本本州岛富山县尾辻山，6. xii. 1991，S. Suzuki 采。

（3）鉴别特征：本种肛尖较粗且末端圆钝，阳茎刺突较短，R 脉、R_1 脉和 R_{4+5} 脉均具有刚毛，下附器的背叶成指状且较长，末端超过腹叶，抱器端节长椭圆形，这些特征可以将其与本属其他种类区分开。

(4) 雄成虫。体长 3.38mm，翅长 2.25mm。体长/翅长 1.50，翅长/前足腿节长 3.55。

1) 体色：深棕色。

2) 头部：触角末鞭节长 600μm，触角比 (AR) 1.33；唇基毛 4 根；头部鬃毛 14 根，包括内顶鬃 2 根，外顶鬃 8 根，后眶鬃 4 根。幕骨长 145μm，宽 44μm；茎节长 176μm，宽 66μm。食窦泵、幕骨和茎节如图 2.1.13 (a) 所示。下唇须各节长度 (μm) 分别为 26、50、154、145、229，第 5 节和第 3 节长度比值为 1.49。

3) 胸部：背中鬃 9 根，中鬃 16 根，翅前鬃 5 根，小盾片鬃 8 根。

4) 翅 [图 2.1.13 (b)]：臀角一般发达，翅脉比 (VR) 1.03，前缘脉延伸 60μm 长，R 脉具 13 根刚毛，R_1 脉和 R_{4+5} 脉分别有 4 根和 6 根刚毛。腋瓣缘毛不明，臂脉有 1 根毛。

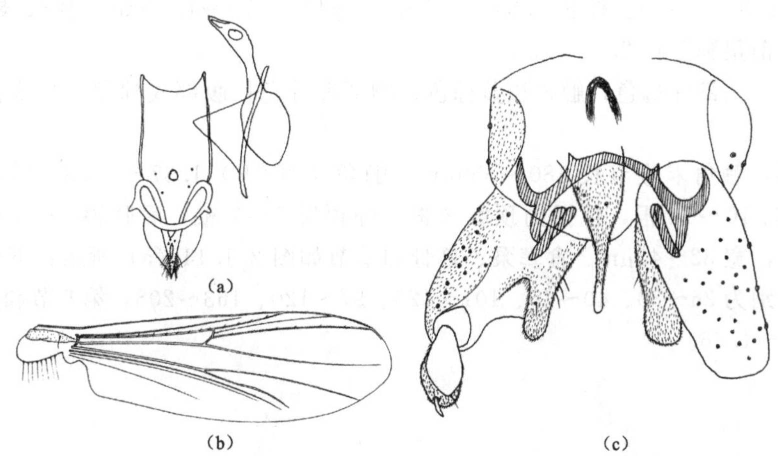

图 2.1.13 尾过毛突摇蚊 *Chaetocladius otujiprimus* Sasa & Okazawa

(a) 食窦泵、幕骨和茎节；(b) 翅；(c) 生殖节

5) 足：前足胫距长度为 66μm，中足 2 根胫距长度分别为 24μm 和 22μm；后足 2 根胫距长度分别为 48μm 和 18μm；前足胫节宽 52μm，中足胫节宽 52μm，后足胫节宽 54μm。后足胫节的胫栉具有 15 根刚毛。胸足各节长度及足比见表 2.1.5。

表 2.1.5 尾过毛突摇蚊 *Chaetocladius otujiprimus* 胸足各节长度 (μm) 及足比 (*n*=1)

足	fe	ti	ta1	ta2	ta3	ta4	ta5	LR	BV	SV	BR
p1	950	1110	680	370	280	150	110	0.61	3.01	3.03	1.50
p2	920	960	480	300	230	120	110	0.50	3.11	3.92	1.25
p3	980	1140	750	350	300	160	120	0.66	3.09	2.83	1.71

6) 生殖节 [图 2.1.13 (c)]：肛尖较粗，末端圆钝，具 6 根刚毛，长 100μm，宽 30μm。肛节侧片 (LSIX) 具有 4 根长刚毛。阳茎内突 (Pha) 长 75μm；横腹内生殖突长 120μm。阳茎刺突长 38μm。抱器基节长 200μm，下附器的背叶成指状且较长，末端超过腹叶。抱器端节长椭圆形，长 70μm，具有低的亚端背脊；抱器端棘长 25μm。生殖节比

(HR) 2.86，生殖节值 (HV) 4.82。

(5) 讨论：本种具有该属中采自蒙古国的 *C. mongolveweus* Sasa & Suzuki 较相似，如下附器和抱器端节的形状等，但该种具有较发达的阳茎刺突，这可以将两者区别开。

(6) 分布：日本。

2.1.4.15 小矢部毛突摇蚊 *Chaetocladius oyabevenustus* Sasa, Kawai & Ueno

Chaetocladius oyabevenustus Sasa *et al*. 1988：50；Yamamoto 2004：13.

(1) 模式产地：日本。

(2) 观察标本：正模，♂，日本本州岛富山县小矢部河，19. xii. 1987，S. Suzuki 采；2♂♂，浙江省天目山科技馆，12. ix. 1998，扫网，吴鸿采。

(3) 鉴别特征：该种具有宽的略成矩形的下附器，前缘脉末端未超过或略超过 R_{4+5} 末端，这些特征可将其与本属的其他种区分开。

(4) 雄成虫 ($n=2$)。体长 2.33～2.70mm。翅长 1.70～1.88mm。体长/翅长 1.37～1.44。翅长/前足腿节长 2.34～2.50。

1) 体色：头部深褐色；触角浅黄棕色；胸部深棕色；腹部浅棕色；足浅棕色；翅几乎透明。

2) 头部：触角末鞭节长 480～550μm，触角比 (AR) 1.37～1.78；唇基毛 9～10 根；头部鬃毛 10～14 根，包括内顶鬃 2 根，外顶鬃 5～7 根，后眶鬃 3～5 根；幕骨长 136～150μm，宽 32～48μm。食窦泵、幕骨和茎节如图 2.1.14 (a) 所示；下唇须各节长度 (μm) 分别为 26～30、40～45、101～125、97～120、163～208，第 5 节和第 3 节长度比值为 1.61～1.66。

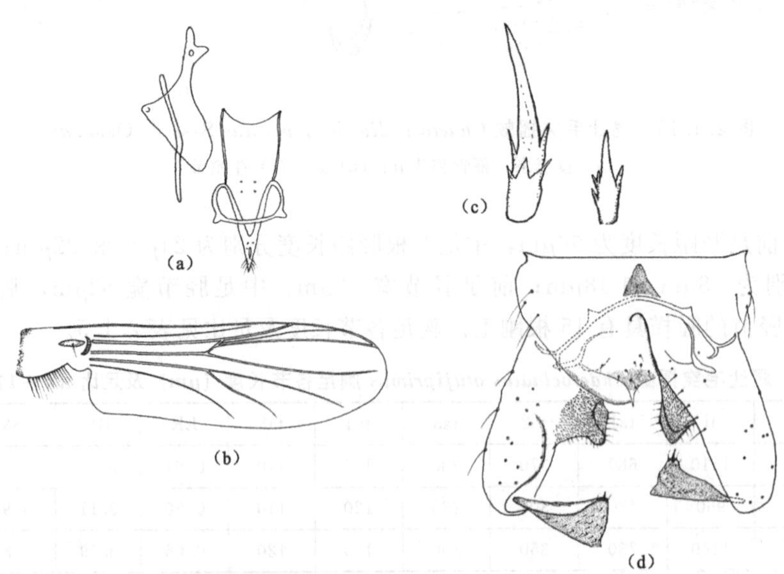

图 2.1.14 小矢部毛突摇蚊 *Chaetocladius oyabevenustus* Sasa *et al*.

(a) 食窦泵、幕骨和茎节；(b) 翅；(c) 后足胫距；(d) 生殖节

3) 胸部：背中鬃 6～9 根，中鬃 10～14 根，翅前鬃 4～5 根，小盾片鬃 4 根。

4) 翅 [图 2.1.14 (b)]：臀角较发达，翅脉比 (VR) 1.00～1.07，前缘脉延伸

22～25μm 长，腋瓣缘毛 4～7 根，臂脉有 1 根毛。

5）足：前足胫距长度为 48～55μm，中足 2 根胫距长度分别为 20～22μm 和 15～18μm；后足 2 根胫距［图 2.1.14（c）］长度分别为 40～43μm 和 17～26μm；前足胫节宽 36μm，中足胫节宽 35μm，后足胫节宽 42μm。后足胫节具有一个 38μm 长的胫栉。胸足各节长度及足比见表 2.1.6。

表 2.1.6 小矢部毛突摇蚊 *Chaetocladius oyabevenustus* 胸足各节长度（μm）及足比（*n*=3）

足	fe	ti	ta1	ta2	ta3	ta4	ta5	LR	BV	SV
p1	680～700	770～830	510～530	280～290	200～210	110～130	80	0.64～0.66	2.90～2.93	2.84～2.89
p2	690～750	710～730	340～350	190～220	140～160	90	75～80	0.48～0.49	3.33～3.51	4.11～4.23
p3	710～820	830～900	510～520	260～290	210～220	110～120	60～80	0.58～0.61	3.15～3.20	3.02～3.31

6）生殖节［图 2.1.14（d）］：肛尖长 50～53μm，上具 0～2 根刚毛。肛节侧片（LSIX）具有 5～6 根长刚毛。阳茎内突（Pha）长 66～80μm；横腹内生殖突长 90～125μm。阳茎刺突长 45～50μm。抱器基节长 163～170μm，下附器上具 10～12 根长毛。抱器端节长 50～53μm，亚端背脊长而低；抱器端棘 10μm 长。生殖节比（HR）3.08～3.40；生殖节值（HV）4.01～4.65。

（5）讨论：Sasa *et al*.（1988）对该种进行了详细的描述。采自日本的标本不具有前缘脉延伸，触角比（AR）为 2.27，而采自中国的标本具有 22～25μm 的前缘脉延伸，且触角比（AR）为 1.37～1.78。

（6）分布：中国（浙江），日本。

2.1.4.16 裸尾毛突摇蚊 *Chaetocladius perennis*（Meigen）

Chironomus perennis Meigen，1830：249.

Camptocladius incertus Lundström，1915：15.

Chaetocladius perennis Sæther，2004 a：15；Makarchenko & Makarchenko，2011：111.

（1）模式产地：美国。

（2）鉴别特征：本种肛尖基部 2/3 处光裸无毛，不具有阳茎刺突，这些特征可以将其与本属其他种类区分开。

（3）雄成虫。体长 3.47mm，翅长 1.89mm。体长/翅长 1.84，翅长/前足胫节长 2.38。

1）头部：触角比（AR）1.12；末节长 435μm，唇基毛 7 根；头部鬃毛 15 根，包括 6 根内顶鬃，6 根外顶鬃，3 根后眶鬃。幕骨长 173μm，宽 38μm。下唇须各节长（μm）分别为 45、60、128、120、180。第 3 节具有 3 根弱的毛形感器。

2）胸部：前胸背板鬃 8 根，中鬃 18 根，背中鬃 18 根，翅前鬃 6 根，翅上鬃 1 根，小盾片鬃 10 根。

3）翅：翅脉比（VR）1.04，前缘脉延伸 68μm，R 脉具 13 根毛，R_1 脉具 6 根毛，其余脉无毛，臂脉具 1 根毛。腋瓣具 10 根缘毛。

4）足：前足胫距长度为 68μm，中足 2 根胫距长度分别为 28μm 和 36μm；后足 2 根胫距长度分别为 72μm 和 32μm。后足胫节胫栉具 17 根刚毛。前足、中足和后足的足比分别为 LR_1 0.54、LR_2 0.43 和 LR_3 0.55。

5）生殖节［图 2.1.15（a）（b）］：第九背板包括肛尖具有 6 根刚毛，第九肛节侧片具有 8 根刚毛。肛尖长 75，基部 2/3 处光裸无毛。阳茎内突 113μm，横腹内生殖突长 101μm。不具有阳茎刺突。抱器基节长 293μm，双下附器。抱器端节长 135μm，抱器端棘长 13μm，生殖节比（HR）2.17，生殖节值（HV）2.57。

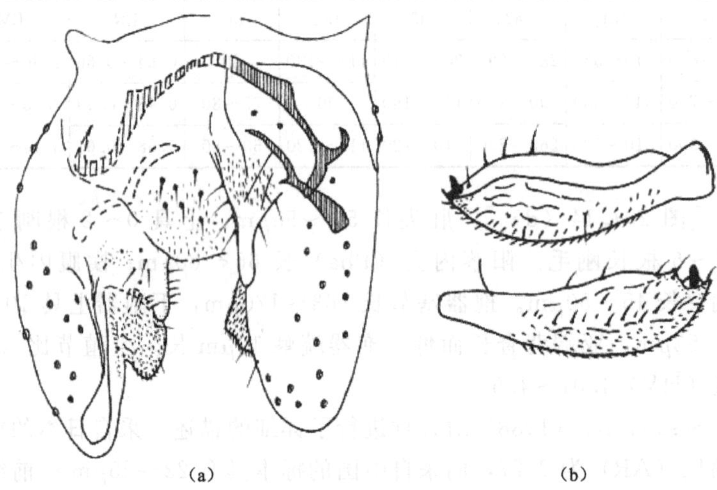

图 2.1.15　裸尾毛突摇蚊 *Chaetocladius perennis*（Meigen）

（a）生殖节；（b）抱器端节

（4）讨论：Sæther（2004 a）分别对本种进行了详细的描述。本研究未能检视到模式标本，鉴别特征等引自 Sæther（2004 a）。

（5）分布：俄罗斯（远东地区），美国。

2.1.4.17　伪木毛突摇蚊 *Chaetocladius pseudoligni* Makarchenko & Makarchenko

Chaetocladius pseudoligni Makarchenko & Makarchenko，2001：175；2011：111.

（1）模式产地：俄罗斯远东地区。

（2）鉴别特征：本种阳茎刺突细长且明显由两根刺构成，抱器端节略弯且内缘具凹陷，这些特征可以将其与本属其他种类区分开。

（3）雄成虫。触角比（AR）1.45；复眼光裸无毛，不向背部延伸，头部鬃毛 12 根，包括内顶鬃 8 根，外顶鬃 4 根。下唇须各节长度（μm）分别为 50、48、125、106、160；第 5 节和第 3 节长度比值为 1.28。前胸背板鬃 4 根，背中鬃 12 根，翅前鬃 5 根，小盾片鬃 4 根。翅臂角发达，R_1 脉具有 1 根刚毛，R_{4+5} 脉不具刚毛。腋瓣具 10 根缘毛。前足胫距长度为 64μm，中足 2 根胫距长度分别为 27μm 和 24μm；后足 2 根胫距长度分别为 72μm 和 26μm。后足胫节胫栉具 11～13 根刚毛。前足、中足和后足的足比分别为 LR_1 0.53、LR_2 0.38 和 LR_3 0.52。生殖节［图 2.1.16（a）（b）］第九背板具有 18 根刚毛。肛节侧片具有 5 根长刚毛。肛尖成三角形，基部较宽，长 80μm。抱器基节下附器大，并延长至抱器端节的着生处，抱器端节外缘微凸，其中一个略向内弯曲。抱器端节略弯曲，凹陷处内缘具 7～9 根短刚毛。生殖节比（HR）2.10。

（4）讨论：本种与产自新北区的 *Chaetocladius ligni* Cranston & Oliver 关系较近，但两者在触角比（AR）、抱器端节和下附器的形状方面有很大的区别。本研究未能检视到模式标本，鉴别特征等引自原始描述。

（5）分布：俄罗斯（远东地区）。

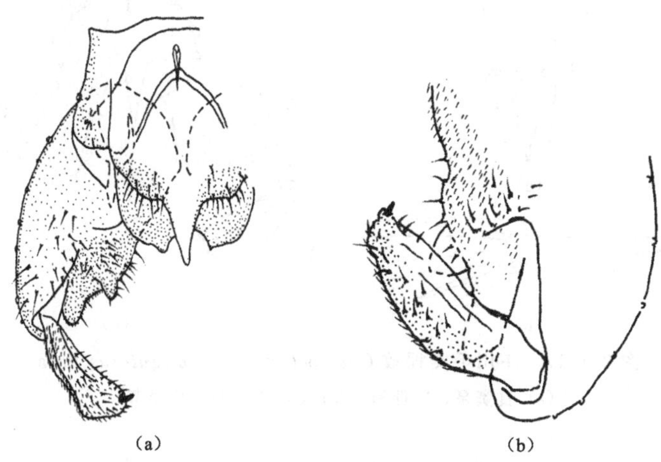

图 2.1.16 伪木毛突摇蚊 *Chaetocladius pseudoligni* Makarchenko & Makarchenko

（a）生殖节；（b）抱器基节和抱器端节

2.1.4.18 庄川毛突摇蚊 *Chaetocladius shouangulatus* Sasa

Chaetocladius shouangulatus Sasa，1989：42；Yamamoto，2004：13.

（1）模式产地：日本。

（2）观察标本：正模，♂，（No. 154：070），日本本州岛富山县庄川河小牧坝，11. x. 1992，S. Suzuki 采。

（3）鉴别特征：本种触角比（AR）较高为 2.50，R_{4+5} 脉具 10 根刚毛，下附器成三角形，抱器端节较短粗，这些特征可以将其与本属其他种类区分开。

（4）雄成虫（n=1）。体长 5.13mm，翅长 3.60mm。体长/翅长 1.42，翅长/前足腿节长 2.40。

1）体色：深棕色。

2）头部：触角末鞭节长 1250μm，触角比（AR）2.50；唇基毛 10 根；头部鬃毛 13 根，包括内顶鬃 4 根，外顶鬃 7 根，后眶鬃 2 根。幕骨长 225μm，宽 66μm；茎节长 264μm，宽 80μm。食窦泵、幕骨和茎节如图 2.1.17（a）所示。下唇须各节长度（μm）分别为 30、80、200、200、340，第 5 节和第 3 节长度比值为 1.70。

3）胸部：背中鬃 12 根，中鬃 12 根，翅前鬃 4 根，小盾片鬃 9 根。

4）翅［图 2.1.17（b）］：臀角成直角，翅脉比（VR）1.01，前缘脉延伸 20μm 长，R 脉具 18 根刚毛，R_{4+5} 脉具 10 根刚毛。腋瓣缘毛 16 根，臂脉有 1 根毛。

5）足：前足胫距长度为 88μm，中足 2 根胫距长度分别为 31μm 和 26μm；后足 2 根胫距长度分别为 85μm 和 38μm；前足胫节宽 79μm，中足胫节宽 75μm，后足胫节宽 90μm。后足胫节的胫栉具有 15 根刚毛。

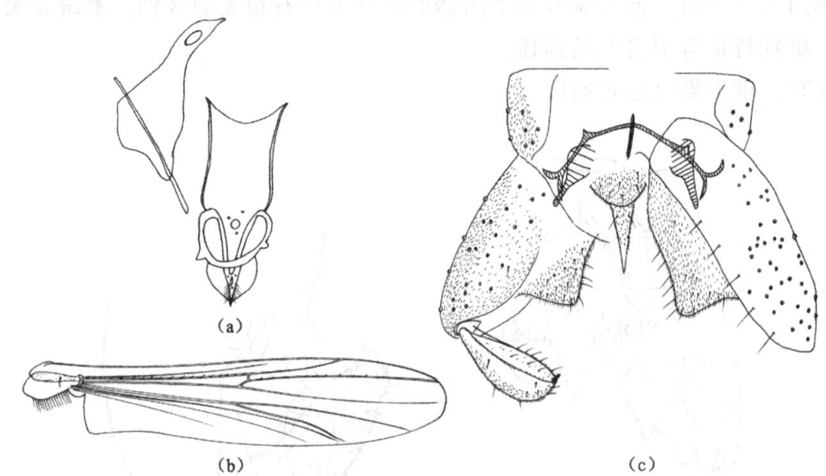

图 2.1.17　庄川毛突摇蚊 *Chaetocladius shouangulatus* Sasa

(a) 食窦泵、幕骨和茎节；(b) 翅；(c) 生殖节

6) 生殖节［图 2.1.17 (c)］：肛尖成三角形，具 8 根刚毛，长 88μm，宽 30μm。肛节侧片（LSIX）具有 12 根长刚毛。阳茎内突（Pha）长 80μm，横腹内生殖突长 100μm。阳茎刺突长 62μm。抱器基节长 308μm，下附器成三角形。抱器端节短而粗，长 132μm，抱器端棘长 13μm。生殖节比（HR）2.33，生殖节值（HV）3.88。

(5) 讨论：该种和 *C. insularis* Makarchenko & Makarchenko 相似，两者具有相同的肛尖和下附器，但 *C. insularis* 的触角比（AR）较小（1.36～1.46），且其抱器端节具有明显的亚端背脊，这可与 *C. shouangulatus* 有明显区别。

(6) 分布：日本。

2.1.4.19　棍棒毛突摇蚊 *Chaetocladius tatyanae* Makarchenko & Makarchenko

Chaetocladius tatyanae Makarchenko & Makarchenko，2006 b：73；2011：111.

(1) 模式产地：俄罗斯（远东地区）。

(2) 鉴别特征：本种肛尖较短小，下附器具有等大的背叶和腹叶，抱器端节棍棒状可以将其与本属其他种类区分开。

(3) 雄成虫。触角比（AR）1.12～1.30；复眼光裸无毛，具较短的背部延伸，唇基毛 5～6 根；头部鬃毛 10～11 根，包括内顶鬃 6 根，外顶鬃 4～5 根。下唇须各节长度（μm）分别为 32～40、56～70、108～135、104～115、176～218。前胸背板鬃 2～3 根，背中鬃 6～7 根，中鬃 13～17 根，翅前鬃 3～4 根，小盾片鬃 8 根。翅臀角发达，R 脉具 7～8 根刚毛，R_1 脉不具刚毛，R_{4+5} 脉具 2～7 根刚毛。腋瓣具 9～13 根缘毛。前足胫距长度为 52～58μm，中足 2 根胫距长度分别为 36～38μm 和 15～20μm；后足 2 根胫距长度分别为 56～63μm 和 13～20μm。后足胫节胫栉具 13～14 根刚毛。前足、中足和后足的足比分别为 LR_1 0.60～0.62、LR_2 0.42 和 LR_3 0.56。生殖节（图 2.1.18）：第九背板具有 7～9

根刚毛。肛节侧片具有 2～3 根长刚毛。肛尖长 12～15μm。横腹内生殖突较窄，长 100～120μm，阳茎刺突长 10～18μm。抱器基节 208～250μm，双下附器具有等大的背叶和腹叶，上具细毛。抱器端节 100～103μm，近末端略膨大，抱器端棘 10μm。生殖节比（HR）2.10～2.40。

（4）讨论：本研究未能检视到模式标本，鉴别特征等引自 Makarchenko & Makarchenko（2006b）。

（5）分布：俄罗斯（远东地区）。

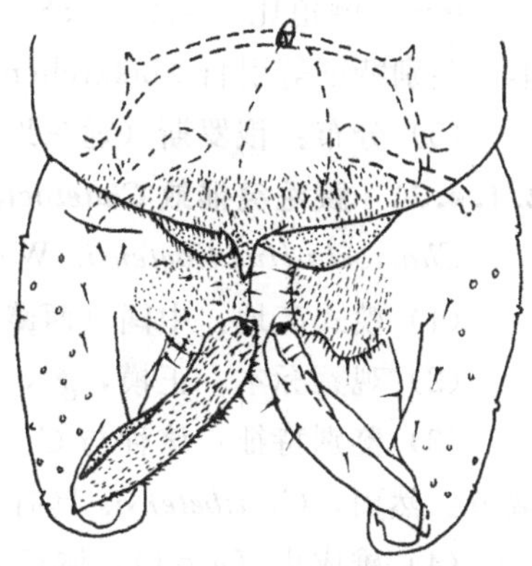

图 2.1.18　棍棒毛突摇蚊 *Chaetocladius tatyanae* Makarchenko & Makarchenko 生殖节

2.1.4.20　特努毛突摇蚊 *Chaetocladius tenuistylus* Brundin

Chaetocladius tenuistylus Brundin，1947：25；Makarchenko & Makarchenko，2003：207；2011：111.

（1）模式产地：瑞典。

（2）鉴别特征：本种不具有腋瓣缘毛，抱器端节略弯曲，触角比（AR）小于 1.0，这些特征可以将其与本属其他种类区分开。

（3）雄成虫。触角 14 鞭节，触角比（AR）0.88；复眼光裸无毛，唇基毛 4 根；头部鬃毛 11 根，包括内顶鬃 5 根，外顶鬃 6 根。下唇须各节长度（μm）分别为 40、54、120、100、136。第 5 节和第 3 节长度比值为 1.13。背中鬃 6 根，中鬃 8 根，翅前鬃 4 根。翅前缘脉不延伸，R_1 脉具有 1 根刚毛。生殖节（图 2.1.19）：第九背板具有 16 根刚毛。肛节侧片具有 6 根长刚毛。肛尖长 60μm，由基部向端部逐渐变细。抱器基节上附器略圆，其上密被短毛。抱器端节弯曲，末端 1/3 处较宽，内缘具有 11 根长刚毛。

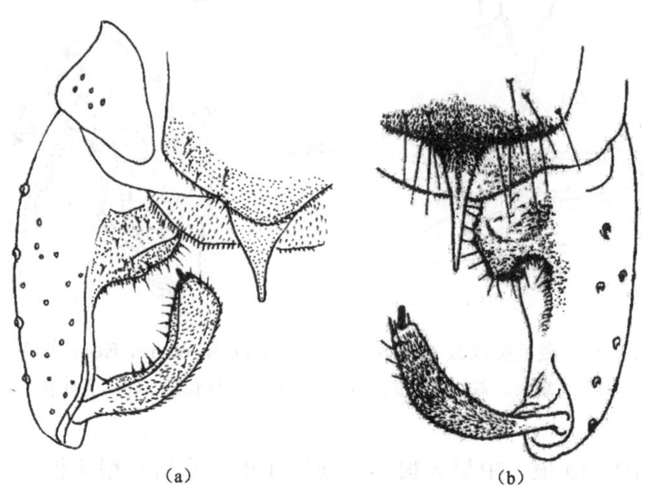

图 2.1.19　特努毛突摇蚊生殖节 *Chaetocladius tenuistylus* Brundin

（4）讨论：Brundin（1947）描述的采自欧洲的该种的标本体长 3.50mm，触角比（AR）1.66～1.80，抱器端节的 1/3 处不明显变宽；而采自俄罗斯远东地区的标本体长

2.75mm，触角比（AR）0.88，抱器端节的 1/3 处明显变宽。本研究未能检测到模式标本，鉴别特征等引自 Makarchenko & Makarchenko（2003）。

（5）分布：俄罗斯（远东地区），欧洲部分国家。

2.1.4.21　藏毛突摇蚊 *Chaetocladius tibetensis* Wang，Kong & Wang

Chaetocladius tibetensis Wang *et al.*，2012：45.

（1）模式产地：中国（西藏）。

（2）观察标本：正模，♂，西藏自治区那曲县扎峪乡，28.v.1987，扫网，邓成玉采。

（3）鉴别特征：该种与 *C. orientalis* Chaudhuri & Ghosh 相似，也具有较窄的抱器端节。然而，*C. tibetensis* 具有末端成钩状对称的阳茎刺突，这在该属中是唯一的。

（4）雄成虫（$n=1$）。体长 3.46mm。翅长 2.58mm。体长/翅长 1.34。翅长/前足腿节长 2.29。

1）体色：头部深褐色；触角浅黄棕色；胸部深棕色；腹部浅棕色；足浅棕色；翅几乎透明。

2）头部：触角末鞭节长 325μm，触角比（AR）0.49；唇基毛 8 根；头部鬃毛 14 根，包括内顶鬃 1 根，外顶鬃 6 根，后眶鬃 7 根；幕骨长 141μm，宽 44μm。食窦泵、幕骨和茎节如图 2.1.20（a）所示；下唇须各节长度（μm）分别为 26、44、154、97、224，第 5 节和第 3 节长度比值为 1.45。

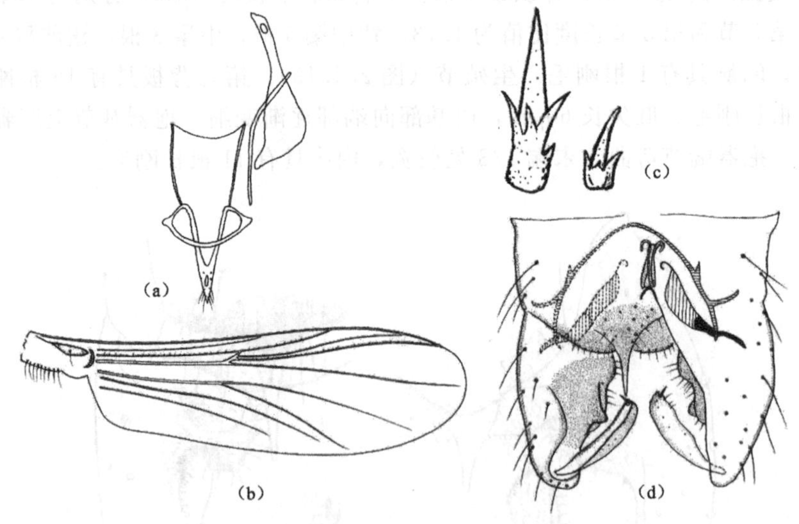

图 2.1.20　藏毛突摇蚊 *Chaetocladius tibetensis* Wang，Kong & Wang

(a) 食窦泵、幕骨和茎节；(b) 翅；(c) 后足胫距；(d) 生殖节

3）胸部：背中鬃 19 根，中鬃 5 根，翅前鬃 4 根，小盾片鬃 7 根。

4）翅［图 2.1.20（b）］：臀角较发达，翅脉比（VR）1.05，前缘脉延伸 40μm 长，腋瓣缘毛 9 根，臂脉有 1 根毛。

5）足：前足胫距长度为 70μm，中足 2 根胫距长度分别为 35μm 和 22μm；后足 2 根胫距［图 2.1.20（c）］长度分别为 70μm 和 25μm；前足胫节宽 50μm，中足胫节宽

48μm，后足胫节宽 50μm。后足胫节具有一个 45μm 长的胫栉。胸足各节长度及足比见表 2.1.7。

表 2.1.7 藏毛突摇蚊 *Chaetocladius tibetensis* 胸足各节长度（μm）及足比（*n*=1）

足	fe	ti	ta1	ta2	ta3	ta4	ta5	LR	BV	SV	BR
p1	550	625	400	200	125	75	50	0.64	2.81	2.47	2.30
p2	575	500	225	125	100	50	50	0.45	3.51	4.13	2.27
p3	550	600	375	200	125	75	50	0.63	3.27	3.26	2.67

6）生殖节［图 2.1.20（d）］：肛尖长 65μm，上具 14 根刚毛。肛节侧片（LSIX）具有 5 根长刚毛。阳茎内突（Pha）长 70μm；横腹内生殖突长 130μm。阳茎刺突长 70μm，末端成对称的钩状。抱器基节长 176μm，双下附器，上具 10 根长毛。抱器端节较窄，长 70μm，亚端背脊长而低；抱器端棘 11μm 长。生殖节比（HR）2.51；生殖节值（HV）4.94。

（5）讨论：该种与印度的 *C. artistylus* Bhattacharyay & Chaudhuri 均具有较窄的抱器端节，但其具有较长的肛尖（*C. artistylus* 的肛尖长为 36μm），而且 *C. artistylus* 具有较宽的下附器。然而 *C. tibetensis* 可以与该属其他种区别开的最明显的特征是其末端成钩状对称的阳茎刺突。

（6）分布：中国（西藏）。

2.1.4.22 东雅毛突摇蚊 *Chaetocladius togaconfusus* Sasa & Okazawa

Chaetocladius togaconfusus Sasa & Okazawa，1992b：136；Yamamoto，2004：13.

（1）模式产地：日本。

（2）观察标本：正模，♂，（No. 189：064），日本本州岛富山县东雅村百濑川，1. xi. 1990，S. Suzuki 采。

（3）鉴别特征：本种头部鬃毛较少（5 根），R_{4+5} 脉具 8 根刚毛，肛尖较小，末端尖锐，这些特征可以将其与本属其他种类区分开。

（4）雄成虫。体长 4.70mm，翅长 3.10mm。体长/翅长 1.52，翅长/前足腿节长 2.58。

1）体色：深棕色。

2）头部：触角末鞭节长 850μm，触角比（AR）1.55；唇基毛 10 根；头部鬃毛 5 根，包括内顶鬃 1 根，外顶鬃 3 根，后眶鬃 1 根。幕骨长 176μm，宽 48μm；茎节长 220μm，宽 79μm。食窦泵、幕骨和茎节如图 2.1.21（a）所示。下唇须各节长度（μm）分别为 31、57、154、141、242，第 5 节和第 3 节长度比值为 1.57。

3）胸部：背中鬃 6 根，中鬃 10 根，翅前鬃 4 根，小盾片鬃 6 根。

4）翅［图 2.1.21（b）］：臀角成直角，翅脉比（VR）1.01，前缘脉延伸 52μm 长，R 脉具 19 根刚毛，R_{4+5} 脉具 8 根刚毛。腋瓣缘毛 17 根，臂脉有 1 根毛。

5）足：前足胫距长度为 88μm，中足 2 根胫距长度分别为 35μm 和 32μm；后足 2 根胫距长度分别为 66μm 和 26μm；前足胫节宽 62μm，中足胫节宽 64μm，后足胫节宽 66μm。后足胫节的胫栉具有 12 根刚毛。

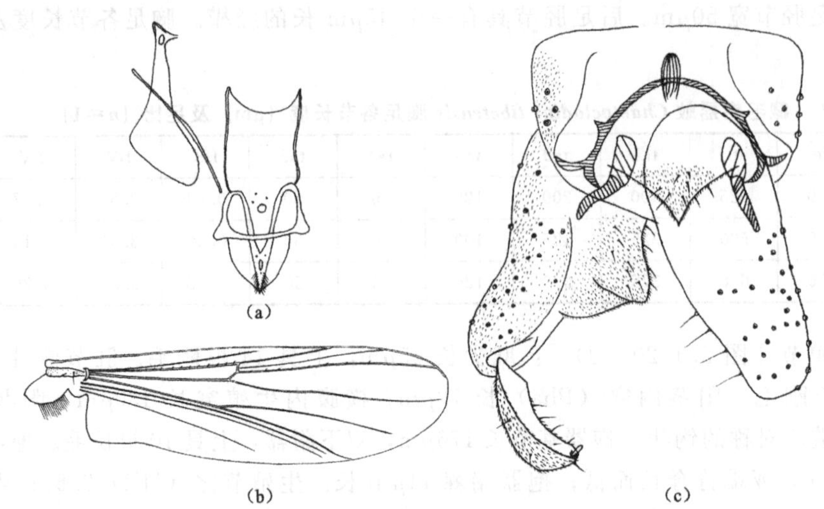

图 2.1.21　东雅毛突摇蚊 *Chaetocladius togaconfusus* Sasa & Okazawa

(a) 食窦泵、幕骨和茎节；(b) 翅；(c) 生殖节

6) 生殖节 [图 2.1.21 (c)]：肛尖小，末端尖锐，具 8 根刚毛，长 100μm，宽 35μm。肛节侧片 (LSIX) 具有 10 根长刚毛。阳茎内突 (Pha) 长 138μm，横腹内生殖突长 175μm。阳茎刺突长 60μm。抱器基节长 330μm，下附器末端圆钝。抱器端节长 132μm，抱器端棘长 15μm。生殖节比 (HR) 2.50，生殖节值 (HV) 3.56。

(5) 讨论：Sasa & Okazawa (1992b) 曾提出该种和 *C. perennis* (Meigen) 的相似之处，然而根据 Sæther (2004) 对 *C. perennis* 的描述，该种的肛尖末端圆钝，并且抱器端节具有明显的亚端背脊，故两者不具有 Sasa & Okazawa 指出的相似之处。

(6) 分布：日本。

2.1.4.23　百濑毛突摇蚊 *Chaetocladius toganomalis* Sasa & Okazawa

Chaetocladius toganomalis Sasa & Okazawa, 1992b: 137; Yamamoto, 2004: 13.

(1) 模式产地：日本。

(2) 观察标本：正模，♂，(No. 187: 001)，日本本州岛富山县东雅村百濑川，1. xi. 1990，S. Suzuki 采。

(3) 鉴别特征：本种阳茎刺突明显由三部分组成，且极发达，肛尖末端无毛且两侧平行，下附器复杂，明显成矩形，生殖节比 (HR) 较小 (1.33)，这些特征可以将其与本属其他种类区分开。

(4) 雄成虫。体长 3.40mm，翅长 2.35mm。体长/翅长 1.47，翅长/前足腿节长 2.91。

1) 体色：深棕色。

2) 头部：触角末鞭节长 600μm，触角比 (AR) 1.30；唇基毛 14 根；头部鬃毛 6 根，包括内顶鬃 1 根，外顶鬃 3 根，后眶鬃 2 根。幕骨长 170μm，宽 50μm；茎节长 200μm，宽 70μm。食窦泵、幕骨和茎节如图 2.1.22 (a) 所示。下唇须各节长度 (μm) 分别为 25、60、138、125、200，第 5 节和第 3 节长度比值为 1.45。

3）胸部：背中鬃10根，中鬃不明，翅前鬃5根，小盾片鬃5根。

4）翅［图2.1.22（b）］：臀角一般发达，翅脉比（VR）1.02，前缘脉延伸50μm长，R脉具15根刚毛，其余脉不具毛。腋瓣缘毛15根，臂脉有1根毛。

5）足：前足胫距长度为62μm，中足2根胫距长度分别为28μm和18μm；后足2根胫距长度分别为52μm和22μm；前足胫节宽40μm，中足胫节宽45μm，后足胫节宽57μm。后足胫节的胫栉具有16根刚毛。

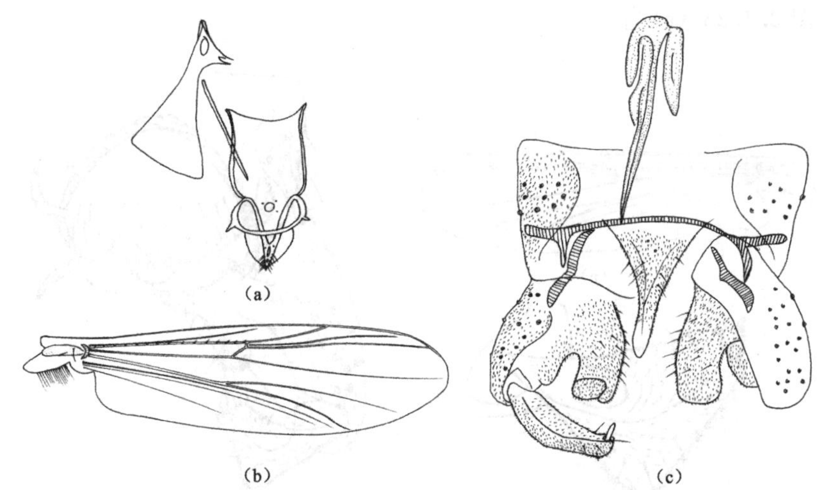

图2.1.22 百濑毛突摇蚊 *Chaetocladius toganomalis* Sasa & Okazawa

(a) 食窦泵、幕骨和茎节；(b) 翅；(c) 生殖节

6）生殖节［图2.1.22（c）］：肛尖末端无毛且两侧平行，具8根刚毛，长75μm，宽13μm。肛节侧片（LSIX）具有18根长刚毛。阳茎内突（Pha）长50μm，横腹内生殖突长150μm。阳茎刺突发达，明显分成三部分，长220μm。抱器基节长150μm，下附器复杂，成矩形。抱器端节长113μm，抱器端棘长18μm。生殖节比（HR）1.33，生殖节值（HV）3.01。

（5）讨论：*C. toganomalis* 和 *C. variabilis* Makarchenko & Makarchenko 是本属中具有发达阳茎刺突的两个种，此外 *C. toganomalis* 具有的复杂的下附器在本属中是唯一的，但 Sasa & Okazawa 根据其眼部光裸无毛，具有楔形的背部延伸，R_{4+5}脉略弯向 Cu_1 脉，以及肛尖的结构，该种属于毛突摇蚊属（*Chaetocladius*）。

（6）分布：日本。

2.1.4.24 利贺毛突摇蚊 *Chaetocladius togatriangulatus* (Sasa & Okazawa)

Pseudorthocladius togatriangulatus Sasa & Okazawa，1992b：159.

Parachaetocladius togatriangulatu (Sasa & Okazawa)，Sæther *et al*.，2000：171.

Chaetocladius togatriangulatus (Sasa & Okazawa)，Yamamoto，2004：13.

（1）模式产地：日本。

（2）观察标本：正模，♂，(No. 187：027)，日本本州岛利贺县，27.ii.1991，Suzuki采。

（3）鉴别特征：本种触角比（AR）较高（2.71），肛尖小而略呈半圆形，抱器端节末端最宽，成三角形，这些特征可以将其与本属其他种类区分开。

(4) 雄成虫。体长 4.00mm，翅长 2.66mm。体长/翅长 1.50。黑色。触角比 (AR) 2.71。

翅光裸无毛，翅脉比 (VR) 0.98，臀角发达，前缘脉末端略超过 R_{4+5} 脉的末端，Cu_1 脉弯曲 [图 2.1.23 (a)]。前足胫距长度为 43μm，中足 2 根胫距长度分别为 27μm 和 34μm；后足 2 根胫距长度分别为 64μm 和 34μm。前足、中足和后足的足比 (LR) 分别为 0.67、0.45 和 0.58。肛尖小而略呈半圆形 [图 2.1.23 (b)]，抱器端节末端最宽，成三角形 [图 2.1.23 (c)]。

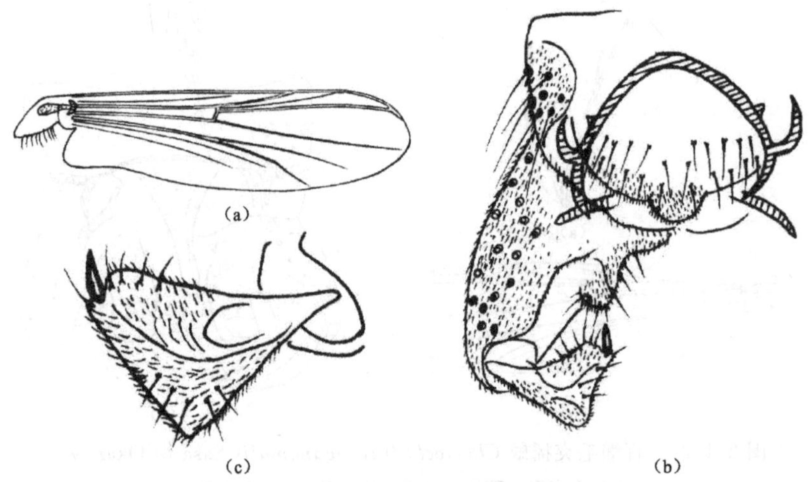

图 2.1.23　利贺毛突摇蚊 *Chaetocladius togatriangulatus* (Sasa & Okazawa)

(a) 翅；(b) 生殖节；(c) 抱器端节

(5) 讨论：Sasa & Okazawa (1992b) 最初将本种划分到伪直突摇蚊属 (*Pseudorthocladius*) 中，该种与欧洲和俄罗斯远东地区记录的 *Chaetocladius holmgreni* (Jacobson) 相似，两者具有相似的抱器端节，然而 *C. togatriangulatus* 肛尖小略呈半圆形，而 *C. Holmgreni* 的肛尖明显较之发达。本研究未能检视到模式标本，鉴别特征等引自 Sasa & Okazawa (1992b)。

(6) 分布：日本。

2.1.4.25 三角毛突摇蚊 *Chaetocladius triquetrus* Wang, Kong & Wang

Chaetocladius triquetrus Wang *et al.*, 2012: 46.

(1) 模式产地：中国（辽宁）。

(2) 观察标本：正模，♂，辽宁省丹东市宽甸满族自治县，22.iv.1992，灯诱，王俊才采。

(3) 鉴别特征：本种与 *C. elegens* Makarchenko & Makarchenko 和 *C. unicus* Makarchenko & Makarchenko 同样具有由长刺构成的阳茎刺突，然而 *C. triquetrus* 的阳茎刺突成三角形，且翅脉比 (VR) 较小，腋瓣具有 28 根缘毛。

(4) 雄成虫 ($n=1$)。体长 3.50mm。翅长 2.13mm。体长/翅长 1.65。翅长/前足腿节长 2.69。

1）体色：头部深褐色；触角浅黄棕色；胸部深棕色；腹部浅棕色；足浅棕色；翅几乎透明。

2）头部：触角末鞭节长 680μm，触角比（AR）2.00；唇基毛 25 根；头部鬃毛包括内顶鬃 2 根，其他鬃毛不清。幕骨长 140μm，宽 25μm。食窦泵、幕骨和茎节如图 2.1.24（a）所示；下唇须各节长度（μm）分别为 25、75、140、100、150，第 5 节和第 3 节长度比值为 1.07。

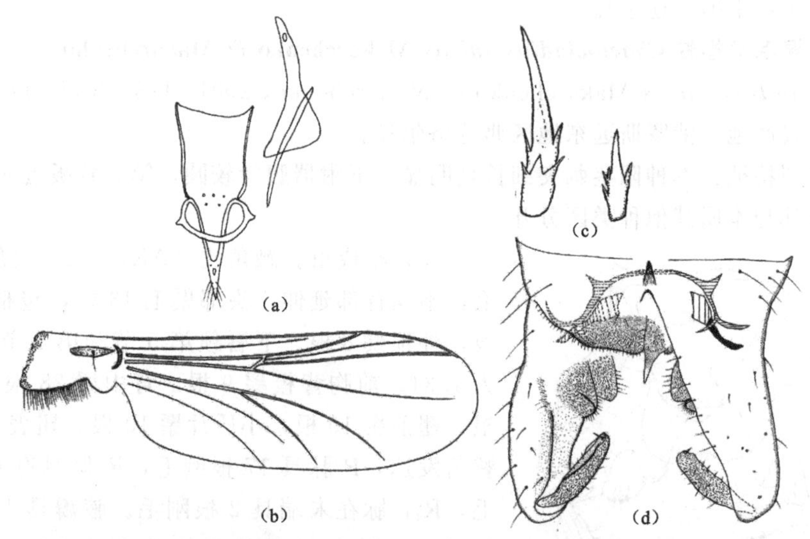

图 2.1.24 三角毛突摇蚊 *Chaetocladius triquetrus* Wang, Kong & Wang

（a）食窦泵、幕骨和茎节；（b）翅；（c）后足胫距；（d）生殖节

3）胸部：背中鬃 12 根，中鬃 7 根，翅前鬃 6 根，小盾片鬃 4 根。

4）翅［图 2.1.24（b）］：臀角一般发达，翅脉比（VR）0.94，前缘脉延伸 40μm 长，腋瓣缘毛 28 根，臂脉有 1 根毛。

5）足：前足胫距长度为 53μm，中足 2 根胫距长度分别为 23μm 和 18μm；后足 2 根胫距［图 2.1.24（c）］长度分别为 61μm 和 22μm；前足胫节宽 50μm，中足胫节宽 44μm，后足胫节宽 66μm。后足胫节具有一个 53μm 长的胫栉。胸足各节长度及足比见表 2.1.8。

表 2.1.8　三角毛突摇蚊 *Chaetocladius triquetrus* 胸足各节长度（μm）及足比（*n*=1）

足	fe	ti	ta1	ta2	ta3	ta4	ta5	LR	BV	SV	BR
p1	790	1075	640	400	260	180	110	0.60	2.64	2.91	3.00
p2	900	910	440	250	175	120	110	0.48	3.44	4.11	2.60
p3	950	1100	600	360	250	140	80	0.55	3.19	3.42	2.83

6）生殖节［图 2.1.24（d）］：肛尖长 92μm，上具 8 根短刚毛。肛节侧片（LSIX）具有 7 根长刚毛。阳茎内突（Pha）长 105μm；横腹内生殖突长 120μm。阳茎刺突长 35μm，其长刺构成三角形。抱器基节长 233μm，双下附器，上具 16 根长毛。抱器端节长

88μm，亚端背脊长而低；抱器端棘长 13μm。生殖节比（HR）2.65，生殖节值（HV）3.98。

（5）讨论：该种与印度的 *C. artistylus* Bhattacharyay & Chaudhuri 均具有较窄的抱器端节，但其具有较长的肛尖（*C. artistylus* 的肛尖长为 36μm），而且 *C. artistylus* 具有较宽的下附器。然而 *C. triquetrus* 可以与该属其他种区别开的最明显的特征是其末端成钩状对称的阳茎刺突。

（6）分布：中国（辽宁）。

2.1.4.26 裸毛突摇蚊 *Chaetocladius unicus* Makarchenko & Makarchenko

Chaetocladius unicus Makarchenko & Makarchenko，2001：178；2011：111.

（1）模式产地：俄罗斯远东地区弗兰格尔岛。

（2）鉴别特征：本种阳茎刺突细长且明显，下附器腹叶较圆，第九背板近光裸，这些特征可以将其与本属其他种类区分开。

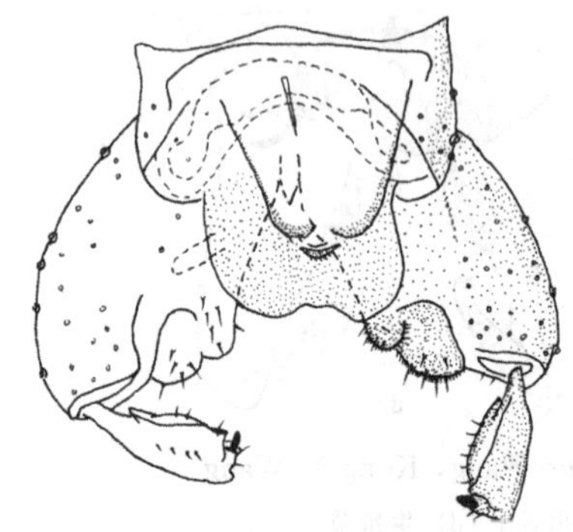

图 2.1.25 裸毛突摇蚊 *Chaetocladius unicus* Makarchenko & Makarchenko

（3）雄成虫。触角比（AR）1.23；复眼光裸无毛，不向背部延伸，头部鬃毛 13 根，包括内顶鬃 5 根，外顶鬃 8 根。下唇须第 5 节和第 3 节长度比值为 1.31。前胸背板鬃 9 根，背中鬃 28 根，中鬃 20 根，翅前鬃 10 根，小盾片鬃 10 根。翅表面具细毛，臀角发达，R 脉具 17 根刚毛，R_1 脉具有 0～1 根刚毛，R_{4+5} 脉在末端具 2 根刚毛。腋瓣具 13 根缘毛。前足、中足和后足的足比分别为 LR_1 0.66、LR_2 0.49 和 LR_3 0.56。生殖节（图 2.1.25）：第九背板近光裸。肛节侧片具有 8 根长刚毛。下附器腹叶较圆，阳茎刺突细长且明显。生殖节比（HR）2.30。

（4）讨论：本研究未能检视到该种模式标本，鉴别特征等引自 Makarchenko & Makarchenko（2001）。

（5）分布：俄罗斯（远东地区）。

2.1.4.27 多变毛突摇蚊 *Chaetocladius variabilis* Makarchenko & Makarchenko

Chaetocladius variabilis Makarchenko & Makarchenko，2003：207；2011：111.

（1）模式产地：俄罗斯（远东地区）。

（2）鉴别特征：本种触角 14 鞭节，下附器明显膨大，阳茎刺突始于第八腹节中部，且极长（160～176μm），这些特征可以将其与本属其他种类区分开。

（3）雄成虫。触角 14 鞭节，触角比（AR）0.92～1.07；复眼肾形，光裸无毛，唇基毛 4～6 根；头部鬃毛 13 根，包括内顶鬃 7 根，外顶鬃 6 根。下唇须各节长度（μm）分别为 32～36、44～48、120～124、104～112、152；第 5 节和第 3 节长度比值为 1.22～1.27。前胸背板鬃 6 根，背中鬃 9 根，中鬃 6 根，翅前鬃 4～5 根，小盾片鬃4～6 根。翅臀角一般发达，前缘脉不延伸，R 脉具 11 根刚毛，R_1 脉具有 1 根刚毛，R_{4+5} 脉不具刚毛。腋瓣具 6 根缘毛。前足胫距长度为 60μm，中足 2 根胫距长度分别为 28μm 和 28μm；后足 2 根胫距长度分别为 52μm 和 28μm。后足胫节胫栉具 10～11 根刚毛。前足、中足和

后足的足比分别为 $LR_1$0.64、$LR_2$0.46 和 $LR_3$0.58。生殖节（图 2.1.26）：第九背板具有 17 根刚毛。肛节侧片具有 7 根长刚毛。肛尖［图 2.1.26（a）］长 72μm，光裸无毛。抱器基节下附器明显膨大；阳茎刺突极长，始于第八腹节中部，160～176μm。抱器端节［图 2.1.26（b）］较短，外缘凸出，密被细毛，内缘具有并排的 2～3 根长的刚毛。抱器端棘［图 2.1.26（c）］较复杂。

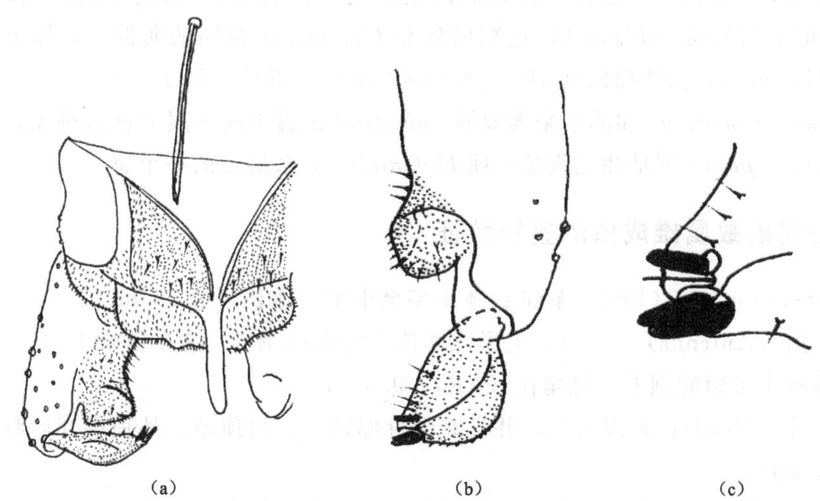

图 2.1.26　多变毛突摇蚊 *Chaetocladius variabilis* Makarchenko & Makarchenko

（a）生殖节；（b）抱器基节和抱器端节；（c）抱器端棘

（4）讨论：该种与 Tuiskunen（1986）中所记录到的采自芬兰和挪威的 *Chaetocladius crassisaetosus* 关系较近，而 *C. variabilis* 下附器的形状以及其极长的阳茎刺突可以将两个种较容易地区分开。本研究未能检视到模式标本，鉴别特征等引自 Makarchenko & Makarchenko（2003）。

（5）分布：俄罗斯（远东地区）。

2.2　毛胸摇蚊属系统学研究

2.2.1　毛胸摇蚊属简介

毛胸摇蚊属 *Heleniella* 由 Gowin 于 1943 年建立，并以 *Heleniella thienemanni* Gowin 作为该属的模式种。

该属的主要特征：复眼被毛；胸部除中鬃外均具较大数量的毛；翅臀角略明显，翅膜不具毛；肛尖小或者缺失，上附器缺失。

根据 Cranston *et al*.（1989），毛胸摇蚊属 *Heleniella* 主要分布于全北区，其幼虫多为狭温类型，一般生活于温度较低的地区。

系统发育方面的研究：Brundin（1956）讨论了毛胸摇蚊属 *Heleniella* 与其他各属的系统关系，认为在与毛胸摇蚊属 *Heleniella* 的关系上，中足摇蚊属 *Metriocnemus* 和拟中

足摇蚊属 *Parametriocnemus* 要比拟开氏摇蚊属 *Parakiefferiella* 和克莱施密摇蚊属 *Krenosmittia* 与之近。Ringe（1976）和 Sæther（1977）却得出与 Brundin 相反的结论，Ringe 得出这一结论，其根据之一是毛胸摇蚊属 *Heleniella*、拟开氏摇蚊属 *Parakiefferiella* 和克莱施密摇蚊属 *Krenosmittia* 三者的阳茎刺突长，且均具有针状骨化结构。然而，相似的阳茎刺突也存在于光中足摇蚊属 *Gymnometriocnemus* 的 *Raphidocladius* 亚属当中。沼摇蚊属 *Limnophyes* 也有结构相似但略短的阳茎刺突。根据复眼被毛和翅较低的 VR 值，苏伯来摇蚊属 *Sublettiella* 也被放到和 *Heleniella* 相同的属群中。综上所述，毛胸摇蚊属 *Heleniella* 和苔摇蚊属 *Bryophaenocladius*、沼摇蚊属 *Limnophyes*、光中足摇蚊属 *Gymnometriocnemus* 和苏伯来摇蚊属 *Sublettiella* 属于同一属群这是毫无疑问的，而沼摇蚊属 *Limnophyes* 则是和毛胸摇蚊属 *Heleniella* 关系最近的一个属。

2.2.2 毛胸摇蚊属雄成虫的鉴别特征

据 Cranston *et al*.（1989）属征：体小型至中型，体长可达 2.5mm。

（1）触角（Antenna）：13 节，毛形感器位于触角的第 2、第 3 和第 13 节，触角顶端圆钝，常具有少量短的刚毛，触角比（AR）：0.5～1.1。

（2）头部（Head）：复眼被毛，并且略向背部延伸。内顶鬃、外顶鬃和后眶鬃数量较多且一般成多列。

（3）胸部（Thorax）：前胸背板发达，各叶前部结合紧密且密被毛。无中鬃；背中鬃数目较多且具有肩鬃；翅前鬃数目较多，与肩鬃有接触；前小盾片鬃数目较多，后部延伸至背中鬃前部延伸到盾片；小盾片鬃多列。前胸后背片前部几乎无毛。上前侧片、后侧片、前前侧片的前部和中部偶有短毛。

（4）翅（Wing）：翅膜区无毛，但具有较多微小的点状突起；臀角略发达；前缘脉（C 脉）具延伸，R_{2+3} 脉伸至 R_1 脉和 R_{4+5} 脉的中部，R_{4+5} 止于 M_{3+4} 脉的背部正对处，Cu_1 脉弯曲，后肘脉和臀脉伸至 FCu 脉之外，R 脉无毛或有少量毛，其余各脉无毛，腋瓣亦无长缘毛。

（5）足（Legs）：后足外胫距缺失或长于内胫距的 1/2，胫栉发达。后足的第一跗节具少量或不具有毛形感器。

（6）生殖节（Hypopygium）：肛尖小或者无肛尖；腹内突通常突出，具有伸长的横腹内生殖突；阳茎刺突包含 2～3 条长的略弯曲的棒状结构。上附器缺失，下附器呈矩形或钝三角形，其上有长毛或短刚毛。抱器端节或粗或细，亚端背脊缺失，抱器端棘发达。

根据观察标本、相关研究文献 Serra-Tosio（1967），Sæther（1969，1985a），Ringe（1976）等将 Cranston *et al*.（1989）中的该属属征作如下修订："触角具有 13 鞭节"修订为"触角具有 13 或 14 鞭节"，如 *H. dorieri* Serra-Tosio 和 *H. serratosioi* Ringe，两者的触角均具有 14 鞭节。"体长可达 2.50mm"修订为"体长可达 2.70mm"，如采自中国云南和甘肃的 *H. curtistila* Sæther 的体长达到 2.70mm。"后足外胫距缺失，或外胫距的长度大于内胫距的 1/2"修订为"后足外胫距或缺失"，如采自云南的 *H. curtistila* Sæther，其后足内外胫距的长度分别为 40μm 和 12μm，外胫距的长度小于内胫距的 1/2。

2.2.3 检索表

世界毛胸摇蚊属雄成虫检索表

1. 触角具有 14 鞭节 …… 2
   触角具有 13 鞭节 …… 3
2. 触角比（AR）0.60 …… *H. dorieri* Serra-Tosio
   触角比（AR）0.89～0.95 …… *H. serratosioi* Ringe
3. 翅膜质区具有深色的斑 …… 4
   翅膜质区透明，不具有深色斑 …… 5
4. 下附器三角形 …… *H. nebulosa* Andersen & Wang
   下附器矩形或者半圆形 …… 6
5. 触角比（AR）高，0.82 …… *H. osarumaculata* Sasa
   触角比（AR）低，0.56 …… *H. otujimaculata* Sasa & Okazawa
6. 肛尖完全消失 …… 7
   肛尖并未完全消失 …… 8
7. 触角比（AR）0.65，生殖节比（HV）5.20 …… *H. curtistila* Sæther
   触角比（AR）1.04，生殖节比（HV）3.54 …… *H. hirta* Sæther
8. 肛尖较大且明显，触角比（AR）0.52 …… *H. extrema* Albu
   肛尖小，触角比（AR）大于 0.80 …… 9
9. 下附器呈三角形 …… *H. parva* Sæther
   下附器非三角形，末端明显延伸 …… *H. ornaticollis* (Edwards)

2.2.4 种类描述

2.2.4.1 短铗毛胸摇蚊 *Heleniella curtistila* Sæther

Heleniella curtistila Sæther，1969：130；Wang *et al*. 1991：34；Wang，2000：636.

（1）模式产地：美国。

（2）观察标本：1♂，甘肃省兰州市吐鲁沟国家森林公园，16. viii. 1993，灯诱，王新华采；2♂♂，重庆市金佛山，9. v. 1986，扫网，王新华采；1♂，宁夏回族自治区六盘山自然保护区，7. viii. 1988，扫网，王新华采；1♂，四川省康定县 29 号木材站，15. vi. 1996，扫网，王新华采；1♂，云南省洱源县牛街镇，22. v. 1996，灯诱，王备新采；1♂，云南省大理市中和村，22. v. 1996，灯诱，王新华采。

（3）鉴别特征：触角 13 鞭节，触角比小于 1，复眼具眼毛，胸部各区密被刚毛，背中鬃多于 80 根，Cu 脉强烈弯曲，腋瓣无缘毛，肛尖完全消失，阳茎刺突发达，由两长刺构成。

（4）雄成虫（$n=7$）。体长 2.15～2.70，2.48mm；翅长 1.40～1.90，1.63mm。体长/翅长 1.34～1.68，1.52。翅长/前足腿节长 3.03～4.12，3.40。

1）体色：头部深褐色；触角浅黄棕色；胸部和腹部深褐色；足浅棕色，翅略带淡黄色。

2）头部：触角末鞭节长 207～317，246μm，触角顶端圆钝，触角比（AR）0.55～0.79，0.63；唇基毛 9～15，12 根；头部鬃毛 18～19，18 根，包括内顶鬃 3～5，4 根，外顶鬃 10 根，后眶鬃 4～6，5 根，幕骨长 110～135，124μm，宽 21～28，24μm。食窦泵、幕骨和茎节如图 2.2.1（a）所示；下唇须各节长度（μm）分别为 10～37，19；20～45，34；47～79，63；45～70，59；79～135，108；第 5 节和第 3 节长度之比为 1.52～2.34，1.86。

3）胸部［图 2.2.1（b）］：前胸背板鬃 51～79，60 根；背中鬃 96～124，106 根，包括 27～36，30 根短的肩鬃，其中有 9～15，13 根成单列或双列排列的强壮刚毛；另有 54～79，63 根前小盾片鬃。翅前鬃 13～24，19 根，双列，上下侧分别有 4～15，10 根和 6～10，8 根。前上前侧片有 39～63，51 根细毛，中上前侧片具 13～30，19 根强壮刚毛。前前侧片鬃为 34～70，58 根强壮刚毛。小盾片鬃 26～51，34 根，成 2～3 列。后背板具有 4～11，7 根细毛。

4）翅［图 2.2.1（c）］：翅脉比（VR）1.00～1.30，1.11，前缘脉延伸长 44～70，53μm。R 脉具 2～4，3 根刚毛，臀角退化，臂脉有 1 根毛。

5）足：前足胫距长度为 35～39，37μm，中足 2 根胫距长度分别为 9～17，13μm 和 16～18，17μm；后足 2 根胫距长度为 12～30，21μm 和 35～40，38；前足胫节宽 22～26，24μm，中足胫节宽 22～32，26μm，后足胫节宽 27～44，34μm。后足胫节顶端膨大，具有一个由 15～18，17 根刚毛形成的胫栉，构成胫栉的刚毛中，最长的为 38～48，43μm，最短的为 20～30，25μm。胸足各节长度及足比见表 2.2.1。

表 2.2.1 短铗毛胸摇蚊 *Heleniella curtistila* 胸足各节长度（μm）及足比（n=7）

足	p1	p2	p3
fe	470～580，525	530～660，595	540～640，590
ti	630～770，700	520～670，595	620～810，715
ta1	360～450，405	260～350，305	350～440，395
ta2	230～290，260	160～200，180	200～240，220
ta3	150～190，170	110～130，120	150～170，160
ta4	95～120，108	60～80，70	80～100，90
ta5	70～80，75	50～80，65	70～80，75
LR	0.57～0.58，0.58	0.50～0.52，0.51	0.54～0.56，0.55
BV	2.65～2.68，2.67	3.43～3.71，3.57	3.02～3.20，3.11
SV	3.00～3.06，3.03	3.80～4.04，3.92	3.30～3.31，3.31
BR	1.33	2.50～2.67，2.58	2.71～3.20，2.95

6）生殖节［图 2.2.1（d）］：肛尖缺失，第九背板具 9～13，11 根短刚毛，肛节侧片（LSIX）具有 3～6，5 根长刚毛。阳茎内突（Pha）长 38～50，44μm；横腹内生殖突长 60～90，72μm。阳茎刺突长 62～68μm，由两根长刺构成。抱器基节长 138～158，146μm，具有发达的三角形下附器。抱器端节长 48～65，57μm；抱器端棘长 10～13，12μm。生殖节比（HR）2.12～2.88，2.52，生殖节值（HV）4.12～4.48，4.32。

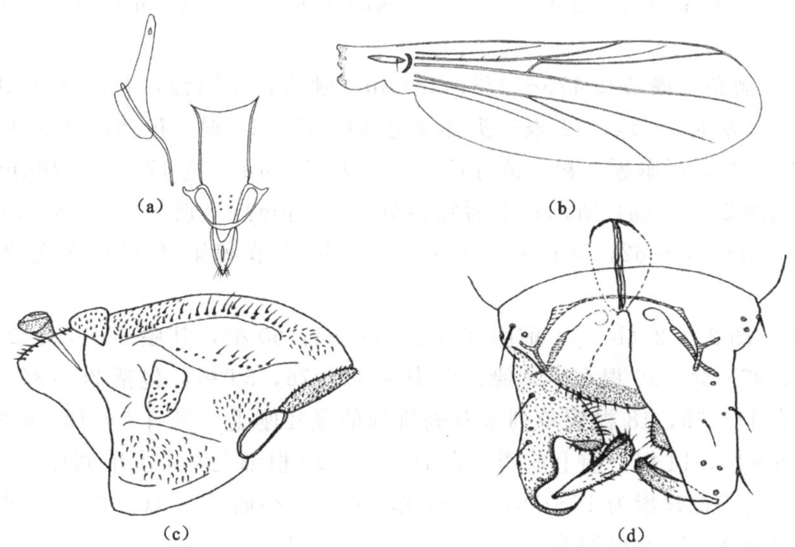

图 2.2.1 短铗毛胸摇蚊 *Heleniella curtistila* Sæther
(a) 食窦泵、幕骨和茎节；(b) 胸部；(c) 翅；(d) 生殖节

(5) 讨论：Sæther (1969) 根据采自美国的标本建立该种，并给予详尽的描述和绘图，王新华和郑乐怡 (1991) 记录到采自中国重庆和宁夏的该种。通过两者对改种的描述和中国标本的观察，采自中国的标本有较低的生殖节值 (HV) 4.12～4.48，低于采自美国的标本的该值 (HV 5.2)。

(6) 分布：中国（宁夏、云南、甘肃、重庆），美国。

2.2.4.2 黑翅毛胸摇蚊 *Heleniella nebulosa* Andersen & Wang

Heleniella nebulosa Andersen & Wang, 1997: 151; 2000: 637; Wang *et al.*, 2003: 49.

(1) 模式产地：泰国。

(2) 观察标本：1♂，陕西省留坝县庙台子镇，3.viii.1994，灯诱，卜文俊采；2♂♂，陕西省周至县板房子乡，9.viii.1994，灯诱，卜文俊采；2♂♂，福建省武夷山自然保护区，27.iv.1993，灯诱，卜文俊采；1♂，贵州省大沙河自然保护区，24.viii.2004，扫网，于昕采；1♂，河南省信阳市鸡公山，11.vii.1997，扫网，王备新采；1♂，浙江省庆元县百山祖乡，22.iv.1994，灯诱，王新华采；1♂，西藏自治区日喀则区樟木镇，16.vii.1987，扫网，邓成玉采。

(3) 鉴别特征：该种翅上的黑斑可将其与本属的其他所有种类（除了 *H. osarumaculata* Sasa）分开，然而，*H. nebulosa* 胸部具有披针形肩鬃，披针形前胸背板鬃、中胸背板鬃和后胸背板鬃，下附器呈三角形，阳茎刺突有两条长的三条短的刺构成，这些特征可将其与 *H. osarumaculata* Sasa 明显区别开。

(4) 雄成虫 ($n=9$)。体长 1.74～2.21，1.95mm；翅长 1.15～1.18，1.16mm。体长/翅长 1.48～1.92，1.69；翅长/前足腿节长 2.80～2.95，2.87。

1）体色：头部深褐色；触角浅黄棕色；胸部和腹部深褐色；足浅棕色；翅具两淡黑色斑。

2）头部：触角末鞭节长 175～273，229μm，触角顶端圆钝，触角比（AR）0.69～0.91，0.83；唇基毛 9～14，11 根；头部鬃毛 13～15，14 根，包括内顶鬃 4～6，5 根，外顶鬃 5～9，7 根，后眶鬃 3 根；幕骨长 92～119，101μm，宽 17～18，18μm。食窦泵、幕骨和茎节如图 2.2.2（a）所示；下唇须各节长度（μm）分别为 17～18，18；22～30，26；53～57，54；57～62，59；92～106，101。第 5 节和第 3 节长度之比为 1.74～2.00，1.88。

3）胸部［图 2.2.2（b）］：前胸背板鬃 52～64，60 根，其中 25～30，27 根在前胸背板前边缘，27～34，30 根在后边缘；背中鬃 47～76，58 根，包括 25～35，32 根短的肩鬃，其中有 11～29，18 根成单列或双列排列的强壮刚毛，另有 6～12，8 根前小盾片鬃。翅前鬃 9～19，14 根。前上前侧片有 18～21，20 根细毛，中上前侧片具 11～20，14 根强壮刚毛。前前侧片鬃为 16～36，24 根强壮刚毛。小盾片鬃 16～22，18 根，成 2～3 列。后背板具有 4～6，5 根细毛。

4）翅［图 2.2.2（c）］：翅脉比（VR）1.13～1.23，1.17，前缘脉延伸长 66～80，72μm。翅上具有两块黑色斑。臀角退化，臂脉有 1 根毛。

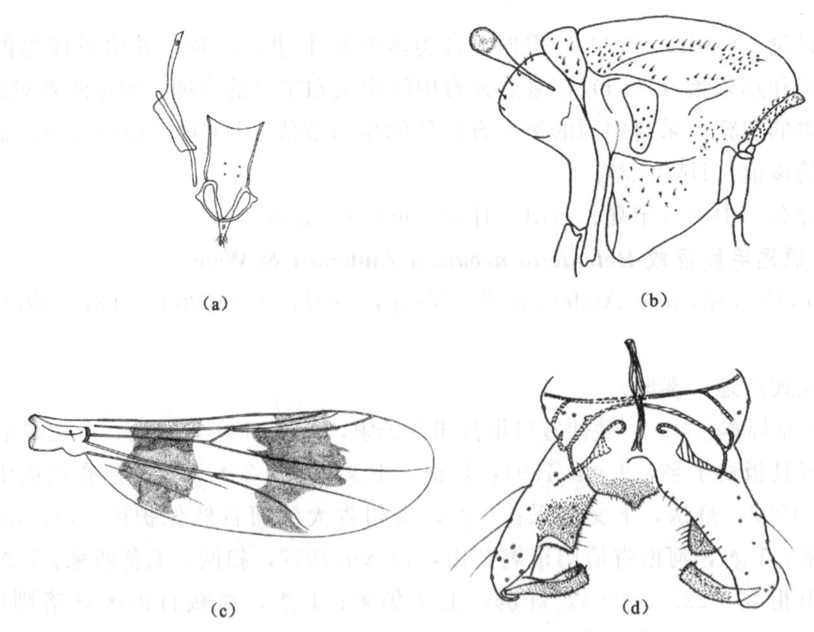

图 2.2.2　黑翅毛胸摇蚊 *Heleniella nebulosa* Andersen & Wang

(a) 食窦泵、幕骨和茎节；(b) 胸部；(c) 翅；(d) 生殖节

5）足：前足胫距长度为 30～38，34μm，中足 2 根胫距长度分别为 12～15，13μm 和 17～20，18μm；后足 2 根胫距长度为 17～20，18μm 和 26～30，27μm；前足胫节宽 22～26，24μm，中足胫节宽 22～32，26μm，后足胫节宽 27～44，34μm。后足胫节顶端膨大，具有一个由 16～17，17 根刚毛形成的胫栉，构成胫栉的刚毛中，最长的为 33～45，38μm，最短的为 15～22，19μm。胸足各节长度及足比见表 2.2.2。

表 2.2.2 黑翅毛胸摇蚊 *Heleniella nebulosa* 胸足各节长度（μm）及足比（*n*=9）

足	p1	p2	p3
fe	390～410，403	370～470，430	380～450，423
ti	510～520，513	410～450，430	440～510，473
ta1	290～330，310	200～220，212	250～280，263
ta2	180～200，190	120～130，123	140～150，147
ta3	120～140，130	70～85，78	90～110，103
ta4	70～90，82	40～45，42	40～50，45
ta5	50～70，60	40～55，48	50～60，53
LR	0.57～0.63，0.59	0.49～0.50，0.49	0.55～0.57，0.55
BV	2.57～3.40，2.93	3.63～3.74，3.69	3.30～3.35，3.33
SV	2.82～3.10，3.00	3.90～4.18，4.03	3.28～3.50，3.40
BR	1.75～2.22，1.99	1.50～1.67，1.59	1.78～2.40，2.09

6）生殖节［图 2.2.2（d）］：肛尖缺失，第九背板具 9～18，14 根短刚毛，肛节侧片（LSIX）具有 4 根长刚毛。阳茎内突（Pha）长 35～38，37μm，横腹内生殖突长 63～70，67μm。阳茎刺突长 55～60，57μm，由两根长刺和三根短刺构成。抱器基节长 125～140，133μm，具有发达的三角形下附器。抱器端节 48～50，49μm；抱器端棘长 12μm。生殖节比（HR）2.60～2.80，2.70；生殖节值（HV）3.82～4.60，4.21。

（5）讨论：根据采自泰国的标本，Andersen & Wang（1997）对本种给予详细的描述。通过对中国标本的观察发现，一头采自中国河南的标本比采自泰国的标本有着更高的生殖节值（HV），二者值分别为 4.60 和 3.70。

（6）分布：中国（陕西、浙江、福建、贵州、河南和西藏），泰国。

2.2.4.3 雄猿毛胸摇蚊 *Heleniella osarumaculata* Sasa

Heleniella osarumaculata Sasa，1988：39；Wang，2000：637；Yamamoto，2004：39；Makarchenko & Makarchenko 2011：115.

（1）模式产地：日本。

（2）鉴别特征：该种翅上的 Cu_1 脉明显弯曲，与 *H. nebulosa* 相似，翅上具明显黑斑，但本种胸部不具有披针形鬃毛，抱器基节的下附器成矩形，这些特征可将其与 *H. nebulosa* 区别开。

（3）雄成虫。体长 2.24mm；翅长 1.41mm。体长/翅长 1.74。棕色；翅具两淡黑色斑块，分别位于 1/3 处和 2/3 处［图 2.2.3（a）］。触角 13 鞭节，触角比（AR）0.82；唇基毛 10 根。翅脉比（VR）1.14，前缘脉明显延伸。臀角退化，腋瓣不具有缘毛。Cu_1 脉明显弯曲，臂脉有 1 根毛。前足胫距长度为 35μm，中足具有 1 根胫距，长度分别为 20μm；后足 2 根胫距长度为 45μm 和 25μm，不存在伪胫距。前足、中足和后足的足比分别为 0.57、0.51、0.56。肛尖缺失，第九背板末端圆钝。抱器基节具有明显的矩形下附器，阳茎刺突长 100μm。抱器端节长 52μm，背腹面近平行［图 2.2.3（b）］。

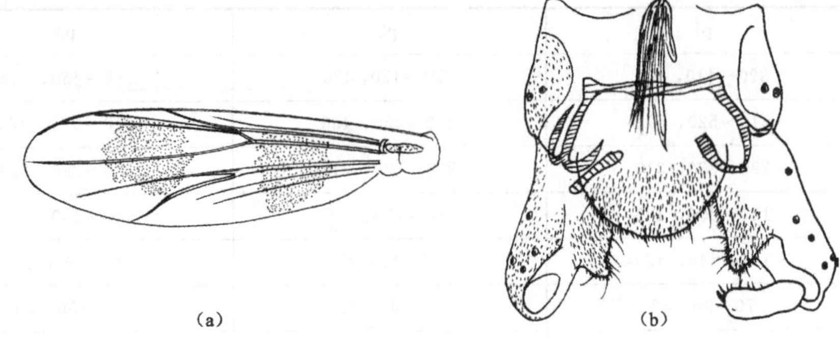

图 2.2.3 雄猿毛胸摇蚊 *Heleniella osarumaculata* Sasa

(a) 翅；(b) 生殖节

(4) 讨论：Wang (2000) 记录了采自中国浙江的 *H. osarumaculata* Sasa，然而通过对该标本的重新观察测量，根据其与 *H. nebulosa* 相似的下附器以及阳茎刺突明显由两根长刺和三根短刺构成，作者认为该标本为 *H. nebulosa* 而非 *H. osarumaculata*。本研究未能检视到该种模式标本，鉴别特征等引自 Sasa (1988)。

(5) 分布：日本，俄罗斯（远东地区）。

2.2.4.4 尾辻毛胸摇蚊 *Heleniella otujimaculata* Sasa & Okazawa

Heleniella otujimaculata Sasa & Okazawa 1994: 77; Yamamoto 2004: 39.

(1) 模式产地：日本。

(2) 观察标本：正模，♂，日本富山县尾辻山，扫网，S. Suzuki 采。

(3) 鉴别特征：该种胸部具披针形的背中鬃，腿节末端颜色较深，下唇须第5节和第3节的长度之比约为2.0，下附器较圆钝，阳茎刺突由一长一短两根刺组成，这些特征可将其与本属的其他种明显区别开。

(4) 雄成虫。体长 1.95mm，翅长 1.10mm。体长/翅长 1.77，翅长/前足腿节长 2.56。

1) 体色：棕色；足的腿节末端深棕色。

2) 头部：触角13鞭节；末鞭节长 202μm，触角比（AR）0.56。唇基毛8根；头部鬃毛14根，包括内顶鬃2根，外顶鬃8根，后眶鬃4根。幕骨长 113μm，宽 20μm；茎节长 115μm，宽 53μm。食窦泵、幕骨和茎节如图 2.2.4 (a) 所示。下唇须各节长度（μm）分别为 25、60、70、75、142，第5节和第3节长度之比为 2.03。

3) 胸部：前胸背板鬃62根，其中12根在前胸背板前边缘，37根在后边缘，背中鬃13根，翅前鬃9根，小盾片鬃12根。

4) 翅 [图 2.2.4 (b)]：翅脉比（VR）1.25，前缘脉延伸长 120μm。R脉具有4根刚毛，R_1脉具3根刚毛。臀角退化，臂脉有1根毛。

5) 足：腿节末端颜色较深。前足胫距，长度为 38μm，中足2根胫距长度分别为 13μm 和 12μm；后足2根胫距，长度为 40μm 和 15μm；前足胫节宽 35μm，中足胫节宽 38μm，后足胫节宽 45μm。后足具有一个由13根刚毛形成的胫栉。胸足各节长度及足比见表 2.2.3。

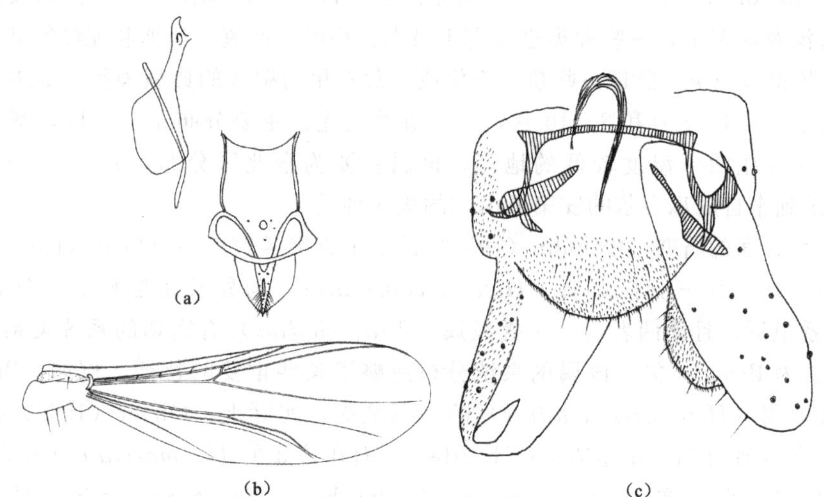

图 2.2.4 尾辻毛胸摇蚊 *Heleniella otujimaculata* Sasa & Okazawa

(a) 食窦泵、幕骨和茎节；(b) 翅；(c) 生殖节

表 2.2.3 尾辻毛胸摇蚊 *Heleniella otujimaculata* 胸足各节长度（μm）及足比（$n=1$）

足	fe	ti	ta1	ta2	ta3	ta4	ta5	LR	BV	SV	BR
p1	430	550	300	170	130	80	70	0.55	2.84	3.27	1.50
p2	430	450	210	120	80	50	60	0.47	3.52	4.19	1.20
p3	440	480	270	140	100	40	50	0.56	2.77	3.41	1.30

6）生殖节［图 2.2.4（c）］：肛尖缺失，第九背板具 12 根短刚毛，肛节侧片（LSIX）具有 5 根长刚毛。阳茎内突（Pha）长 50μm，横腹内生殖突长 88μm。阳茎刺突有长短两根刺组成，长 75μm。抱器基节长 138μm，具有显圆钝的下附器。抱器端节 60μm；抱器端棘长 12μm。生殖节比（HR）2.30；生殖节值（HV）3.25。

（5）讨论：该种与欧洲的本属的其他种的区别在于翅上具有两块蓝色斑，这与 *H. osarumaculata* Sasa 和 *H. nebulosa* Andersen & Wang 相似，但 *H. otujimaculata* 个体较小，且触角比较低（AR 0.56），且下附器圆钝。

（6）分布：日本。

2.3 异三突摇蚊属系统学研究

2.3.1 异三突摇蚊属简介

Spärck（1923）建立异三突摇蚊属（*Heterotrissocladius*），*Metriocnemus cubitalis*（Kieffer）为该属的模式种。

该属的主要特征是：复眼光裸无毛；翅臀角略明显，翅膜区、翅脉一般具有较大数量的毛；肛尖一般发达，具亚端背脊。

根据 Cranston *et al*.（1989），异三突摇蚊属（*Heterotrissocladius*）的未成熟阶段主要分布于海滨及深湖中，一些种类也发现于泉水、小溪、河流、池塘和泥潭等处。该属的 *subpilosus* 群和 *maeaeri* 群是一些超营养化或寡营养化的湖区的典型种类。成虫一年主要有两个爆发阶段，4—7 月和 8—10 月，且以春季为主。主要分布于全北区，其幼虫多为狭温类型，一般生活于温度较低的地区。该属主要为全北区分布，Turcotte & Harper（1982）记录到来自厄瓜多尔的安第斯山脉的该属种类。

系统发育方面的研究：Brundin（1956）讨论了直突摇蚊亚科（Orthocladiinae）各属的系统关系，认为异三突摇蚊属（*Heterotrissocladius*）与异长跗摇蚊属（*Heterotanytarsus*）关系最近，且此两者与三突摇蚊属（*Trissocladius*）有密切的系统关系。Sæther（1975）则认为 Brundin 关于该属的系统分析忽略了某些重要的特征。例如，Brundin 提到异三突摇蚊属（*Heterotrissocladius*）的中鬃缺失，实际上，Oliver（1962）指出中鬃缺失只发生在该属的 *H*. *subpilosus*（Kieffer），而在该属的 *H*. *marcidus*（Walker），中鬃非但不缺失，它却像 *Parametriocnemus* Goetghebuer、*Paraphaenocladius* Thienemann、*Metriocnemus* v. d. Wulp、*Thienemannia* Kieffer 和 *Pseudorthocladius* Goetghebuer 等几个属一样存在且比较粗壮。在该属所有种类中，Cu_1 都不是伸直的，而是有明显的弯曲。以上这些特征可以将异三突摇蚊属（*Heterotrissocladius*）放在中足摇蚊族（Metriocnemini），而不是 Brundin 所述直突摇蚊族（Orthocladiini）。

Sæther（1975）认为确定一个属的系统发育关系，特别是对于祖征明显的那些属，确定哪些特征属于祖征，哪些特征属于新征很重要。Brundin（1956）对 Goetghebuer（1942）进行了修正，认为蛹期臀角的缘毛是一个重要的系统学特征。对比 *Heterotrissocladius* 与其他三属 *Paratrissocladius*、*Parametriocnemus* 和 *Paraphaenocladius*，除了生殖器结构，这四属在其他特征上也有很多的相似性。事实上，*Heterotrissocladius* 和 *Paraphaenocladius* 的不同之处在于 *Paraphaenocladius* 具有前缘脉延伸和较短的 R_{4+5} 脉。四属的相似特征如下：复眼向背部延伸，头部鬃毛完整，数量较多的背中鬃和翅前鬃，翅脉翅膜区具毛，臀角发达，腋瓣缘毛较多，肛尖长且发达等。

2.3.2　异三突摇蚊属雄成虫的鉴别特征

据 Cranston *et al*.（1989）属征：体小型至中型，体长 1.9～3.3mm。

（1）触角（Antenna）：13 鞭节，毛形感器位于触角的第 2～4 节和第 13 节，触角比（AR）1.0～2.1。

（2）头部（Head）：复眼一般光裸无毛，或偶有细软毛；具有楔形的复眼延伸；头部鬃毛完整，且内顶鬃较外顶鬃短；幕骨的前 1/2 处具有微毛，下唇须一般 5 节，第三节的顶端具有 2～3 个感觉棒。

（3）胸部（Thorax）：前胸背板不与盾片的突出部分接触，中鬃长且粗壮，发生于前胸背板附近（*marcidus* 群），或者发生于距前胸背板较远处（*maeaeri* 群），也有某些种类，其中鬃缺失或者极细（*subpilosus* 群）；背中鬃及翅前鬃数目较多，前小盾片鬃成单列或者双列。

(4) 翅 (Wing): 翅膜区有毛或者无毛，臀角发达，一般突出或者圆钝；R_1 脉和 R_{4+5} 脉止于 M_{3+4} 脉末端的背部相对处，Cu_1 脉明显弯曲，R 脉、R_1 脉和 R_{4+5} 脉具毛，其他脉也常具毛；腋瓣具缘毛。

(5) 足 (Legs): 不具伪胫距；不具有毛形感器，或者后足第一跗节具有 1～2 个毛形感器；后足一般多毛。

(6) 生殖节 (Hypopygium): 肛尖长，健壮或者针状，末端无长毛，但第九背板和肛尖具一定数量的短的细毛；腹内生殖突的前端突出；阳茎刺突存在，由 6～8 根细短的刺构成；抱器基节的下附器或多或少圆钝，抱器端节前端具有亚端背脊。

根据观察标本、相关研究文献 Kong & Wang (2011), Stur & Wiedenbrug (2005), 将 Cranston *et al*. (1989) 中的属征作如下修订："触角比 (AR) 1.0～2.1" 修订为 "触角比 (AR) 0.5～2.1"，如 *H*. *flectus* Kong & Wang (AR 值 0.78～0.90)、*H*. *quartus* Kong & Wang (AR 值 0.56)、*H*. *reductus* Kong & Wang (AR 值 0.95) 和 *H*. *zieli* Stur & Wiedenbrug (AR 值 0.51)，四者的触角比均小于 1.0。"翅臀角发达" 修订为 "除 *H*. *reductus* 外，翅臀角一般发达"，采自中国福建的 *H*. *reductus* 臀角发生明显的退化。"R 脉、R_1 脉和 R_{4+5} 脉具毛" 修订为 "R 脉具毛，R_1 脉和 R_{4+5} 脉一般具毛"，采自中国浙江和贵州的 *H*. *flectus* 的翅脉除 R 脉具毛外，其余各脉均光裸无毛。

2.3.3 检索表

东亚地区异三突摇蚊属雄成虫检索表

1. 触角比 (AR) >1.0，腋瓣缘毛 25～48 根，胸部翅前鬃 8～14 根 ······ 2
   触角比 (AR) <1.0，腋瓣缘毛 6～12 根，胸部翅前鬃 4～5 根 ······ 3
2. 整个翅膜区均有毛，臀室 (an) 毛多于 450 根，触角比 (AR) 1.20～1.30 ······ *H*. *marcidus* (Walker)
   仅翅膜区的前半部有毛，臀室 (an) 毛 0～162 根，触角比 (AR) 约 1.50 ······ *H*. *scutellatus* (Goetghebuer)
3. 下唇须 4 节，Cu_1 脉长不超过 200μm ······ *H*. *quartus* Kong & Wang
   下唇须 5 节，Cu_1 脉长一般超过 300μm ······ 4
4. 亚前缘脉最多不超过 4 根刚毛 ······ *H*. *changi* Sæther
   亚前缘脉明显多于 4 根刚毛 ······ 5
5. 前足足比 (LR_1) 大 (约 0.90)，肛尖短而粗 ······ *H*. *chuzedecimus* (Sasa)
   前足足比 (LR_1) 明显小于 0.90，肛尖一般较尖细 ······ 6
6. 抱器端节末端具有半圆形的亚端背脊 ······ *H*. *grimshawi* (Edwards)
   亚端背脊不明显或者非半圆形 ······ 7
7. 胸部不具有中鬃 ······ *H*. *subpilosus* (Kieffer)
   中鬃存在 ······ 8
8. 下附器大而圆盾 ······ 9
   下附器非大而圆盾 ······ 10
9. 触角比 (AR) 1.10～1.20，翅 m 室不具有刚毛 ······ *H*. *maeaeri* Brundin

触角比（AR）1.77，翅 m 室具有超过 100 根刚毛 …… *H. kamibeceus* Sasa & Hirabayashi

10. 翅的臀角发达，抱器端节有三角形的亚端背脊 …………… *H. flectus* Kong & Wang

翅的臀角退化，抱器端节亚端背脊非三角形 …………… *H. reductus* Kong & Wang

2.3.4　种类描述

2.3.4.1　常氏异三突摇蚊 *Heterotrissocladius changi* Sæther

Heterotrissocladius marcidus Sæther，1969：45.

Heterotrissocladius cf. *subpilosus* Brinkhurst *et al.*，1968：17.

Heterotrissocladius changi Sæther，1975：47；Makarchenko & Makarchenko 2011：114.

（1）模式产地：美国。

（2）鉴别特征：雄成虫翅的 an 室有刚毛 0～50 根，亚前缘脉最多不超过 4 根刚毛，抱器端节末端具有小而圆钝的亚端背脊，这些特征可以将该种与本属其他种区分开。

（3）雄成虫。触角比（AR）1.30～1.69，唇基毛 13 根；头部鬃毛 11～17 根，包括内顶鬃 3～6 根，外顶鬃 3～7 根，后眶鬃 3～7 根。食窦泵、幕骨和茎节如图 2.3.1（a）所示。前胸背板鬃 8～14 根，背中鬃 7～19 根，中鬃 11～26 根，翅前鬃 5～9 根，小盾片鬃 9～15 根。翅脉比（VR）1.13～1.20，亚前缘脉具 0～4 根刚毛，R 脉具 13～38 根刚毛，R_1 脉具 2～26 根刚毛，R_{4+5} 脉具 7～65 根刚毛，M_{1+2} 脉具 2～90 根刚毛，Cu 脉具 0～22 根刚毛；an 室有 0～95 根刚毛，m 室具 0～4 根刚毛。腋瓣缘毛 10～29 根；臀角发达，臀脉有 2 根毛。前足胫距长度为 57～70μm，中足 2 根胫距长度分别为 32～44μm 和 29μm；后足 2 根胫距长度分别为 61～79μm 和 24～34μm；前足胫节宽 43μm，中足胫节宽 37～54μm，后足胫节宽 42～59μm。后足胫节具有一个由 8～11 根刚毛形成的胫栉。生殖节［图 2.3.1（b）］：第九背板具 19～33 根短刚毛在肛尖上，肛节侧片具有 4～10 根长刚毛。阳茎内突（Pha）长 100～126μm，横腹内生殖突长 73～116μm。抱器基节长 210～295μm。抱器端节长 104～132μm；具有小而圆钝的亚端背脊。生殖节比（HR）1.98～2.33，生殖节值（HV）2.96～3.68。

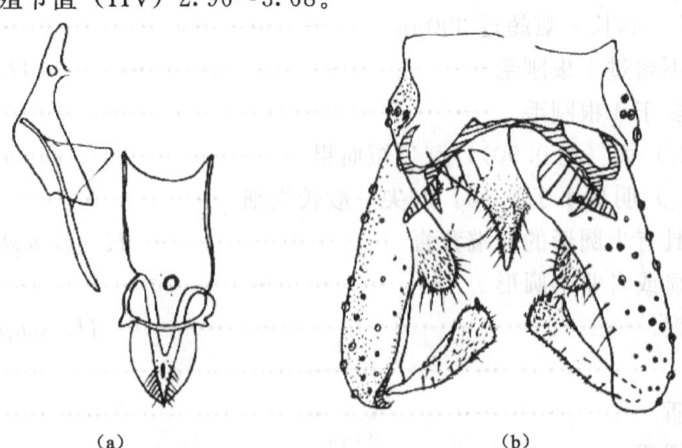

图 2.3.1　常氏异三突摇蚊 *Heterotrissocladius changi* Sæther（Sæther，1975，Fig 6，12）

（a）幕骨、食窦泵和茎节；（b）生殖节

（4）讨论：Sæther（1975）对本种进行了详细的描述。该种是典型的寡营养湖泊的种类，其某些特征在不同个体之间存在较大的变异。*H. changi* 和 *H. grimshawi* 相近，但后者具有更圆钝的亚端背脊，翅上的毛数一般也较 *H. changi* 少。本研究未能检视到模式标本，鉴别特征引自 Sæther（1975）。

（5）分布：俄罗斯（远东地区），美国。

2.3.4.2 禅寺异三突摇蚊 *Heterotrissocladius chuzedecimus* (Sasa)

Parametriocnemus chuzedecimus Sasa，1984：84.

Heterotrissocladius chuzedecimus（Sasa）Sæther *et al.*，2000：165；Yamamoto，2004：39.

（1）模式产地：日本。

（2）观察标本：正模，♂，（No. A 048：011），日本日光市中禅寺湖，8. viii 1979，M. Sasa 采。

（3）鉴别特征：本种 Cu_1 脉强烈弯曲，前足足比（LR_1）大（约 0.90），肛尖三角形，短而粗，抱器端节末端最粗而基部最细，亚端背脊明显，通过这些特征可以将该种与本属其他种区分开。

（4）雄成虫。体长 4.33mm，翅长 2.60mm。体长/翅长为 1.67。身体棕色，足深棕色。触角 13 鞭节，触角比（AR）1.63，唇基毛 10 根。下唇须四节，各节长度分别为（μm）：65、182、144、177。后前胸背板鬃 6 根，背中鬃 11 根，中鬃缺失。翅前鬃 6 根，小盾片鬃 10 根。腋瓣缘毛 22 根，前缘脉不延伸，Cu_1 脉强烈弯曲［图 2.3.2（a）］。前足胫距长度为 76μm，中足 2 根胫距长度分别为 35μm 和 35μm；后足 2 根胫距长度为 83μm 和 27μm。后足具有一个由 15 根刚毛形成的胫栉。前足、中足和后足的足比（LR）分别为 LR_1 0.88，LR_2 0.54，LR_3 0.62。肛尖三角形，短而粗。抱器基节下附器半球形，具数目较多的长刚毛。抱器端节基部窄而端部最宽，亚端背脊位于抱器端节的近末端，抱器端棘明显［图 2.3.2（b）］。

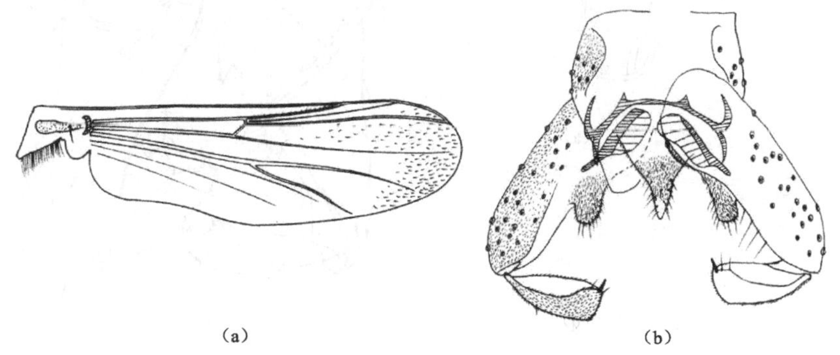

图 2.3.2 禅寺异三突摇蚊 *Heterotrissocladius chuzedecimus*（Sasa）
（a）翅；（b）生殖节

（5）讨论：Sasa（1984）曾将本种作为拟中足摇蚊属（*Parametriocnemus*）的一种，之后 Sæther *et al.*（2000）认为本种应属于异三突摇蚊属（*Heterotrissocladius*），

Yamamoto（2004）也沿用了 Sæther *et al*. 的观点。根据 Cranston *et al*.（1989）中异三突摇蚊属翅和生殖节的特征描述，作者认为该种应为异三突摇蚊属的一种。

（6）分布：日本。

2.3.4.3　弯叶异三突摇蚊 *Heterotrissocladius flectus* Kong & Wang

Heterotrissocladius flectus Kong & Wang，2011：63.

（1）模式产地：中国浙江。

（2）观察标本：正模，♂，（BDN No. 14187），浙江省天目山自然保护区，4. viii. 1987，扫网，邹环光采；副模，1♂，（BDN No. 21221），贵州省道真县大沙河自然保护区，25. v. 2004，灯诱，唐红渠采。

（3）鉴别特征：下附器末端有明显的弯曲，翅脉中除了 R 脉之外，其余各脉均光裸无毛，通过这些特征可以将该种与本属其他种区分开。

（4）雄成虫（$n=2$）。体长 2.38～3.83mm，翅长 1.43～1.75mm，体长/翅长为 1.67～2.19，翅长/前足腿节长为 2.30～2.69。

1）体色：头部深褐色；触角浅黄棕色；胸部深褐色；腹部黄棕色，足浅棕色，翅近透明。

2）头部：触角 13 鞭节；末鞭节长 281～334μm，触角比（AR）0.78～0.90；唇基毛 17 根；头部鬃毛 10～11 根，包括内顶鬃 4～5 根，外顶鬃 2～3 根，后眶鬃 3～4 根，幕骨长 119～135μm，宽 33～35μm。食窦泵、幕骨和茎节如图 2.3.3（a）所示；下唇须各节长度（μm）：13、31～40、80～92、80～101、154～170，第 5 节和第 3 节长度之比为 1.67～2.13。

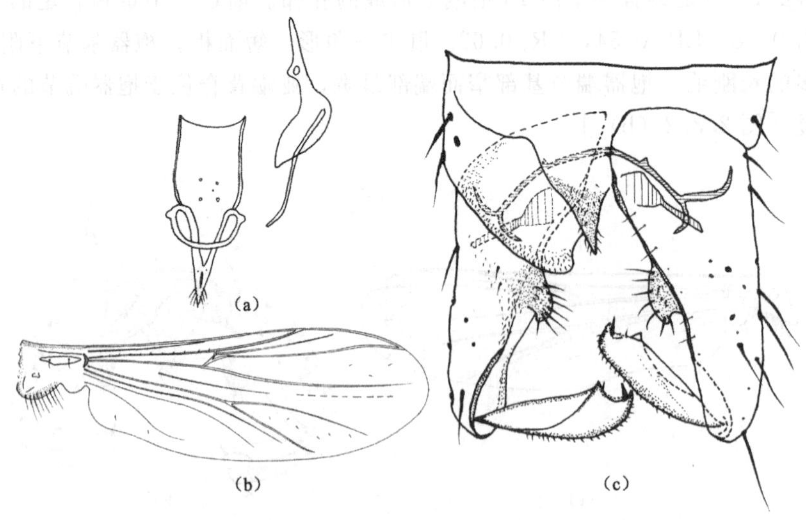

图 2.3.3　弯叶异三突摇蚊 *Heterotrissocladius flectus* Kong & Wang

（a）食窦泵、幕骨和茎节；（b）翅；（c）生殖节

3）胸部：背中鬃 15～18 根，中鬃 12～14 根，翅前鬃 4～5 根，小盾片鬃 7～9 根。

4）翅［图 2.3.3（b）］：翅脉比（VR）1.22～1.26，R 脉具 11～14 根刚毛，其余

各脉光裸无毛，翅膜区的毛稀少，M_{1+2}室 3 根毛，R_{4+5}室 6 根毛，an 室 1～2 根毛；腋瓣缘毛 9～15 根；臂角发达，臂脉有 1 根毛。

5）足：前足胫距长度为 31μm，中足 2 根胫距长度分别为 17～22μm 和 9μm；后足 2 根胫距长度为 26～57μm 和 13～18μm；前足胫节宽 26～31μm，中足胫节宽 22～26μm，后足胫节宽 22～31μm。后足具有一个由 25～40 根刚毛形成的胫栉。胸足各节长度及足比见表 2.3.1。

表 2.3.1 弯叶异三突摇蚊 *Heterotrissocladius flectus* 胸足各节长度（μm）及足比（*n*=2）

足	p1	p2	p3
fe	530～760	540～720	530～770
ti	660～940	530～810	650～980
ta1	380～740	250～430	360～570
ta2	270～390	140～220	200～310
ta3	220～310	110～180	170～260
ta4	150～230	80～120	90～160
ta5	100～130	60～100	70～80
LR	0.58～0.79	0.47～0.53	0.55～0.58
BV	2.18～2.30	3.10～3.16	2.85～2.90
SV	2.30～3.13	3.16～4.28	2.85～2.90
BR	1.50～1.64	2.00～2.20	2.00～2.14

6）生殖节［图 2.3.3（c）］：肛尖大体呈三角形，末端略尖锐，长 55～80μm。第九背板具 17～32 根短刚毛在肛尖上，肛节侧片（LSIX）具有 5～7 根长刚毛。阳茎内突（Pha）长 35μm，横腹内生殖突长 38～50μm。抱器基节长 170～210μm，下附器较发达，长 25～45μm，上具毛 8～10 根，末端明显有弯曲。抱器端节长 78～80μm；具有三角形的亚端背脊，抱器端棘长 10～12μm。生殖节比（HR）1.93～2.44，生殖节值（HV）3.60～4.83。

（5）讨论：根据 Sæther（1975），*Heterotrissocladius flectus* 应划分到 *macidus* 群当中。该种在生殖节和抱器端节的结构上，都与 *H. hirtapex* Sæther 相似，但 *H. hirtapex* 有较 *H. flectus* 短的肛尖，其翅上也具有较少数量的毛。

（6）分布：中国（浙江、贵州）。

2.3.4.4 寡毛异三突摇蚊 *Heterotrissocladius grimshawi* (Edwards)

Metriocnemus grimshawi Edwards 1929：313.

Metriocnemus（*Heterotrissocladius*）*grimshawi* Edwards，Goetghebuer 1932：20；1940—1950：6，19.

Heterotrissocladius grimshawi（Edwards）pro. parte，Brundin 1949：704（not *H. scutellatus*）.

Heterotrissocladius grimshawi（Edwards），Thienemann 1941：174；Brundin 1947：14，1949：815；1956：79；Pankratova 1970：149；Hofmann 1971：7；Sæther 1975：53；

Makarchenko & Makarchenko 2011：114.

（1）模式产地：芬兰。

（2）鉴别特征：雄成虫翅的 m 室不具毛，an 室不具有刚毛或者仅有少量刚毛，且翅脉上刚毛也相对较少，M_{1+2}脉有 2～20 根刚毛，抱器端节末端具有半圆形的亚端背脊，这些特征可以将该种与本属其他种区分开。

（3）雄成虫。触角比（AR）1.38～1.54，唇基毛 8～13 根；头部鬃毛 11～17 根，包括内顶鬃 1～3 根，外顶鬃 2～6 根，后眶鬃 6～9 根。食窦泵、幕骨和茎节如图 2.3.4（a）所示。胸背板具有 8～10 根刚毛，背中鬃 12～21 根，中鬃 13～16 根，翅前鬃 6～9 根，小盾片鬃 10～20 根。翅臀角发达，翅脉比（VR）1.10～1.13，R 脉具 17～34 根刚毛，R_1 脉具 11～20 根刚毛，R_{4+5}脉具 12～33 根刚毛，M_{1+2}脉具 2～20 根刚毛，Cu_1 脉具 1～15 根刚毛；an 室有 0～4 根刚毛，m 室不具刚毛。腋瓣缘毛 15～25 根；臂脉有 2 根毛。前足胫距长度为 54～78μm，中足 2 根胫距长度分别为 37～42μm 和 23～32μm；后足 2 根胫距长度分别为 50～74μm 和 24～30μm；前足胫节宽 45～56μm，中足胫节宽 44～54μm，后足胫节宽 50～57μm。后足胫节具有一个由 10～12 根刚毛形成的胫栉。生殖节［图 2.3.4（b）］：第九背板包括肛尖具 21～23 根短刚毛。阳茎内突（Pha）长 102～109μm，横腹内生殖突长 94～128μm。抱器基节长 215～268μm。抱器端节长 110～130μm；具有突出的半圆形的亚端背脊。生殖节比（HR）1.89～2.07，生殖节值（HV）3.16～3.26。

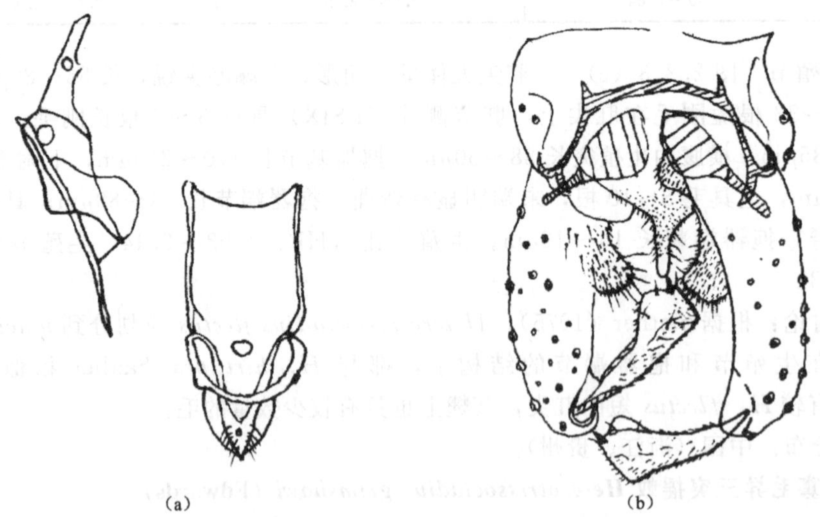

图 2.3.4　寡毛异三突摇蚊 *Heterotrissocladius grimshawi*（Edwards）

（Sæther，1975，Fig 6，12）

（a）食窦泵、幕骨和茎节；（b）生殖节

（4）讨论：Sæther（1975）对本种进行了详细的描述。*H. grimshawi* 和 *H. scutellatus* 相近，且两者的蛹和幼虫难以区分，但根据雄成虫的外生殖器及翅上的毛序，可以将两者区分开。本研究未能检视到模式标本，鉴别特征引自 Sæther（1975）。

（5）分布：俄罗斯（远东地区），欧洲部分国家。

2.3.4.5 上高地异三突摇蚊 *Heterotrissocladius kamibeceus* Sasa & Hirabayashi

Heterotrissocladius kamibeceus Sasa & Hirabayashi，1993：371；Yamamoto，2004：39.

Heterotrissocladius kurokeleus Sasa 1996：25；Sæther *et al.*，2000：165.

（1）模式产地：日本。

（2）观察标本：正模，♂，（No. 239：093），日本上高地神明池，17. v. 1991，S. Suzuki 采；日本本州岛富山县大町坝，14. x. 1994，S. Suzuki 采。

（3）鉴别特征：本种前缘脉不延伸，除 an 室外，各翅室的毛数均超过 100 根，肛尖发达成三角形，末端尖锐，抱器基节下附器大而圆，抱器端节结构简单，近末端最粗，通过这些特征可以将该种与本属其他种区分开。

（4）雄成虫。体长 4.75～5.05mm，翅长 3.05～3.08mm。体长/翅长为 1.50～1.64，翅长/前足腿节长 2.62～2.65。

1）体色：深棕色。

2）头部：触角 13 鞭节；末鞭节长 920μm，触角比（AR）1.77；唇基毛 11～20 根；头部鬃毛 14～15 根，包括内顶鬃 4～5 根，外顶鬃 6～7 根，后眶鬃 3～4 根；幕骨长 198μm，宽 66μm；茎节长 220μm，宽 75～86μm。食窦泵、幕骨和茎节如图 2.3.5（a）所示。下唇须各节长度（μm）分别为 25～26、52～66、167～180、141～154、176，第 5 节和第 3 节的长度之比为 0.98～1.05。

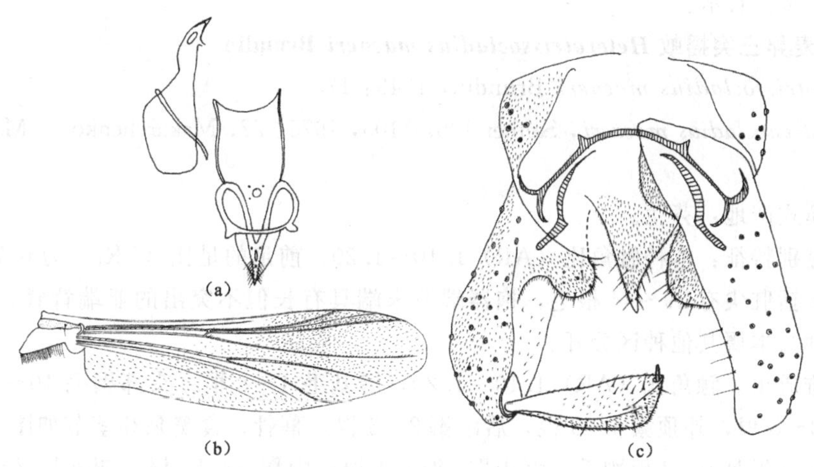

图 2.3.5 上高地异三突摇蚊 *Heterotrissocladius kamibeceus* Sasa & Hirabayashi
（a）食窦泵、幕骨和茎节；（b）翅；（c）生殖节

3）胸部：背中鬃 13～16 根，中鬃 4～7 根，翅前鬃 9～11 根，小盾片鬃 18～21 根。

4）翅［图 2.3.5（b）］：翅脉比（VR）1.12～1.20，不具有前缘脉延伸。R 脉具 11～23 根刚毛，R_1 具 18～28 根刚毛，R_{4+5} 具 55 根刚毛，Cu 脉具 18～30 根，M_{1+2} 脉具 65 根刚毛，M_{3+4} 脉具 29 根，Cu_1 脉具 20 根刚毛。除 an 室外，各翅室的毛数均超过 100 根。腋瓣缘毛 21～27 根；臀角一般发达，臂脉有 1 根毛。

5）足：前足胫距长度为 70μm，中足 2 根胫距长度分别为 35μm 和 22～31μm；后足

2 根胫距长度分别为 68～88μm 和 20～32μm。前足胫节宽 52～65μm，中足胫节宽 66μm，后足胫节宽 75～79μm。后足胫节具有一个由 12～15 根刚毛形成的胫栉。胸足各节长度及足比见表 2.3.2。

表 2.3.2　上高地异三突摇蚊 *Heterotrissocladius kamibeceus* 胸足各节长度（μm）及足比（$n=1$）

足	fe	ti	ta1	ta2	ta3	ta4	ta5	LR	BV	SV	BR
p1	1175	1350	—	—	—	—	—	—	—	—	—
p2	1100	1150	700	360	260	200	140	0.61	3.07	3.24	2.13
p3	1160	1500	950	470	400	200	150	0.63	2.29	2.80	3.00

6）生殖节［图 2.3.5（c）］：肛尖呈三角形，末端尖锐，长约 85μm，宽 50～60μm。第九背板具 10～16 根刚毛。肛节侧片（LSIX）具有 7 根长刚毛。阳茎内突（Pha）长 75～125μm，横腹内生殖突长 100μm。抱器基节长 275～300μm，下附器呈半圆形。抱器端节长 145～150μm；具有三角形的亚端背脊，抱器端棘长 18～22μm。生殖节比（HR）1.83～2.07，生殖节值（HV）3.05～3.48。

（5）讨论：该种与 *H. subpilosus*（Kieffer，1911）较接近，两者触角比相近，抱器端节也都具有明显的外缘，但两者肛尖明显不同，*H. subpilosus* 的肛尖长而且窄，两侧近平行。

（6）分布：日本。

2.3.4.6　麦异三突摇蚊 *Heterotrissocladius maeaeri* Brundin

Heterotrissocladius maeaeri Brundin，1949：12.

Heterotrissocladius maeaeri，Sæther 1967：105，1975：22；Makarchenko & Makarchenko 2011：114.

（1）模式产地：芬兰。

（2）鉴别特征：本种触角比（AR）1.10～1.20，前足的足比（LR_1）为 0.72～0.76，第九背板包括肛尖有 29～44 根毛，抱器端节末端具有长但不突出的亚端背脊，这些特征可以将该种与本属其他种区分开。

（3）雄成虫。触角比（AR）1.10～1.20，唇基毛 4～8 根；头部鬃毛 10～13 根，包括内顶鬃 3～5 根，外顶鬃 4～8 根，后眶鬃 2～3 根。幕骨、食窦泵和茎节如图 2.3.6（a）所示。前胸背板具有 12 根刚毛，背中鬃 18～24 根，中鬃 5～10 根，翅前鬃 7～9 根，小盾片鬃 12～19 根。臀角发达，翅脉比（VR）1.18～1.24，R 脉具 14～21 根刚毛，R_1 脉具 11～20 根刚毛，R_{4+5} 脉具 12～33 根刚毛，M_{1+2} 脉具 2～20 根刚毛，Cu_1 脉具 1～15 根刚毛；an 室有 0～4 根刚毛，m 室不具刚毛。腋瓣缘毛 15～25 根；臂脉有 2 根毛。前足胫距长度为 48～64μm，中足 2 根胫距长度分别为 38～49μm 和 33～36μm；后足 2 根胫距长度分别为 60～70μm 和 28～33μm；前足胫节宽 41～52μm，中足胫节宽 44～52μm，后足胫节宽 47～57μm。生殖节［图 2.3.6（b）］：第九背板包括肛尖具 8 根短刚毛。阳茎内突（Pha）长 114～130μm，横腹内生殖突长 102～120μm。抱器基节长 233～278μm。抱器端节长 131～146μm；具圆钝的亚端背脊。生殖节比（HR）1.78～1.90，生殖节值

(HV) 2.62～2.79。

(4) 讨论：Pakartova (1970) 对 *Chaetocladius maeaeri* 的描述中首次引用 *H. maeaeri*，然而，根据 Sæther (1975)，这是一项错误引用。本研究未能检视到模式标本，鉴别特征引自 Sæther (1975)。

(5) 分布：俄罗斯（远东地区），欧洲部分国家。

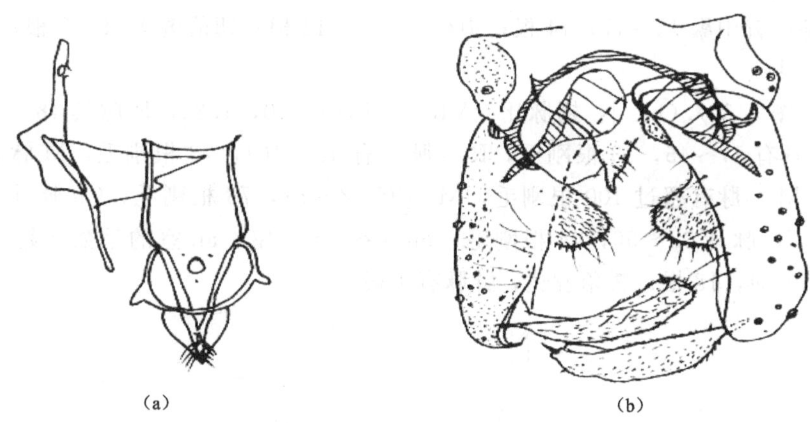

图 2.3.6 麦异三突摇蚊 *Heterotrissocladius maeaeri* Brundin

(a) 幕骨、食窦泵和茎节；(b) 生殖节

2.3.4.7 软异三突摇蚊 *Heterotrissocladius marcidus* (Walker)

Metriocnemus marcidus Walker, 1856: 177. 远东地区.

Metriocnemus aestivalis Goetghebuer, 1921: 76.

Metriocnemus alticola Goetghebuer, 1934: 339.

Metriocnemus cubitalis Kieffer, 1911: 200.

Metriocnemus longicollis Kieffer, 1913: 34.

Metriocnemus triangulifer Kieffer, 1924: 90.

Heterotrissocladius marcidus (Walker): Sæther 1969: 45, 1975: 27; Wang 2000: 636; Kong & Wang 2011: 65; Makarchenko & Makarchenko 2011: 113.

(1) 模式产地：英国。

(2) 观察标本：13♂♂，四川省理塘县翟桑区溪水，11. vi. 1996，扫网，王新华采；2♂♂，吉林省长白山自然保护区，30. iv. 1994，扫网，王新华采；1♂，西藏自治区喜马拉雅山，马来氏网，28. ix. 1997，T. Solhøy & J. Skartveit 采。

(3) 鉴别特征：雄成虫翅膜区多毛，an 室至少有几百根，胸部毛较多，抱器端节外缘较圆钝，第九背板和肛尖有 26～27 根毛，通过这些特征可以将该种与本属其他种区分开。

(4) 雄成虫 (n=16)。体长 3.95～4.88，4.54mm，翅长 2.53～3.03，2.79mm，体长/翅长为 1.40～1.80，1.57，翅长/前足腿节长为 2.57～2.66，2.62。

1) 体色：头部深褐色；触角浅黄棕色；胸部深褐色；腹部黄棕色，足浅棕色，翅几乎透明。

2）头部：触角末鞭节长 453～560，507μm，触角比（AR）0.83～1.44，1.08；唇基毛 8～14，12 根；头部鬃毛 9～14，12 根，包括内顶鬃 3～6，5 根，外顶鬃 3 根，后眶鬃 3～6，4 根，幕骨长 150～167，157μm，宽 40～44，43μm。食窦泵、幕骨和茎节如图 2.3.7（a）所示；下唇须各节长度（μm）分别为：18～20，19；44～60，53；120～172，153；110～141，124；170～189，180。第 5 节和第 3 节长度之比为 1.05～1.42，1.20。

3）胸部：背中鬃 13～17，14 根；中鬃 9～14，12 根；翅前鬃 4～9，7 根；小盾片鬃 12～18，15 根。

4）翅［图 2.3.7（b）］：翅脉比（VR）1.10～1.40，1.22，R 脉具 18～60，39 根刚毛，R_1 脉具有 17～45，33 根刚毛，R_{4+5} 脉具有 45～101，73 根刚毛，M 脉具 0～51，17 根刚毛，M_{1+2} 脉有超过 100 根刚毛，M_{3+4} 有 72～82，76 根刚毛，Cu 脉具有 4～38，19 根刚毛，Cu_1 脉具 32～56，44 根刚毛，m_{1+2} 室、r_{4+5} 室、an 室的毛数均超过 100 根；腋瓣缘毛 14～24，18 根；臀角发达，臂脉有 1 根毛。

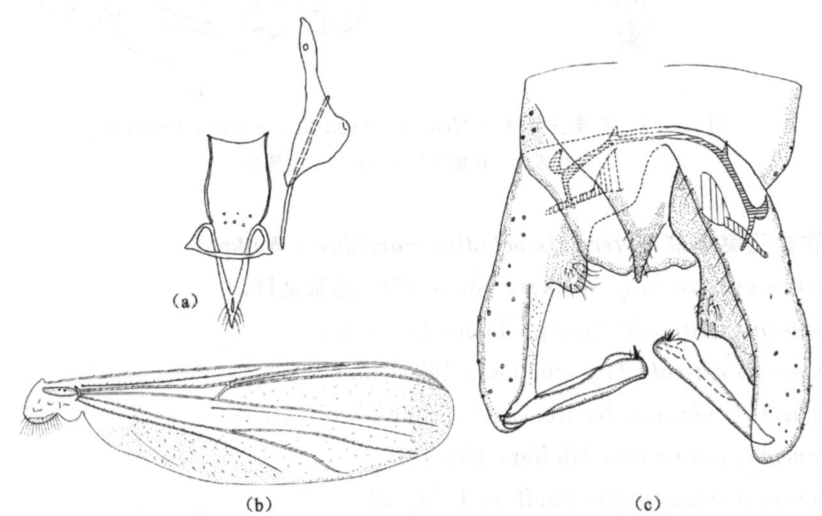

图 2.3.7　多毛异三突摇蚊 *Heterotrissocladius marcidus*（Walker）

（a）食窦泵、幕骨和茎节；（b）翅；（c）生殖节

5）足：前足胫距长度为 45～70，60μm，中足 2 根胫距长度分别为 30～40，37μm 和 20～30，27μm；后足 2 根胫距长度为 45～66，54μm 和 14～18，16μm；前足胫节宽 20～40，30μm，中足胫节宽 30～35，32μm，后足胫节宽 29～35，32μm。后足具有一个由 10～12，11 根刚毛形成的胫栉。胸足各节长度及足比见表 2.3.3。

表 2.3.3　软异三突摇蚊 *Heterotrissocladius marcidus* 胸足各节长度（μm）及足比（*n*=16）

足	p1	p2	p3
fe	960～1150，1053	950～1200，1083	1050～1350，1208
ti	1050～1325，1200	940～1200，1072	1150～1525，1350
ta1	875～1125，1017	500～675，600	700～950，842

续表

足	p1	p2	p3
ta2	425～600，570	270～375，332	400～500，458
ta3	340～425，397	190～275，238	300～375，350
ta4	220～300，265	140～200，172	190～225，213
ta5	125～150，138	120～125，123	125～150，138
LR	0.83～0.86，0.85	0.53～0.58，0.56	0.61～0.64，0.62
BV	2.29～2.49，2.38	3.11～3.32，3.19	2.82～3.06，2.93
SV	2.17～2.30，2.22	3.48～3.78，3.61	2.97～3.14，3.05
BR	2.80～3.30，3.03	2.33～3.80，3.10	3.43～4.43，4.08

6）生殖节［图 2.3.7（c）］：肛尖大体呈三角形，长 65～88，73μm，宽 5～10，8μm。第九背板具 8～32 根，20 根短刚毛在肛尖上，肛节侧片（LSIX）具有 4～9 根，6 根长刚毛。阳茎内突（Pha）长 45～71，54μm，横腹内生殖突长 98～110，104μm。抱器基节长 220～280，240μm，下附器较发达，长 39～48，45μm，上具毛 10～15 根，12 根。抱器端节长 88～130，109μm；末端略圆钝，具有三角形的亚端背脊，抱器端棘长 9～15，11μm。生殖节比（HR）2.00～2.50，2.22，生殖节值（HV）3.29～5.17，3.99。

（5）讨论：*Heterotrissocladius marcidus* 首先被 Walker 于 1856 年放于中足摇蚊属（*Metriocnemus*）中，Sæther（1975）对此种进行了详尽的描述。

（6）分布：中国（四川、吉林、西藏），日本，欧洲部分国家，美国。

2.3.4.8 四节异三突摇蚊 *Heterotrissocladius quartus* Kong & Wang

Heterotrissocladius quartus Kong & Wang，2011：65.

（1）模式产地：中国。

（2）观察标本：正模，♂，（BDN No.1740），广西壮族自治区金秀自治县罗香乡，9.vi.1990，灯诱，王新华采。

（3）鉴别特征：该种下唇须 4 节，Cu_1 脉较本属其他种短，触角比（AR）0.56，此外，肛尖三角形，短且尖锐，通过这些特征可以将该种与本属其他种区分开。

（4）雄成虫（$n=1$）。体长 2.10mm，翅长 1.45mm，体长/翅长 1.48，翅长/前足腿节长 2.64。

1）体色：头部深褐色；触角浅黄棕色；胸部和腹部浅黄色；足浅棕色；翅透明。

2）头部：触角 13 鞭节；末鞭节长 220μm，触角比（AR）0.56；唇基毛 13 根；头部鬃毛 10 根，包括内顶鬃 4 根，外顶鬃 3 根，后眶鬃 3 根；幕骨长 79μm，宽 18μm。食窦泵、幕骨和茎节如图 2.3.8（a）所示；下唇须［图 2.3.8（b）］各节长度（μm）分别为 18、26、62、66。

3）胸部：背中鬃 10 根，中鬃 14 根，翅前鬃 4 根，小盾片鬃 12 根。

4）翅［图 2.3.8（c）］：翅脉比（VR）1.15，R 脉具 13 根刚毛，R_1 具 16 根刚毛，R_{4+5} 具 27 根刚毛，Cu_1 脉短，252μm 长，且其上无毛，M_{3+4} 脉具 4 根刚毛，r_{2+3} 室 9 根刚毛，r_{4+5} 室具 30 根刚毛，m_{1+2} 室具 13 根刚毛，an 室有 10 根刚毛。腋瓣缘毛 12 根；臀角

发达，臂脉有 1 根毛。

5）足：前足胫距长度为 22μm，中足 2 根胫距长度分别为 18μm 和 12μm；后足 2 根胫距，长度分别为 35μm 和 9μm；前足胫节宽 9μm，中足胫节宽 13μm，后足胫节宽 20μm。后足胫节具有一个由 26 根刚毛形成的胫栉。胸足各节长度及足比见表 2.3.4。

表 2.3.4　四节异三突摇蚊 *Heterotrissocladius quartus* 胸足各节长度（μm）及足比（*n*=1）

足	fe	ti	ta1	ta2	ta3	ta4	ta5	LR	BV	SV	BR
p1	550	625	400	200	125	75	50	0.64	1.85	2.94	3.60
p2	575	500	225	125	100	50	50	0.45	2.89	4.28	3.00
p3	550	600	375	200	125	75	50	0.63	3.39	3.07	3.30

6）生殖节［图 2.3.8（d）］：肛尖大体呈三角形，末端略尖锐，长约 26μm。第九背板具 12 根短刚毛在肛尖上，肛节侧片（LSIX）具有 6 根长刚毛。阳茎内突（Pha）长 26μm，横腹内生殖突长 88μm。抱器基节长 132μm，下附器较发达，呈半圆形，长约 62μm，上具 11 根长毛。抱器端节长 57μm；具有小的三角形的亚端背脊，抱器端棘长 10μm。生殖节比（HR）2.27，生殖节值（HV）3.65。

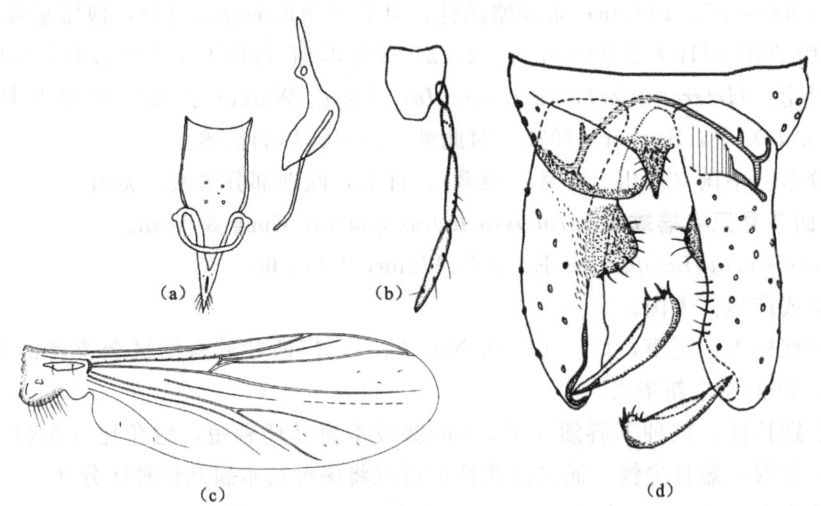

图 2.3.8　四节异三突摇蚊 *Heterotrissocladius quartus* Kong & Wang

（a）食窦泵、幕骨和茎节；（b）下唇须；（c）翅；（d）生殖节

（5）讨论：根据 Sæther（1975），*H. quartus* 应划分到 *macidus* 群当中。该种与 *H. zierli* Stur & Wiedenbrug 有几乎相同的触角比（AR），翅上同样有较多的毛，但是，*H. quartus* 下唇须仅有 4 节，而 *H. zierli* 具 5 节下唇须，此外，*H. quartus* 的下附器也较 *H. zierli* 宽。

（6）分布：中国（广西）。

2.3.4.9　三角异三突摇蚊 *Heterotrissocladius reductus* Kong & Wang

Heterotrissocladius reductus Kong & Wang，2011：66.

（1）模式产地：中国。

(2) 观察标本：正模，♂，(BDN No. 02187)，福建省武夷山自然保护区，29. iv. 1993，灯诱，王新华采。

(3) 鉴别特征：该种具三角形的宽钝的肛尖，抱器端节有低并且尖锐的亚端背脊，翅具退化的臀角，通过这些特征可以将该种与本属其他种区分开。

(4) 雄成虫 ($n=1$)。体长 2.45mm，翅长 1.48mm，体长/翅长 1.66，翅长/前足腿节长 2.54。

1) 体色：头部深褐色；触角浅黄棕色；胸部和腹部浅黄色；足浅棕色；翅透明。

2) 头部：触角末鞭节长 380μm，触角比 (AR) 0.95；唇基毛 14 根；头部鬃毛 10 根，包括内顶鬃 3 根，外顶鬃 4 根，后眶鬃 3 根；幕骨长 125μm，宽 27μm。食窦泵、幕骨和茎节如图 2.3.9 (a) 所示；下唇须各节长度 (μm) 分别为 15、33、88、80、125，第 5 节和第 3 节长度之比为 1.42。

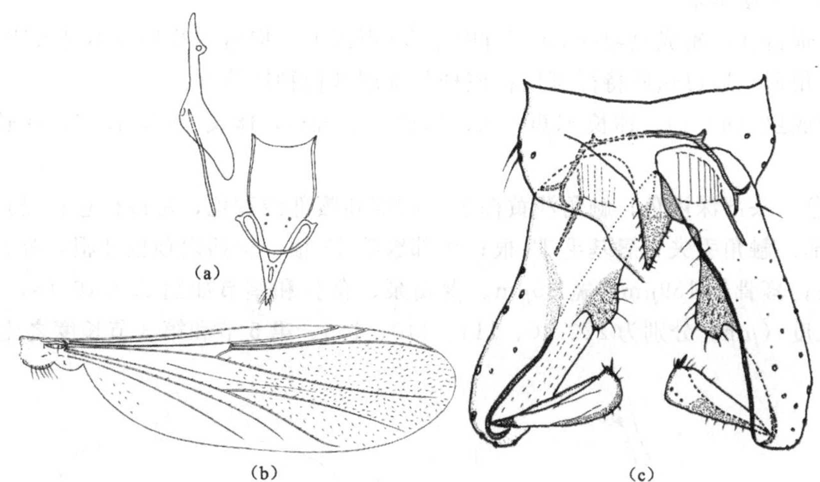

图 2.3.9　三角异三突摇蚊 *Heterotrissocladius reductus* Kong & Wang

(a) 食窦泵、幕骨和茎节；(b) 翅；(c) 生殖节

3) 胸部：背中鬃 6 根，中鬃 7 根，翅前鬃 4 根，小盾片鬃 14 根。

4) 翅 [图 2.3.9 (b)]：臀角退化。翅脉比 (VR) 1.14，R 脉具 13 根刚毛，R_1 具 21 根刚毛，R_{4+5} 具 21 根刚毛，M_{1+2} 脉具 65 根刚毛，r_{2+3} 室 9 根刚毛，r_{4+5} 室具 150 根刚毛，m_{1+2} 室具 95 根刚毛，m_{3+4} 室具 40 根毛，an 室有 12 根刚毛。腋瓣缘毛 6 根；臂脉有 1 根毛。

5) 足：前足胫距长度为 31μm，中足 2 根胫距长度分别为 20μm 和 18μm；后足 2 根胫距长度分别为 48μm 和 20μm；前足胫节宽 38μm，中足胫节宽 38μm，后足胫节宽 40μm。后足胫节具有一个由 31 根刚毛形成的胫栉。胸部前、中、后足的跗节均丢失。

6) 生殖节 [图 2.3.9 (c)]：肛尖大体呈三角形，末端圆钝，长约 63μm，宽 37μm。第九背板具 13 根短刚毛在肛尖上，肛节侧片 (LSIX) 具有 5 根长刚毛。阳茎内突 (Pha) 长 40μm，横腹内生殖突长 97μm。抱器基节长 163μm，下附器长约 55μm，上具 12 根长毛。阳茎刺突 42μm 长。抱器端节长 75μm，末端最宽基本最窄，具有尖锐的亚端背脊，抱器端棘长 10μm。生殖节比（HR）2.17，生殖节值（HV）3.27。

（5）讨论：根据 Sæther（1975），*H. reductus* 应划分到 *macidus* 群当中。该种与 *H. cooki* Sæther 在生殖节结构等方面的特征相似，但其下唇须第五节和第三节的比值较大（*H. cooki* 为 1.0）及较低的触角比（*H. cooki* 的 AR 值为 1.56～1.84）。

（6）分布：中国（福建）。

2.3.4.10　小盾异三突摇蚊 *Heterotrissocladius scutellatus* (Goetghebuer)

Metriocnemus (*Heterotrissocladius*) *scutellatus* Goetghebuer，1942：15.

Heterotrissocladius grimshawi (Edwards，1929)：Brundin 1949：704.

Heterotrissocladius scutellatus (Goetghebuer)：Sæther 1975：43；Kong & Wang 2011：67.

（1）模式产地：奥地利。

（2）观察标本：1♂，(BDN No. 1262)，宁夏回族自治区六盘山自然保护区，4. viii. 1987，灯诱，王新华采。

（3）鉴别特征：雄成虫翅的 an 室有刚毛 50 根以上，抱器端节外缘不是太明显，亚端背脊小呈三角形，通过这些特征可以将该种与本属其他种区分开。

（4）雄成虫（$n=1$）。体长 3.60mm，翅长 2.18mm，体长/翅长 1.66，翅长/前足腿节长 2.44。

1）体色：头部深褐色；触角浅黄棕色；胸部和腹部浅黄色；足浅棕色；翅透明。

2）头部：触角丢失；唇基毛 13 根；头部鬃毛 13 根，包括内顶鬃 3 根，外顶鬃 5 根，后眶鬃 5 根；幕骨长 159μm，宽 35μm。食窦泵、幕骨和茎节如图 2.3.10（a）所示；下唇须各节长度（μm）分别为 22、40、114、110、136。第 5 节和第 3 节长度之比为 1.19。

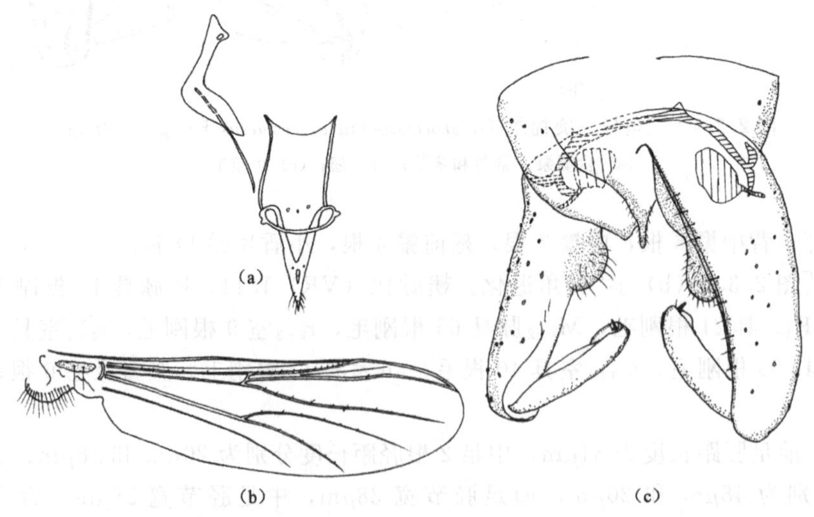

图 2.3.10　小盾异三突摇蚊 *Heterotrissocladius scutellatus* (Goetghebuer)

(a) 食窦泵、幕骨和茎节；(b) 翅；(c) 生殖节

3）胸部：背中鬃 10 根，中鬃 14 根，翅前鬃 8 根，小盾片鬃 7 根。

4）翅［图 2.3.10（b）］：翅脉比（VR）1.14，R 脉具 17 根刚毛，R_1 具 14 根刚毛，

R_{4+5}具 42 根刚毛，M_{1+2}脉 52 根刚毛，an 室有 60 根刚毛。腋瓣缘毛 14 根；臀角发达，臂脉有 2 根刚毛。

5）足：前足胫距长度为 23μm，中足 2 根胫距长度分别为 35μm 和 22μm；后足 2 根胫距长度分别为 53μm 和 22μm；前足胫节宽 12μm，中足胫节宽 15μm，后足胫节宽 23μm。后足胫节具有一个由 12 根刚毛形成的胫栉。胸足各节长度及足比见表 2.3.5。

表 2.3.5 小盾异三突摇蚊 *Heterotrissocladius scutellatus* 胸足各节长度（μm）及足比（*n*=1）

足	fe	ti	ta1	ta2	ta3	ta4	ta5	LR	BV	SV	BR
p1	890	920	840	450	320	200	110	0.91	2.45	2.15	2.60
p2	790	830	410	260	190	120	80	0.49	3.12	3.95	1.09
p3	940	1040	660	360	270	160	80	0.63	3.03	3.00	2.00

6）生殖节［图 2.3.10（c）］：肛尖逐渐变细，末端圆钝，长约 63μm。第九背板具 14 根短刚毛在肛尖上，肛节侧片（LSIX）具有 4 根长刚毛。阳茎内突（Pha）长 30μm，横腹内生殖突长 185μm。抱器基节长 225μm，下附器较发达，略呈半圆形，长约 40μm，上具 18 根长毛。抱器端节长 105μm；具有钝而小的三角形的亚端背脊，抱器端棘长 15μm。生殖节比（HR）2.14，生殖节值（HV）3.43。

（5）讨论：Sæther（1975）将 *H. scutellatus* 划分到 *macidus* 群当中。该种采自中国的标本具 14 根腋瓣缘毛，下唇须第 5 节和第 3 节长度之比为 1.19，而采自欧洲的该种具有 25～48 根腋瓣缘毛，下唇须第 5 节和第 3 节长度之比小于 1.0。此外，中国的标本翅的亚前缘脉上无毛，其他特征均符合原始描述，我们将其视为种内变异。

（6）分布：中国（宁夏），欧洲部分国家。

2.3.4.11 苏异三突摇蚊 *Heterotrissocladius subpilosus*（Kieffer）

Dactylocladius subpilosus Kieffer 1911：273；1919：114.

Spaniotoma（*Orthocladius*）*subpilosus*（Kieffer），Edwards 1935：537.

Metriocnemus（*Heterotrissocladius*）*subpilosus*（Kieffer），Goetghbuer 1940～1950：27.

Spaniotoma（*Orthocladius*）*subpilosus*，Edwards 1935：472.

Heterotrissocladius subpilosus，Oliver 1962：177；1964：69；1968：112；Henson 1966：47；Johnson & Brinkhurst 1971：1691.

Heterotrissocladius cf. *subpilosus* Brinkhurst *et al*. 1968：17；Sæther 1970：6.

Heterotrissocladius subpilosus（Kieffer），Edwards 1937：142；Thienemann 1941：215；Brundin 1949：814，1956：80；Oliver 1962：8；Pankartova 1970：148；Sæther 1975：11；Sasa，1988：36；Yamamoto 2004：39；Makarchenko & Makarchenko 2011：114.

（1）模式产地：芬兰。

（2）鉴别特征：本种中鬃缺失，前足足比（LR_1）0.77～0.80，触角比（AR）1.10～1.20，前足的足比（LR）为 0.72～0.76，第九背板包括肛尖有 26～31 根毛，抱器端节末端具有突出的亚端背脊，这些特征可以将该种与本属其他种区分开。

（3）雄成虫。触角比（AR）1.70～1.91，唇基毛 7～12 根；头部鬃毛 18～23 根，包

括内顶鬃 6～9 根，外顶鬃 8～11 根，后眶鬃 3～4 根。食窦泵、幕骨和茎节如图 2.3.11 (a) 所示。前胸背板具有 6～7 根刚毛，背中鬃 13～17 根，中鬃缺失，翅前鬃 7～10 根，小盾片鬃 15～20 根。翅臀角发达，翅脉比（VR）1.11～1.18，R 脉具 8～12 根刚毛，R_1 脉具 3～5 根刚毛，R_{4+5} 脉具 2～5 根刚毛，r_{4+5} 室有 0～4 根刚毛。腋瓣缘毛 25～38 根。前足胫距长度为 70～74μm，中足 2 根胫距长度分别为 39～42μm 和 26～34μm；后足 2 根胫距长度分别为 80～83μm 和 28～29μm；前足胫节宽 51～54μm，中足胫节宽 52～56μm，后足胫节宽 50～52μm。生殖节［图 2.3.11（b）］第九背板包括肛尖具 26～31 根短刚毛，肛节侧片（LSIX）具有 8～13 根长刚毛。阳茎内突（Pha）长 106～142μm，横腹内生殖突长 100～112μm。抱器基节长 290～350μm。抱器端节长 137～147μm；具突出的三角形亚端背脊。生殖节比（HR）2.07～2.41，生殖节值（HV）3.24～3.46。

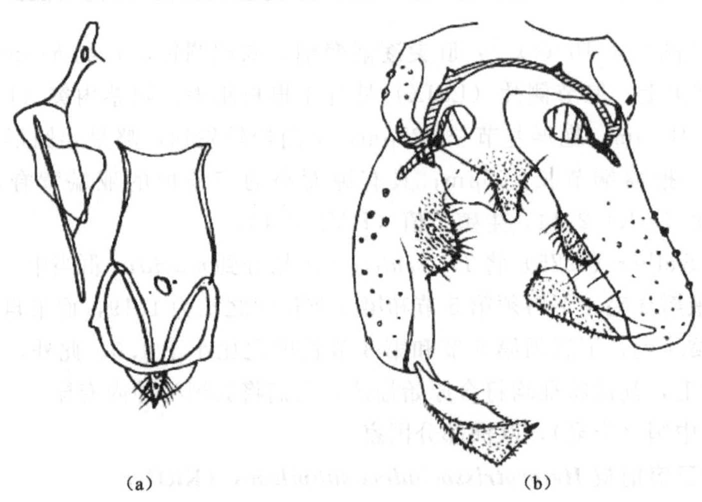

图 2.3.11　苏异三突摇蚊 *Heterotrissocladius subpilosus*（Kieffer）

(a) 食窦泵、幕骨和茎节；(b) 生殖节

（4）讨论：该种是本属 *subpilosus* 群内东亚地区的唯一记录种。本研究未能检视到模式标本，鉴别特征引自 Sæther（1975）。

（5）分布：俄罗斯（远东地区），日本，欧洲部分国家。

2.4　克莱斯密摇蚊属系统学研究

2.4.1　克莱斯密摇蚊属简介

克莱斯密摇蚊属（*Krenosmittia*）由 Thienemann & Krüger 于 1939 年建立，*Smittia gynocera*（Edwards）为本属模式种。

该属的主要特征是：触角比（AR）小，0.20～0.45，复眼光裸无毛，头部鬃毛一般较少，无内顶鬃，下唇须无毛形感器，中鬃缺失，翅膜区无毛，腋瓣无缘毛，肛尖缺失或者很不发达，阳茎刺突发达。

根据 Cranston *et al*.（1989），克莱斯密摇蚊属（*Krenosmittia*）的生态学方面的资料我们现在还知之甚少，其幼虫具有一定的耐寒性，一般生活于泉水或河流中，成虫方面还有待进一步研究。

2.4.2 克莱斯密摇蚊属雄成虫的鉴别特征

据 Cranston *et al*.（1989）属征：体小型，体长包括翅长约 1.5mm。

(1) 触角（Antenna）：基部相对膨大，具有 12～13 鞭节，毛形感器一般位于触角的第 2 鞭节，或者完全缺失，触角顶部为棍棒状，且其末端具有一个顶端节，触角比（AR）较小，为 0.2～0.45。

(2) 头部（Head）：复眼光裸无毛，不具复眼背部延伸；具有较少的头部鬃毛，且内顶鬃缺失，幕骨较狭窄，且逐渐变细；食窦泵的背部边缘发生弯曲，角中等长度。下唇须上不存在感觉棒。

(3) 胸部（Thorax）：前胸背板不太发达，与盾片的突出部分分离，中鬃缺失，背中鬃、翅前鬃单列；盾片鬃数目较少，亦单列。

(4) 翅（Wing）：翅膜区光裸无毛，但具有点状构造，臀角不发达，前缘脉强烈延伸；R_{2+3}脉位于 R_1脉和 R_{4+5}脉中间，R_{4+5}脉止于 M_{3+4}脉末端的背部相对处，Cu_1脉强烈或者略有弯曲，臀脉终止于其近侧。翅脉无毛，腋瓣亦无缘毛。

(5) 足（Legs）：伪胫距和毛形感器均不存在。

(6) 生殖节（Hypopygium）：肛尖缺失或者很不发达，基部最宽，具较多的长毛，及 2～3 根侧毛；腹内生殖突较圆，具明显的突起，阳茎内突和阳茎叶均发达，且阳茎内突一般有明显的弯曲；阳茎刺突基部发达；上附器较圆钝或者弯曲，下附器略呈矩形，其上有长毛，末端延长或不延长，但其末端不成指状。抱器端节直，或者具有较为弯曲的内缘。

根据观察标本、相关研究文献 Cranston & Sæther（1986），Guo & Wang（2004）等将 Cranston *et al*.（1989）中的属征作如下修订："触角具有 12～13 鞭节" 修订为 "触角具有 11～13 鞭节"，如 Freeman 记录的采自非洲的 *K*. *brevitarsis* 其触角为 11 鞭节；"体长包括翅长约 1.5mm" 修订为 "体长包括翅长约 1.9mm"，如采自中国宁夏的 *K*. *lophos* 体长 1.60mm，采自中国福建的 *K*. *truncatata* 体长 1.86mm；"臀角不发达" 修订为 "臀角不发达或略发达"，如采自中国宁夏的 *K*. *lophos* 的臀角出现弯曲；"上附器较圆钝或者弯曲" 修订为 "上附器较圆钝或者弯曲，或者缺失"，如中国的四种雄成虫 *K*. *anaulata*，*K*. *lophos*，*K*. *truncatata* 和 *K*. *zhengi* 均不存在上附器。其余特征均符合本属雄成虫属征。

2.4.3 检索表

东亚克莱斯密摇蚊属雄成虫检索表

1. 肛尖中部具有玻璃质的脊状构造 ………………………… *K*. *lophos* Guo & Wang
   肛尖中部不具有玻璃质的脊状构造 ………………………………………………… 2

2. 具有被横截的第Ⅸ背板 …………………………… *K. truncatata* Guo & Wang
不具有被横截的第Ⅸ背板 …………………………………………………… 3
3. 下附器缺失 ………………………………………………… *K. toyamaquerea* (Sasa)
下附器存在 ……………………………………………………………………… 4
4. 下附器成矩形 …………………………………………………………………… 5
下附器非矩形 …………………………………………………………………… 6
5. 肛尖发达，阳茎刺突不明显 ……………………… *K. boreoalpina* (Goetghebuer)
肛尖不发达，阳茎刺突明显 ……………………… *K. togapirea* (Sasa & Okazawa)
6. 肛尖基部宽度小于第Ⅸ背板宽度的 1/10 ……………………………………… 7
肛尖基部宽度大于第Ⅸ背板宽度的 1/10 ……………………………………… 8
7. 触角比（AR）0.29，抱器端节内缘膨大 ……………………… *K. zhengi* Guo & Wang
触角比（AR）0.38，抱器端节内缘不膨大 …… *K. halvorseni* (Cranston & Sæther)
8. 下附器结构复杂，阳茎刺突成倒 U 形 …………………… *K. toyamaquerea* (Sasa)
下附器结构简单，阳茎刺突非倒 U 形 ………………………………………… 9
9. 腹部的第Ⅰ、Ⅱ、Ⅲ节呈黄绿色 …………………… *K. anaulata* Guo & Wang
腹部的第Ⅰ、Ⅱ、Ⅲ节不呈黄绿色 …………………………………………… 10
10. 前胸背板中部明显较细 ………………………… *K. seiryuopeus* (Sasa *et al.*)
前胸背板粗细变化不明显 ……………………………………………………… 11
11. 肛尖三角形，抱器端节直 ………… *K. zhiltzovae* Makarchenko & Makarchenko
肛尖圆盾，抱器端节弯曲 …………………… *K. kurobeminuta* (Sasa & Okazawa)

2.4.4 种类描述

2.4.4.1 色带克莱斯密摇蚊 *Krenosmittia anaulata* Guo & Wang

Krenosmittia anaulata Guo & Wang, 2004: 494.

（1）模式产地：中国。

（2）观察标本：正模，♂，吉林省长白山自然保护区，26. v. 1986，扫网，王新华采；4♂♂，宁夏回族自治区六盘山自然保护区二龙河，8. viii. 1987，扫网，王新华采；1♂，云南省大理市点苍山清碧溪，23. v. 1996，灯诱，王新华采；1♂，四川省康定县第 29 号木材站，15. vi. 1996，灯诱，王新华采。

（3）鉴别特征：腹部第Ⅰ、Ⅱ、Ⅲ腹节黄绿色带，其余各节为棕色，肛尖较小，抱器端节基部 2/3 处内缘有膨大。

（4）雄成虫（$n=7$）。体长 0.95～1.32，1.13mm，翅长 0.68～0.96，0.80mm，体长/翅长 2.28～2.75，2.42，翅长/前足腿节长 1.20～1.94，1.43。

1）体色：头部深褐色；触角浅黄棕色；胸部和腹部略成黄绿色；盾片棕色或黄绿色；足浅棕色；翅透明。

2）头部：触角 12 鞭节；末鞭节长 68～96，78μm，触角比（AR）0.21～0.28，0.23；唇基毛 4～7，6 根；头部具 0～2，1 根眶后鬃，但内顶鬃和外顶鬃均缺失；食窦泵、幕骨和茎节如图 2.4.1（a）所示，幕骨长 74μm，宽 10μm；下唇须各节长度（μm）分别为 10～16，13；18～20，19；20～40，29；42～52，46；60～72，67；第 5 节和第 3 节长度之比为 1.68～3.00，2.31。

3）胸部：背中鬃 4～8，5 根，翅前鬃 3 根，小盾片鬃 1～4，3 根。

4）翅［图 2.4.1（b）］：翅光裸无毛。R_{2+3} 脉存在或者不清晰，翅脉比（VR）1.14～1.40，1.25。Cu 脉长 320～368，338μm，前缘脉延伸长 120～136，128μm。腋瓣无缘毛；臂脉有 1 根毛。

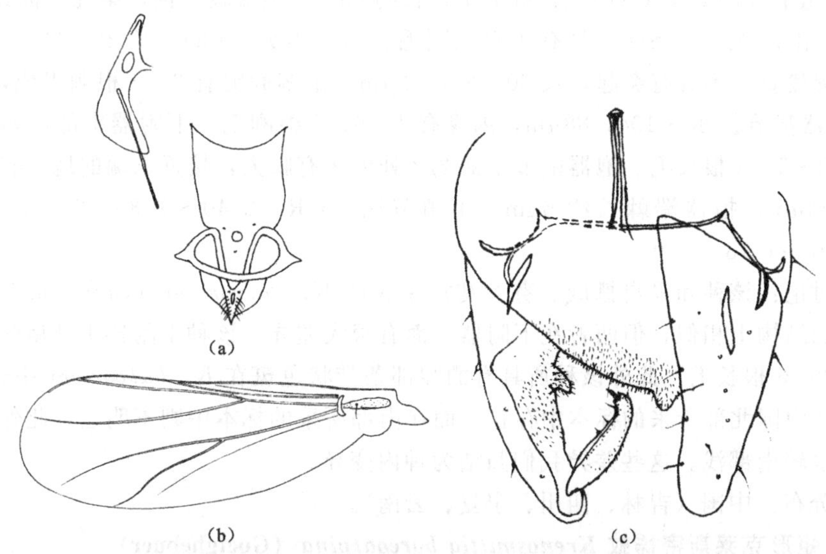

图 2.4.1 色带克莱斯密摇蚊 *Krenosmittia anaulata* Guo & Wang

（a）食窦泵、幕骨和茎节；（b）翅；（c）生殖节

5）足：前足胫距长度为 20～26，22μm，中足胫距长度为 12～24，15μm；后足胫距长度为 20～24，22μm；前足胫节宽 22～25，24μm，中足胫节宽 22～27，25μm，后足胫节宽 26～30，28μm。后足胫节具有一个由 7～10，8 根刚毛组成的胫栉。胸足各节长度及足比见表 2.4.1。

表 2.4.1 色带克莱斯密摇蚊 *Krenosmittia anaulata* 胸足各节长度（μm）及足比（*n*=7）

足	p1	p2	p3
fe	220～248，219	264～320，289	240～320，266
ti	248～320，274	232～296，252	256～272，259
ta1	104～128，118	96～128，106	120～134，130
ta2	56～80，63	64～72，67	60～84，73
ta3	48～56，53	40～56，52	60～80，73
ta4	24～32，26	24～32，29	24～40，32
ta5	24～32，26	24～32，29	24～32，29
LR	0.35～0.48，0.43	0.39～0.45，0.42	0.47～0.52，0.50

续表

足	p1	p2	p3
BV	3.36～3.76，3.64	3.28～3.89，3.57	3.16～3.70，3.56
SV	4.18～4.50，4.44	4.81～5.17，5.10	4.04～4.42，4.13
BR	1.60～1.80，1.74	1.40～1.50，1.56	2.10～2.40，2.31

6）腹部：第Ⅰ、Ⅱ、Ⅲ腹节黄绿色，其余各节为棕色。

7）生殖节［图 2.4.1（c）］：肛尖小，长约 8μm，顶端较圆钝，第九背板具有 3～5，4 根缘毛，肛节侧片（LSIX）具有 1 根长刚毛。阳茎内突（Pha）长 22～32，27μm，横腹内生殖突较直，不具有突起，长 60～64，62μm，阳茎刺突有 3～4 根刺组成，30～48，37μm。抱器基节长 80～104，88μm，内缘有 4～6，5 根刚毛，下附器中部略膨大，具很多微毛和 2～5，3 根长毛。抱器端节基部 2/3 处内缘有膨大，接近末端的地方有紧缩，长 32～36，34μm；抱器端棘长约 6μm。生殖节比（HR）2.40～2.80，2.50；生殖节值（HV）2.97～4.13，3.30。

（5）讨论：该种和采自挪威、芬兰和加拿大的 *K. halvorseni*（Cranston & Sæther）在生殖节的结构上相似，但两者在下附器上面有很大差异，该种下附器中部略膨大，具很多微毛和 2～5 根长毛，此外该种所具有的腹部条带状色斑在 *K. halvorseni* 中也不存在。R_{2+3}脉在从中国北部所采的标本中存在，而在南部所采的标本中则不明显，此外北部的标本的体色也较南部浅。这些差异我们归结为种内变异。

（6）分布：中国（吉林、四川、宁夏、云南）。

2.4.4.2 矩形克莱斯密摇蚊 *Krenosmittia boreoalpina*（Goetghebuer）

Smittia（*Krenosmittia*）*boreoalpina* Goetghebuer，1944：43.

Krenosmittia boreoalpina（Goetghebuer），Makarchenko & Makarchenko 2011：114.

（1）模式产地：欧洲。

（2）鉴别特征：肛尖小，成三角形，下附器较大，略成矩形，抱器端节结构简单，这些特征可以将其与本属中的其他种区别开。

（3）讨论：Goetghebuer（1944）首先记录了采自欧洲的该种，并将其置于斯密摇蚊属（*Smittia*）中。俄远东为本种在亚洲的首次记录。本研究未能检视到模式标本，鉴别特征等引自 Goetghebuer（1944）的原始描述。

（4）分布：俄罗斯（远东地区），欧洲部分国家。

2.4.4.3 哈沃森克莱斯密摇蚊 *Krenosmittia halvorseni*（Cranston & Sæther）

Rheosmittia halvorseni Cranston & Sæther，1986：45.

Krenosmittia halvorseni（Cranston & Sæther），Tuisunen & Lindeberg，1986：382；Cranston & Oliver，1988：436；Makarchenko & Makarchenko，2011：115.

（1）模式产地：挪威。

（2）鉴别特征：触角 12 鞭节，肛尖小，基部仅为第九背板宽度的 1/10。

（3）雄成虫：触角 12 鞭节；末鞭节长 168μm，触角比（AR）0.38；唇基毛 6 根；头部鬃毛仅具有 2 根外顶鬃；食窦泵、幕骨和茎节如图 2.4.2（a）所示，幕骨长 112μm，宽 17μm；下唇须各节长度（μm）分别为 22、31、53、62、79；第 5 节和第 3 节长度之比为 1.49。胸部［图 2.4.2（b）］前胸背板鬃 1 根，背中鬃 6 根，翅前鬃 3 根，小盾片鬃 4 根。R_{2+3}脉存在，翅脉比（VR）1.41，R 脉具有 1 根毛，前缘脉延伸长 224μm。臂脉有 1 根毛。前足胫距长度为 34μm，中足 2 根胫距长度分别为 11μm 和 4μm；后足 2 根胫距长度分别为 35μm 和 15μm；前足胫节宽 21μm，中足胫节宽 23μm，后足胫节宽 31μm。后足胫节具有一个由 9 根刚毛组成的胫栉。生殖节［图 2.4.2（c）］第九背板具有 10 根刚毛，包括肛尖两侧各具 2 根。肛节侧片（LSIX）具有 2 根长刚毛。阳茎内突（Pha）长 49μm，横腹内生殖突长 63μm，阳茎刺突有 4 根刺组成，长 39μm。抱器基节长 114μm，上附器明显，圆钝，下附器大而圆。抱器端节略弯，长约 63μm；抱器端棘长 8μm。生殖节比（HR）1.84，生殖节值（HV）3.02。

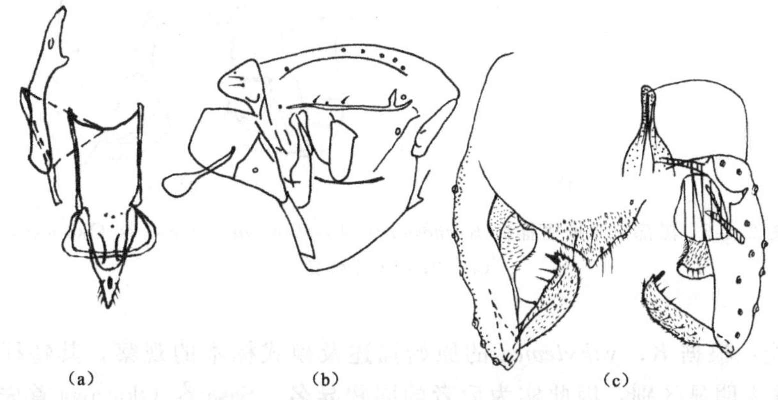

图 2.4.2 哈沃森克莱斯密摇蚊 *Krenosmittia halvorseni*（Cranston & Sæther）
（a）食窦泵、幕骨和茎节；（b）胸部；（c）生殖节

（4）讨论：本研究未能检视到模式标本，鉴别特征等引自 Cranston & Sæther（1986）的原始描述。

（5）分布：俄罗斯（远东地区），欧洲部分国家，加拿大。

2.4.4.4 黑部克莱斯密摇蚊 *Krenosmittia kurobeminuta* (Sasa & Okazawa)

Parakiefferirlla kurobeminuta Sasa & Okazawa，1992a：71.

Parakiefferirlla yakylemea Sasa & Suzuki，2000：90.

Krenosmittia yakylemea（Sasa & Suzuki），Yamamoto，2004：45. Syn. n.

Krenosmittia kurobeminuta（Sasa & Okazawa），Yamamoto，2004：44.

（1）模式产地：日本。

（2）观察标本：正模，♂，（No. 234：077），日本四国岛西土佐村江户，26. iv. 1998，扫网，S. Suzuki 采；1♂，（No. 384：028），日本九州鹿儿岛屋久岛町，23. iii. 2000，灯诱，S. Suzuki 采。

（3）鉴别特征：触角比（AR）0.55，肛尖末端圆钝，抱器基节下附器宽大而末端较尖，抱器端节结构简单，阳茎刺突由多根刺构成，这些特征可以将其与本属其他种区别开。

（4）雄成虫。体长 1.80mm，翅长 1.00mm，体长/翅长 1.80。前胸背板向中部逐渐变细，左右各具 1 根毛。体呈深棕色，小盾片和腹部棕色，翅颜色极浅。触角比（AR）0.55。翅脉比（VR）1.21，臀角退化，腋瓣不具有缘毛，Cu1 脉强烈弯曲［图 2.4.3（a）］。肛尖末端圆钝，具 4 根刚毛，阳茎刺突显著，长 37μm，抱器基节下附器宽大而圆钝，边缘具大量短毛，抱器端节结构简单［图 2.4.3（b）］。

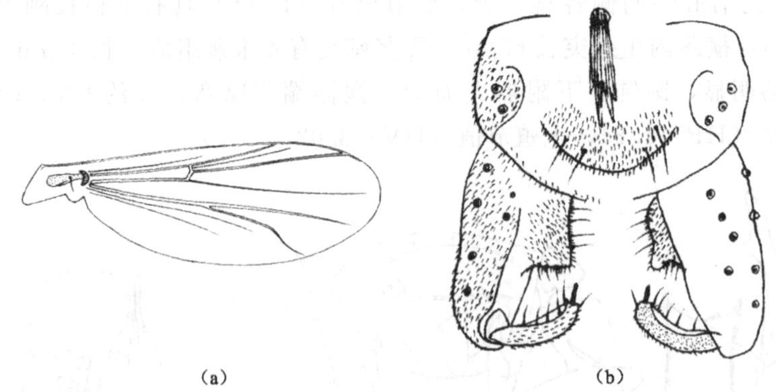

图 2.4.3　黑部克莱斯密摇蚊 *Krenosmittia kurobeminuta*（Sasa & Okazawa）
（a）翅；（b）生殖节

（5）讨论：根据 *K. yakylemea* 的原始描述及模式标本的观察，其特征与 *K. kurobeminuta* 并无明显区别，因此实为后者的同物异名。Sasa & Okazawa 首先将 *K. kurobeminuta* 置于拟开氏摇蚊属（*Parakiefferiella*），并提出了该种在该属内的特殊性，Yamamoto（2004）根据其具有的发达的阳茎刺突等特征将其转移至克莱斯密摇蚊属中。

（6）分布：日本。

2.4.4.5　晶脊克莱斯密摇蚊 *Krenosmittia lophos* Guo & Wang

Krenosmittia lophos Guo & Wang，2004：495.

（1）模式产地：中国（宁夏）。

（2）观察标本：正模，♂，宁夏回族自治区六盘山自然保护区，7. viii. 1987，扫网，王新华采；副模，1♂，同正模。

（3）鉴别特征：该种的肛尖背部正中具有玻璃质的脊状构造，此外，其肛尖较小，且不会超过第九背板。

（4）雄成虫（*n*=2）。体长 1.50～1.60mm；翅长 0.92～1.00mm。体长/翅长 2.50～2.56；翅长/前足腿节长 3.19～3.57。

1）体色：头部深褐色；触角浅黄棕色；胸部和腹部略成黄绿色；足浅棕色；翅透明。

2）头部：触角末鞭节长 120μm，触角比（AR）0.25～0.27；唇基毛 4～5 根；头部鬃毛 3～4 根，包括 2～4 根外顶鬃和具 0～1 根后眶鬃，但内顶鬃和外顶鬃均缺失；幕骨长 84～100μm，宽 10μm。食窦泵、幕骨和茎节如图 2.4.4（a）所示；下唇须第 5 节和第

3 节长度之比为 1.18～1.20。

3）胸部：背中鬃 6～8 根，翅前鬃 1～2 根，小盾片鬃 2 根。

4）翅［图 2.4.4（b）］：R 脉具 0～2 根毛，R_{4+5} 脉具 0～3 根毛，其他翅脉均光裸。R_{2+3} 脉存在。翅脉比（VR）1.25，Cu 脉长 400μm，前缘脉延伸长 90～96μm。臀角退化，臂脉有 1 根毛。

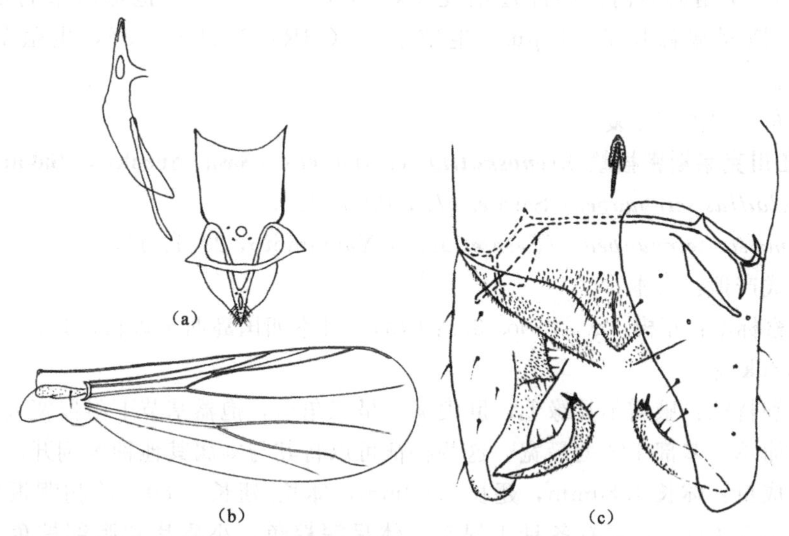

图 2.4.4　晶脊克莱斯密摇蚊 *Krenosmittia lophos* Guo & Wang
（a）食窦泵、幕骨和茎节；（b）翅；（c）生殖节

5）足：前足胫距长度为 22μm，中足胫距长度为 8～12μm；后足胫距长度为 24μm；前足胫节宽 23～25μm，中足胫节宽 25～26μm，后足胫节宽 26～28μm。后足胫节具有一个由 8～10 根刚毛组成的胫栉。胸足各节长度及足比见表 2.4.2。

表 2.4.2　晶脊克莱斯密摇蚊 *Krenosmittia lophos* 胸足各节长度（μm）及足比（*n*=2）

足	p1	p2	p3
fe	280～288	328～336	312～328
ti	352～376	296～304	352
ta1	192	144	168～176
ta2	128	80	96～104
ta3	80	64～75	96
ta4	40	40	40～42
ta5	40	40	40～42
LR	0.51	0.47～0.49	0.48～0.50
BV	2.86～2.97	3.34～3.43	3.01～3.06
SV	3.29～3.46	4.33～4.44	3.86～3.95
BR	1.50～1.70	1.30～1.40	2.60～2.70

6）腹部：各节为浅棕色。

7）生殖节［图 2.4.4（c）］：肛尖小，成三角形，不会超过第九背板前缘，且肛尖背面中部有拱起的玻璃状的脊结构，边缘具微毛。第九背板具有 6～8 根缘毛，肛节侧片（LSIX）具有 2～5 根长刚毛。阳茎内突（Pha）长 38～40μm，横腹内生殖突较直，具有突起，长 64～74μm，阳茎刺突有 2 根刺组成，较短，长 20～22μm。抱器基节长 102～104μm，下附器向内缘中部逐渐变窄，具 6～7 根长毛。抱器端节背缘变宽，长 44～46μm；抱器端棘长 7～10μm。生殖节比（HR）2.21～2.36，生殖节值（HV）3.18～3.48。

（5）分布：中国（宁夏）。

2.4.4.6　江川克莱斯密摇蚊 *Krenosmittia seiryuopeus*（Sasa, Suzuki & Sakai）

Epoicocladius seiryuopeus Sasa *et al.*, 1998：115.

Krenosmittia seiryuopeus（Sasa *et al.*），Yamamoto，2004：44.

（1）模式产地：日本。

（2）观察标本：正模，♂，（No. 358：073），日本四国岛西土佐村江户，26. iv. 1998，扫网，S. Suzuki 采。

（3）鉴别特征：腋瓣不具缘毛，肛尖宽，呈三角形，抱器基节下附器宽大而圆钝，抱器端节结构简单，基部 1/3 处最宽，这些特征可以将其与本属其他种区别开。

（4）雄成虫：体长 1.80mm，翅长 1.00mm，体长/翅长 1.80。前胸背板向中部逐渐变细［图 2.4.5（a）］，左右各具 1 根毛。体呈深棕色，小盾片和腹部棕色，翅颜色极浅。触角比（AR）0.55。翅脉比（VR）1.21，臀角退化，腋瓣不具有缘毛，Cu1 脉强烈弯曲［图 2.4.5（b）］。肛尖宽，呈三角形，具 5 根刚毛，阳茎刺突显著，长 37μm，抱器基节下附器宽大而圆钝，边缘具大量短毛，抱器端节结构简单，基部 1/3 处最宽［图 2.4.5（c）］。

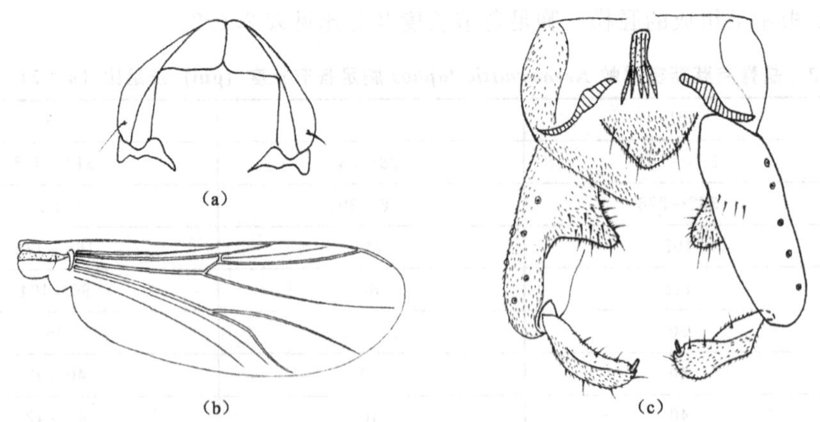

图 2.4.5　江川克莱斯密摇蚊 *Krenosmittia seiryuopeus*（Sasa, Suzuki & Sakai）

（a）前胸背板；（b）翅；（c）生殖节

（5）讨论：Sasa *et al.*（1998）首先将该种置于骑蜉摇蚊属（*Epoicocladius*），然而，该种所具有的发达的阳茎刺突，不具有腋瓣缘毛，弯曲的 Cu_1 脉以及特殊的肛尖结构，可以确认其为克莱斯密摇蚊属的一种。

(6) 分布：日本。

2.4.4.7 利贺克莱斯密摇蚊 *Krenosmittia togapirea* (Sasa & Okazawa)

Parakiefferirlla togapirea Sasa & Okazawa，1992b：152.

Krenosmittia togapirea (Sasa & Okazawa)，Yamamoto，2004：44.

(1) 模式产地：日本。

(2) 观察标本：正模，♂，(No. 180：041)，日本富山县利贺村，31. v. 1990，灯诱，S. Suzuki 采。

(3) 鉴别特征：该种具有高的翅脉比（VR 1.44），抱器基节的下附器大且略成矩形，阳茎刺突较小，抱器端节末端不具有亚端背脊，这些特征可以将其与本属其他种区别开。

(4) 雄成虫：体长 2.40mm，翅长 1.30mm，体长/翅长 1.85。体呈深棕色，小盾片和腹部浅棕色，翅颜色极浅［图 2.4.6（a）］。触角比（AR）0.44。翅脉比（VR）1.44，臀角退化，腋瓣不具有缘毛，Cu1 脉略弯曲。前足胫距长度为 45μm，中足 2 根胫距长度为 24μm 和 20μm；后足 2 根胫距，长度为 45μm 和 23μm。肛尖宽，呈三角形，末端圆钝，具 4 根较长刚毛。抱器基节下附器宽大而近矩形，阳茎刺突较小，抱器端节结构简单，抱器端棘明显，不具有亚端背脊［图 2.4.6（b）］。

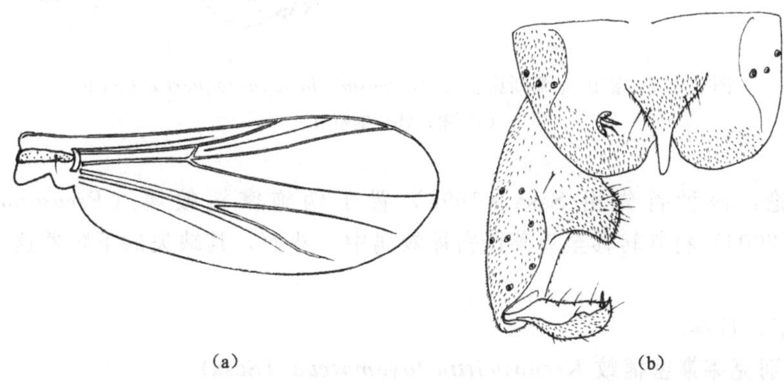

(a) (b)

图 2.4.6 利贺克莱斯密摇蚊 *Krenosmittia togapirea* (Sasa & Okazawa)

(a) 翅；(b) 生殖节

(5) 讨论：Sasa & Okazawa 首先将该种置于拟开氏摇蚊属（*Parakiefferiella*），Yamamoto (2004) 将其转移至目前属中，而经过对该种特征与克莱斯密摇蚊属属征的对比，该种不具有克莱斯密属所具有的明显且极发达的阳茎刺突，故其分类地位仍有待商榷。本研究未能检视到模式标本，鉴别特征等引自 Sasa & Okazawa (1992b)。

(6) 分布：日本。

2.4.4.8 富山克莱斯密摇蚊 *Krenosmittia toyamaquerea* (Sasa)

Pseusosmittia toyamaquerea Sasa，1996：38.

Krenosmittia toyamaquerea (Sasa)，Yamamoto，2004：45.

(1) 模式产地：日本。

（2）观察标本：正模，♂，（No. 272：062），日本本州岛富山县吴羽山，22. vii. 1993，灯诱，S. Suzuki 采。

（3）鉴别特征：该种触角比（AR）0.49，下附器缺失，阳茎刺突明显由两部分构成，抱器端节明显弯曲，抱器端棘发达，这些特征可以将其与本属其他种区别开。

（4）雄成虫（$n=1$）：体长 2.09mm，翅长 0.98mm，体长/翅长 1.70。体呈黄棕色，小盾片深棕色，足黄棕色。触角比（AR）0.49。翅脉比（VR）1.48，臀角退化，腋瓣不具有缘毛，Cu_1 脉明显弯曲，前缘脉延伸至略超过 R_{4+5} 脉末端［图 2.4.7（a）］。肛尖末端圆钝，密被短毛，后缘具 5 根长毛，下附器缺失，阳茎刺突明显由两部分构成，抱器端节弯曲，抱器端棘明显，不具有亚端背脊［图 2.4.7（b）］。

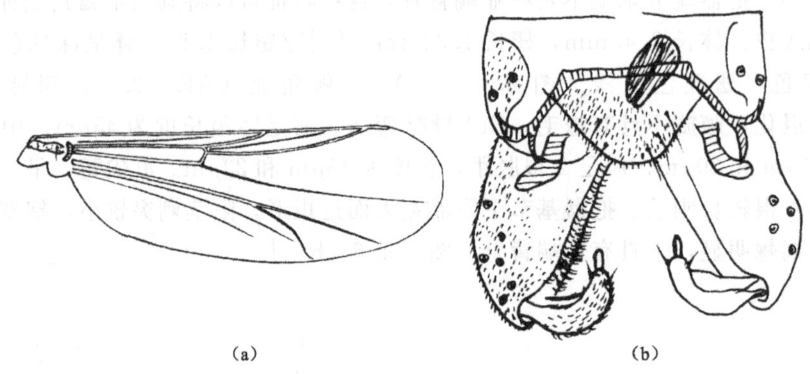

图 2.4.7 富山克莱斯密摇蚊 *Krenosmittia toyamaquerea*（Sasa）
（a）翅；（b）生殖节

（5）讨论：该种首先由 Sasa（1996）置于伪施密摇蚊属（*Pseusosmittia*）中，Yamamoto（2004）将其转移至克莱斯密摇蚊属中。然而，其缺失的下附器这一特征在本属中并不常见。

（6）分布：日本。

2.4.4.9 吴羽克莱斯密摇蚊 *Krenosmittia toyamateua*（Sasa）

Pseusosmittia toyamateua Sasa，1996：41.

Krenosmittia toyamaquerea（Sasa），Yamamoto，2004：45.

（1）模式产地：日本。

（2）观察标本：正模，♂，（No. 274：098），日本富山县吴羽山，26. iv. 1993，灯诱，Suzuki 采。

（3）鉴别特征：该种触角仅 10 鞭节，阳茎刺突发达成倒 U 形，下附器较复杂，包括圆形叶和镰刀形叶，这些特征可以将其与本属其他种区别开。

（4）雄成虫：体长 1.82mm，翅长 0.92mm，体长/翅长 1.98。体呈棕色。触角 10 鞭节，触角比（AR）0.62。翅脉比（VR）1.27，臀角退化，腋瓣不具有缘毛，Cu_1 脉明显弯曲。前缘脉延伸至略超过 R_{4+5} 脉末端［图 2.4.8（a）］。前足胫距长度为 25μm，后足 2 根胫距长度为 28 和 18μm；肛尖不存在，阳茎刺突成倒 U 形，包括两根明显发达的刺，抱器基节具有结构较复杂的下附器，包括一圆形的叶及其下部的镰刀形叶［图 2.4.8（c）］。

抱器端节简单，内缘略凹陷，不具有亚端背脊［图 2.4.8（d）］。

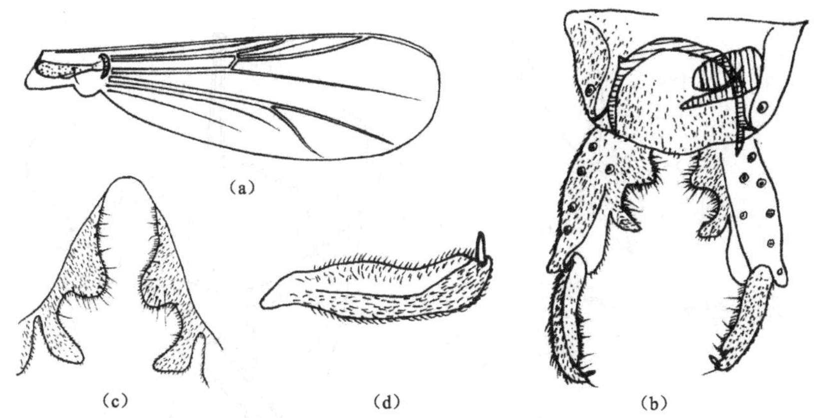

图 2.4.8 吴羽克莱斯密摇蚊 *Krenosmittia toyamateua*（Sasa）

（a）翅；（b）生殖节；（c）下附器；（d）抱器端节

（5）讨论：*K. toyamateua* 首先由 Sasa（1996）置于 *Toyamasmittia* 中，然而该种的复眼和翅脉结构又与骑蜉摇蚊属（*Epoicocladius*）和拟开氏摇蚊属（*Parakiefferiella*）中的种类相近，Yamamoto（2004）根据其发达的阳茎刺突将其转移至克莱斯密摇蚊属中。

（6）分布：日本。

2.4.4.10 截形克莱斯密摇蚊 *Krenosmittia truncatata* Guo & Wang

Krenosmittia truncatata Guo & Wang，2004：496.

（1）模式产地：中国（福建）。

（2）观察标本：正模，♂，福建省武夷山自然保护区，25. iv. 1993，灯诱，王新华采；1♂，福建省上杭县古田镇，4. v. 1993，扫网，王新华采。

（3）鉴别特征：该种具有被横截的第九背板，且不具有肛尖，具有很长的阳茎刺突。

（4）雄成虫（n=2）：体长 1.55～1.86mm；翅长 0.94～1.00mm。体长/翅长2.63～2.76；翅长/前足腿节长 1.60～1.86。

1）体色：头部深褐色；触角浅黄棕色；胸部和腹部略成黄绿色；足浅棕色；翅透明。

2）头部：触角末鞭节长 112～124μm，触角比（AR）0.26～0.28；唇基毛 6～8 根；头部鬃毛仅具有 1 根外顶鬃；幕骨长 84～104μm，宽 8～10μm。食窦泵、幕骨和茎节如图 2.4.9（a）所示；下唇须各第 5 节和第 3 节长度之比为 1.78～2.19。

3）胸部：背中鬃 5～8 根，翅前鬃 3 根，小盾片鬃 3 根。

4）翅［图 2.4.9（b）］：R_{2+3} 脉存在，且与 R_{4+5} 脉接近，翅脉比（VR）1.15～1.17，Cu 脉长 416～432μm，前缘脉延伸长 160μm。臀角不突出，臂脉有 1 根毛。

5）足：前足胫距长度为 32μm，中足胫距长度为 20μm；后足胫距长度为 28～30μm；前足胫节宽 22～24μm，中足胫节宽 23～25μm，后足胫节宽 29～31μm。后足胫节具有一个由 8～9 根刚毛组成的胫栉。胸足各节长度及足比见表 2.4.3。

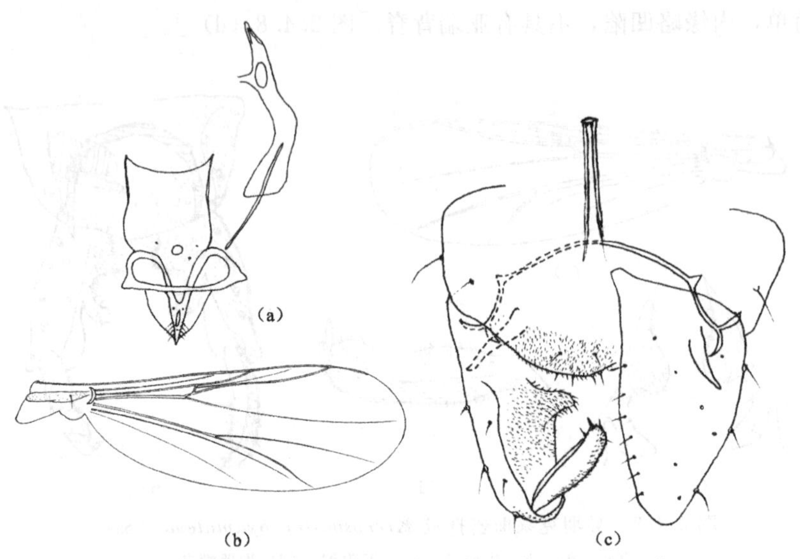

图 2.4.9　截形克莱斯密摇蚊 *Krenosmittia truncatata* Guo & Wang

(a) 食窦泵、幕骨和茎节；(b) 翅；(c) 生殖节

表 2.4.3　截形克莱斯密摇蚊 *Krenosmittia truncatata* 胸足各节长度（μm）及足比（*n*=2）

足	p1	p2	p3
fe	240～280	352～384	304～344
ti	328～360	312～360	336～368
ta1	160～168	144～160	152～168
ta2	88	88	88～104
ta3	64～70	64～72	88～96
ta4	34～40	40	40
ta5	34～40	40	40
LR	0.47～0.49	0.44～0.46	0.45～0.46
BV	2.97～3.43	3.48～3.90	3.09～3.14
SV	3.55～3.81	4.61～4.65	4.24～4.27
BR	1.20～1.40	2.00～2.20	2.40～2.60

6）腹部：棕色，但第Ⅰ节和第Ⅵ～Ⅷ节具有较浅的带状斑。

7）生殖节［图 2.4.9（c）］：肛尖缺失。第九背板成横截状，具有 2～4 根缘毛，肛节侧片（LSIX）具有 1～2 根长刚毛。阳茎内突（Pha）长 26～36μm，横腹内生殖突较直，长 70～80μm，阳茎刺突由 3～4 根刺组成，长 60μm。抱器基节长 94～100μm，内缘有 7～8 根长毛，下附器中后缘大而圆，且多毛。抱器端节中部较膨大，长 40～44μm；抱器端棘短，长度不超过 5μm。生殖节比（HR）2.27～2.35，生殖节值（HV）3.75～4.23。

（5）分布：中国（福建）。

2.4.4.11　郑氏克莱斯密摇蚊 *Krenosmittia zhengi* Guo & Wang

Krenosmittia zhengi Guo & Wang，2004：497.

(1) 模式产地：中国（宁夏）。

(2) 观察标本：正模，♂，宁夏回族自治区六盘山二龙河林场，8. viii. 1987，扫网，郑乐怡采。

(3) 鉴别特征：肛尖小，基部仅为第九背板宽度的 1/10。

(4) 雄成虫（$n=1$）：体长 1.48mm；翅长 1.00mm。体长/翅长 1.48；翅长/前足腿节长 1.18。

1) 体色：头部深褐色；触角和腹部略成棕色；胸部和足黄棕色；翅透明。

2) 头部：触角末鞭节长 128μm，触角比（AR）0.29；唇基毛 6 根；头部鬃毛仅具有 2 根外顶鬃；幕骨长 100μm，宽 14μm。食窦泵、幕骨和茎节如图 2.4.10 (a) 所示；下唇须各节长度（μm）分别为 16、24、50、62、102，第 5 节和第 3 节长度之比为 2.04。

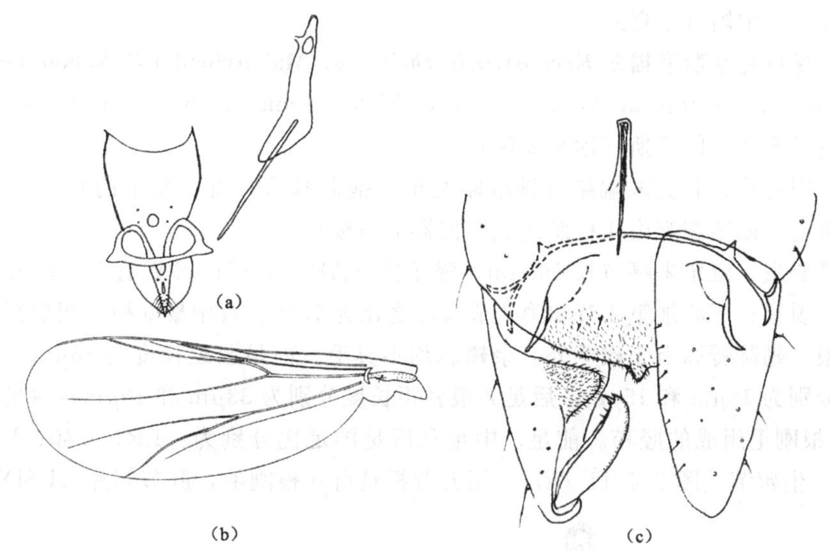

图 2.4.10 郑氏克莱斯密摇蚊 *Krenosmittia zhengi* Guo & Wang
(a) 食窦泵、幕骨和茎节；(b) 翅；(c) 生殖节

3) 胸部：背中鬃 7 根，翅前鬃 3 根，小盾片鬃 3 根。

4) 翅［图 2.4.10 (b)］：R_{2+3}脉存在，翅脉比（VR）1.25，Cu 脉长 400μm，前缘脉延伸长 140μm。臀角不突出，臂脉有 1 根毛。

5) 足：前足胫距长度为 28μm，中足胫距长度分别为 22μm 和 12μm；后足 2 根胫距长度分别为 28μm 和 24μm；前足胫节宽 24μm，中足胫节宽 25μm，后足胫节宽 28μm。后足胫节具有一个由 10 根刚毛组成的胫栉。胸足各节长度及足比见表 2.4.4。

6) 腹部：棕色。

7) 生殖节［图 2.4.10 (c)］：肛尖小，长约 8μm，包括三角形的基部及 4 根刚毛，具有背部圆钝的末端缺失。第九背板宽大，具有 7 根缘毛，肛节侧片（LSIX）具有 2 根长刚毛。阳茎内突（Pha）长 30μm，横腹内生殖突较直，具有弯曲，长 80μm，阳茎刺突有 3 根刺组成，长 48μm。抱器基节长 110μm，内缘有 7 根长毛，下附器近圆，边缘多毛。抱器端节内缘较膨大，长约 44μm；抱器端棘长 6μm。生殖节比（HR）2.50，生殖节值（HV）3.36。

表 2.4.4　郑氏克莱斯密摇蚊 *Krenosmittia zhengi* 胸足各节长度（μm）及足比（*n*=1）

足	fe	ti	ta1	ta2	ta3	ta4	ta5	LR	BV	SV	BR
p1	392	376	168	80	64	40	32	0.45	4.33	4.57	1.50
p2	400	328	144	96	80	40	32	0.44	3.52	5.06	1.60
p3	400	360	176	104	104	40	40	0.49	2.90	4.32	2.30

（5）讨论：该种与 *K. annulata* Guo & Wang 和 *K. halvorseni*（Cranston & Sæther）相似，三者均具有明显的肛尖，但该种具有 13 鞭节的触角，且下附器边缘多毛，背部无毛，这些特征可以将该种与其他两个种区分开。

（6）分布：中国（宁夏）。

2.4.4.12　智特克莱斯密摇蚊 *Krenosmittia zhiltzovae* Makarchenko & Makarchenko

Krenosmittia zhiltzovae Makarchenko & Makarchenko 2006 a：86；2011：115.

（1）模式产地：俄罗斯（远东地区）。

（2）鉴别特征：肛尖末端略圆钝或略突出，抱器基节具有三角形的且略圆钝的下附器，密被短毛，阳茎刺突由 4 根刺组成，抱器端节较直。

（3）雄成虫。触角末鞭节长 160μm，触角比（AR）0.37；唇基毛 3 根；头部鬃毛仅具有 5 根外顶鬃；下唇须第 5 节和第 3 节长度之比为 1.40。背中鬃 6 根，翅前鬃 3 根，小盾片鬃 3 根。翅除臂脉有 1 根毛外其余翅脉均不具毛。前足胫距长度为 38μm，中足 2 根胫距长度分别为 15μm 和 15μm；后足 2 根胫距长度分别为 33μm 和 10μm。后足胫节具有一个由 11 根刚毛组成的胫栉。前足、中足和后足的足比分别为：LR1 0.40、LR2 0.44、LR3 0.45。生殖节［图 2.4.11（a）］第九背板具有 6 根刚毛，肛节侧片（LSIX）具有 2

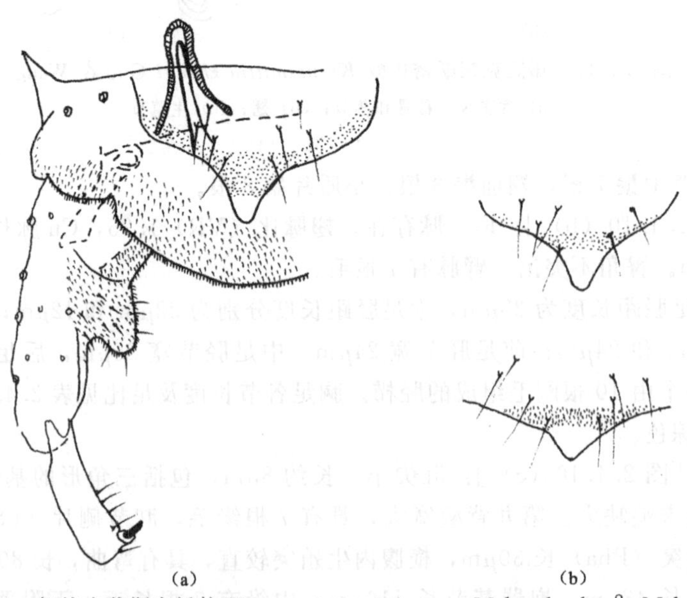

图 2.4.11　智特克莱斯密摇蚊 *Krenosmittia zhiltzovae* Makarchenko & Makarchenko

（a）生殖节；（b）肛尖

根长刚毛。肛尖［图 2.4.11（b）］末端略圆钝或略突出，长 10μm。横腹内生殖突长 65μm。抱器基节具有三角形的且略圆钝的下附器，密被短毛。阳茎刺突由 4 根刺组成，长 43μm。抱器端节较直。

（4）讨论：本研究未能检视到该种模式标本，鉴别特征等引自 Makarchenko & Makarchenko（2006 a）的原始描述。

（5）分布：俄罗斯（远东地区）。

2.5 沼摇蚊属系统学研究

2.5.1 沼摇蚊属简介

沼摇蚊属（*Limnophyes*）由 Eaton 于 1875 年建立，*Limnophyes pusillus* Eaton 为该属的模式种。

该属的主要特征是：眼部光裸无毛，胸部一般具有披针形的肩鬃和前小盾片鬃，翅前鬃常延伸至肩部，足上不存在伪胫距和爪垫结构，翅膜区光裸无毛，臀角退化，前缘脉具延伸，第九背板密生刚毛，肛尖发达或者略发达，阳茎内突强烈骨化。阳茎刺突由 1 根或者 2～5 根刺聚集而成，这些重要特征可将其与其他属分开。

根据 Cranston *et al*.（1989），沼摇蚊属（*Limnophyes*）是一个具有广泛适应性的类群，其幼虫可在各种类型的水生、半陆生和陆生环境中发现，成虫具有聚集大量个体的婚飞现象。该属为世界性分布，并且属内种类较多，根据 Sæther（1989）记录，仅全北区中就有超过 40 个种类已被描述。

系统发育方面的研究：根据 Sæther（1985 c），沼摇蚊属（*Limnophyes*）和拟沼摇蚊属（*Paralimnophyes* Brundin）均与苔摇蚊属（*Bryophaenocladius* Thienemann）和毛突摇蚊属（*Chaetocladius* Kieffer）系统发育关系较近，还包括拟毛突摇蚊属（*Parachaetocladius* Wülker）、伪直突摇蚊属（*Pseudorthocladius* Goetghebuer）和裸中足摇蚊属（*Psilometriocnemus* Sæther），这 7 个属构成一个属群，与毛胸摇蚊属（*Heleniella* Gowin）关系最近。目前看来，沼摇蚊属（*Limnophyes*）、拟沼摇蚊属（*Paralimnophyes*、*Compterosmittia* Sæther）和毛胸摇蚊属（*Heleniella*）形成一个单系群，它们在生活史的各个阶段均显示出同源性状，从幼虫来看，*Belgica* Jacobs 也应该属于该类群，这一单系群的姊妹群应该包括苔摇蚊属（*Bryophaenocladius*）、光中足摇蚊属（*Gymnometriocnemus* Goetghebuer）、苏伯来摇蚊属（*Sublettiella* Sæther）和安的列摇蚊属（*Antillocladius* Sæther）这几个属中的一个、多个或者全部的属。这些属在翅膜区均有微刺或者微毛，这在整个摇蚊科中都大体一样，但在这一水平上分析，这一性状就是一个同源性状。在 *Campterosmittia*、*Paralimnophyes*、*L. asquamatus* 和 *L. Punctipennis* 均存在刀状中鬃，这仅在 *Parakiefferiella* 属群和伪施密摇蚊属（*Pseudosmittia* Goeghebuer）的一些种类中存在这一性状（Sæther，1981，1982）。苏伯来摇蚊属（*Subletiella*）在翅膜区有明显的斑点状的微刺或者少量的微毛，这就像沼摇蚊属（*Limnophyes*）、苔摇蚊属（*Bryophaenocladius*）和毛胸摇蚊属（*Heleniella*）具有微毛的复眼（Sæther 1983）。Sæther（1984）提出，安的列摇蚊属（*Antillocladius*）也表现出和苔摇蚊属（*Bryophaenocladius*）和光中足摇蚊属（*Gymnometriocnemus*）具有非常近的亲缘关系。

由于 Cu_1 脉明显弯曲，以及幼虫的一些特征，Sæther（1984）最初将 *Compterosmittia* 属与沼摇蚊属（*Limnophyes*）和光中足摇蚊属（*Gymnometriocnemus*）置于统一属群当中，这一安置已经在幼虫和蛹的研究中证实了其正确性（Cranston, 1987)。沼摇蚊属（*Limnophyes*）其属内各个种之间均有明显的相似性，Pankratova（1970）关于本属的幼虫研究中，其中一些幼虫并非属于本属，例如：*L. pseudoprolongatus* Botnariuc & Cindae ～ Cure、*L. transcaucasicus* Chernovskii、*L. septentrionalis* Chernovskii 和 *L. dystrophilus* Chernovskii，另外 *M. karelicus* 应属于中环足摇蚊属（*Mesocricotopus*）。根据 Yamamoto（2004）日本直突摇蚊亚科名录，经过对日本标本的检视，作者发现本亚科存在 4 项错误鉴定（如附录 C 中所示），其中 *Limnophyes yakyefeus* Sasa & Suzuki 应为 *Orthocladius*（*Eudactylocladius*）*yakyefeus*（Sasa & Suzuki）。

2.5.2 沼摇蚊属雄成虫的鉴别特征

据 Sæther（1990）属征：体小型至中型，翅长 0.3～2.4mm，体色由浅棕色到黑色。

（1）触角（Antenna）：7 到 13 鞭节，多数为 13 鞭节，毛形感器位于触角的第 2、第 3 节和最末节，在第 4、第 5、第 6 鞭节也常具有毛形感器。触角末端不具或者偶有末端毛，触角比（AR）：0.3～2.8。

（2）头部（Head）：复眼不具有或者轻微的背部延伸，光裸无毛，某些种类略有微毛。头部鬃毛单列，包括 0～3 根（常为 1 根）内顶鬃，1～4 根（常为 2 根）外顶鬃，1～6 根后眶鬃。下唇须 5 节，在第三节具有 1～2 根感觉棒。

（3）胸部（Thorax）：前胸背板强烈发达，前部与盾片分离，背部有至少 1 根刚毛，后部最多有 17 根刚毛。一般具有中鬃，短且弯曲，背中鬃数目较少，单列或者多列，常具有披针形或者刀状的肩鬃和前小盾片鬃，翅前鬃单列，有些种类翅前鬃延伸到肩部，小盾片鬃单列。肩陷区突出，在某些种类中不明显，常较小，圆形，具有或不具有强烈骨化的边缘，有些种类具有骨化的瘤状物，也有些种类具有小的腹部凹陷和大而深的背部凹陷，背部凹陷中心具有直立的微毛或者披针形肩鬃。后上前侧片［采自南美的 *L. brachyarthra*（Edwards）除外］和后侧片Ⅱ（*L. brachyarthra* 和 *L. subnudicollis* 除外）具毛，绝大多数种类前前侧片，多数种类的中上前侧片具毛。*L. er*，*L. torulus* 和 *L. pumilo* 的后背板具有披针形刚毛。

（4）翅（Wing）：翅膜区无毛，具有粗糙的点状微毛，臀角退化，略微发达，少数种类成直角。前缘脉轻微延伸或者中度延伸；R_{2+3} 脉终止于 R_1 脉和 R_{4+5} 脉中间，有些种类向 R_{4+5} 脉弯曲；R_{4+5} 脉止于 M_{3+4} 脉终点的背部或上部；Cu_1 脉强烈弯曲，FCu 脉在 RM 脉的背部，后 Cu_1 脉延伸超过 FCu 脉，臀脉比后 Cu_1 脉短，臂脉具 1 根刚毛，有些种类具 2 根刚毛；R 脉一般具毛，R_1 脉在少数种类中具有刚毛，R_{4+5} 脉具毛的仅有 *L. er* 这一个种。腋瓣常具有缘毛 0～9 根。

(5) 足 (Legs)：前足胫距较长，约为其胫节末端宽度的 2 倍，*L. brachyarthra* 的前足胫距较短。伪胫距和爪垫缺失，感觉棒存在于中足第一跗节，有些种类后足及少数种类的前足也有感觉棒。

(6) 生殖节 (Hypopygium)：腹部第九节密生刚毛，但一般较短，比微毛略长，“肛尖”由略发达到十分发达，有些种类在肛尖的端部或者中部具有锯齿状结构，形状在不同物种当中变化较大，三角形到圆形，而在 *L. asquamatus*，*L. brachytomus* 和 *L. collaris* 三个种的一些标本肛尖较小。阳茎内突强烈骨化，阳茎叶也十分发达，常骨化。阳茎刺突常十分发达，由单根或者 3 根融合在一起的，或者 2～5 根刺聚集而成，后部常具有细的膜质的薄层。抱器基节基部分开，腹面成球状。上附器缺失，少数种类中较发达；下附器在少数种类中缺失，发达或者略发达，常出现双下附器，略成三角形，少数种类下附器较大且较圆。抱器端节的形状在种内和种间都有变化，常具有发达的颜色较深的抱器端棘；亚端背脊明显，有些种类的亚端背脊会超过抱器端棘，也有一些种类抱器端棘缺失，颜色浅，或成毛状。

根据观察标本、相关研究文献 Wang & Sæther (1993) 等将 Cranston *et al*. (1989) 中的属征做如下修订：“触角比 (AR) 0.3～2.8”修订为“触角比 (AR) 0.18～2.8”，如 *L. aquamatus* Andersen 触角比 (AR) 一般较小，多数个体触角比在 0.18～2.8 范围内。

2.5.3 检索表

中国沼摇蚊属雄成虫检索表

1. 前胸背板的背部和后部具有刚毛，前部无刚毛 ……………… *L. brachytomus* (Kieffer)
   前胸背板的背部和后部具有或不具有刚毛，前部有刚毛 ……………………………… 2
2. 背中鬃不具有披针形的肩鬃和前小盾片鬃 ……………………………………………… 3
   背中鬃具有披针形的肩鬃和前小盾片鬃，至少具有其一 ………………………………… 7
3. “肛尖”明显二裂，下附器三角形 ………………………………… *L. verpus* Wang & Sæther
   “肛尖”非二裂，下附器也非三角形……………………………………………………… 4
4. 抱器端节末端外缘退化 ……………………………………………… *L. madeirae* Sæther
   抱器端节末端外缘不退化 ………………………………………………………………… 5
5. 腹部第一节颜色明显较其他腹节浅 ………………… *L. palleocestus* Wang & Sæther
   腹部第一节颜色与其他腹节颜色相同 …………………………………………………… 6
6. 臂脉具有 2 根刚毛，触角 11 鞭节 ………………………………………… *L. bicornis* sp. n.
   臂脉具有 1 根刚毛，触角一般 13 鞭节 ………………………………… *L. minimus* (Meigen)
7. 披针形肩鬃和前小盾片鬃的数目总和超过 13 根 ……………………………………… 8
   披针形肩鬃和前小盾片鬃的数目总和不超过 10 根 …………………………………… 12
8. 阳茎刺突细长，臀角轻微发达 ………………………………………… *L. subtilus* Liu & Yan
   阳茎刺突并非细长，臀角退化 …………………………………………………………… 9
9. 抱器端棘长，鬃毛状 …………………………………………………… *L. opimus* Wang & Sæther
   抱器端棘缺失或成毛发状 ………………………………………………………………… 10

10. "肛尖"顶部有凹陷，触角比（AR）0.49～0.79 ……… *L. pentaplastus* (Kieffer)
"肛尖"顶部没有凹陷，触角比（AR）0.18～0.30 ……… *L. gurgicola* (Edwards)
11. 抱器端节中部具有明显的三角形的突出结构……………………… *L. triangulus* Wang
抱器端节中部不具有三角形的突出结构 ……………………………………………… 11
12. 抱器端节具有圆的亚端背脊 ……………………… *L. orbicristatus* Wang & Sæther
抱器端节不具有圆的亚端背脊 ………………………………………………………… 13
13. 下附器非常小，或者缺失 ………………………………… *L. minerus* Liu & Yan
下附器总是存在，正常发育 …………………………………………………………… 14
14. "肛尖"两侧平行，下附器背叶三角形 ……………………… *L. habilis* (Walker)
"肛尖"两侧不平行，下附器背叶非三角形…………………………………………… 15
15. 阳茎刺突缺失，"肛尖"二裂 …………………………………… *L. ludingensis* sp. n.
阳茎刺突存在，"肛尖"非二裂…………………………………………………………… 16
16. 胸部具有弯曲的刀状中鬃，阳茎刺突由 3 根刺组成 ………… *L. aquamatus* Andersen
胸部不具有弯曲的刀状中鬃，阳茎刺突由 1 根刺组成 ……………………………… 17
17. 触角 13 鞭节，中足足比（LR）0.39，胸部无肩瘤 ………… *L. difficilis* Brundin
触角 11～12 鞭节，中足足比（LR）0.45～0.48，胸部有明显的肩陷
…………………………………………………………… *L. bullus* Wang & Sæther

2.5.4　种类描述

2.5.4.1　长刺沼摇蚊 *Limnophyes aagaardi* Sæther

Limnophyes aagaardi Sæther, 1990: 112; Makarchenko & Makarchenko, 2011: 115.

Limnophyes aagaardi Hirabayashi *et al.*, 1998: 805; Yamamoto, 2004: 45.

(1) 模式产地：挪威。

(2) 鉴别特征：该种具有长的单根刺构成的阳茎刺突，且其长度超过抱器端节长度的一半，前前侧片仅前端具毛，不具有披针形的肩鬃和小盾片鬃，R 脉、R_1 脉和 R_{4+5} 脉均无刚毛，触角 11 节，触角比（AR）为 0.87，这些特征可以将其与本属其他种区分开。

(3) 雄成虫。触角 11 节，触角比值（AR）0.87。食窦泵、幕骨和茎节如图 2.5.1 (a) 所示。下唇须第 5 节和第 3 节长度比值为 1.61。胸部［图 2.5.1 (b)］前胸背板中部具有 1 根刚毛，后部具有 2 根刚毛。肩陷区［图 2.5.1 (c)］圆，具有骨化的后缘和腹缘。背中鬃 11～12 根，包括 3～4 根非披针形肩鬃，不具有披针形前小盾片鬃。中鬃 2～3 根，略弯曲；翅前鬃 4～6 根；翅上鬃 1 根。前前侧片前部具 1～2 根刚毛，后部无刚毛。后前胸背板鬃 1 根；后侧片Ⅱ具有 1～2 根刚毛。小盾片鬃 4 根。翅脉比（VR）1.24～1.32。前缘脉延伸长 45～60μm。R 脉、R_1 脉和 R_{4+5} 脉无刚毛。腋瓣缘毛 2 根。生殖节［图 2.5.1 (d)］"肛尖"略成三角形，不突出或者一般突出，前端无凹陷，具 8 根刚毛。第九肛节侧片有 3 根毛。阳茎内突长 50～60μm，腹内生殖突长 68μm。阳茎刺突［图 2.5.1 (e)］由一根逐渐变细的刺组成，其长度超过抱器端节长度的一半。抱器基节长 124～128μm，下附器背叶三角形，末端圆钝。抱器端节长 68～71μm；抱器端棘 13～15μm。生殖节比（HR）为 1.79～1.83；生殖节值（HV）为 2.50～2.58。

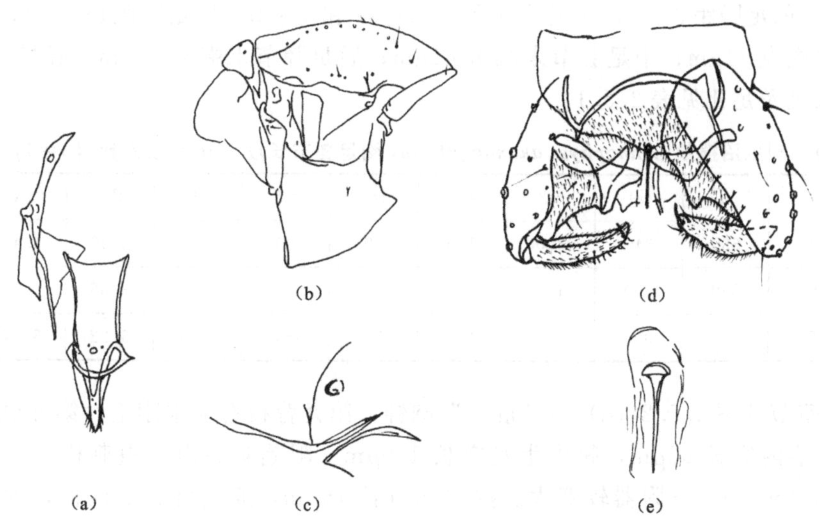

图 2.5.1 长刺沼摇蚊 *Limnophyes aagaardi* Sæther

(a) 食窦泵、幕骨和茎节；(b) 胸部；(c) 肩陷区；(d) 生殖节；(e) 阳茎刺突

(4) 讨论：本种和 *L. minimus* 极为相似，而长且明显尖锐的阳茎刺突是本种最明显的一个特征，以及较高的触角比（AR 0.87）可以将两者区分开。本研究未能检视到本种的模式标本，鉴别特征等引自 Sæther (1990)。

(5) 分布：俄罗斯（远东地区），日本，挪威。

2.5.4.2 利尻沼摇蚊 *Limnophyes akanangularius* Sasa & Kamimura

Limnophyes akanangularius Sasa & Kamimura，1987：38；Kikuchi & Sasa，1994：119；Yamamoto 2004：45.

(1) 模式产地：日本。

(2) 观察标本：正模，♂，(No. 101：74)，日本北海道，14. vi. 1986，Suzuki 采。

(3) 鉴别特征：背中鬃 25 根，其中包括 5 根披针形前小盾片鬃，5 根披针形肩鬃，"肛尖"圆钝，肩陷区前缘骨化，该种可以通过这些特征与本属的其他种类区分开。

(4) 雄成虫。体长 2.38mm；翅长 1.55mm。体长/翅长 1.53；翅长/前足胫节长 2.87。

1) 体色：深棕色。

2) 头部：触角 10 鞭节，末鞭节长 312μm，触角比值（AR）0.95。头部鬃毛 4 根，包括 1 根内顶鬃，1 根外顶鬃，2 根后眶鬃。唇基毛 7 根。幕骨长 100μm，宽 25μm。茎节长 125μm，宽 42μm。食窦泵、幕骨和茎节如图 2.5.2 (a) 所示。下唇须各节长（μm）分别为：25、38、100、75、120；第 5 节和第 3 节的长度之比为 1.20。

3) 胸部［图 2.5.2 (b)］：前胸背板鬃 4 根，背中鬃 25 根，包括 5 根披针形肩鬃和 5 根披针形前小盾片鬃。翅前鬃 7 根；中鬃 6 根；小盾片鬃 11 根。前前侧片前部具 4 根刚毛，后前胸背板鬃Ⅱ 2 根；后侧片Ⅱ具 1 根刚毛。

4) 翅［图 2.5.2 (c)］：翅脉比（VR）1.28。臀角退化。前缘脉延伸长 80μm。臂脉具 1 根刚毛；R 脉具 5 根刚毛。腋瓣缘毛 3 根。

5）足：前足胫距长 48μm；中足胫距长 17μm 和 15μm；后足胫距长 45μm 和 17μm。前足胫节末端宽 31μm；中足胫节末端宽 41μm；后足胫节末端宽 42μm；胫栉 11 根。胸部足各节长度及足比见表 2.5.1。

表 2.5.1　利尻沼摇蚊 *Limnophyes akanangularius* 胸足各节长度（μm）及足比（*n*=1）

足	fe	ti	ta1	ta2	ta3	ta4	ta5	LR	BV	SV	BR
p1	540	630	340	300	140	70	80	0.54	2.56	3.44	1.60
p2	550	560	280	150	100	60	70	0.50	3.66	3.96	1.80
p3	560	650	370	170	170	70	80	0.57	3.22	3.27	2.50

6）生殖节［图 2.5.2（d）］："肛尖"圆钝。第九背板有 9 根刚毛，第九肛节侧片有 2 根毛。阳茎内突长 62μm，腹内生殖突长 100μm。阳茎刺突由一根刺构成，长 62μm。抱器基节长 150μm，下附器较宽大。抱器端节长 75μm，亚端背脊长而低；抱器端棘长 25μm。生殖节比（HR）为 2.00，生殖节值（HV）为 3.17。

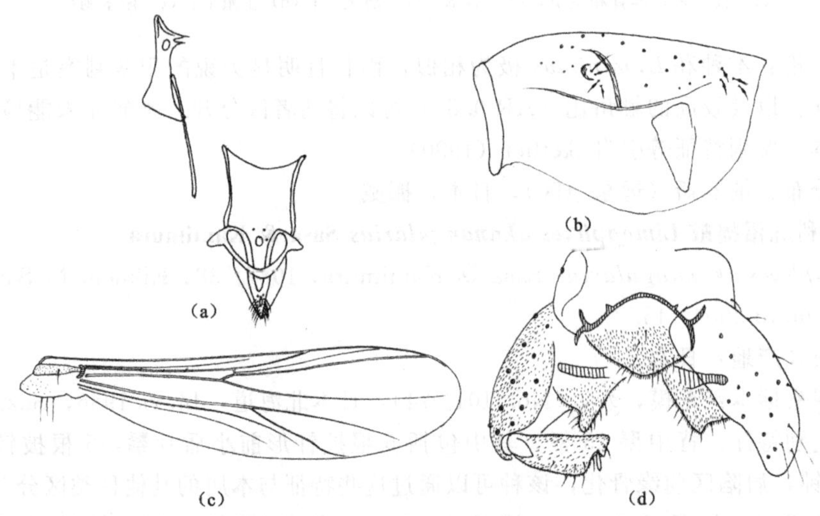

图 2.5.2　利尻沼摇蚊 *Limnophyes akanangularius* Sasa & Kamimura

(a) 食窦泵、幕骨和茎节；(b) 胸部；(c) 翅；(d) 生殖节

(5) 讨论：该种和 *L. pentaplastus*（Kieffer）接近，除了后者具有中部凹陷的"肛尖"外，二者具有相似的生殖节结构，然而，*L. pentaplastus* 的触角比（AR 0.49～0.79）一般较小。

(6) 分布：日本。

2.5.4.3　屈斜沼摇蚊 *Limnophyes akannonus* Sasa & Kamimura

Limnophyes akannonus Sasa & Kamimura，1987：37；Sasa & Okazawa，1992：141；Hirabayashi *et al*. 1998：805；Sasa & Suzuki，1998：24；Sasa & Suzuki，2000：186；Yamamoto 2004：45.

(1) 模式产地：日本。

（2）观察标本：正模，♂，（No. A 101：71），日本北海道钏路市屈斜路湖，13. vi. 1982，Suzuki 采。

（3）鉴别特征：本种具有 58 根背中鬃，其中 30 根披针形，“肛尖”末端略尖，下附器不发达，这些特征与本属的其他种类区分开。

（4）雄成虫。体长 2.75mm；翅长 1.83mm。体长/翅长 1.51；翅长/前足胫节长 2.50。

1）体色：棕色，生殖节深棕色。

2）头部：触角 11 鞭节，末鞭节长 490μm，触角比值（AR）0.98。头部鬃毛 4 根，包括 1 根内顶鬃，1 根外顶鬃，2 根后眶鬃。唇基毛 14 根。幕骨长 160μm，宽 38μm。茎节长 200μm，宽 88μm。食窦泵、幕骨和茎节如图 2.5.3（a）所示。下唇须丢失。

3）胸部［图 2.5.3（b）］：前胸背板鬃 3 根，背中鬃 58 根，包括 30 根呈披针形。翅前鬃 6 根；中鬃 3 根；小盾片鬃 12 根。前前侧片前部具 5 根刚毛，后前胸背板鬃Ⅱ 2 根；后侧片Ⅱ具 3 根刚毛。

4）翅［图 2.5.3（c）］：翅脉比（VR）1.27。臀角退化。前缘脉延伸长 70μm。臂脉具 1 根刚毛；R 脉有 4 根刚毛。腋瓣缘毛 4 根。

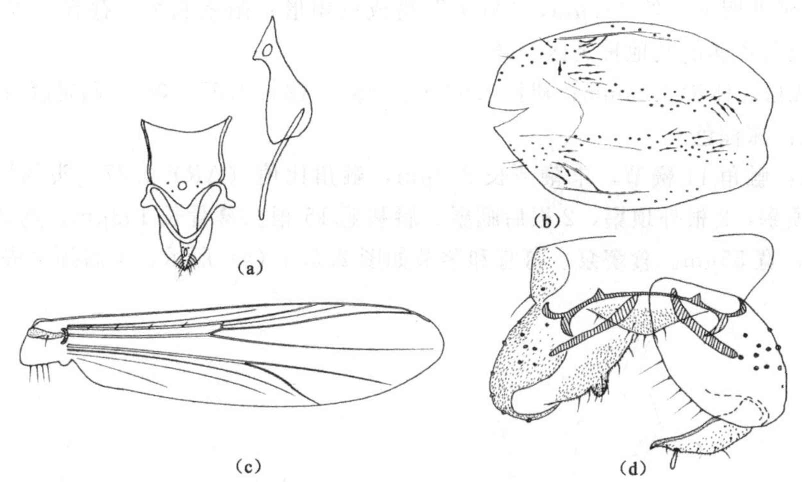

图 2.5.3 屈斜沼摇蚊 *Limnophyes akannonus* Sasa & Kamimura

（a）食窦泵、幕骨和茎节；（b）胸部；（c）翅；（d）生殖节

5）足：前足胫距长 62μm；中足胫距长 26μm 和 23μm；后足胫距长 64μm 和 22μm。前足胫节末端宽 52μm；中足胫节末端宽 48μm；后足胫节末端宽 57μm；胫栉 11 根。胸部足各节长度及足比见表 2.5.2。

表 2.5.2 屈斜沼摇蚊 *Limnophyes akannonus* 胸足各节长度（μm）及足比（$n=1$）

足	fe	ti	ta1	ta2	ta3	ta4	ta5	LR	BV	SV	BR
p1	730	930	500	310	190	120	100	0.54	3.00	3.20	1.10
p2	780	800	390	220	140	80	90	0.49	3.72	4.05	1.00
p3	790	930	520	250	230	110	90	0.56	3.29	3.31	2.14

6）生殖节［图 2.5.3（d）］："肛尖"末端略尖。第九背板有 8 根刚毛，第九肛节侧片有 4 根毛。阳茎内突长 75μm，腹内生殖突长 100μm。抱器基节长 188μm，下附器不发达。抱器端节长 125μm，不具有亚端背脊；抱器端棘长 30μm。生殖节比（HR）为 1.50，生殖节值（HV）为 2.20。

（5）讨论：本种与 *L. minimus*（Meigen）较相似，包括肛尖、下附器的形状等特征，然而，两者一个明显的区别在于阳茎刺突，*L. minimus* 具有由 2～3 根刺组成的阳茎刺突。

（6）分布：日本。

2.5.4.4　阿卡沼摇蚊 *Limnophyes akanundecimus* Sasa & Kamimura

Limnophyes akanundecimus Sasa & Kamimura，1987：39；Sasa & Okazawa 1991：59；Yamamoto 2004：45.

（1）模式产地：日本。

（2）观察标本：正模，♂，（No. 101：77 B），日本北海道 Panke 湖畔，14. vi. 1986，扫网，Suzuki 采。

（3）鉴别特征：背中鬃 13 根，具有 1 根披针形前小盾片鬃，触角比（AR）约为 1.0，前缘脉延伸明显，约 180μm，"肛尖"略成三角形，阳茎刺突不存在，该种可以通过这几个特征与本属的其他种类区分开。

（4）雄成虫。体长 2.55mm；翅长 1.63mm。体长/翅长 1.57；翅长/前足胫节长 2.70。

1）体色：深棕色。

2）头部：触角 11 鞭节，末鞭节长 380μm，触角比值（AR）0.37。头部鬃毛 5 根，包括 1 根内顶鬃，2 根外顶鬃，2 根后眶鬃。唇基毛 15 根。幕骨长 163μm，宽 30μm。茎节长 150μm，宽 55μm。食窦泵、幕骨和茎节如图 2.5.4（a）所示。下唇须丢失。

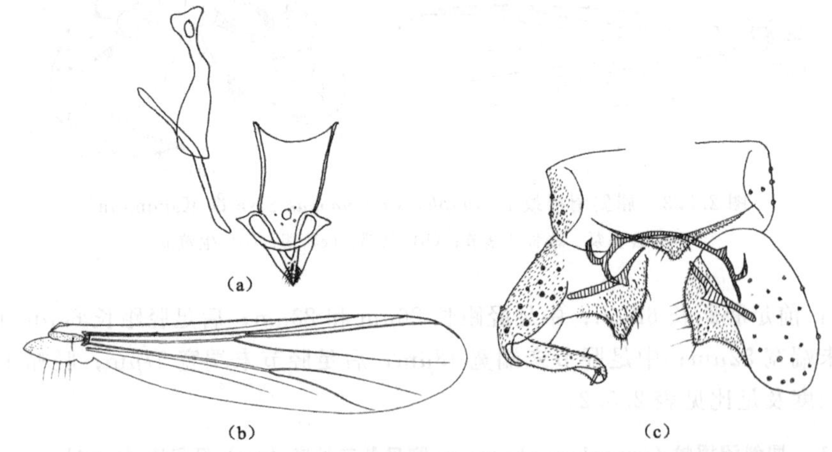

图 2.5.4　阿卡沼摇蚊 *Limnophyes akanundecimus* Sasa & Kamimura

（a）食窦泵、幕骨和茎节；（b）翅；（c）生殖节

3）胸部：背中鬃 13 根，包括 1 根前小盾片鬃。翅前鬃 7 根；中鬃 7 根；翅上鬃 1 根。

4）翅［图 2.5.4（b）］：翅脉比（VR）1.31。臀角退化。前缘脉延伸长 180μm。臂脉具 1 根刚毛；R 脉有 4 根刚毛。腋瓣缘毛丢失。

5）足：前足胫距长 44μm；中足胫距长 22μm 和 21μm；后足胫距长 62μm 和 17μm。前足胫节末端宽 40μm；中足胫节末端宽 42μm；后足胫节末端宽 44μm；胫栉 10 根。不具有毛形感器。胸部足各节长度及足比见表 2.5.3。

表 2.5.3 阿卡沼摇蚊 *Limnophyes akanundecimus* 胸足各节长度（μm）及足比（*n*=1）

足	fe	ti	ta1	ta2	ta3	ta4	ta5	LR	SV	BR
p1	650	780	400	240	160	80	—	0.51	3.58	1.33
p2	650	720	310	170	120	80	—	0.43	4.42	2.00
p3	650	800	450	—	—	—	—	0.56	3.22	2.17

6）生殖节［图 2.5.4（c）］："肛尖"略成三角形。第九背板有 4 根刚毛，第九肛节侧片有 9 根毛。阳茎内突长 90μm，腹内生殖突长 113μm。阳茎刺突不存在。抱器基节长 175μm，下附器具有指状背叶。抱器端节长 100μm，亚端背脊长而低；抱器端棘长 15μm。生殖节比（HR）为 1.75，生殖节值（HV）为 2.55。

（5）讨论：该种和 *L. minimus*（Meigen）较接近，然而本种阳茎刺突不存在，且"肛尖"也较突出，这可与以 *L. minimus* 明显区别开。

（6）分布：日本。

2.5.4.5 安徒生沼摇蚊 *Limnophyes anderseni* Sæther

Limnophyes anderseni Sæther，1990：97；Makarchenko & Makarchenko 2011：115.

（1）模式产地：格陵兰。

（2）鉴别特征：该种抱器端节具有硬毛状的抱器端棘，前前侧片后部无毛，和 *L. paludis* 的不同之处在于其具有较短的前缘脉延伸，腋瓣具有 3～4 根缘毛，R 脉有 1～3 根毛，触角比（AR）0.90，这些特征可以将其与本属其他种区分开。

（3）雄成虫。触角 13 节，触角比值（AR）0.86～0.87。食窦泵、幕骨和茎节如图 2.5.5（a）所示。下唇须 5 节，各节长（μm）分别为：26、41～45、86～94、81～83、120～124。胸部［图 2.5.5（b）］前胸背板中部具有 1～2 根刚毛，后部具有 5～7 根刚毛。肩陷区［图 2.5.5（c）］小，具有强烈骨化的后缘。背中鬃 22～23 根，包括 3～5 根披针形肩鬃，3～5 根非披针形的肩鬃，8～10 根其他非披针形的背中鬃，5～6 根披针形前小盾片鬃。中鬃 6 根；翅前鬃 5～7 根；翅上鬃 1 根。前前侧片前部具 3～5 根刚毛，后部无刚毛。后前胸背板鬃Ⅱ 2～3 根；后侧片Ⅱ具有 6～7 根刚毛。小盾片鬃 6～8 根。翅脉比（VR）1.29～1.30。前缘脉延伸长 38～45μm。R 脉具 1～3 根毛，R_1 脉和 R_{4+5} 脉无刚毛。腋瓣缘毛 3～4 根。生殖节［图 2.5.5（d）］"肛尖"较突出，宽而较圆钝，末端无凹陷，具 13 根刚毛。第九肛节侧片有 3 根毛。阳茎内突长 83μm，腹内生殖突长 90μm。阳茎刺突［图 2.5.5（e）］长 19μm，由中部一根较圆钝的刺和后部的刺组成。抱器基节长 173μm，下附器背叶窄，较长和尖锐。抱器端节长 98μm；抱器端棘硬毛状，26μm。生殖节比（HR）为 1.77；生殖节值（HV）为 2.61。

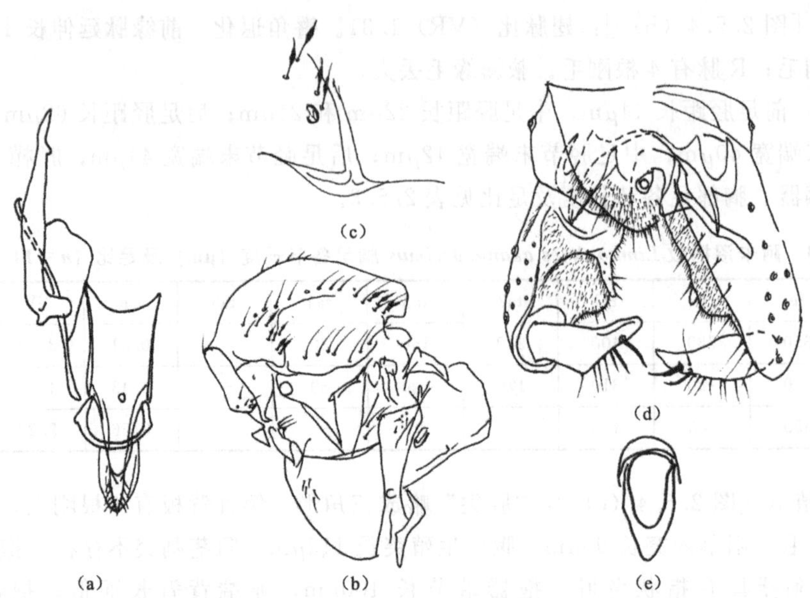

图 2.5.5 安徒生沼摇蚊 *Limnophyes anderseni* Sæther

(a) 食窦泵、幕骨和茎节；(b) 胸部；(c) 肩陷区；(d) 生殖节；(e) 阳茎刺突

(4) 讨论：本研究未能检视到该种模式标本，鉴别特征等引自 Sæther (1990)。

(5) 分布：俄罗斯（远东地区），格陵兰。

2.5.4.6 浅间沼摇蚊 *Limnophyes asamanonus* Sasa & Hirabayashi

Limnophyes asamanonus Sasa & Hirabayashi, 1993: 388; Yamamoto 2004: 45.

(1) 模式产地：日本。

(2) 观察标本：正模，♂，(No. 240: 049)，日本长野市松本浅间温泉，16. v. 1991，S. Suzuki 采。

(3) 鉴别特征：背中鬃 38 根，具有 6 根披针形前小盾片鬃，4 根披针形肩鬃，触角比（AR）小（0.33），“肛尖”末端圆钝具凹陷，该种可以通过这几个特征与本属的其他种类区分开。

(4) 雄成虫。体长 2.45mm；翅长 1.46mm。体长/翅长 1.68；翅长/前足胫节长 2.35。

1) 体色：棕色。

2) 头部：触角 13 鞭节，末鞭节长 180μm，触角比值（AR）0.33。头部鬃毛 5 根，包括 1 根内顶鬃，2 根外顶鬃，2 根后眶鬃。唇基毛 17 根。幕骨长 180μm，宽 20μm。茎节长 163μm，宽 75μm。食窦泵、幕骨和茎节如图 2.5.6 (a) 所示。下唇须 5 节，各节长（μm）分别为：30、45、100、105、145，第 5 节和第 3 节长度之比为 1.45。

3) 胸部：背中鬃 38 根，包括 6 根披针形前小盾片鬃和 4 根披针形肩鬃。翅前鬃 6 根；中鬃缺失；小盾片鬃 6 根，翅上鬃 1 根。

4) 翅 [图 2.5.6 (b)]：翅脉比（VR）1.33。臀角退化。前缘脉延伸长 90μm。臂脉具 1 根刚毛；R 脉毛不明，腋瓣缘毛丢失。

5）足：前足胫距长 50μm；中足胫距长 25μm 和 24μm；后足胫距长 50μm 和 18μm。前足胫节末端宽 48μm；中足胫节末端宽 45μm；后足胫节末端宽 55μm；胫栉 12 根。

6）生殖节［图 2.5.6（c）］："肛尖"圆钝末端具有凹陷。第九背板有 7 根刚毛，第九肛节侧片有 5 根毛。阳茎内突长 60μm，腹内生殖突长 100μm。阳茎刺突不存在。抱器基节长 163μm，下附器具有细长的指状背叶。抱器端节长 105μm，亚端背脊长而低；抱器端棘长 20μm。生殖节比（HR）为 1.55，生殖节值（HV）为 2.33。

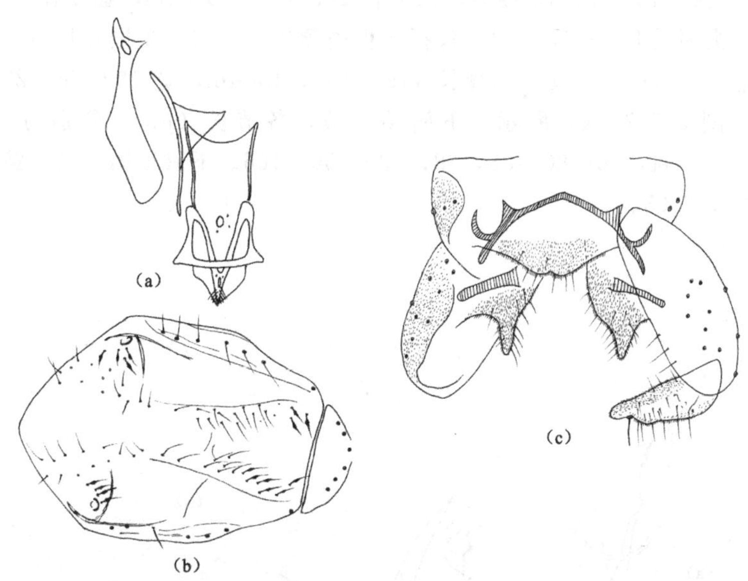

图 2.5.6　浅间沼摇蚊 *Limnophyes asamanonus* Sasa & Hirabayashi

（a）食窦泵、幕骨和茎节；（b）胸部；（c）生殖节

（5）讨论：本种与 *L. pentaplastus*（Kieffer）均具有凹陷的肛尖及毛状的抱器端棘，但 *L. pentaplastus* 具有明显的阳茎刺突，本种则与之不同。

（6）分布：日本。

2.5.4.7　尖尾沼摇蚊 *Limnophyes asquamatus* Andersen

Limnophyes eltoni Andersen，1937：72.

Limnophyes smolandicus Brundin：1947：32.

Limnophyes vernalis Brundin，1947：33.

Limnophyes hamiltoni Sæther，1969：101；Cranston & Oliver，1988：437.

Limnophyes asquamatus（Andersen），Sæther，1975：1030；1990：26；Wang & Sæther. 1993：216；Wang，2000：636；Makarchenko & Makarchenko，2011：115.

（1）观察标本：4♂♂，四川省天全县二郎山，7. vi. 1996，扫网，王新华采；4♂♂，吉林省长白山自然保护区二道河，25. vi. 1986，扫网，王新华采；1♂，福建省上杭县古田镇，4. v. 1993，扫网，王新华采；24♂♂，新疆维吾尔自治区尼尔卡县布隆镇，9. viii. 2002，扫网，唐红渠采。

（2）鉴别特征：成虫胸部具有刀状中鬃，前胸背板在背中部和中后部几乎没有前胸背板鬃，具有0～5根披针形肩鬃，但非着生于肩陷附近，0～6根披针形前小盾片鬃；典型的三角形“肛尖”，有些个体具有真正的肛尖，下附器背叶指状。

(3) 雄成虫 ($n=33$)。

体长1.94～2.68，2.77mm；翅长1.06～1.58，1.37mm；体长/翅长1.45～1.84，1.65；翅长/前足胫节长2.50～3.15，2.78。

1) 体色：头部和胸部深棕色；腹部棕色；翅透明。

2) 头部：触角12～13，13鞭节，末节长281～401，344μm，触角比值（AR）0.75～1.08，0.93。头部鬃毛5～7，6根，包括1根内顶鬃，2～3，2根外顶鬃，2～4，3根后眶鬃。唇基毛11～17，14根。幕骨长116～154，130μm，宽19～26，23μm。食窦泵、幕骨和茎节如图2.5.7 (a) 所示。下唇须5节，各节长（μm）分别为：19～34，27；30～45，39；53～94，76；60～83，68；83～150，106。下唇须第5节和第3节长度之比为1.86～2.27，2.03。

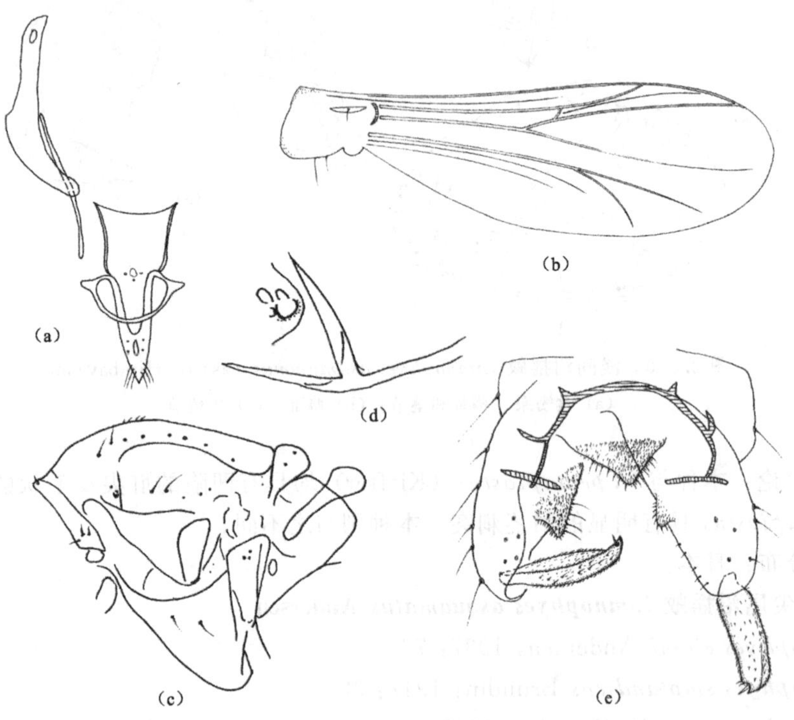

图2.5.7 尖尾沼摇蚊 *Limnophyes asquamatus* Andersen

(a) 食窦泵、幕骨和茎节；(b) 翅；(c) 胸部；(d) 肩陷区；(e) 生殖节

3) 胸部［图2.5.7 (c)］：前胸背板中部具有1～2，1根刚毛，后部具有1～6，3根刚毛。肩陷区［图2.5.7 (d)］较小，包括外围3～5，4圈和1圆形区域。背中鬃8～24，13根，包括0～5，0根披针形和0～6，4根非披针形的肩鬃；以及5～11，7根其他的非披针形的背中鬃；0～6，1根略成披针形的前小盾片鬃；中鬃4～11，6根，弯曲略成刀状；翅前鬃5～9，6根；翅上鬃1～2，1根；前前侧片鬃0～6，3根；后上前侧片鬃1～2，2根刚毛；后侧片Ⅱ具有3～7，5根刚毛。小盾片鬃4～9，6根。

4）翅［图 2.5.7（b）］：翅脉比（VR）1.22～1.33，1.27。臀角相对较发达，在一些较大的个体中一般发达。前缘脉延伸长 41～75，68μm。R 脉有 0～6，2 根刚毛；R_1 脉无刚毛。腋瓣缘毛 2～7，4 根。

5）足：前足胫距长 34～64，53μm；中足胫距长 23～34，27μm 和 19～30，23μm；后足胫距长 53～68，58μm 和 19～24，22μm。前足胫节末端宽 26～38，32μm；中足胫节末端宽 28～38，34μm；后足胫节末端宽 34～45，39μm；胫栉 10～15，11 根，最短的 19～26，21μm，最长的 45～56，48μm。2 头标本的中足第一跗节，5 头标本的后足第一跗节有毛形感器。胸部足各节长度及足比见表 2.5.4。

表 2.5.4 尖尾沼摇蚊 *Limnophyes asquamatus* 胸足各节长度（μm）及足比（*n*=33）

足	p1	p2	p3
fe	444～548，496	444～586，516	473～628，532
ti	548～676，612	463～605，526	558～699，616
ta1	274～335，306	213～265，237	293～378，330
ta2	120～208，183	80～104，91	142～189，160
ta3	104～146，121	38～61，51	113～161，141
ta4	43～80，66	53～71，56	57～80，61
ta5	52～76，53	43～71，56	52～80，62
LR	0.48～0.52，0.50	0.41～0.48，0.45	0.52～0.56，0.53
BV	3.02～3.69，3.27	3.79～4.20，3.97	3.30～3.86，3.50
SV	3.45～3.74，3.62	4.12～4.73，4.42	3.36～3.65，3.48
BR	1.80～3.00，2.40	2.20～3.30，2.60	2.70～4.00，3.20

6）生殖节［图 2.5.7（e）］：某些个体存在真正的肛尖，较明显，有些个体则为第九背板突出形成一个小的三角形的突出结构。第九背板有刚毛 6～12，9 根，第九肛节侧片有 2～5，3 根毛。阳茎内突长 70～98，81μm，腹内生殖突长 71～90，81μm。阳茎刺突长 26～34，31μm，明显包含 3 根融合在一起的刺，且中间刺较长。抱器基节长 128～186，147μm，下附器具有弯曲的指状背叶。抱器端节长 75～96，83μm，亚端背脊尖锐；抱器端棘长 8～13，10μm。生殖节比（HR）为 1.58～1.94，1.77；生殖节值（HV）为 2.34～3.05，2.73。

（4）讨论：*L. asquamatus* 很明显和本属的其他所有种形成姊妹群。该种的标本在背中鬃的数量及形状上均有较大变异，根据 Sæther（1990），其背中鬃数目达到 24 根，且披针形最显著，该标本也具有较长的“肛尖”，其在下附器的指状背叶这一性状上和其他标本也有很大差异。Brundin（1947）指出了该种与 *L. smolandicus* 之间的相似性，Goetghbuer（1940）也指出二者的翅上均无斑点状突起。而在 *L. asquamatus* 的选模标本的翅上却有显著的微毛。除了 *L. vernalis* 所记录的 R_1 脉具 5 根刚毛这一性状之外，*L. smolandicus* 和 *L. vernalis* 可认为是 *L. asquamatus* 的种内变异。本属 R_1 毛数这一性状上变异最大的发生在 *L. brachytomus* 这个种上（0～7 根），这表明 *L. asquamatus* 的 R_1 脉有 1～6 根刚毛这一种内变异可以看作是正常的。尽管 *L. smolandicus* 和 *L. vernalis* 二者模式标本丢失，而其均为 *L. asquamatus* 的同物异名，这一点是毫无异议的。采自中国福建省的标本触角比（AR）为 0.36，比欧洲和新北区所记录的该种的触角比（AR 为 0.75～1.08）要小，其他特征与原始描述相吻合。

（5）分布：中国（四川、福建、吉林、新疆），欧洲部分国家，美国，日本。

2.5.4.8　双毛沼摇蚊 *Limnophyes bicornis* sp. n.

（1）模式产地：中国（福建）。

（2）观察标本：正模，♂，（BDN No. 20936），福建省周坪县芒砀山，22. ix. 2002，扫网，刘政采。

（3）词源学：源于拉丁文 *bicornis*，双的，意指其臂脉具有 2 根刚毛。

（4）鉴别特征：臂脉具有 2 根刚毛，阳茎刺突由一长一短两根刺构成，背中鬃中没有披针形的肩鬃或者前小侧片鬃，触角比（AR）0.37，该种可以通过这几个特征与本属的其他种类区分开。

（5）雄成虫（n=1）。体长 1.25mm；翅长 0.75mm。体长/翅长 1.56；翅长/前足胫节长 2.34。

1）体色：头部、胸部和腹部均为深棕色；足黄棕色；翅近透明。

头部：触角 11 或者 13 鞭节，触角比值（AR）0.37。头部鬃毛 4 根，包括 1 根内顶鬃，1 根外顶鬃，2 根后眶鬃。唇基毛 10 根。幕骨长 90μm，宽 12μm。食窦泵、幕骨和茎节如图 2.5.8（a）所示。下唇须 5 节，各节长（μm）分别为：13、17、40、40、67。下唇须第 5 节和第 3 节长度之比为 1.68。

2）胸部［图 2.5.8（c）］：前胸背板中部具有 1 根刚毛，后部具有 3 根刚毛。肩陷区［图 2.5.8（d）］较小而简单。背中鬃 15 根，不具有披针形的肩鬃或前小盾片鬃；前前侧片鬃 3 根，后前侧片鬃 1 根，后侧片鬃 1 根。中鬃 3 根；翅上鬃 5 根。

3）翅［图 2.5.8（b）］：翅脉比（VR）1.31。臀角退化。前缘脉延伸长约 35μm。臂脉具 2 根刚毛；R 脉有 1 根刚毛。腋瓣缘毛 2 根。

4）足：前足胫距长 26μm；中足胫距长 15μm 和 13μm；后足胫距长 30μm 和 10μm。前足胫节末端宽 17μm；中足胫节末端宽 20μm；后足胫节末端宽 25μm；胫栉 10 根，最短的 14μm，最长的 35μm。不具有毛形感器。胸部足各节长度及足比见表 2.5.5。

表 2.5.5　双毛沼摇蚊 *Limnophyes bicornis* sp. n. 胸足各节长度（μm）及足比（n=1）

足	fe	ti	ta1	ta2	ta3	ta4	ta5	LR	BV	SV	BR
p1	320	400	200	110	80	45	45	0.50	2.97	3.60	1.75
p2	310	310	140	110	75	40	50	0.44	2.76	4.42	2.50
p3	320	360	190	90	95	35	40	0.51	3.22	3.58	2.29

5）生殖节［图 2.5.8（e）］："肛尖"略成三角形。第九背板有 6 根刚毛，第九肛节侧片有 5 根毛。阳茎内突长 25μm，腹内生殖突长 52μm。阳茎刺突长 27μm，由一长一短两根刺组成。抱器基节长 113μm，下附器具有指状背叶。抱器端节长 65μm，具有尖锐的亚端背脊；抱器端棘长 10μm。生殖节比（HR）为 1.55，生殖节值（HV）为 2.58。

（6）分布：中国（福建）。

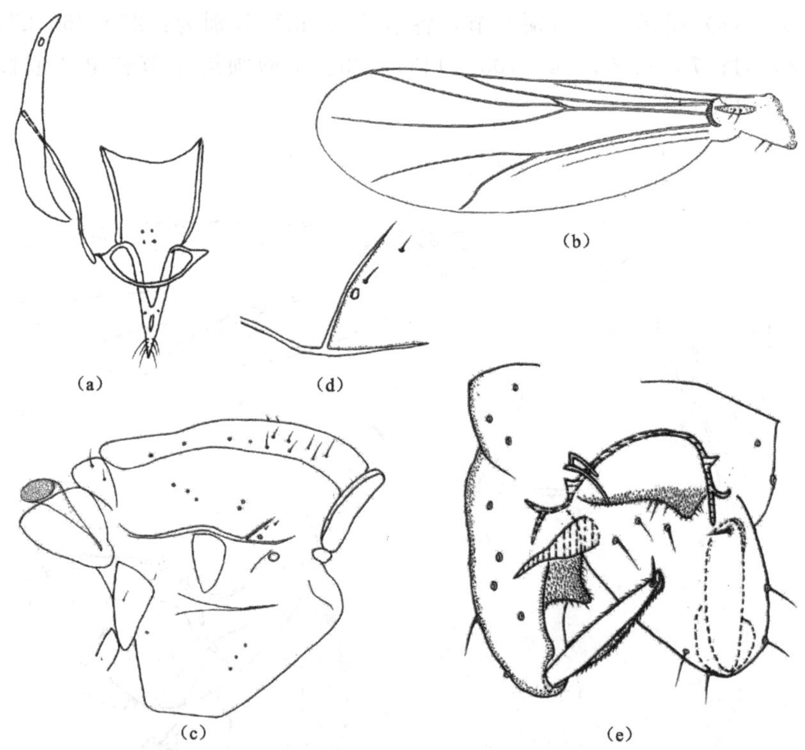

图 2.5.8 双毛沼摇蚊 *Limnophyes bicornis* sp. n.

(a) 食窦泵、幕骨和茎节；(b) 翅；(c) 胸部；(d) 肩陷区；(e) 生殖节

2.5.4.9 圆钝沼摇蚊 *Limnophyes brachytomus* (Kieffer)

Camptocladius brachytomus Kieffer，1922：21.

Limnophyes borealis Andersen，1937：70.

Limnophyes spatulosus Sæther，1975：1055.

Limnophyes brachytomus (Kieffer)，Sæther 1990：49；Wang & Sæther 1993：216；Wang 2000：636；Makarchenko & Makarchenko 2011：115.

(1) 模式产地：俄罗斯（远东地区）。

(2) 观察标本：1♂，甘肃省合作县，26. vii. 1986，扫网，王新华采；2♂♂，宁夏回族自治区六盘山自然保护区，8. viii. 1987，灯诱，王新华采。

(3) 鉴别特征：披针形肩鬃（15～50 根）和前小盾片鬃（12～36 根）数目较多，触角比（AR）0.8～1.2，亚端背脊圆钝，这些特征可将其与本属其他种区分开。

(4) 雄成虫（$n=3$）。体长 2.16～2.59，2.37mm；翅长 1.41～1.81，1.58mm；体长/翅长 1.43～1.61，1.56；翅长/前足胫节长 2.66～3.21，2.89。

1) 体色：头部和胸部黑棕色；腹部棕色；翅透明。

2) 头部：触角 13 鞭节，末节长 300～435，373μm，触角比值（AR）0.95～1.18，1.07。头部鬃毛 5～7，6 根，包括 1 根内顶鬃，1～3，2 根外顶鬃，2～3，2 根后眶鬃。

唇基毛 10～14，12 根。幕骨长 128～150，137μm，宽 38～56，42μm。食窦泵、幕骨和茎节如图 2.5.9 (a) 所示。下唇须 5 节，各节长（μm）分别为：23～36，27；38～49，43；75～113，91；75～109，84；105～143，123。下唇须第 5 节和第 3 节长度比值为 1.05～1.50，1.33。

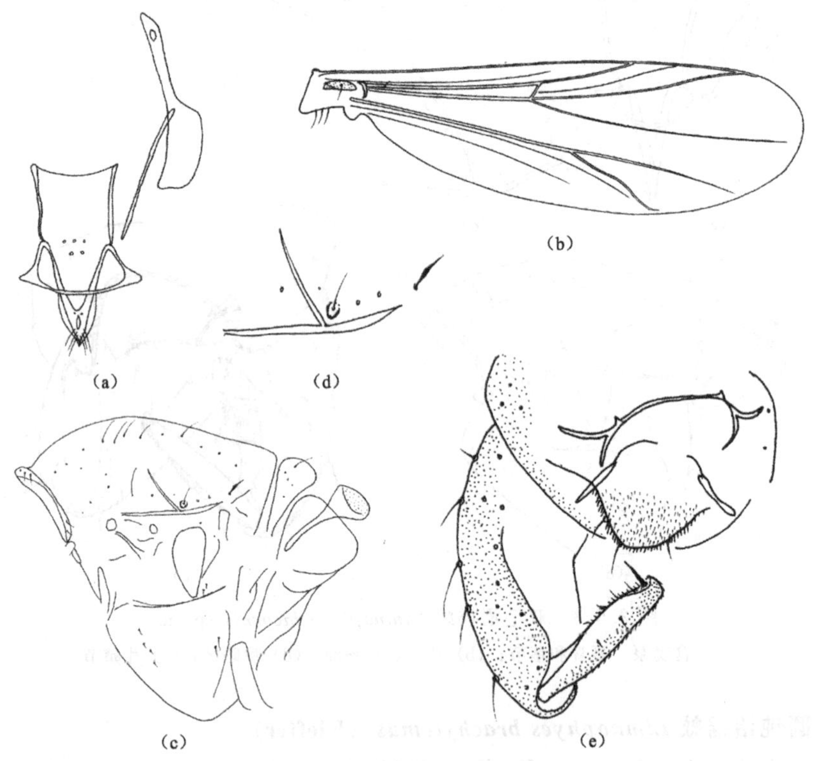

图 2.5.9　圆钝沼摇蚊 *Limnophyes brachytomus* (Kieffer)

(a) 食窦泵、幕骨和茎节；(b) 翅；(c) 胸部；(d) 肩陷区；(e) 生殖节

3) 胸部［图 2.5.9 (c)］：前胸背板中部具有 1～5，3 根刚毛，后部具有 2～6，4 根刚毛。肩陷区［图 2.5.9 (d)］较小而圆，背部和后部具有骨化的边缘。背中鬃 38～114，82 根，包括 15～42，30 根披针形和 4～19，8 根非披针形的肩鬃；以及 6～20，13 根其他非披针形的背中鬃；12～55，32 根披针形的前小盾片鬃。中鬃 0～9，4 根；翅前鬃 6～12，9 根；翅上鬃 1～2，1 根；前前侧片鬃 6～16，9 根；后上前侧片鬃 2～4，3 根刚毛；后侧片Ⅱ具有 4～10，7 根刚毛。小盾片鬃 5～8，7 根。

4) 翅［图 2.5.9 (b)］：翅脉比（VR）1.27～1.33，1.31。臀角较退化。前缘脉延伸长 30～49，36μm。R 脉有 7～13，11 根刚毛；R_1 脉具 0～4，1 根刚毛。腋瓣缘毛 3～6，5 根。

5) 足：前足胫距长 45～56，52μm；中足胫距长 21～34，28μm 和 19～30，24μm；后足胫距长 53～71，58μm 和 19～26，23μm。前足胫节末端宽 45～56，52μm；中足胫节末端宽 28～34，32μm；后足胫节末端宽 30～51，40μm；胫栉 10～12，11 根，最短的 19～30，24μm，最长的 41～71，53μm。不具有毛形感器。胸部足各节长度及足比见

表 2.5.6。

表 2.5.6 圆钝沼摇蚊 *Limnophyes brachytomus* (Kieffer) 胸足各节长度 (μm) 及足比 (*n*=4)

足	p1	p2	p3
fe	435～652，527	482～575，535	491～709，569
ti	548～704，634	463～709，567	543～822，662
ta1	260～331，302	198～284，240	293～444，356
ta2	161～246，190	109～146，129	146～227，181
ta3	104～142，128	76～104，91	113～175，149
ta4	57～76，69	43～66，54	52～76，66
ta5	52～66，61	43～66，54	47～76，62
LR	0.44～0.50，0.48	0.39～0.44，0.42	0.51～0.55，0.54
BV	2.90～3.44，3.24	3.79～4.51，4.06	3.30～3.86，3.50
SV	3.64～4.00，3.81	4.42～5.05，4.64	3.35～3.62，3.46
BR	1.80～2.40，2.20	2.20～3.40，2.50	2.70～3.60，3.20

6）生殖节［图 2.5.9（e）］："肛尖"较低，由钝三角形到圆盾。第九背板有 3 根长刚毛，第九肛节侧片有 1～5，3 根毛。阳茎内突长 58～83，70μm，腹内生殖突长 68～109，81μm。阳茎刺突长 23～45，32μm，单根刺成"μ"形。抱器基节长 146～188，159μm。抱器端节长 79～101，87μm，亚端背脊圆盾；抱器端棘长 11～19，15μm。生殖节比（HR）为 1.69～2.00，1.84；生殖节值（HV）为 2.56～2.95，2.74。

（5）讨论：Sæther（1975）对 *L. brachytomus* 进行了详细的描述，因其种内变异较大，Sæther（1990）又对其进行重新描述。这也是中国沼摇蚊属（*Limnophyes*）中唯一属于圆钝沼摇蚊群（*brachytomus*）的种。

（6）分布：中国（甘肃，宁夏），欧洲部分国家，美国，加拿大。

2.5.4.10 具瘤沼摇蚊 *Limnophyes bullus* Wang & Sæther

Limnophyes bullus Wang & Sæther，1993：222；Wang，2000：636.

（1）模式产地：中国（内蒙古）。

（2）观察标本：1♂，湖北省鹤峰县分水岭林场，1. vii. 1997，灯诱，纪炳纯采；1♂，内蒙古自治区阿拉善盟，31. vii. 1987，扫网，王新华采；3♂♂，宁夏回族自治区六盘山自然保护区，8. viii. 1987，灯诱，王新华采；2♂♂，四川省卧龙自然保护区，17. vii. 1987，扫网，王新华采。

（3）鉴别特征：雄成虫的肩陷区背部有一突出的瘤状物，腹陷退化，2～4 披针形肩鬃，3～4 披针形披针形前小盾片鬃，3～4 根前前侧片鬃，触角 11～13 鞭节，触角比（AR）0.57～0.73，下附器背叶退化，亚端背脊尖锐，阳茎刺突为单一的刺且发达。

（4）雄成虫（*n*=7）。体长 1.45～1.65，1.58mm；翅长 1.00～1.07，1.04mm；体长/翅长 1.45～1.60，1.52；翅长/前足胫节长 2.37～2.70，2.54。

1）体色：头部、腹部和胸部均为黑棕色；足棕色；翅透明。

2）头部：触角 11～13，12 鞭节，末节长 198～232，222μm，触角比值（AR）0.57～

0.77，0.65。头部鬃毛 4～5，4 根，包括 1 根内顶鬃，1～2，1 根外顶鬃，1～3，2 根后眶鬃。唇基毛 8～11，10 根。幕骨长 90～105，97μm，宽 15～20，17μm。食窦泵、幕骨和茎节如图 2.5.10（a）所示。下唇须 5 节，各节长（μm）分别为：26～33，31；20～28，25；52～56，54；52～58，56；85～96，89。下唇须第 5 节和第 3 节长度比值为 1.76～1.89，1.80。

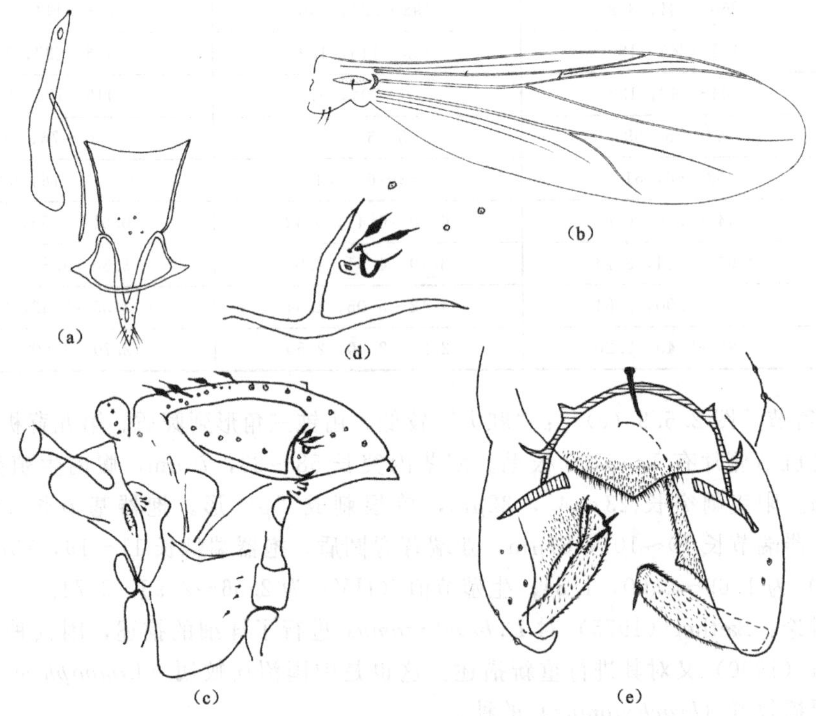

图 2.5.10　具瘤沼摇蚊 *Limnophyes bullus* Wang & Sæther

(a) 食窦泵、幕骨和茎节；(b) 翅；(c) 胸部；(d) 肩陷区；(e) 生殖节

3）胸部［图 2.5.10（c）］：前胸背板中部具有 1～5，3 根刚毛，后部具有 2～6，4 根刚毛。肩陷区［图 2.5.10（d）］较小而圆，背部和后部具有骨化的边缘。背中鬃 16～26，18 根，包括 2～4，3 根披针形肩鬃，3～4，4 根披针形的前小盾片鬃和 6～14，9 根其他非披针形的背中鬃。中鬃 1～5，3 根；翅前鬃 5～7，6 根；翅上鬃 1 根；前前侧片鬃 3～4，3 根；后上前侧片鬃 1～2，2 根刚毛；后侧片Ⅱ具有 3～4，4 根刚毛。小盾片鬃 6～8，7 根。

4）翅［图 2.5.10（b）］：翅脉比（VR）1.23～1.30，1.26。臀角较退化。前缘脉延伸长 45～62，52μm。R 脉有 0～2，1 根刚毛。腋瓣缘毛 1～3，2 根。

5）足：前足胫距长 30～40，36μm；中足胫距长 15～20，17μm 和 9～13，11μm；后足胫距长 30～42，34μm 和 10～12，11μm。前足胫节末端宽 22～28，25μm；中足胫节末端宽 22～25，24μm；后足胫节末端宽 26～28，27μm；胫栉 9～10，10 根，最短的 17～30，23μm，最长的 41～61，50μm。毛形感器存在于后足第一跗节，前足和中足没有该结构。胸部足各节长度及足比见表 2.5.7。

表 2.5.7　具瘤沼摇蚊 *Limnophyes bullus* 胸足各节长度（μm）及足比（$n=7$）

足	p1	p2	p3
fe	370～450，415	375～450，422	390～460，437
ti	450～560，490	370～450，430	420～520，483
ta1	230～270，260	170～210，195	225～270，255
ta2	140～170，158	85～100，95	110～135，122
ta3	95～120，108	55～70，65	110～125，117
ta4	50～60，55	30～45，38	45～50，47
ta5	45～60，53	40～55，48	40～55，48
LR	0.48～0.51，0.49	0.46～0.47，0.47	0.52～0.54，0.53
BV	2.81～3.33，3.14	3.58～4.32，3.86	3.46～3.92，3.60
SV	3.63～4.12，3.87	4.51～5.10，4.73	3.48～3.72，3.55
BR	1.70～2.40，2.10	2.70～3.80，3.20	2.40～3.80，3.20

6）生殖节［图 2.5.10（e）］："肛尖"较小且低。第九背板有刚毛 10～16，12 根，第九肛节侧片有 2～3，2 根毛。阳茎内突长 30～40，36μm，腹内生殖突长 68～89，81μm。阳茎刺突发达，但结构简单成刺状，长 18～25，21μm。抱器基节长 105～120，115μm，下附器背叶不发达。抱器端节长 53～62，57μm，亚端背脊尖锐；抱器端棘长8～15，13μm。生殖节比（HR）为 1.69～2.26，1.89；生殖节值（HV）为 2.42～3.04，2.67。

（5）讨论：该种在 Wang & Sæther（1993）当中被详细描述。根据观察的标本，将原始描述中的鉴别特征进行如下修订："触角 11～12 鞭节，触角比（AR）0.57～0.58"修订为"触角 11～13 鞭节，触角比（AR）0.57～0.77"，如采自宁夏六盘山的标本中，有两头触角比分别为 0.73 和 0.77；"背中鬃 17～21 根"修订为"背中鬃 11～26"，如宁夏六盘山和四川卧龙的标本的背中鬃的数目分别为 26 根和 11 根。

（6）分布：中国（湖北、内蒙古、宁夏、四川）。

2.5.4.11　克氏沼摇蚊 *Limnophyes cranstoni* Sæther

Limnophyes cranstoni Sæther，1990：113；Makarchenko & Makarchenko，2011：115.

（1）模式产地：安道尔。

（2）鉴别特征：该种触角 12 节，足比（LR）0.45～0.48，大量披针形的肩鬃（19 根），下附器的背叶指状，这些特征可以将其与本属其他种区分开。

（3）雄成虫。除下述的特征之外，本种所有外部特征及其比值均在 *L. pentaplastus* 的变异范围之内：翅长/前足腿节长 2.89。触角 12 节，触角比值（AR）0.49，末鞭节长 184μm。食窦泵、幕骨和茎节如图 2.5.11（a）所示。胸部如图 2.5.11（b）所示。前胸背板中部具有 2 根刚毛，后部具有 3 根刚毛。肩陷区［图 2.5.11（c）］小而圆，具有骨化的后缘。背中鬃 39 根，包括 19 根披针形肩鬃，8 根非披针形肩鬃和 6 根其他非披针形背中鬃，6 根披针形的前小盾片鬃。中鬃 4 根。前前侧片前部具 6 根刚毛。前足胫节长 491μm，第一跗节长 236μm，后足足节比（BV_3）3.08，后足 SV 比为 3.92。生殖节［图

2.5.11 (d)]"肛尖"突出，末端无凹陷，阳茎刺突长 30μm，由单根刺构成，抱器端棘 21μm。

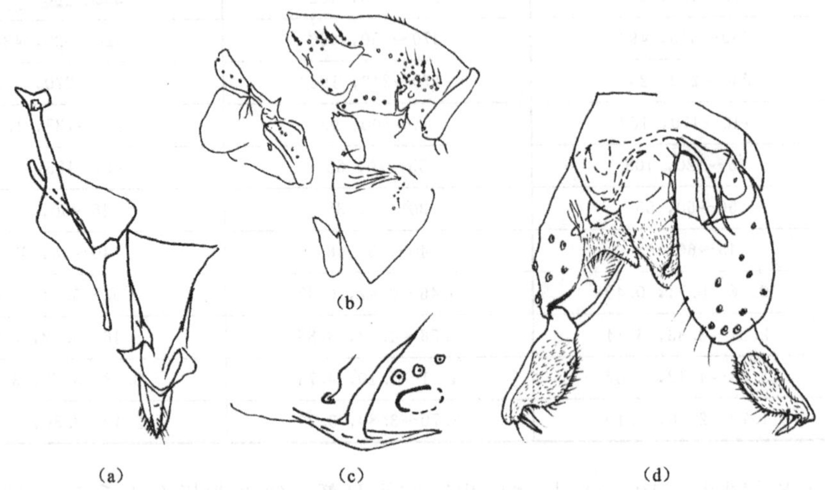

图 2.5.11　克氏沼摇蚊 *Limnophyes cranstoni* Sæther

(a) 食窦泵、幕骨和茎节；(b) 胸部；(c) 肩陷区；(d) 生殖节

(4) 分布：俄罗斯（远东地区），安道尔。

2.5.4.12　低尾沼摇蚊 *Limnophyes difficilis* Brundin

Limnophyes difficilis Brundin，1947：36；Sæther，1990：49；Wang，2000：636；Makarchenko & Makarchenko，2011：115.

(1) 模式产地：不详。

(2) 观察标本：1♂，广西壮族自治区龙胜县西江平花园，16.v.1990，扫网，王新华采；1♂，内蒙古自治区阿拉善盟，31.vii.1987，扫网，王新华采；2♂♂，宁夏回族自治区六盘山自然保护区，8.viii.1988，扫网，王新华采；4♂♂，陕西省留坝县庙台子乡，2.viii.1994，扫网，卜文俊采；4♂♂，陕西省西凤县秦岭，扫网，卜文俊采；4♂♂，四川省峨眉山，18.v.1986，扫网，王新华采。

(3) 鉴别特征：胸部具有大的背肩陷，上有 1～2 根披针形肩鬃，此外肩部还有一个小而圆的腹陷，前前上侧片鬃仅前部具有鬃毛，"肛尖"低且明显，末端具有或者不具有凹陷，抱器端节末端常较粗。

(4) 雄成虫 (n=16)。体长 1.36～1.58，1.48mm；翅长 0.90～0.98，0.95mm；体长/翅长 1.39～1.76，1.55；翅长/前足胫节长 2.60～2.65，2.63。

1) 体色：头部、腹部和胸部均为深棕色；足棕色；翅透明。

2) 头部：触角 12～13，13 鞭节，末节长 180～193，190μm，触角比值 (AR) 0.55～0.72，0.67。头部鬃毛 4～6，5 根，包括 1 根内顶鬃，1～2，1 根外顶鬃，1～3，2 根后眶鬃。唇基毛 12～15，13 根。幕骨长 131～143，137μm，宽 23～26，24μm。食窦泵、幕骨和茎节如图 2.5.12 (a) 所示。下唇须 5 节，各节长分别为 (μm)：26～34，31；38～44，40；94～101，99；82～88，86；95～146，119。下唇须第 5 节和第 3 节长度比

值为 1.10～1.49，1.30。

3）胸部［图 2.5.12（c）］：前胸背板中部具有 1～2，1 根刚毛，后部具有 2～6，4 根刚毛。肩陷区［图 2.5.12（d）］包括小而圆的腹肩陷和一大而深的背肩陷，其中心位置具有直的刚毛或微刺。背中鬃 15～24，19 根，包括 1～5，3 根披针形肩鬃，4～6，5 根非披针形的肩鬃；3～5，4 根披针形前小盾片鬃，以及 6～10，8 根非披针形的背中鬃。中鬃 5～8，6 根；翅前鬃 6～7，6 根；翅上鬃 1 根。前前侧片鬃 4～6，5 根；后上前侧片鬃 2～3，2 根刚毛；后侧片Ⅱ具有 3～4，4 根刚毛。小盾片鬃 4～8，6 根。

4）翅［图 2.5.12（b）］：翅脉比（VR）1.16～1.34，1.30。臀角不明显。前缘脉延伸长 45～70，52μm。R 脉有 0～8，5 根刚毛，R_1 脉和 R_{4+5} 脉无刚毛。腋瓣缘毛 1～6，4 根。

5）足：前足胫距长 30～32，31μm；中足胫距长 17～20，19μm 和 13～17，15μm；后足胫距长 32～37，34μm 和 10～15，13μm。前足胫节末端宽 24～30，27μm；中足胫节末端宽 22～24，23μm；后足胫节末端宽 23～28，25μm；胫栉 10 根，最短的 17～32，27μm，最长的 41～56，50μm。不存在毛形感器。胸部足各节长度及足比见表 2.5.8。

表 2.5.8 低尾沼摇蚊 *Limnophyes difficilis* 胸足各节长度（μm）及足比（*n*=16）

足	p1	p2	p3
fe	350～370，359	370～380，373	390～460，437
ti	460～470，464	360～390，378	420～520，483
ta1	220～230，225	165～170，168	225～270，255
ta2	135～150，158	85～90，88	110～135，122
ta3	90～95，92	60～65，63	110～125，117
ta4	45～50，48	30～35，32	45～50，47
ta5	50～55，53	45～50，47	50～55，52
LR	0.48～0.49，0.49	0.43～0.47，0.45	0.55～0.56，0.55
BV	3.04～3.23，3.17	3.75～4.16，3.96	3.23～3.38，3.30
SV	3.60～3.73，3.67	4.29～4.54，4.43	3.38～3.48，3.43
BR	2.0～2.6，2.4	2.2～2.8，2.5	2.2～3.4，3.0

6）生殖节［图 2.5.12（e）］："肛尖"较低但突出，其末端具有或者不具有凹陷，上具有 10～13，11 根刚毛。第九肛节侧片有 2～4，3 根毛。阳茎内突长 48～66，56μm，腹内生殖突长 63～75，70μm。阳茎刺突发达，有一根逐渐变细的刺构成，长 23～29，25μm。抱器基节长 105～161，135μm，下附器背叶成指状，宽 10～11，10μm。抱器端节长 63～75，67μm，其近末端处最宽。不具有亚端背脊；抱器端棘长 12～15，13μm。生殖节比（HR）为 1.54～1.91，1.79；生殖节值（HV）为 2.42～2.62，2.51。

（5）讨论：该种在 Sæther（1990）中被详细描述，但其模式标本产地不详。Brundin（1947）提到其肩陷大，与 *L. habilis* 和 *L. bidumus* 这两个种也有密切的关系。*L. habilis* 具有比 *L. difficilis* 较高的触角比（AR），且下附器具有三角形的尖锐的背叶。Brundin 提到的两者的差别可以将两个种区别开，然而这种说法的说服力却不够。根据 Brundin 的描述，*L. bidumus* 的肩部和前小盾片区具有极少的披针形刚毛，LR_1 为 0.54，这两个特征均与 *L. difficilis* 的特征相符合。Brundin（1947）中关于 *L. bidumus* 的下附器的作图中可以发现，其“肛尖”末端也具有凹陷，但其下附器和抱器端节则与目前对该种的记录均相符。

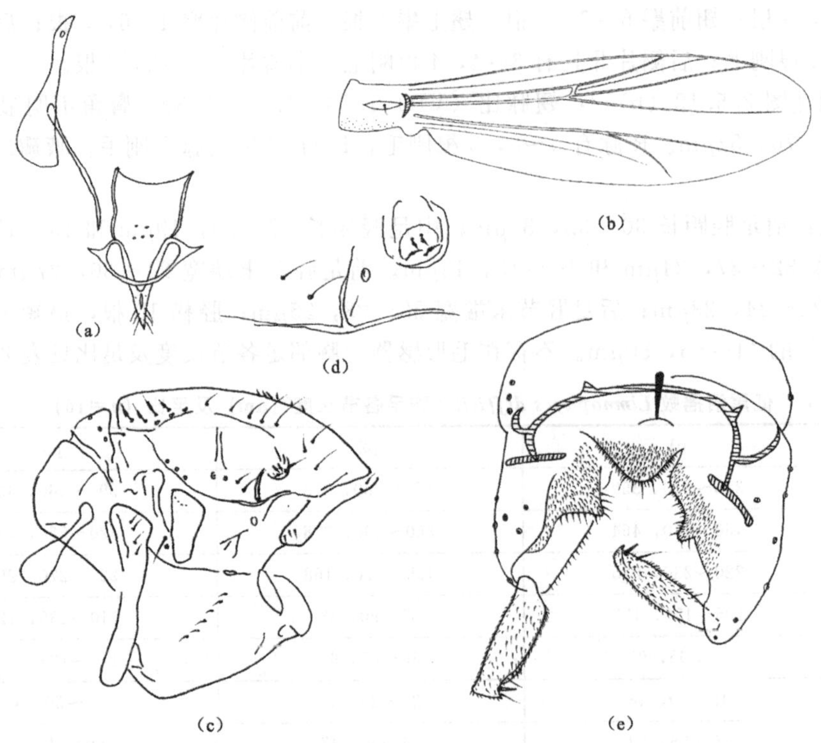

图 2.5.12　低尾沼摇蚊 *Limnophyes difficilis* Brundin

(a) 食窦泵、幕骨和茎节；(b) 翅；(c) 胸部；(d) 肩陷区；(e) 生殖节

欧洲的标本 R 脉具有 4～7 根刚毛，腋瓣缘毛 3～6 根，而中国的标本除了两头采自陕西和四川之外，R 脉均无毛，腋瓣缘毛 1～3 根；一头采自陕西的标本触角具 12 鞭节，生殖节比（HR）为 1.91，而欧洲标本触角均为 13 鞭节，且生殖节比值（HR 1.55～1.77）要高。其他性状均符合原始描述。

（6）分布：中国（广西、内蒙古、宁夏、陕西、四川），欧洲部分国家。

2.5.4.13　爱德华沼摇蚊 *Limnophyes edwardsi* Sæther

Limnophyes edwardsi Sæther, 1990：39；Makarchenko & Makarchenko 2011：115.

（1）模式产地：挪威。

（2）鉴别特征：该种胸部具中鬃，几乎不具有披针形前小盾片鬃，腋瓣具有 2～9 根毛，亚端背脊尖锐，不具有毛形感器，这些特征可以将其与本属其他种区分开。

（3）雄成虫。触角 12 或 13 节，触角比值（AR）0.68～0.95。食窦泵、幕骨和茎节如图 2.5.13（a）所示。下唇须 5 节，各节长（μm）分别为：23～34、38～56、68～101、

60～80、94～135。胸部［图 2.5.13（b）］前胸背板中部具有 1～5 根刚毛，后部具有 2～9 根刚毛。肩陷区［图 2.5.13（c）］小而圆，具有骨化的后缘。背中鬃 23～59 根，包括 10～35 根披针形肩鬃，3～12 根非披针形的肩鬃，5～12 根其他非披针形的背中鬃，3～8 根披针形前小盾片鬃。中鬃 2～11 根；翅前鬃 5～10 根；翅上鬃 1～2 根。前前侧片前部具3～16 根刚毛。后前胸背板鬃Ⅱ 1～2 根；后侧片Ⅱ具有 3～16 根刚毛。小盾片鬃 6～9 根。翅脉比（VR）1.28～1.36。前缘脉延伸长 38～75μm。R 脉具 1～6 根毛，R_1 脉和 R_{4+5} 脉无刚毛。腋瓣缘毛 2～9 根。生殖节［图 2.5.13（d）］“肛尖”相对较小，成圆钝的三角形，或具有末端凹陷，具 8～12 根刚毛。第九肛节侧片有 2～4 根毛。阳茎内突长 69～101μm，腹内生殖突长 62～83μm。阳茎刺突［图 2.5.13（e）］长 26～34μm，由中部一根较明显的刺构成，上部成衣领状。抱器基节长 128～161μm。抱器端节长 68～86μm；亚端背脊尖锐；抱器端棘硬毛状，15～28μm。生殖节比（HR）为 1.62～1.95；生殖节值（HV）为 2.48～3.26。

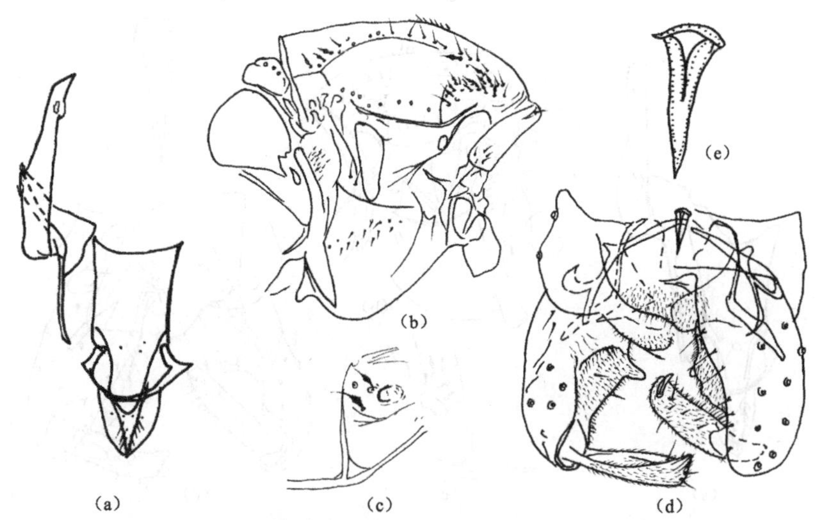

图 2.5.13 爱德华沼摇蚊 *Limnophyes edwardsi* Sæther

（a）食窦泵、幕骨和茎节；（b）胸部；（c）肩陷区；（d）生殖节；（e）阳茎刺突

（4）讨论：本研究未能检视到本种的模式标本，鉴别特征等引自 Sæther（1990）原始描述。

（5）分布：俄罗斯（远东地区），挪威。

2.5.4.14 爱托尼沼摇蚊 *Limnophyes eltoni*（Edwards）

Camptocladius eltoni Edwards，1922：203.

Spaniotoma（*Limnophyes*）*eltoni*，Edwards 1935：538.

Limnophyes eltoni（Edwards），Goetghebuer 1940 - 1950：133；Sæther 1990：102；Makarchenko & Makarchenko 2011：115.

（1）模式产地：挪威。

（2）鉴别特征：该种具有长的单根刺构成的阳茎刺突，且其长度超过抱器端节长度的一半，前前侧片仅前端具毛，不具有披针形的肩鬃和小盾片鬃，R 脉、R_1 脉和 R_{4+5} 脉均无刚毛，触角 11 节，触角比（AR）为 0.87，这些特征可以将其与本属其他种区分开。

（3）雄成虫。触角 11 节，触角比值（AR）0.87。食窦泵、幕骨和茎节如图 2.5.14（a）所示。胸部［图 2.5.14（b）］前胸背板中部具有 1 根刚毛，后部具有 2 根刚毛。肩陷区［图 2.5.14（c）］圆，具有骨化的后缘和腹缘。背中鬃 11～12 根，包括 3～4 根非披针形肩鬃，不具有披针形前小盾片鬃。中鬃 2～3 根，略弯曲；翅前鬃 4～6 根；翅上鬃 1 根。前前侧片前部具 1～2 根刚毛，后部无刚毛。后前胸背板鬃 1 根；后侧片Ⅱ具有 1～2 根刚毛。小盾片鬃 4 根。生殖节［图 2.5.14（d）］“肛尖”略成三角形，不突出或者一般突出，前端无凹陷，具 8 根刚毛。第九肛节侧片有 3 根毛。阳茎内突长 50～60μm，腹内生殖突长 68μm。阳茎刺突［图 2.5.14（e）］由一根逐渐变细的刺组成，其长度超过抱器端节长度的一半。抱器基节长 124～128μm，下附器背叶三角形，末端圆钝。抱器端节长 68～71μm；抱器端棘 13～15μm。生殖节比（HR）为 1.79～1.83；生殖节值（HV）为 2.50～2.58。

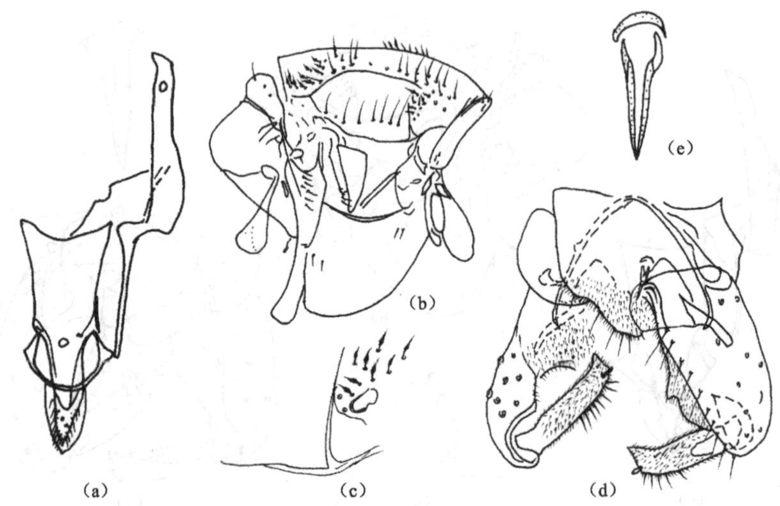

图 2.5.14　爱托尼沼摇蚊 *Limnophyes eltoni*（Edwards）

（a）食窦泵、幕骨和茎节；（b）胸部；（c）肩陷区；（d）生殖节；（e）阳茎刺突

（4）讨论：长而明显的阳茎刺突是本种最明显的一个特征，而除了阳茎刺突之外，本种和 *L. minimus* 极为相似。本研究未能检视到本种的模式标本，鉴别特征等引自 Sæther（1990）。

（5）分布：俄罗斯（远东地区），挪威。

2.5.4.15　吴羽沼摇蚊 *Limnophyes famigeheus* Sasa

Limnophyes famigeheus Sasa，1996：56；Yamamoto 2004：46.

（1）模式产地：日本。

（2）观察标本：正模，♂，（No. 253：036），日本本州岛富山县吴羽山，23. vi. 1993，S. Suzuki 采。

（3）鉴别特征：该种个体较小，肩陷区小而圆，轻微骨化，“肛尖”小而略尖，抱器端节细长，不具有披针形背中鬃，通过这些特征可以与本属的其他种类区分开。

(4) 雄成虫。体长 1.60mm；翅长 1.08mm。体长/翅长 1.56；翅长/前足胫节长 2.69。

1) 体色：棕色，足浅棕色。

2) 头部：丢失。

3) 胸部：背中鬃 14 根，不具有披针形鬃毛，翅前鬃 6 根；中鬃缺失；小盾片鬃 8 根，翅上鬃 1 根。

4) 翅：翅脉比 (VR) 1.33。臀角退化。前缘脉延伸长 80μm。臂脉具 1 根刚毛；R 脉具 5 根刚毛，腋瓣缘毛 4 根。

5) 足：前足丢失，中足胫距长 18μm 和 15μm；后足胫距长 35μm 和 14μm。中足胫节末端宽 38μm；后足胫节末端宽 42μm；胫栉 11 根。胸部中后足各节长度及足比见表 2.5.9。

表 2.5.9 吴羽沼摇蚊 *Limnophyes famigeheus* 胸足各节长度 (μm) 及足比 ($n=1$)

足	fe	ti	ta1	ta2	ta3	ta4	ta5	LR	BV	SV	BR
p2	430	450	220	120	80	40	50	0.49	3.79	4.00	2.13
p3	420	510	300	140	100	80	70	0.59	3.15	3.10	2.67

6) 生殖节："肛尖"小而略尖。第九背板有 10 根刚毛，第九肛节侧片有 3 根刚毛。阳茎内突长 45μm，腹内生殖突长 75μm。阳茎刺突长 25μm，由一长一短两根刺构成。抱器基节长 130μm，下附器具指状背叶。抱器端节长 80μm，亚端背脊长而低；抱器端棘长 12μm。生殖节比 (HR) 为 1.63，生殖节值 (HV) 为 2.03。

(5) 讨论：胸部没有披针形背中鬃，"肛尖"小而略尖，以及阳茎刺突的结构等均可看出 *L. famigeheus* 与 *L. minimus* (Meigen) 关系较近，但可以根据下附器的结构可以将二者区分开。本研究未能检视到本种的模式标本，鉴别特征等引自原始描述。

(6) 分布：日本。

2.5.4.16 富士沼摇蚊 *Limnophyes fujidecimus* Sasa

Limnophyes fujidecimus Sasa, 1985: 129; Yamamoto 2004: 46.

(1) 模式产地：日本。

(2) 观察标本：正模，♂，(No. A 090: 078)，日本本州岛山梨县川口湖，9. vii. 1981，S. Suzuki 采。

(3) 鉴别特征：该种触角比 (AR) 较高 (1.50)，下唇须第 5 节长度明显小于第 3 节，不具有披针形背中鬃，"肛尖"圆钝较宽，抱器端节中部最宽，阳茎刺突由多根刺组成，下附器不发达，这些特征可以与本属的其他种类区分开。

(4) 雄成虫。体长 2.53mm；翅长 1.60mm。体长/翅长 1.58；翅长/前足胫节长 2.03。

1) 体色：黑色，小盾片棕色，腹部深棕色。

2) 头部：触角 13 鞭节，末鞭节长 650μm，触角比值 (AR) 1.50。头部鬃毛 6 根，包括 1 根内顶鬃，3 根外顶鬃，2 根后眶鬃。唇基毛 8 根。幕骨长 130μm，宽 40μm。茎节长 163μm，宽 75μm。食窦泵、幕骨和茎节如图 2.5.15 (a) 所示。下唇须 5 节，各节长（μm）分别为：24、35、154、123、110，第 5 节和第 3 节长度之比为 0.71。

3）胸部［图 2.5.15（c）］：背中鬃 13 根，不具有披针形鬃毛，翅前鬃 7 根；中鬃 9 根；小盾片鬃 8 根，翅上鬃 1 根。

4）翅［图 2.5.15（b）］：翅脉比（VR）1.12。臀角明显。前缘脉延伸长 20μm。臂脉具 1 根刚毛；R 脉具 5 根刚毛，R_1脉具有 4 根刚毛。腋瓣缘毛丢失。

5）足：前足胫距长 68μm，中足 2 根胫距长 30μm 和 22μm；后足 2 根胫距长 62μm 和 26μm。前足胫节末端宽 40μm，中足胫节末端宽 44μm；后足胫节末端宽 52μm；胫栉 13 根。胸部足各节长度及足比见表 2.5.10。

表 2.5.10　富士沼摇蚊 *Limnophyes fujidecimus* 胸足各节长度（μm）及足比（$n=1$）

足	fe	ti	ta1	ta2	ta3	ta4	ta5	LR	BV	SV	BR
p1	790	860	530	300	230	150	90	0.62	2.83	3.11	1.60
p2	750	790	370	200	150	100	80	0.47	3.60	4.16	1.00
p3	760	910	550	280	250	110	80	0.60	3.11	3.04	2.00

6）生殖节［图 2.5.15（d）］："肛尖"圆钝而较宽。第九背板有多根刚毛，第九肛节侧片有 4 根刚毛。阳茎内突长 50μm，腹内生殖突长 125μm。阳茎刺突长 25μm，由多根刺构成。抱器基节长 225μm，下附器不发达。抱器端节长 125μm，不存在亚端背脊；抱器端棘长 17μm。生殖节比（HR）为 1.80，生殖节值（HV）为 2.02。

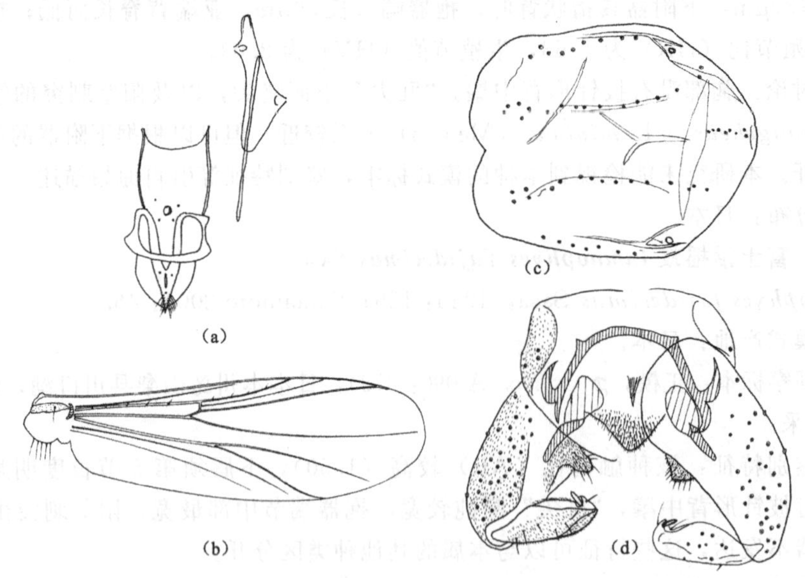

图 2.5.15　富士沼摇蚊 *Limnophyes fujidecimus* Sasa

(a) 食窦泵、幕骨和茎节；(b) 翅；(c) 胸部；(d) 生殖节

（5）讨论：Pinder（1978）中记录了采自欧洲的 *L. pumilio*（Holmgren），它与 *L. fujidecimus* Sasa 具有相同的"肛尖"和下附器，但两者在抱器端节的结构方面有明显的不同，*L. fujidecimus* 的抱器端节中部最宽，具有略成卵形的突出，这在 *L. pumilio* 中

不存在。

(6) 分布：日本。

2.5.4.17 朝鲜沼摇蚊 *Limnophyes gelasinus* Sæther

Limnophyes gelasinus Sæther，1990：119；Makarchenko & Makarchenko 2011：115.

(1) 模式产地：朝鲜。

(2) 鉴别特征：该种的肩陷区颜色明显较浅，且身体具有明显深色的斑纹，仅有1根披针形前小盾片鬃，R_1脉不具毛，且个体较小（翅长仅1.03mm），这些特征可以将其与本属其他种区分开。

(3) 雄成虫。触角11节，触角比值（AR）0.73。食窦泵、幕骨和茎节如图2.5.16 (a) 所示。胸部［图2.5.16 (b)］前胸背板中部具有1根刚毛，后部具有3根刚毛。肩陷区［图2.5.16 (c)］小且颜色浅。背中鬃15根，包括2根披针形肩鬃，3根非披针形的肩鬃，7根其他非披针形的背中鬃，3根披针形前小盾片鬃。中鬃2根；翅前鬃6根；翅上鬃1根。前前侧片前部具2根刚毛。后前胸背板鬃Ⅱ 1根；后侧片Ⅱ具有3根刚毛。小盾片鬃4根。翅脉比（VR）1.35。前缘脉延伸长约53μm。除臂脉具有1根毛外其余脉均光裸无毛。腋瓣缘毛3根。生殖节［图2.5.16 (d)］"肛尖"突出，圆钝，不具有末端凹陷，具10根刚毛。第九肛节侧片有3根毛。阳茎内突长56μm，腹内生殖突长60μm。阳茎刺突［图2.5.16 (e)］长26μm，由一根逐渐变细的刺构成。抱器基节长128μm，下附器背叶成钝三角形，末端宽8μm。抱器端节长62μm；抱器端棘长15μm。生殖节比（HR）为2.06；生殖节值（HV）为3.11。

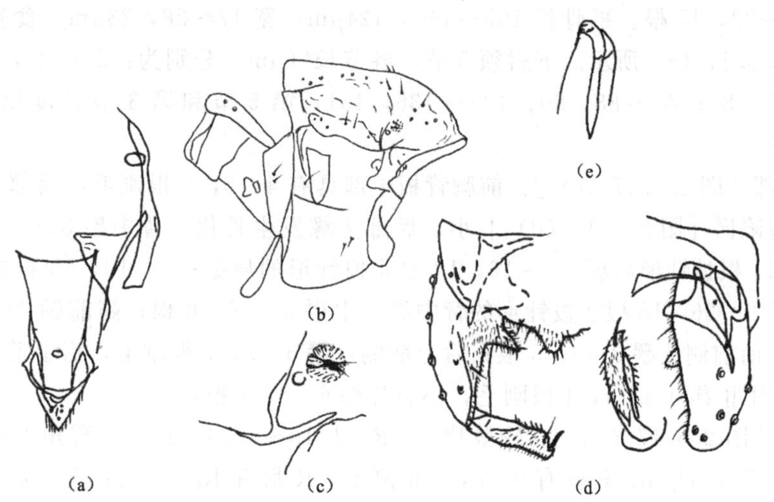

图2.5.16 朝鲜沼摇蚊 *Limnophyes gelasinus* Sæther

(a) 食窦泵、幕骨和茎节；(b) 胸部；(c) 肩陷区；(d) 生殖节；(e) 阳茎刺突

(4) 讨论：本种和 *L. difficilis* Brundin 关系较近，两者最明显的区别在于 *L. gelasinus* 具有深色斑纹，且其个体较小，以及浅色的肩陷区。本研究未能检视到本种的模式标本，鉴别特征等引自原始描述。

(5) 分布：俄罗斯（远东地区），朝鲜。

2.5.4.18 无凹沼摇蚊 *Limnophyes gurgicola* (Edwards)

Spaniotoma (*Limnophyes*) *gurgicola* Edwards，1929：357.

Limnophyes takakireides Sasa，1983：78；1984：86.

Limnophyes gurgicola (Edwards)，Sæther，1990：94；Wang，2000：636；Chaudhuri *et al.*，2001：341；Makarchenko，2005：403.

(1) 模式产地：英国。

(2) 观察标本：1♂，北京怀柔水库，15.x.1994，扫网，王新华采；5♂♂，重庆市金佛山，9.v.1986，扫网，王新华采；1♂，福建省上杭县步云山，6.v.1993，扫网，卜文俊采；3♂♂，辽宁省丹东市凤城县，23.iv.1992，扫网，王俊才采；1♂，辽宁省抚顺市社河，27.iv.1994，扫网，王新华采；3♂♂，四川省甘孜藏族自治州康定县瓦斯沟，15.vi.1996，灯诱，王新华采；1♂，宁夏回族自治区六盘山自然保护区，8.viii.1987，扫网，王新华采。

(3) 鉴别特征：该种主要和 *L. pentaplastus* 难以区分，而 *L. gurgicola* 具有较低的触角比（AR）0.18～0.37，肛尖末端不具有凹陷，且 SV 比值在前中后足均明显较大。

(4) 雄成虫（$n=15$）。体长 2.03～2.63，2.40mm；翅长，1.33～1.65，1.55mm；体长/翅长 1.53～1.59，1.56；翅长/前足胫节长 1.97～2.70，2.21。

1) 体色：头部、腹部和胸部均为深棕色，足棕色，翅透明。

2) 头部：触角 13 鞭节，末节长 120～150，133μm，触角比值（AR）0.18～0.37，0.30。头部鬃毛 4～7，5 根，包括 1 根内顶鬃，1～2，2 根外顶鬃，2～3，3 根后眶鬃。唇基毛 12～22，17 根。幕骨长 105～140，124μm，宽 17～28，23μm。食窦泵、幕骨和茎节如图 2.5.17（a）所示。下唇须 5 节，各节长（μm）分别为：25～35，31；33～44，41；78～97，87；73～88，80；125～136，131；第 5 节和第 3 节长度比值为 1.40～1.77，1.59。

3) 胸部 [图 2.5.17（c）]：前胸背板中部具有 4～6，5 根刚毛，后部具有 2～5，4 根刚毛。肩陷区 [图 2.5.17（d）] 小，后部边缘发生骨化。背中鬃 35～70，52 根，包括8～15，11 根披针形肩鬃，5～16，12 根非披针形的肩鬃；5～13，10 根披针形前小盾片鬃，以及 9～26，18 根非披针形的背中鬃。中鬃 0～16，6 根；翅前鬃 3～7，5 根；翅上鬃 1 根。前前侧片鬃 3～6，5 根；后上前侧片鬃 5～8，7 根刚毛，后上前侧片鬃 2～3，2 根；后侧片Ⅱ具有 3～4，4 根刚毛。小盾片鬃 6～8，7 根。

4) 翅 [图 2.5.17（b）]：翅脉比（VR）1.16～1.34，1.30。臀角不明显。前缘脉延伸长 45～70，52μm。R 脉有 0～8，5 根刚毛，R_1 脉和 R_{4+5} 脉无刚毛。腋瓣缘毛 1～6，4 根。

5) 足：前足胫距长 26～40，34μm；中足胫距长 14～20，17μm 和 13～17，15μm；后足胫距长 37～44，40μm 和 9～13，11μm。前足胫节末端宽 29～40，33μm；中足胫节末端宽 26～33，29μm；后足胫节末端宽 29～41，33μm；胫栉 12～14，12 根，最短的 16～30，22μm，最长的 43～58，51μm。不存在毛形感器。胸部足各节长度及足比见表 2.5.11。

表 2.5.11 无凹沼摇蚊 *Limnophyes gurgicola* 胸足各节长度（μm）及足比（$n=14$）

足	p1	p2	p3
fe	520～610，584	510～590，552	540～610，577
ti	620～730，670	500～600，547	690～740，713
ta1	340～360，354	270～280，175	390～450，431
ta2	195～220，208	140～180，165	190～230，202
ta3	140～160，148	95～120，107	170～210，196
ta4	60～80，70	55～60，57	70～100，88
ta5	45～60，54	60～70，64	70～80，76
LR	0.47～0.49，0.48	0.42～0.45，0.44	0.57～0.61，0.59
BV	3.33～3.51，3.44	3.64～4.06，3.89	2.95～3.38，3.12
SV	3.65～3.72，3.69	4.41～4.46，4.43	3.00～3.33，3.15
BR	1.67～2.37，2.01	1.90～2.00，1.96	2.10～3.75，3.02

6）生殖节［图 2.5.17（e）］："肛尖"一般突出到非常突出，末端不具有凹陷，上具有 11～15，13 根刚毛。第九肛节侧片有 1～5，3 根毛。阳茎内突长 55～75，66μm，腹内生殖突长 68～79，73μm。阳茎刺突由三部分组成，末端较圆钝，后部两侧各有一根较细的刺，长 9～12，11μm。抱器基节长 110～163，132μm，下附器窄而尖锐。抱器端节逐渐变窄，末端较尖，长 75～93，85μm。不具有亚端背脊；抱器端棘缺失或成毛发状。生殖节比（HR）为 1.47～1.75，1.64；生殖节值（HV）为 2.13～2.98，2.51。

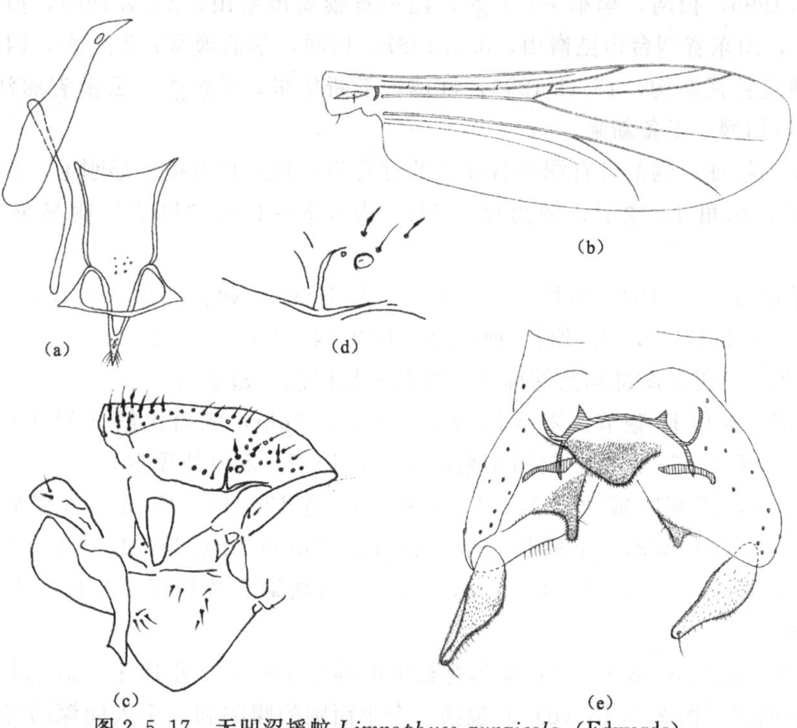

图 2.5.17 无凹沼摇蚊 *Limnophyes gurgicola*（Edwards）

（a）食窦泵、幕骨和茎节；（b）翅；（c）胸部；（d）肩陷区；（e）生殖节

（5）讨论：*L. gurgicola* 在 Sæther（1990）中也被详细描述，该种与 *L. pentaplastus* 难以区分，两者应该属于一个更小的形态学的类群中。除了在触角比方面的差异外，两者最显著的区别主要出现在足比和肛尖上。Pinder（1978）中对 *L. pentaplastus* 标本的生殖节的作图中，其肛尖不具有凹陷，如果 Pinder 的作图没有问题的话，*L. gurgicola* 和 *L. pentaplastus* 两者之间的差别之处将更少。

中国的该种的标本中，一头采自北京的标本具有 16 根中鬃，此外四川的一头标本具有 70 根背中鬃，具一头采自四川的标本的触角比（AR）为 0.85，臀角略发达，且腋瓣具有 8 根缘毛，这些与 Sæther（1990）中描述的关于该种以上几个性状均有较大差别，经仔细鉴定，作者将其认定为种内变异。

（6）分布：中国（北京、重庆、福建、辽宁、宁夏、四川），日本，欧洲部分国家。

2.5.4.19　敏捷沼摇蚊 *Limnophyes habilis* (Walker)

Limnophyes habilis Walker，1856：192.

Limnophyes habilis（Walker）Goetghebuer 1932：109，1940—1950：135；Pinder 1978：88.

Limnophyes truncorum Goetghebuer，1921：89.

Limnophyes habilis（Walker）Sæther 1990：49；Wang 2000：636；Yamamoto 2004：46.

（1）模式产地：英国。

（2）观察标本：1♂♂，湖北省平泉县光头山，29. vi. 1995，李后魂采；7♂♂，河南省嵩县白云山林场，15. vii. 1996，扫网，李军采；1♂，河南省栾川县玉龙湾森林公园，13. vii. 1996，扫网，李军采；1♂，山东省泰安市泰山，25. v. 1994，扫网，王新华采；4♂♂，山东省烟台市昆嵛山，3. v. 1987，扫网，李后魂采；2♂♂，四川省甘孜藏族自治州康定县瓦斯沟，15. vi. 1996，灯诱，王新华采；3♂♂，云南省丽江县白水河，29. v. 1996，扫网，王备新采。

（3）鉴别特征：胸部具有深而且突出的背肩陷，其上具有披针形刚毛，前前上侧片鬃仅具有前列，触角 13 鞭节，触角比（AR）为 0.8～1.0，"肛尖"明显突出，两侧近平行。

（4）雄成虫（$n=19$）。体长 1.55～1.80，1.64mm；翅长 1.03～1.15，1.07mm；体长/翅长 1.50～1.57，1.53；翅长/前足胫节长 2.64～3.01，2.81。

1）体色：头部和胸部均为深棕色，腹部和足棕色，翅透明。

2）头部：触角 13 鞭节，末节长 185～320，242μm，触角比值（AR）0.77～1.03，0.90。头部鬃毛 3～6，5 根，包括 1 根内顶鬃，1～2，2 根外顶鬃，2～3，3 根后眶鬃。唇基毛 16～24，19 根。幕骨长 84～114，98μm，宽 12～18，15μm。食窦泵、幕骨和茎节如图 2.5.18（a）所示。下唇须 5 节，各节长（μm）分别为：15～20，17；25～32，28；53～65，57；62～75，68；95～110，101。下唇须第 5 节和第 3 节长度比值为 1.69～1.85，1.78。

3）胸部［图 2.5.18（c）］：前胸背板中部具有 1～2，2 根刚毛，后部具有 2～4，3 根刚毛。肩陷区［图 2.5.18（d）］包括一个小而圆的腹陷和一个大而深的背陷，背陷中间有直的微毛和极少的披针形刚毛。背中鬃 11～17，14 根，包括 3～5，4 根披针形肩鬃，

2～6，4 根非披针形的肩鬃；0～4，1 根披针形前小盾片鬃，以及 5～10，8 根非披针形的背中鬃。中鬃 3～6，4 根；翅前鬃 4～6，5 根；翅上鬃 1 根。前前侧片鬃 3～6，5 根；后上前侧片鬃 5～8，7 根刚毛，后上前侧片鬃 2～3，2 根；后侧片Ⅱ具有，3～4，3 根刚毛。小盾片鬃 4～6，5 根。

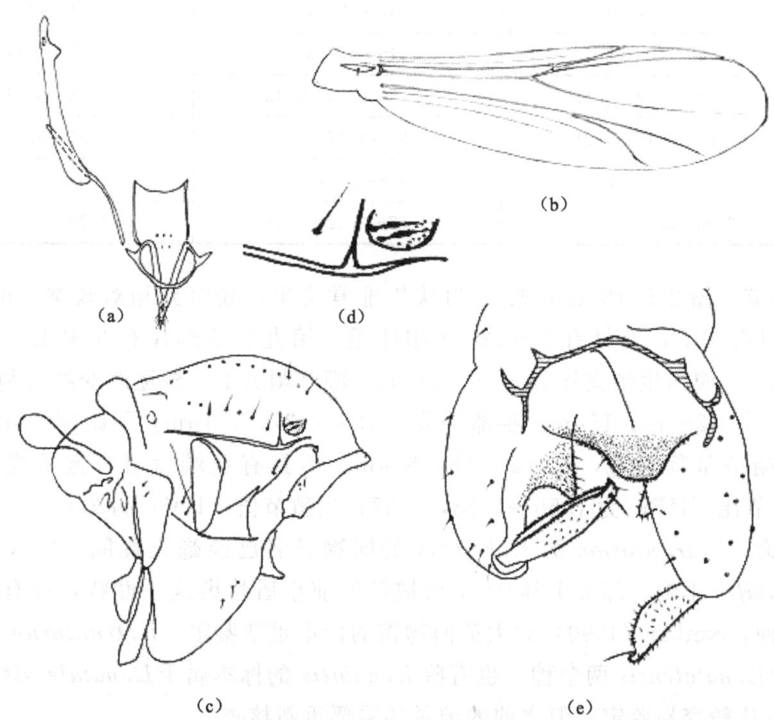

图 2.5.18 敏捷沼摇蚊 *Limnophyes habilis* (Walker)

(a) 食窦泵、幕骨和茎节；(b) 翅；(c) 胸部；(d) 肩陷区；(e) 生殖节

4）翅［图 2.5.18（b）］：翅脉比（VR）1.19～1.40，1.29。臀角退化，但有些个体略明显。前缘脉延伸长 40～50，46μm。R 脉、R_1 脉和 R_{4+5} 脉无刚毛。腋瓣缘毛 1～6，4 根。

5）足：前足胫距长 33～36，34μm；中足胫距长 13～17，16μm 和 11～13，12μm；后足胫距长 35～40，37μm 和 11～17，13μm。前足胫节末端宽 22～28，25μm；中足胫节末端宽 22～25，23μm；后足胫节末端宽 21～26，24μm；胫栉 12～14，12 根，最短的 16～30，22μm，最长的 43～58，51μm。不存在毛形感器。胸部足各节长度及足比见表 2.5.12。

表 2.5.12 敏捷沼摇蚊 *Limnophyes habilis* 胸足各节长度（μm）及足比（*n*=19）

足	p1	p2	p3
fe	340～413，372	410～460，432	380～430，397
ti	480～550，514	390～470，438	460～600，523
ta1	240～310，282	180～240，215	240～310，295

续表

足	p1	p2	p3
ta2	150～160，154	90～120，107	110～190，162
ta3	105～140，128	60～80，77	105～130，118
ta4	50～60，54	40～45，42	40～70，57
ta5	55～60，58	45～55，51	50～55，52
LR	0.50～0.52，0.51	0.45～0.51，0.48	0.52～0.56，0.54
BV	2.86～3.10，3.01	3.90～4.17，4.03	3.01～3.54，3.30
SV	3.11～3.54，3.37	3.88～4.44，4.13	3.32～3.50，3.45
BR	2.00～2.40，2.21	1.67～2.22，1.98	1.75～2.33，2.06

6）生殖节［图 2.5.18（e）］："肛尖"非常突出，较窄到相对较宽，两侧近平行，末端圆钝或具有凹陷，上具有 5～12，8 根刚毛。第九肛节侧片有 3 根毛。阳茎内突长 38～52，66μm，腹内生殖突长 70～79，75μm。阳茎刺突由一根逐渐变细的刺组成，其基本发生膨大，长 12～18，15μm。抱器基节长 125～137，131μm，下附器背叶三角形，常尖锐。抱器端节基部最宽，长 75～88，82μm。不具有亚端背脊；抱器端棘 12～17，15μm。生殖节比（HR）为 1.56～1.73，1.67；生殖节值（HV）为 2.07～2.25，2.14。

（5）讨论：*L. truncorum* 为 *L. habilis* 的同物异名已经毫无疑问，Edwards（1929）也认为 *L. habilis* 正确，却鉴于其 0～4 根披针形前小盾片鬃这一性状，没有认识到两者实为同一个种。Sæther（1990）对大英博物馆的标本重新鉴定，*L. truncorum* 的标本实为 *L. habilis* 和 *L. natalensis* 两个种，也有些 *L. habilis* 的标本属于 *L. natalensis* 这个种。虽然 *L. habilis* 比较容易鉴定，但之前的记录还需要重新核查。

中国该种的所有标本均为退化的臀角，R 脉无毛，与原始记录中所记录的臀角略突出，R 脉具有 3～5，4 根刚毛，与 Sæther（1990）描述略有区别。此外，一头采自山东的标本的中足的足比（LR_2）0.51，略高于 Sæther（1990）中的 0.44～0.47，其他性状均相符。

（6）分布：中国（湖北、河南、山东、四川、云南），日本，欧洲部分国家。

2.5.4.20　长崎沼摇蚊 *Limnophyes ikikeleus* Sasa & Suzuki

Limnophyes ikikeleus Sasa & Suzuki，1999：159；Yamamoto 2004：46.

（1）模式产地：日本。

（2）观察标本：正模，♂，（No. A 357：056），日本九州岛长崎市 Touda 大坝，28. iii. 1998，扫网，S. Suzuki 采。

（3）鉴别特征：该种触角比（AR）较小（0.37），下唇须第 5 节长度为第 3 节的两倍，具 5 根披针形前小盾片鬃，"肛尖"较小而圆钝，阳茎刺突由一根逐渐变细的刺组成，抱器端节背腹面近平行，这些特征可以与本属的其他种类区分开。

（4）雄成虫。体长 2.75mm；翅长 1.38mm。体长/翅长 1.99；翅长/前足胫节长 3.14。

1）体色：棕色，腹部棕色，小盾片和足黄色。

2）头部：触角 11 鞭节，末鞭节长 163μm，触角比值（AR）0.37。头部鬃毛 4 根，包括 1 根内顶鬃，1 根外顶鬃，2 根后眶鬃。唇基毛 13 根。幕骨长 143μm，宽 33μm。茎节长 145μm，宽 62μm。食窦泵、幕骨和茎节如图 2.5.19（a）所示。下唇须 5 节，各节长分别为（μm）：22、35、66、79、132，第 5 节和第 3 节长度之比为 2.0。

3）胸部：前胸背板中部具有 1 根刚毛，后部具有 3 根刚毛，具 5 根披针形前小盾片鬃，翅前鬃 5 根，翅上鬃 1 根，小盾片鬃 8 根。

4）翅［图 2.5.19（b）］：翅脉比（VR）1.31，臀角退化。前缘脉延伸长 66μm。R 脉具 4 根刚毛，腋瓣缘毛 3 根。

5）足：前足胫距长 57μm，中足 2 根胫距长 22μm 和 21μm；后足 2 根胫距长 52μm 和 22μm。前足胫节末端宽 42μm，中足胫节末端宽 40μm；后足胫节末端宽 48μm；胫栉 10 根。

6）生殖节［图 2.5.19（c）］："肛尖"较小而圆钝。第九背板有 4 根刚毛，第九肛节侧片有 3 根刚毛。阳茎内突长 100μm，腹内生殖突长 88μm。阳茎刺突由 1 根逐渐变细的刺构成，长 45μm。抱器基节长 163μm，下附器具指状突起，不具有长毛。抱器端节背腹平行，长 100μm，不存在亚端背脊；抱器端棘长 18μm。生殖节比（HR）为 1.63，生殖节值（HV）为 2.75。

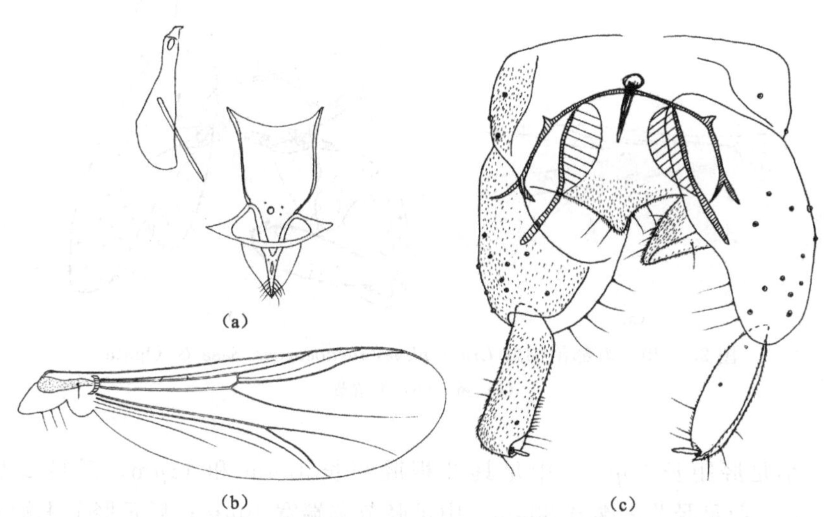

图 2.5.19 长崎沼摇蚊 *Limnophyes ikikeleus* Sasa & Suzuki

（a）食窦泵、幕骨和茎节；（b）翅；（c）生殖节

（5）讨论：该种与 *L. tamakitanaides* 相近，两者的背中鬃中均仅有披针形的前小盾片鬃，但 *L. ikikeleus* 具有圆钝的"肛尖"，且触角比（AR）也较小。

（6）分布：日本。

2.5.4.21 黑部沼摇蚊 *Limnophyes jokaoctavus* Sasa & Ogata

Limnophyes jokaoctavus Sasa & Ogata，1999：101；Yamamoto 2004：46.

（1）模式产地：日本。

（2）观察标本：正模，♂，（No. A 321：085），日本本州岛富山县黑部，29. x. 1997，

扫网，S. Suzuki 采。

（3）鉴别特征：该种前足足比（LR_1）较低（0.43），下唇须第 5 节明显短于第 3 节，“肛尖”较低而圆钝，下附器较宽而突出，抱器端节近末端最宽，这些特征可以与本属的其他种类区分开。

（4）雄成虫。体长 2.18mm；翅长 1.20mm。体长/翅长 1.81；翅长/前足胫节长 2.93。

1）体色：棕色，腹部黑色。

2）头部：触角 11 鞭节，末鞭节长 154μm，触角比值（AR）0.37。头部鬃毛 5 根，包括 1 根内顶鬃，1 根外顶鬃，3 根后眶鬃。唇基毛 7 根。幕骨长 125μm，宽 25μm。茎节长 100μm，宽 38μm。下唇须 5 节，各节长分别为（μm）：38、62、95、38、75，第 5 节和第 3 节长度之比为 0.79。

3）胸部：不明。

4）翅［图 2.5.20（a）］：翅脉比（VR）1.30，臀角退化。前缘脉延伸长 80μm。R 脉 7 根刚毛，腋瓣缘毛 3 根。

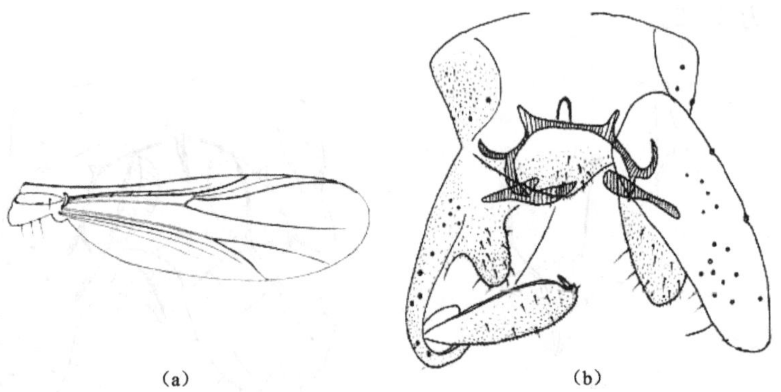

图 2.5.20　黑部沼摇蚊 *Limnophyes jokaoctavus* Sasa & Ogata

（a）翅；（b）生殖节

5）足：前足胫距长 35μm，中足具 2 根胫距长 15μm 和 13μm；后足 2 根胫距长 38μm 和 17μm。前足胫节末端宽 38μm，中足胫节末端宽 40μm；后足胫节末端宽 50μm；胫栉 14 根。胸部足各节长度及足比见表 2.5.13。

表 2.5.13　黑部沼摇蚊 *Limnophyes jokaoctavus* 胸足各节长度（μm）及足比（$n=1$）

足	fe	ti	ta1	ta2	ta3	ta4	ta5	LR	BV	SV	BR
p1	410	480	205	90	80	60	70	0.43	2.97	3.58	1.90
p2	460	490	200	140	120	70	80	0.41	3.89	4.42	2.50
p3	470	540	240	150	140	70	70	0.44	3.45	3.41	2.40

6）生殖节［图 2.5.20（b）］：“肛尖”低而圆钝。第九背板有 8 根刚毛，第九肛节侧片有 5 根刚毛。阳茎内突长 45μm，腹内生殖突长 62μm。阳茎刺突由 2 根刺构成，长

25μm。抱器基节长 163μm，下附器宽而突出。抱器端节近末端最宽，长 100μm，不存在亚端背脊；抱器端棘长 10μm。生殖节比（HR）为 1.63，生殖节值（HV）为 2.18。

（5）分布：日本。

2.5.4.22 上高地沼摇蚊 *Limnophyes kaminovus* Sasa & Hirabayashi

Limnophyes kaminovus Sasa & Hirabayashi，1993：272；Sasa & Arakawa，1994：88；Yamamoto 2004：46.

（1）模式产地：日本。

（2）观察标本：正模，♂，（No. A 239：086），日本本州岛长野市上高地，18. v. 1991，S. Suzuki 采。

（3）鉴别特征：该种背中鬃 11 根，其中包括 1 根披针形肩鬃和 1 根披针形前小盾片鬃，肩陷区后缘骨化，阳茎刺突逐渐变细，这些特征可以与本属的其他种类区分开。

（4）雄成虫。体长 2.75mm；翅长 1.80mm。体长/翅长 1.53；翅长/前足胫节长 2.65。

1）体色：棕色。

2）头部：触角 13 鞭节，末鞭节长 374μm，触角比值（AR）0.94。头部鬃毛 6 根，包括 2 根内顶鬃，1 根外顶鬃，3 根后眶鬃。唇基毛 10 根。幕骨长 225μm，宽 38μm。茎节长 188μm，宽 62μm。食窦泵、幕骨和茎节如图 2.5.21（a）所示。下唇须 5 节，各节长（μm）分别为：31、70、88、123、125，第 5 节和第 3 节长度之比为 1.42。

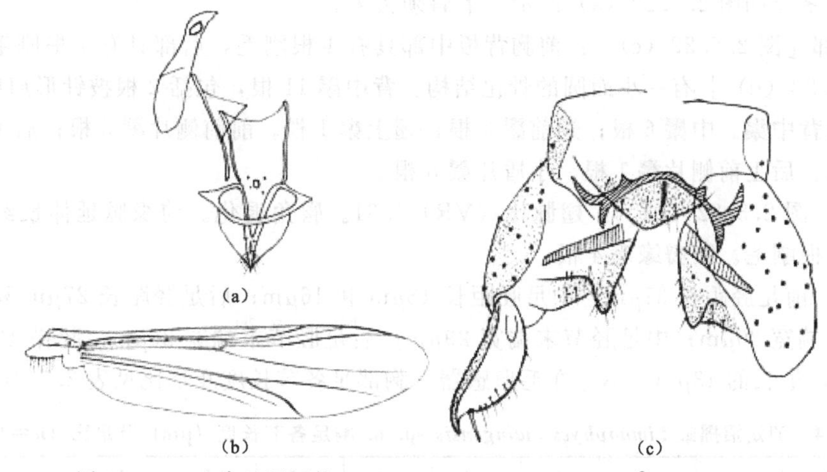

图 2.5.21 上高地沼摇蚊 *Limnophyes kaminovus* Sasa & Hirabayashi
（a）食窦泵、幕骨和茎节；（b）翅；（c）生殖节

3）胸部：背中鬃 11 根，其中包括 1 根披针形肩鬃和 1 根披针形前小盾片鬃，中鬃 3 根，翅前鬃 5 根，小盾片鬃 12 根。

4）翅［图 2.5.21（b）］：翅脉比（VR）1.27，臀角退化。前缘脉延伸长 60μm。R 脉 8 根刚毛，腋瓣缘毛 7 根。

5）足：前足胫距长 62μm，中足 2 根胫距长 25μm 和 20μm；后足 2 根胫距长 60μm 和 20μm。前足胫节末端宽 50μm，中足胫节末端宽 52μm；后足胫节末端宽 52μm；后足

具胫栉13根。

6）生殖节［图2.5.21（c）］："肛尖"末端略尖。第九背板有9根刚毛，第九肛节侧片有2根刚毛。阳茎内突长110μm，腹内生殖突长100μm。阳茎刺突逐渐变细，长30μm。抱器基节长195μm，下附器背叶指状。抱器端节长140μm，不存在亚端背脊；抱器端棘长27μm。生殖节比（HR）为1.39，生殖节值（HV）为1.96。

（5）分布：日本。

2.5.4.23 泸定沼摇蚊 *Limnophyes ludingensis* sp. n.

（1）模式产地：中国（四川）。

（2）观察标本：正模，♂，（BDN No. 12351），四川省泸定县，7.vi.1996，灯诱，王新华采。

（3）词源学：源于模式标本产地，四川泸定。

（4）鉴别特征："肛尖"明显二裂可以将其与*Limnophyes*属中除*L. verpus*之外的其他种区分开，但本种不具有阳茎刺突，而且下附器也非三角形。

（5）雄成虫（$n=1$）。体长1.58mm；翅长1.03mm；体长/翅长1.54；翅长/前足胫节长2.99。

1）体色：头部和胸部均为深棕色，腹部和足棕色，翅透明。

2）头部：触角13鞭节，末节长136μm，触角比值（AR）0.45。头部鬃毛5根，包括1根内顶鬃，2根外顶鬃，2根后眶鬃。唇基毛18根。幕骨长101μm，宽22μm。食窦泵、幕骨和茎节如图2.5.22（a）所示。下唇须丢失。

3）胸部［图2.5.22（c）］：前胸背板中部具有1根刚毛，后部具有1根刚毛。肩陷区［图2.5.22（d）］有一小而圆的骨化结构。背中鬃11根，包括2根披针形肩鬃，9根非披针形的背中鬃。中鬃6根，翅前鬃5根；翅上鬃1根。前前侧片鬃5根；后上前侧片鬃5根刚毛，后上前侧片鬃1根。小盾片鬃5根。

4）翅［图2.5.22（b）］：翅脉比（VR）1.31。臀角退化。前缘脉延伸长约66μm。R脉具有2根刚毛。腋瓣缘毛4根。

5）足：前足胫距长31μm；中足胫距长18μm和16μm；后足胫距长27μm和18μm。前足胫节末端宽30μm；中足胫节末端宽29μm；后足胫节末端宽26μm；胫栉12根，最短的16μm，最长的43μm。不存在毛形感器。胸部足各节长度及足比见表2.5.14。

表2.5.14 泸定沼摇蚊 *Limnophyes ludingensis* sp. n. 胸足各节长度（μm）及足比（$n=1$）

足	fe	ti	ta1	ta2	ta3	ta4	ta5	LR	BV	SV	BR
p1	343	431	216	136	92	53	52	0.50	2.97	3.58	1.91
p2	420	420	190	105	70	40	50	0.45	3.89	4.42	2.08
p3	430	490	270	120	120	50	55	0.55	3.45	3.41	2.57

6）生殖节［图2.5.22（e）］："肛尖"明显二裂，具有11根相对较长刚毛。第九肛节侧片有5根毛。阳茎内突长48μm，腹内生殖突长80μm。阳茎刺突缺失。抱器基节长125μm，下附器背叶成指状。抱器端节长70μm，具有尖锐的亚端背脊；抱器端棘16μm。生殖节比（HR）为1.79；生殖节值（HV）为2.25。

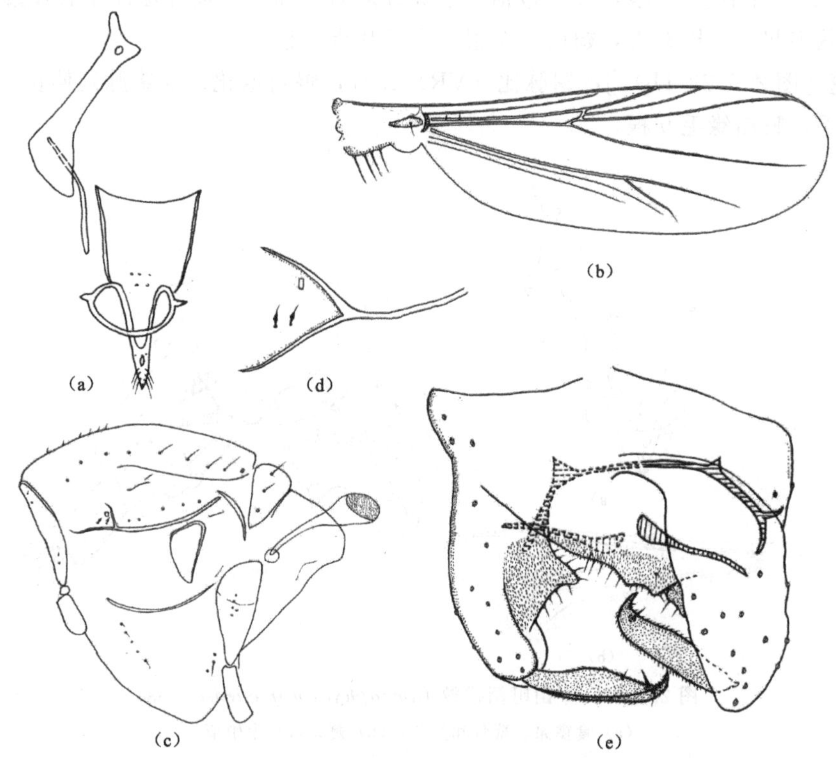

图 2.5.22 泸定沼摇蚊 *Limnophyes ludingensis* sp. n.

(a) 食窦泵、幕骨和茎节；(b) 翅；(c) 胸部；(d) 肩陷区；(e) 生殖节

(6) 讨论：二裂的肛尖在本属中仅有本种和 *L. verpus* Wang & Sæther，然而，后者具有大而明显的三角形下附器。

(7) 分布：中国（四川）。

2.5.4.24 立山町沼摇蚊 *Limnophyes mikuriensis* Sasa

Limnophyes mikuriensis Sasa，1996：26；Yamamoto，2004：46.

(1) 模式产地：日本。

(2) 观察标本：正模，♂，(No. A 284：006)，日本本州岛立山町湖，28. vii. 1994，S. Suzuki 采。

(3) 鉴别特征：该种背中鬃 17 根，其中包括 3 根披针形肩鬃和 1 根披针形前小盾片鬃，肩陷区背缘具瘤状突起，"肛尖"圆钝具凹陷，这些特征可以与本属的其他种类区分开。

(4) 雄成虫。体长 2.70mm；翅长 1.57mm。体长/翅长 1.72；翅长/前足胫节长 2.62。

1) 头部：触角 12 鞭节，末鞭节长 158μm，触角比值（AR）0.36。头部鬃毛 5 根，包括 1 根内顶鬃，2 根外顶鬃，2 根后眶鬃。唇基毛 9 根。幕骨长 150μm，宽 38μm。茎节长 145μm，宽 62μm。食窦泵、幕骨和茎节如图 2.5.23 (a) 所示。下唇须 5 节，各节长（μm）分别为：30、50、75、80、130，第 5 节和第 3 节长度之比为 1.73。

2）胸部：背中鬃17根，其中包括3根披针形肩鬃和1根披针形前小盾片鬃，肩陷区背缘具瘤状突起，中鬃缺失，翅前鬃7根，小盾片鬃7根。

3）翅［图2.5.23（b）］：翅脉比（VR）1.27，臀角退化。前缘脉延伸长100μm。R脉6根刚毛，腋瓣缘毛9根。

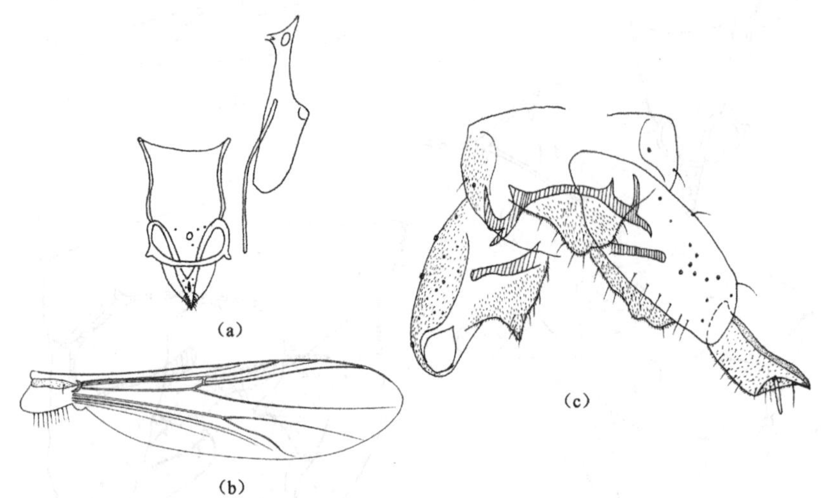

图2.5.23 立山町沼摇蚊 *Limnophyes mikuriensis* Sasa
（a）食窦泵、幕骨和茎节；（b）翅；（c）生殖节

4）足：前足胫距长62μm，中足2根胫距长25μm和20μm；后足2根胫距长60μm和20μm。前足胫节末端宽50μm，中足胫节末端宽52μm；后足胫节末端宽52μm；后足具胫栉13根。胸部足各节长度及足比见表2.5.15。

表2.5.15 立山町沼摇蚊 *Limnophyes mikuriensis* Sasa 胸足各节长度（μm）及足比（$n=1$）

足	fe	ti	ta1	ta2	ta3	ta4	ta5	LR	BV	SV	BR
p1	600	730	360	230	150	80	70	0.49	3.19	3.69	1.20
p2	600	630	280	150	110	50	70	0.44	3.97	4.39	1.67
p3	640	710	370	180	160	70	80	0.52	3.51	3.65	2.00

5）生殖节［图2.5.23（c）］："肛尖"末端圆钝而具凹陷。第九背板有10根刚毛，第九肛节侧片有3根刚毛。阳茎内突长62μm，腹内生殖突长100μm。阳茎刺突不存在。抱器基节长163μm，下附器背叶指状。抱器端节长102μm，亚端背脊低；抱器端棘长30μm。生殖节比（HR）为1.59，生殖节值（HV）为2.65。

（5）讨论：该种和 *L. pentaplastus*（Kieffer）均具有凹陷的"肛尖"，但后者的胸部的披针形背中鬃可以将两者区别开；*L. mikuriensis* Sasa 和 *L. bullus* Wang & Sæther 两者胸部肩陷区均具有瘤状结构，但后者触角比（AR）为0.57～0.73，下附器背叶退化，阳茎刺突为单一的刺且发达可以将它们区分开。

（6）分布：日本。

2.5.4.25 无突沼摇蚊 *Limnophyes minerus* Liu & Yan

Limnophyes minerus Liu *et al*., 2021：56.

(1) 模式产地：中国（四川）。

(2) 观察标本：正模，♂，四川省甘孜藏族自治州康定县瓦斯沟，15. vi. 1996，灯诱，王新华采。副模：1♂，四川省稻城县桑堆镇，11. vi. 1996，扫网，王新华采；1♂，湖北省立峰县后河，1. vii. 1997，扫网，纪炳纯采。

(3) 词源学：源于拉丁文 *minerus*，小的，意指其极小的下附器。

(4) 鉴别特征：下附器极小或者缺失，阳茎刺突由一根逐渐变细的刺构成，触角比（AR）为 0.24～0.27，通过以上特征可以将该种与本属其他种区别开。

(5) 雄成虫（$n=2$）。体长 1.68～1.80mm；翅长 0.95～1.25mm；体长/翅长 1.44～1.76；翅长/前足胫节长 2.57～3.20。

1）体色：头部和胸部均为深棕色，腹部和足棕色，翅透明。

2）头部：触角 13 鞭节，末节长 79～98μm，触角比值（AR）为 0.24～0.27。头部鬃毛 4～5，4 根，包括 1 根内顶鬃，1～3 根外顶鬃，1～2 根后眶鬃。唇基毛 10～21 根。幕骨长 110～120μm，宽 14～18μm。食窦泵、幕骨和茎节如图 2.5.24（a）所示。下唇须 5 节，各节长（μm）分别为：13～20、17～25、44～55、35～40、57～95。下唇须第 5 节和第 3 节长度比值为 1.68～1.73。

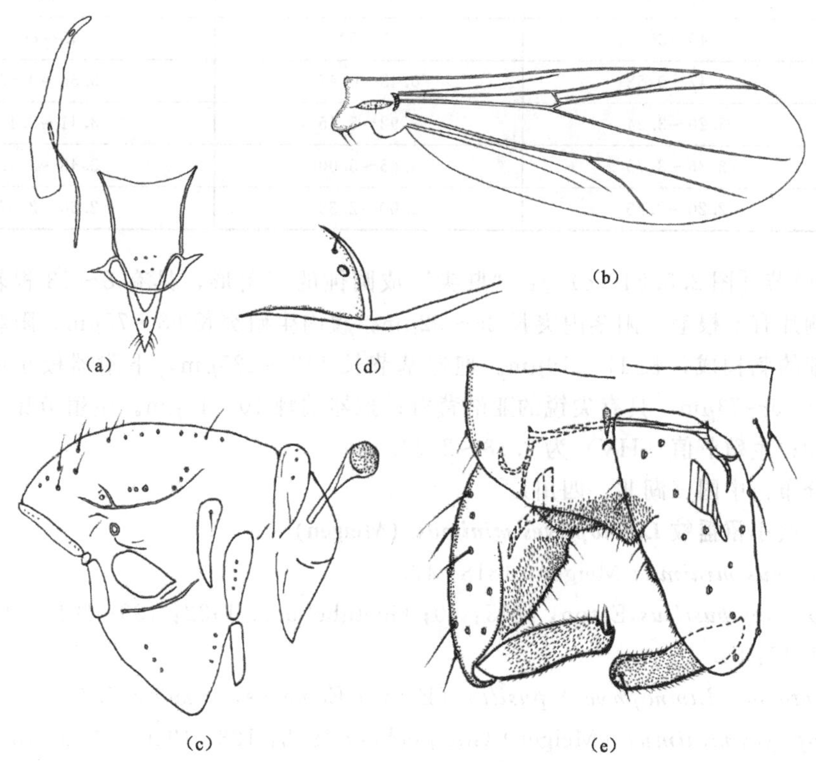

图 2.5.24 无突沼摇蚊 *Limnophyes minerus* Liu & Yan

(a) 食窦泵、幕骨和茎节；(b) 翅；(c) 胸部；(d) 肩陷区；(e) 生殖节

3）胸部［图 2.5.24（c）］：前胸背板中部具有 2～4 根刚毛，后部具有 2～3 根刚毛。肩陷区［图 2.5.24（d）］小，具有骨化的边缘。背中鬃 14～16 根，包括 0～1 根披针形肩鬃，14～15 根非披针形的背中鬃。中鬃 4 根；翅前鬃 4～5 根；翅上鬃 1 根。前前侧片鬃 3 根；后上前侧片鬃 5 根刚毛，后上前侧片鬃 1 根。小盾片鬃 3～5 根。

4）翅［图 2.5.24（b）］：翅脉比（VR）1.22～1.30。臀角退化。前缘脉延伸长 40～50μm。R 脉具有 1～3 根刚毛。腋瓣缘毛 2～4 根。

5）足：前足胫距长 33～37μm；中足胫距长 17～23μm 和 13～18μm；后足胫距长 37～38μm 和 13～15μm。前足胫节末端宽 25～26μm；中足胫节末端宽 24～25μm；后足胫节末端宽 30μm；胫栉 12 根，最短的 15μm，最长的 40μm。不存在毛形感器。胸部足各节长度及足比见表 2.5.16。

表 2.5.16　无突沼摇蚊 *Limnophyes minerus* 胸足各节长度（μm）及足比（*n*=3）

足	p1	p2	p3
fe	310～390	380～420	390～450
ti	430～510	370～470	420～510
ta1	220～240	150～200	230～280
ta2	130～140	85～100	110～120
ta3	80～95	40～60	95～130
ta4	45～50	40～45	50
ta5	45～60	35～50	45～60
LR	0.47～0.52	0.43～0.47	0.55～0.56
BV	3.20～3.34	3.92～5.45	3.41～3.47
SV	3.36～3.75	4.45～5.00	3.43～3.52
BR	2.20～2.25	2.00～2.33	2.50～2.67

6）生殖节［图 2.5.24（e）］："肛尖"成圆钝的三角形，具有 8～13 根较弱刚毛。第九肛节侧片有 5 根毛。阳茎内突长 25～32μm，腹内生殖突长 63～75μm。阳茎刺突由 1 根逐渐变细的刺构成，长 17～19μm。抱器基节长 113～125μm，下附器极小或者缺失。抱器端节长 65～73μm，具有尖锐的亚端背脊；抱器端棘 10～16μm。生殖节比（HR）为 1.55～1.89；生殖节值（HV）为 2.58～2.73。

（6）分布：中国（湖北、四川）。

2.5.4.26　微小沼摇蚊 *Limnophyes minimus*（Meigen）

Chironomus minimus Meigen，1818：47.

Limnophyes pusillus Eaton，1875：60；Goetghebuer，1932：196；1940－1950：140；Brundin，1947：83.

Spaniotoma（*Limnophyes*）*pusilla*（Eaton）Edwards，1929：355.

Limnophyes minimus（Meigen）Goetghebuer 1932：108；1940－1950：137.

Limnophyes interruptus Goetghebuer，1938：463.

Limnophyes immucronatus Sæther，1969：103.

Limnophyes hudsoni Sæther, 1975: 1032.

Limnophyes natalensis (Kieffer) Freeman, 1957: 344.

Limnophyes toyamapequeus (Sasa), Yamamoto, 2004: 50.

Limnophyes minimus (Meigen) Pinder, 1978: 88; Sæther, 1990: 59; Wang & Sæther, 1993: 216; 2000: 636; Yamamoto, 2004: 46; Makarchenko & Makarchenko, 2011: 115.

(1) 模式产地：德国。

(2) 观察标本：5♂♂，福建省福建农林大学校园内，22.iv.1993，扫网，卜文俊采；4♂♂，福建省南坪县毛地乡，22.ix.2002，扫网，刘政采；5♂♂，福建省上杭县步云山，6.v.1993，灯诱，卜文俊采；31♂♂，福建省武夷山自然保护区，25.iv.1993，灯诱，卜文俊采；2♂♂，广西壮族自治区金秀县罗香乡，9.vi.1990，扫网，王新华采；5♂♂，广西壮族自治区龙胜县，24.v.1990，王新华采；1♂，贵州省道真县大沙河自然保护区，22.v.2004，扫网，唐红渠采；1♂，贵州省道真县小沙河，25.v.2004，扫网，唐红渠采；1♂，河北省承德市北戴河，viii.1986，扫网，王新华采；1♂，河北省承德市塞罕坝森林公园，15.vii.2001，扫网，郭玉红采；1♂，河南省栾川县龙峪湾森林公园，13.vii.1996，李军采；3♂♂河南省嵩县白云山林场，16.vii.1996，扫网，李军采；河南省嵩县；3♂♂，湖北省鹤峰县分水岭林场，灯诱，纪炳纯采；2♂♂，湖北省立峰县后河，30.vi.1997，扫网，纪炳纯采；3♂♂，湖北省黎川县星斗山，30.vi.1997，扫网，纪炳纯采；3♂♂，湖北省咸丰县平坝营公园，25.vi.1997，纪炳纯采；4♂♂，江西省鄱阳湖，12.vi.2004，扫网，闫春财采；2♂♂，江西省宜丰县贡山，8.vi.2004，扫网，闫春财采；2♂♂，江西省武夷山自然保护区，13.vi.2004，灯诱，闫春财采；6♂♂，宁夏回族自治区六盘山自然保护区二龙河林场，扫网，7.viii.1987，王新华采；2♂♂，陕西省宁陕县火地膛林场，12.viii.1994，扫网，卜文俊采；2♂♂，四川省甘孜藏族自治州雅江，14.vi.1996，灯诱，王新华采；2♂♂，四川省康定县瓦斯沟，15.vi.1996，灯诱，王新华采；2♂♂，四川省理塘县翟桑溪水，11.vi.1996，扫网，王新华采；1♂，四川省峨眉山，17.v.1987，扫网，王新华采；2♂♂，西藏藏族自治区下扎与县，24.iv.1988，扫网，邓成玉采；6♂♂，西藏藏族自治区日喀则市樟木乡，18.ix.1987，邓成玉采；1♂，云南省富民县大营乡，1.vi.1996，扫网，王新华采；1♂，云南省武定县麻山乡，1.vi，1996，扫网，王新华采；2♂♂，浙江省百山祖自然保护区，18.iv.1994，灯诱，邹环光采；1♂，浙江省天目山自然保护区，17.viii.1999，灯诱，邹环光采。

(3) 鉴别特征：该种不具有披针形肩鬃，肩陷区具有微弱骨化的边缘，具有极少数或者不具有前小盾片鬃，且仅具有上前前侧片鬃，小的三角形或者较圆钝的"肛尖"，阳茎刺突具有2～3根刺，通过以上特征可以将该种与本属其他种区别开。

(4) 雄成虫（n=120）。体长1.23～1.85，1.54mm；翅长0.71～1.08，0.80mm；体长/翅长1.51～1.73，1.61；翅长/前足胫节长2.56～2.78，2.69。

1) 体色：头部和胸部均为深棕色，腹部和足棕色，翅透明。

2) 头部：触角9～13，13鞭节，末节长105～189，150μm，触角比值（AR）0.20～

1.01，0.56。头部鬃毛4～5，5根，包括1根内顶鬃，1～2，2根外顶鬃，2根后眶鬃。唇基毛12～18，15根。幕骨长62～96，76μm，宽13～17，15μm。食窦泵、幕骨和茎节如图2.5.25（a）所示。下唇须5节，各节长分别为（μm）：13～17，15；20～31，24；44～55，50；45～61，55；80～96，91；第5节和第3节长度比值为2.00～2.25，2.10。

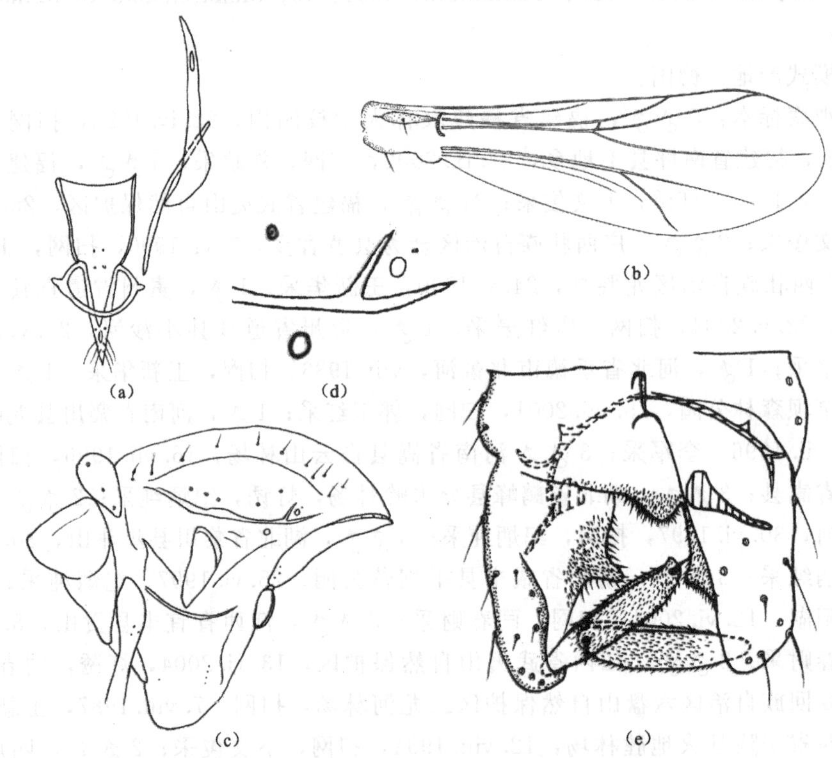

图2.5.25 微小沼摇蚊 *Limnophyes minimus*（Meigen）

(a) 食窦泵、幕骨和茎节；(b) 翅；(c) 胸部；(d) 肩陷区；(e) 生殖节

3）胸部［图2.5.25（c）］：前胸背板中部具有1～4，3根刚毛，后部具有1～3，2根刚毛。肩陷区［图2.5.25（d）］小而简单，不具有骨化的边缘。背中鬃8～18，15根，包括0～3，1根披针形肩鬃，8～15，14根非披针形的背中鬃，0～3，1根披针形前小盾片鬃。中鬃4～7，6根；翅前鬃4～6，5根；翅上鬃1根。前前侧片鬃3根；前上前侧片鬃2～4，3根刚毛，后上前侧片鬃1～2，1根。后侧片鬃1～3，1根。小盾片鬃4～7，6根。

4）翅［图2.5.25（b）］：翅脉比（VR）1.22～1.40，1.28。臀角退化。前缘脉延伸长44～60，53μm。R脉具有1～3，2根刚毛。腋瓣缘毛1～4，3根。

5）足：前足胫距长22～35，29μm；中足胫距长17～27，22μm和13～20，18μm；后足胫距长28～38，33μm和15～20，18μm。前足胫节末端宽20～25，22μm；中足胫节末端宽22～27，25μm；后足胫节末端宽24～32，29μm；胫栉具8～12，10根刚毛，最短的13μm，最长的45μm。不存在毛形感器。胸部足各节长度及足比见表2.5.17。

表 2.5.17 微小沼摇蚊 *Limnophyes minimus* 胸足各节长度（μm）及足比（$n=120$）

足	p1	p2	p3
fe	310～390，346	380～420，407	390～450，415
ti	430～510，476	370～470，435	420～510，487
ta1	220～240，234	150～200，178	230～280，257
ta2	130～140，135	85～100，93	110～120，114
ta3	80～95，88	40～60，53	95～130，112
ta4	45～50，47	40～45，42	50
ta5	45～60，52	35～50，43	45～60，56
LR	0.47～0.52，0.50	0.43～0.47，0.45	0.55～0.56，0.55
BV	3.20～3.34，3.30	3.92～5.45，4.51	3.41～3.47，3.44
SV	3.36～3.75，3.51	4.45～5.00，4.62	3.43～3.52，3.48
BR	2.20～2.25，2.23	2.00～2.33，2.13	2.50～2.67，2.58

6）生殖节［图 2.5.25（e）］："肛尖"成三角形或较圆钝，具有 8～12，10 根较弱刚毛。第九肛节侧片有 2～4，3 根毛。阳茎内突长 30～55，49μm，腹内生殖突长 55～75，62μm。阳茎刺突由 2～3，2 根逐渐变细的刺构成，长 13～16，14μm。抱器基节长 88～125，106μm，下附器略成三角形。抱器端节长 45～67，58μm，具有长而低的亚端背脊；抱器端棘 8～12，10μm。生殖节比（HR）为 1.69～2.67，2.12；生殖节值（HV）为 2.21～4.11，3.66。

（5）讨论：*L. minimus* 和 *L. natalensis* 两者关系较近，然而，*L. natalensis* 在其肩陷区具有至少一根披针形刚毛并且其肩陷的边缘具有明显的骨化。此外，除了一些特殊的地区外，两者并非发生于同一区域，且两者雌成虫极为相似。因此，有关 *L. minimus* 的旧有记录很可能是和该种相近的其他种，其标本还需要重新检视。

L. minimus 是中国该属的一个优势种。Sæther（1990）曾对该种进行详尽的描述，中国的标本与其描述之间存在一些小的变异。采自广西壮族自治区的一头标本的腋瓣臀角完全退化，触角 10 鞭节，前足足比（LR_1）为 0.59。两头分别采自四川和广西的标本的触角比（AR）为 0.20 和 0.30，均小于 Sæther（1990）中所描述的触角比的最小值 0.48。采自中国的标本也和欧洲等地的标本一样具有两种类型的阳茎刺突，且生殖节值（HV）为 2.21～4.11。其他的一些变异极其微小，可以忽略。王新华（2000）中国摇蚊名录记录了采自台湾地区的 *L. fuscipygmus*（Tokunaga），然而在重新检视和测量后，我们认为该种为 *L. minimus* 的同物异名。

（6）分布：该种为广布种，在所有的六个动物区系中均有记录。在中国的古北区（宁夏、天津、新疆）和东洋区（重庆、福建、广西、贵州、湖北、湖南、江西、四川、西藏、台湾、云南）均有记录。

2.5.4.27 纳塔沼摇蚊 *Limnophyes natalensis*（Kieffer）

Camptocladius natalensis Kieffer，1914：261.

Camptocladius palemensis Santos－Abreu，1918：187.

Limnophyes brevis Goetghbuer，1934：203.

Limnophyes bequaerti Goetghbuer，1939：61；1940－1950：129.

Limnophyes spinosa Freeman，1953：206.

Limnophyes nudiradius Sæther，1975：1068.

Limnophyes *palemensis* (Santos－Abreu)，Cranston & Armitage，1988：347.

Limnophyes jemtlandicus Brundin，1947：33.

not *Limnophyes brevis* Chauhuri，Sinharay & Dasgupta，1979：108.

Limnophyes natalensis (Kieffer) Freeman，1957：344；Sæther，1990：73；Makarchenko & Makarchenko 2011：115.

(1) 模式产地：英国。

(2) 鉴别特征：该种胸部具 1～4 根披针形肩鬃，1～7 根披针形前小盾片鬃，肩陷区略延伸，具有拱形骨化的边缘，这些特征可以将其与本属其他种区分开。

(3) 雄成虫。体长 1.42～2.46mm；翅长 0.84～1.55mm；体长/翅长 1.60～1.85；翅长/前足腿节长 2.37～2.83。

1) 头部：触角 12 或 13 节，触角比值 (AR) 0.31～0.93，末鞭节长 124～371μm。唇基毛 8～18 根，头部鬃毛 4～7 根，包括 1～2 根内顶鬃，2～3 外顶鬃，1～3 根后眶鬃。幕骨长 101～143μm，宽 15～30μm。茎节长 94～135μm，宽 15～53μm。食窦泵、幕骨和茎节如图 2.5.26 (a) 所示。下唇须 5 节，各节长 (μm) 分别为：19～34、26～45、60～94、64～105、86～159。

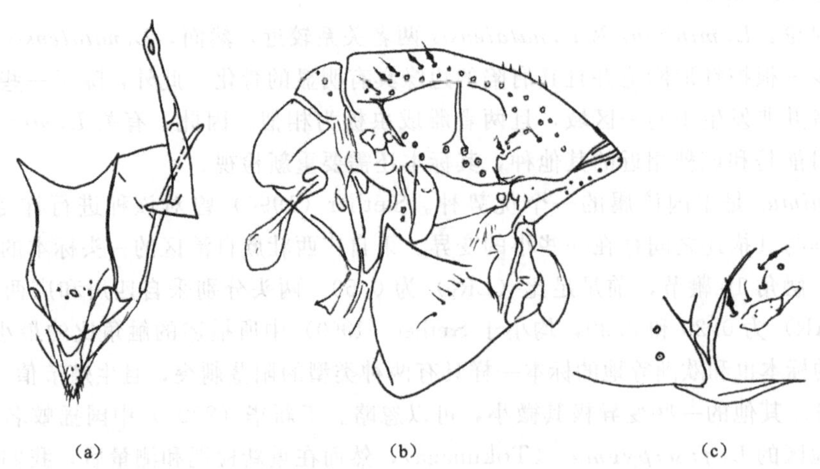

图 2.5.26　纳塔沼摇蚊 *Limnophyes natalensis* (Kieffer)

(a) 食窦泵、幕骨和茎节；(b) 胸部；(c) 肩陷区

2) 胸部 [图 2.5.26 (b)]：前胸背板中部具有 1～2 根刚毛，后部具有 2～7 根刚毛。肩陷区 [图 2.5.26 (c)] 小，椭圆形，具有拱形骨化的边缘。背中鬃 10～27 根，包括 1～4 根披针形肩鬃，3～8 根非披针形的肩鬃，7 根其他非披针形的背中鬃，1～7 根披针形前小盾片鬃。中鬃 0～6 根；翅前鬃 5～8 根；翅上鬃 1 根。前前侧片前部具 1～7

根刚毛。后前胸背板鬃Ⅱ 1～2 根；后侧片Ⅱ具有 0～5 根刚毛。小盾片鬃 4～8 根。

3）翅：翅脉比（VR）为 1.22～1.33。前缘脉延伸长 34～64μm。R 脉具 0～5 根毛，R_1脉和 R_{4+5}脉无刚毛。腋瓣缘毛 0～4 根。

4）足：前足胫距长 34～60μm；中足胫距长 15～26μm 和 19～32μm；后足胫距长 34～60μm 和 15～23μm。前足胫节末端宽 23～26μm；中足胫节末端宽 24～38μm；后足胫节末端宽 30～45μm；胫栉 9～13 根，长 19～56μm。中足和后足的第一和第二跗节具毛形感器。前足、中足和后足的足比分别为 LR_1 0.49～0.52，LR_2 0.42～0.49，LR_3 0.52～0.59。

5）生殖节："肛尖"相对较低，几乎消失，成圆钝的三角形，具 8～16 根刚毛。第九肛节侧片有 2～3 根毛。阳茎内突长 54～94μm，腹内生殖突长 49～94μm。阳茎刺突长 15～34μm，由两根等长的刺或者三根刺组成。抱器基节长 101～184μm。抱器端节长 56～96μm；亚端背脊尖锐；抱器端棘 8～19μm。生殖节比（HR）为 1.63～1.94；生殖节值（HV）为 2.31～2.96。

（4）讨论：本研究未能检视到本种的模式标本，鉴别特征等引自 Sæther（1990）。

（5）分布：俄罗斯（远东地区），欧洲部分国家，美国，南非。

2.5.4.28 鄂霍沼摇蚊 *Limnophyes okhotensis* Makarchenko & Makarchenko

Limnophyes okhotensis Makarchenko & Makarchenko，2003：182；2011：115.

（1）模式产地：俄罗斯远东地区。

（2）鉴别特征：该种所具有的略成三角形的"肛尖"，下附器具有指状背叶，抱器端节弯曲，基部宽末端尖细，这些特征可以将其与本属其他种区分开。

（3）雄成虫。触角比值（AR）0.72～0.74。前胸背板中部具有 6～8 根刚毛，后部具 16～18 根刚毛。背中鬃 84～98 根，其中包括 20～28 根披针形肩鬃，28 根披针形前小盾片鬃。中鬃 2 根；翅前鬃 13～18 根，翅上鬃 1 根，小盾片鬃 37～47 根，后侧片鬃Ⅱ 6～9 根。翅表面密被极细的微毛，臀角略退化。R 脉具 17～19 根刚毛，R1 脉具 0～1 根刚毛，R4+5 脉具 0～2 根刚毛。腋瓣缘毛 7～8 根。前足胫距长 60μm；中足胫距长 21μm 和 24μm；后足胫距长 60μm 和 21μm。胫栉 11 根。前足、中足和后足的足比分别为 LR_1 0.53，LR_2 0.49，LR_3 0.55。生殖节［图 2.5.27（a）］："肛尖"［图 2.5.27（b）］呈三角形，末端较圆钝，具 10～11 根刚毛。第九肛节侧片有 4～6 根长毛。抱器基节［图 2.5.27（c）］下附器被短毛，抱器端棘长 28μm。

（4）讨论：该种与 *Limnophyes asquamatus* Andersen 具有较为相似的生殖节结构，但 *L. asquamatus* 的背中鬃及披针形刚毛的数目较少。该种与 *L. brachytomus* 具有相似的毛序，但两者的生殖节则具有明显的差异。本研究未能检视到本种模式标本，鉴别特征等引自原始描述。

（5）分布：俄罗斯（远东地区）。

2.5.4.29 长棘沼摇蚊 *Limnophyes opimus* Wang & Sæther

Limnophyes opimus Wang & Sæther，1993：225；Wang，2000：637.

（1）模式产地：中国（宁夏）。

（2）观察标本：1♂，吉林省长白山二道河，29.iv.1994，扫网，王新华采；5♂♂，宁夏回族自治区六盘山二龙河林场，7. viii. 1987，扫网，王新华采。

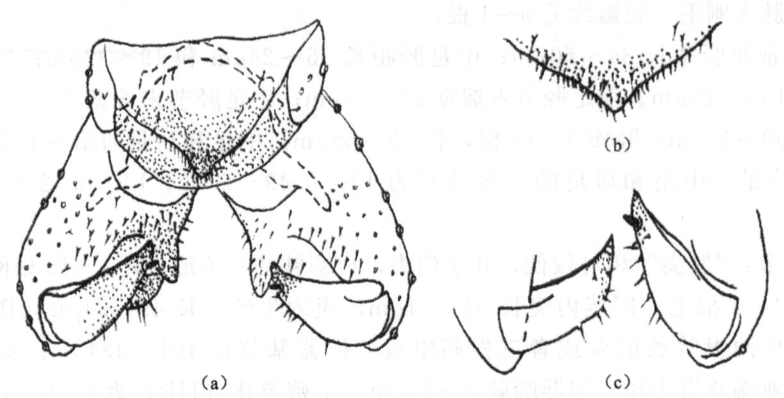

图 2.5.27　鄂霍沼摇蚊 *Limnophyes okhotensis* Makarchenko & Makarchenko

(a) 生殖节；(b) 肛尖；(c) 抱器端节

(3) 鉴别特征：前胸背板后具有 1 根披针形刚毛，肩陷区较深，内有 1～4 根披针形刚毛，且肩陷区周围具有一瘤状结构，阳茎刺突较小，抱器端节靠近基部的一半较宽，抱器端棘长，成硬毛状，通过这些特征可以将该种与本属其他种区别开。

(4) 雄成虫 ($n=6$)。体长 1.68～1.75，1.70mm；翅长 1.10～1.20，1.14mm；体长/翅长 1.41～1.55，1.51；翅长/前足胫节长 2.50～2.58，2.52。

1) 体色：头部、胸部和腹部均为深棕色，翅透明。

2) 头部：触角 11～13，13 鞭节，末节长 207～240，230μm，触角比值 (AR) 0.45～0.72，0.62。头部鬃毛 4～5，4 根，包括 1 根内顶鬃，1～2，2 根外顶鬃，2～3，2 根后眶鬃。唇基毛 9～18，12 根。幕骨长 110～148，136μm，宽 18～24，22μm。食窦泵、幕骨和茎节如图 2.5.28 (a) 所示。下唇须 5 节，各节长分别为 (μm)：18～25，22；35～43，39；63～66，64；63～67，65；95～114，91。下唇须第 5 节和第 3 节长度比值为 1.40～1.75，1.60。

3) 胸部 [图 2.5.28 (c)]：前胸背板中部具有 1～2，1 根刚毛，后部具有 3～4，4 根刚毛。肩陷区 [图 2.5.28 (d)] 小而深，下部具有一瘤状结构，后部略成椭圆形。背中鬃 27～32，30 根，包括前胸背板后的 1 根披针形肩鬃，4～7，5 根披针形肩鬃位于肩陷区，4～6，5 根非披针形的肩鬃，2～6，5 根披针形前小盾片鬃，以及 10 根其他背中鬃。中鬃 4～9，9 根；翅前鬃 4～7，6 根；翅上鬃 1 根。前前侧片鬃 4 根；后上前侧片鬃 2～3，2 根刚毛，后上前侧片鬃 1～3，2 根。小盾片鬃 3～5，4 根。

4) 翅 [图 2.5.28 (b)]：翅脉比 (VR) 1.31～1.33，1.32。臀角退化。前缘脉延伸长 40～47，43μm。R 脉具有 0～5，3 根刚毛。腋瓣缘毛 1～4，3 根。

5) 足：前足胫距长 35～49，45μm；中足胫距长 18～27，23μm 和 13～20，18μm；后足胫距长 28～38，33μm 和 15～20，18μm。前足胫节末端宽 20～25，22μm；中足胫节末端宽 22～27，25μm；后足胫节末端宽 24～32，29μm；胫栉具 10～12，11 根刚毛。

不存在毛形感器。胸部足各节长度及足比见表 2.5.18。

表 2.5.18 长棘沼摇蚊 *Limnophyes opimus* 胸足各节长度（μm）及足比（*n*=6）

足	p1	p2	p3
fe	430～484，460	460～493，478	470～521，494
ti	520～614，570	460～502，485	530～567，549
ta1	251～270，260	186～220，204	288～300，292
ta2	140～170，160	102～120，114	140
ta3	93～120，108	74～90，80	130～140，136
ta4	56～60，58	50～56，53	56～60，58
ta5	47～65，57	60～65，62	60～65，62
LR	0.41～0.52，0.47	0.37～0.48，0.42	0.51～0.57，0.54
BV	4.02～4.12，4.06	3.90～4.10，4.01	3.41～3.47，3.44
SV	4.37～4.47，4.40	4.55～5.35，4.85	3.43～3.77，3.52
BR	2.20～2.25，2.22	2.30～2.33，2.32	2.50～3.20，3.01

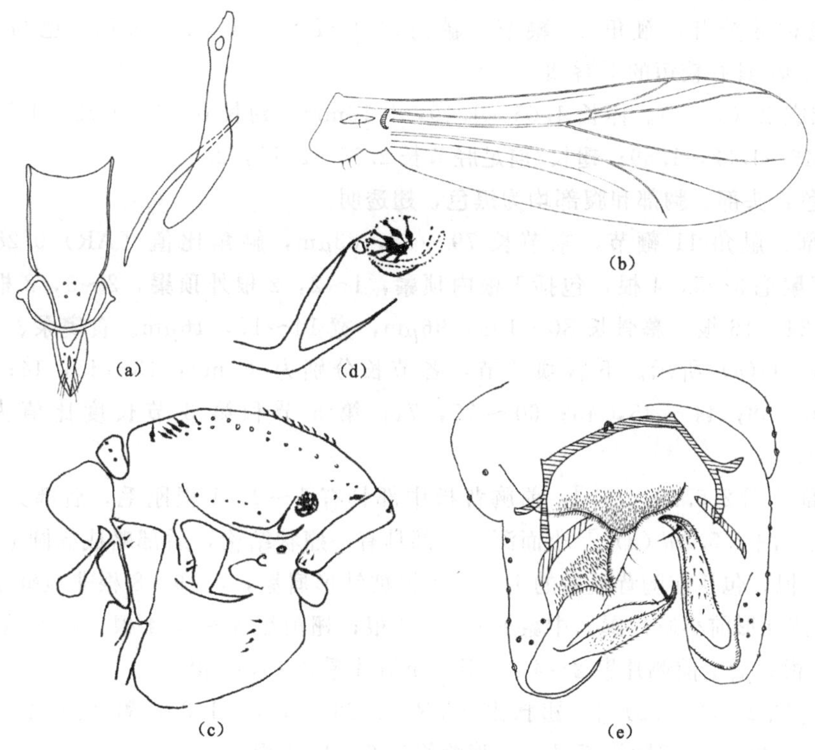

图 2.5.28 长棘沼摇蚊 *Limnophyes opimus* Wang & Sæther

(a) 食窦泵、幕骨和茎节；(b) 翅；(c) 胸部；(d) 肩陷区；(e) 生殖节

6）生殖节［图 2.5.28（e）］：“肛尖”呈圆钝的三角形，10～14，12 根较弱刚毛。第九肛节侧片有 2～4，3 根毛。阳茎内突长 38～70，59μm，腹内生殖突长 55～70，

62μm。阳茎刺突小，长 8～16，14μm。抱器基节长 126～141，136μm，下附器较低，具明显的指状突起。抱器端节长 68～86，78μm，基部 1/3 处最宽，亚端背脊较尖；抱器端棘细长，成硬毛状，长 20～23，22μm。生殖节比（HR）为 1.63～1.85，1.72；生殖节值（HV）为 2.43～2.50，2.47。

(5) 讨论：Wang & Sæther (1993) 对该种进行了详尽的描述。采自吉林省的本种标本具有 2 根披针形的前小盾片鬃，触角比（AR）为 0.45，与模式标本（6 根披针形前小盾片鬃，触角比 0.72）略有差异。

(6) 分布：中国（吉林、宁夏）。

2.5.4.30　圆脊沼摇蚊 *Limnophyes orbicristatus* Wang & Sæther

Limnophyes orbicristatus Wang & Sæther, 1993: 216; Wang, 2000: 637.

(1) 模式产地：中国（广东）。

(2) 观察标本：2♂♂，广东省封开县黑石顶自然保护区，19.iv.1988，灯诱，王新华采；4♂♂，海南省坝王岭自然保护区，11.v.1988，扫网，王新华采；1♂，西藏自治区墨脱县，14.viii.2003，扫网，邓成玉采。

(3) 鉴别特征：亚端背脊圆钝，下附器较尖锐，可以将该种与本属除 *L. natalensis* 之外的其他种区分开，触角 13 鞭节，触角比（AR）为 0.71～0.74，也与相似，但 *L. orbicristatus* 具有较短的下唇须。

(4) 雄成虫（$n=7$）。体长 1.05～1.19，1.10mm；翅长 0.72～0.79，0.74mm；体长/翅长 1.46～1.62，1.59；翅长/前足胫节长 2.55～2.77，2.65。

1) 体色：头部、胸部和腹部均为黑色，翅透明。

2) 头部：触角 11 鞭节，末节长 79～88，83μm，触角比值（AR）0.28～0.74，0.50。头部鬃毛 3～5，4 根，包括 1 根内顶鬃，1～2，2 根外顶鬃，2～3，2 根后眶鬃。唇基毛 9～24，16 根。幕骨长 80～109，96μm，宽 14～17，16μm。食窦泵、幕骨和茎节如图 2.5.29 (a) 所示。下唇须 5 节，各节长分别为（μm）：13～15，14；17～18，18；37～40，38；44～45，45；60～75，71；第 5 节和第 3 节长度比值为 1.62～1.88，1.70。

3) 胸部 [图 2.5.29 (c)]：前胸背板中部具有 1～2，1 根刚毛，后部具有 1 根刚毛。肩陷区 [图 2.5.29 (d)] 小而深，下部具有一瘤状结构，后部略成椭圆形。背中鬃 15～17，16 根，包括前胸背板后的 1～2，1 根披针形肩鬃，7～9，8 根非披针形的肩鬃，1～3，2 根披针形前小盾片鬃。中鬃 8～11，9 根；翅前鬃 4～5，4 根；翅上鬃 1 根。前前侧片鬃 1 根；后上前侧片鬃 2～4，3 根。小盾片鬃 3～5，4 根。

4) 翅 [图 2.5.29 (b)]：翅脉比（VR）1.28～1.33，1.30。臀角退化。前缘脉延伸长 45～50，48μm。翅脉均不具毛。腋瓣缘毛 0～2，1 根。

5) 足：前足胫距长 24～26，25μm；中足胫距长 14～15，15μm 和 13～14，13μm；后足胫距长 22～27，25μm 和 10～13，12μm。前足胫节末端宽 17～20，19μm；中足胫节末端宽 20～22，21μm；后足胫节末端宽 24～25，24μm；胫栉具 10～12，12 根刚毛。不存在毛形感器。胸部足各节长度及足比见表 2.5.19。

表 2.5.19 圆脊沼摇蚊 *Limnophyes orbicristatus* 胸足各节长度（μm）及足比（$n=7$）

足	p1	p2	p3
fe	260～310，285	310～340，314	360～370，364
ti	350～410，380	310～350，331	390～410，402
ta1	170～190，180	130～140，136	190～200，195
ta2	110～120，116	70～80，76	95～110，102
ta3	75～80，78	50～56，53	75～100，88
ta4	40～45，42	30～36，33	35～45，40
ta5	50～55，52	60～65，62	60～65，62
LR	0.46～0.49，0.48	0.37～0.45，0.42	0.49～0.51，0.50
BV	2.79～3.08，3.97	4.00～4.10，4.06	3.14～3.45，3.29
SV	3.59～3.79，3.67	4.43～5.31，4.95	3.63～3.75，3.71
BR	1.33～1.85，1.52	1.70～2.33，2.12	2.18～3.20，2.81

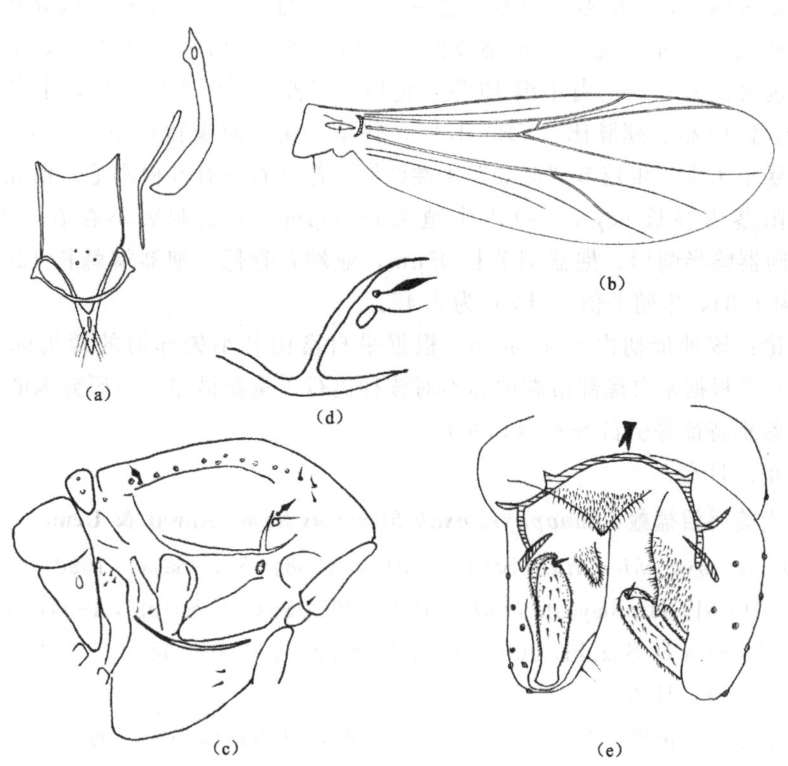

图 2.5.29 圆脊沼摇蚊 *Limnophyes orbicristatus* Wang & Sæther
(a) 食窦泵、幕骨和茎节；(b) 翅；(c) 胸部；(d) 肩陷区；(e) 生殖节

6）生殖节［图 2.5.29（e）］："肛尖"呈较尖锐的三角形，13～15，14 根较弱刚毛。第九肛节侧片有 1～4，2 根毛。阳茎内突长 38～50，44μm，腹内生殖突长 50～70，62μm。阳茎刺突由两根刺组成，长 16～20，18μm。抱器基节长 75～88，81μm，下附器

较窄且尖锐。抱器端节 44～56，48μm，具有圆钝的亚端背脊；抱器端棘长 8～13，10μm。生殖节比（HR）为 1.70～2.00，1.92；生殖节值（HV）为 2.39～2.70，2.47。

（5）讨论：Wang & Sæther（1993）对该种进行了详尽的描述。采自海南省的一头标本触角比（AR）为 0.33，明显低于原始描述（AR 0.71～0.74），其他性状与原始描述均较符合。

（6）分布：中国（广东、海南、西藏）。

2.5.4.31　小矢部沼摇蚊 *Limnophyes oyabegrandilobus* Sasa, Kawai & Ueno

Limnophyes oyabegrandilobus Sasa *et al.*, 1988: 51; Sasa, 1990: 45; Yamamoto, 2004: 48.

（1）模式产地：日本。

（2）观察标本：1♂，（No. A 141: 045），日本本州岛富山县小矢部河，19. viii. 1987，S. Suzuki 采。

（3）鉴别特征：该种背中鬃 17 根，其中有 7 根披针形前小盾片鬃，“肛尖”末端圆钝，不具有阳茎刺突，下附器半圆形，这些特征可以与本属的其他种类区分开。

（4）雄成虫。触角 10 鞭节，末鞭节长 800μm，触角比值（AR）1.00。下唇须第 5 节和第 3 节长度之比为 2.08。背中鬃 19 根，包括 7 根披针形前小盾片鬃，中鬃无，翅前鬃 5 根，小盾片鬃 12 根。翅脉比（VR）1.26，臀角退化。前缘脉延伸长 88μm。R 脉 8 根刚毛，腋瓣缘毛丢失。生殖节“肛尖”末端圆钝。第九背板有 6 根刚毛，第九肛节侧片有 4 根刚毛。阳茎内突长 62μm，腹内生殖突长 88μm。阳茎刺突不存在。抱器基节长 175μm，下附器略半圆形。抱器端节长 95μm，亚端背脊低；抱器端棘长 12μm。生殖节比（HR）为 1.84，生殖节值（HV）为 2.45。

（5）讨论：该种最初由 Sasa *et al.* 根据采自富山县小矢部河的两头标本建立，后 Sasa（1990）又根据采自黑部市湖的标本对该种进行了重新描述。本研究未能检视到本种模式标本，鉴别特征等引自 Sasa（1990）。

（6）分布：日本。

2.5.4.32　大美桥沼摇蚊 *Limnophyes oyabehiematus* Sasa, Kawai & Ueno

Limnophyes oyabehiematus Sasa *et al.*, 1988: 52; Sasa, 1990: 46; Sasa & Okazawa, 1991: 61; Hirabayashi *et al.*, 1998: 805; Sasa & Suzuki, 1999: 97; Yamamoto, 2000: 385; Sasa & Suzuki, 2000: 188; Yamamoto, 2004: 48.

（1）模式产地：日本。

（2）观察标本：正模，♂，（No. A 141: 046），日本富山小矢部河大美桥，1. ii. 1988，S. Suzuki 采。

（3）鉴别特征：该种背中鬃 28 根，其中有 5 根披针形肩鬃和 4 根披针形前小盾片鬃，“肛尖”圆钝，阳茎刺突逐渐变细，抱器端节基部最宽而端部最细，抱器端棘毛发状，这些特征可以与本属的其他种类区分开。

（4）雄成虫。体长 3.33mm；翅长 2.20mm。体长/翅长 1.51；翅长/前足胫节长 2.75。

1）体色：棕色。

2）头部：触角 11 鞭节，末鞭节长 432μm，触角比值（AR）0.86。头部鬃毛 7 根，包括 1 根内顶鬃，5 根外顶鬃，1 根后眶鬃。唇基毛 17 根。幕骨长 177μm，宽 38μm。茎节长 200μm，宽 75μm。食窦泵、幕骨和茎节如图 2.5.30（a）所示。下唇须 5 节，各节长分别为（μm）：25、60、125、125、200，第 5 节和第 3 节长度之比为 1.60。

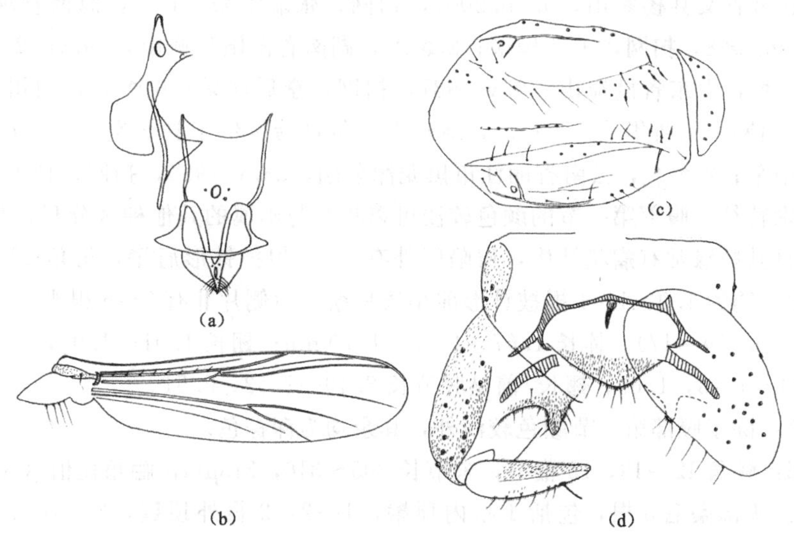

图 2.5.30 大美桥沼摇蚊 *Limnophyes oyabehiematus* Sasa，Kawai & Ueno

（a）食窦泵、幕骨和茎节；（b）翅；（c）胸部；（d）生殖节

3）胸部［图 2.5.30（c）］：背中鬃 28 根，其中有 5 根披针形肩鬃和 4 根披针形前小盾片鬃，肩陷区小，后缘骨化，中鬃缺失，翅前鬃 6 根，小盾片鬃 8 根。前前侧片鬃 6 根；后上前侧片鬃 3 根刚毛。

4）翅［图 2.5.30（b）］：翅脉比（VR）1.35，臀角退化。前缘脉延伸长 80μm。R 脉 8 根刚毛，腋瓣缘毛 4 根。

5）足：前足胫距长 75μm，中足 2 根胫距长 26μm 和 15μm；后足 2 根胫距长 63μm 和 18μm。前足胫节末端宽 60μm，中足胫节末端宽 62μm；后足胫节末端宽 65μm；后足具胫栉 15 根。

6）生殖节［图 2.5.30（d）］："肛尖"末端宽而圆钝。第九背板有 9 根刚毛，第九肛节侧片有 4 根刚毛。阳茎内突长 75μm，腹内生殖突长 100μm。阳茎刺突逐渐变细，长 30μm。抱器基节长 200μm，下附器背叶指状。抱器端节基部最宽而端部最细，长 113μm，亚端背脊低；抱器端棘毛发状，长 30μm。生殖节比（HR）为 1.77，生殖节值（HV）为 2.94。

（5）讨论：该种与 *L. gurgicola*（Edwards）和 *L. pentaplastus*（Kieffer），这可以三者胸部具有相似的鬃毛结构，下附器和抱器端节也相近。与 *L. pentaplastus* 不同的是后者"肛尖"末端具有明显的凹陷，而它与 *L. gurgicola* 不同的是后者具有明显低的触角比（AR 为 0.18～0.30）。

（6）分布：日本。

2.5.4.33 浅色沼摇蚊 *Limnophyes palleocestus* Wang & Sæther

Limnophyes palleocestus Wang & Sæther，1993：216；Wang，2000：637.

（1）模式产地：中国（四川）。

（2）观察标本：2♂♂，广西壮族自治区金秀县罗香乡，9.vi.1990，扫网，王新华采；1♂，甘肃省文县杨家山，5.vii.2001，扫网，张瑞雷采；1♂，海南省坝王岭自然保护区，10.v.1988，扫网，王新华采；2♂♂，湖南省衡阳县衡山，19.vii.2004，扫网，闫春财采；1♂，山东省昆嵛山，9.v.1987，扫网，李后魂采；6♂♂，四川省峨眉山，17.v.1986，扫网，王新华采；2♂♂，新疆维吾尔自治区伊宁县航空公园，7.viii.2002，扫网，唐红渠采；2♂♂，云南省丽江市黑龙潭公园，28.v.1996，扫网，杜予洲采。

（3）鉴别特征：腹部第一节的颜色较浅可以将其与本属的其他种区分开。此外，其肩陷区较小，且其腹缘常有瘤状结构，肩陷区外有4～7根披针形肩鬃，触角12～13鞭节，触角比（AR）约为1.0，1～4根披针形前小盾片鬃，后侧片Ⅱ有5～6根刚毛。

（4）雄成虫（n=17）。体长1.67～1.75，1.70mm；翅长1.01～1.05，1.03mm；体长/翅长1.64～1.73，1.69；翅长/前足胫节长2.49～2.53，2.51。

1）体色：除了腹部第一节颜色较浅外，其余均为深棕色。

2）头部：触角12～13，12鞭节，末节长305～316，313μm，触角比值（AR）0.74～1.08，1.00。头部鬃毛5根，包括1根内顶鬃，1～2，2根外顶鬃，2～3，2根后眶鬃。唇基毛12～20，16根。幕骨长97～120，106μm，宽13～17，15μm。食窦泵、幕骨和茎节如图2.5.31（a）所示。下唇须5节，各节长分别为（μm）：17～20，18；22～27，25；44～55，50；48～52，50；79～100，91；第5节和第3节长度比值为1.80～1.88，1.83。

3）胸部［图2.5.31（c）］：前胸背板中部具有1～2，1根刚毛，后部具有1根刚毛。肩陷区［图2.5.31（d）］小而深，下部具有一瘤状结构，后部略成椭圆形。背中鬃26～32，30根，包括前胸背板后的7～10，8根披针形肩鬃，4～7，5根非披针形的肩鬃，15～16，15根其他背中鬃，1～4，3根披针形前小盾片鬃。中鬃2～6，4根，翅前鬃4～8，6根；翅上鬃1根。前前侧片鬃6～9，7根。后侧片Ⅱ有5～6，5根刚毛。小盾片鬃4～5，5根。

4）翅［图2.5.31（b）］：翅脉比（VR）1.16～1.26，1.20。臀角退化。前缘脉延伸长20～40，33μm。翅脉均不具毛。腋瓣缘毛0～1，1根。

5）足：前足胫距长24～40，35μm；中足胫距长14～17，15μm和11～14，13μm；后足胫距长22～31，25μm和9～13，11μm。前足胫节末端宽17～24，19μm；中足胫节末端宽20～22，21μm；后足胫节末端宽23～25，24μm；胫栉具10～12，11根刚毛。不存在毛形感器。胸部足各节长度及足比见表2.5.20。

表2.5.20 浅色沼摇蚊 *Limnophyes palleocestus* 胸足各节长度（μm）及足比（n=17）

足	p1	p2	p3
fe	395～460，425	410～440，423	420～480，446
ti	470～550，530	410～450，438	480～540，513

续表

足	p1	p2	p3
ta1	250～330，295	200～250，228	270～320，301
ta2	150～190，175	100～110，104	130～145，137
ta3	110～120，115	70～80，76	125～139，130
ta4	60～70，66	40～45，43	50～65，59
ta5	59～65，62	54～58，56	60～71，64
LR	0.53～0.60，0.57	0.48～0.56，0.53	0.56～0.59，0.58
BV	2.93～3.05，3.01	3.85～3.93，3.91	3.20～3.47，3.34
SV	3.06～3.46，3.40	3.96～4.10，4.05	3.19～3.70，3.42
BR	2.33～2.50，2.44	2.33～2.44，2.40	2.29～2.75，2.55

6）生殖节［图 2.5.31（e）］："肛尖"末端大而圆钝，刚毛短。第九肛节侧片有 3～4，4 根毛。阳茎内突长 30～45，39μm，腹内生殖突长 55～73，64μm。阳茎刺突不发达，也并非在每个标本中都能观察到，长 0～10，5μm。抱器基节长 115～128，121μm，下附器较窄，长而尖锐。抱器端节 67～86，78μm，具有尖锐的亚端背脊；抱器端棘长 8～12，10μm。生殖节比（HR）为 1.41～1.72，1.59；生殖节值（HV）为 2.09～2.31，2.17。

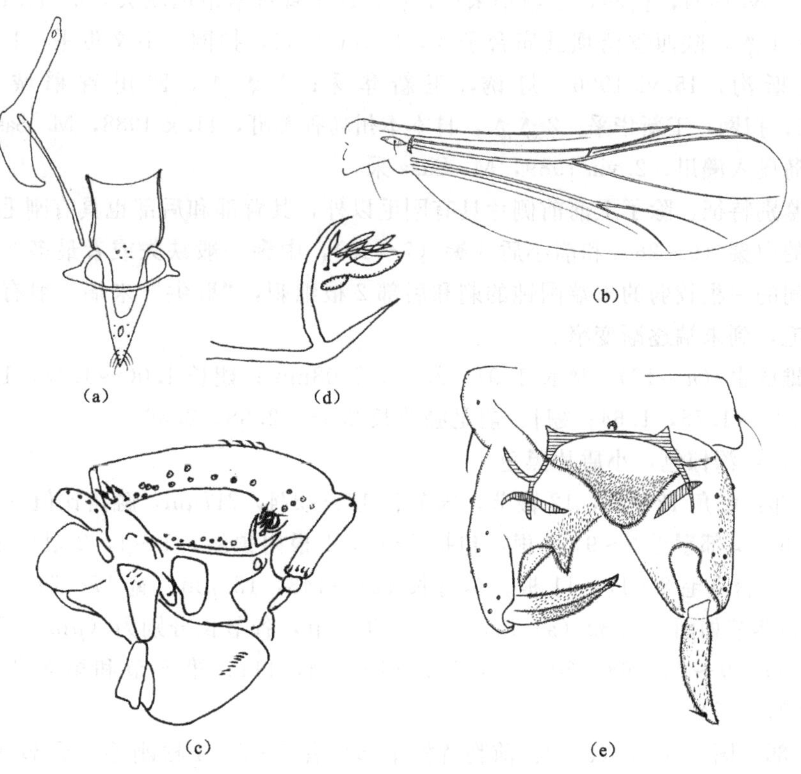

图 2.5.31　浅色沼摇蚊 *Limnophyes palleocestus* Wang & Sæther

（a）食窦泵、幕骨和茎节；（b）翅；（c）胸部；（d）肩陷区；（e）生殖节

（5）讨论：Wang & Sæther（1993）对该种进行了详尽的描述。抱器端节尖锐的亚端背脊是 *L. palleocestus* 的一个明显地特征，然而，采自湖南的两头标本其亚端背脊并不是十分尖锐，而且其阳茎刺突近缺失。

（6）分布：中国（甘肃、山东、新疆、广西、海南、湖南、四川、云南）。

2.5.4.34　五鬃沼摇蚊 *Limnophyes pentaplastus*（Kieffer）

Camptocladius pentaplastus Kieffer，1921：791.

Limnophyes montanus Goetghebuer，1932：292.

Limnophyes prolongatus（Kieffer）Cranston & Oliver，1988：440.

Limnophyes kibunefuscus Sasa，Sensu Sasa，1989：59；Yamamoto：2004：46. Syn. n.

Limnophyes kibunepilosus Sasa，Sensu Sasa，1989：60；Sasa & Okazawa，1992：68；Yamamoto，2004：46. Syn. n.

Limnophyes oiraquartus Sasa，Sensu Sasa，1991：73. Syn. n.

Limnophyes pentaplastus（Kieffer）Sæther，1990：86；Wang，2000：637；Yamamoto，2004：46；Makarchenko & Makarchenko，2011：115.

（1）模式产地：法国。

（2）观察标本：1♂，北京市怀柔区，15. x. 1994，扫网，王新华采；2♂♂，福建省武夷山自然保护区，29. iv. 1993，灯诱，王新华采；4♂♂，吉林省长白山自然保护区二道河，30. iv. 1994，扫网，王新华采；1♂，辽宁省丹东市凤城县，23. iv. 1992，扫网，王俊才采；1♂，陕西省留坝县庙台子乡，3. viii. 1994，扫网，卜文俊采；1♂，四川省康定县瓦斯沟，15. vi. 1996，灯诱，王新华采；2♂♂，四川省稻城县稻城河，11. vi. 1996，扫网，王新华采；2♂♂，日本本州岛香美町，11. x. 1988，M. Sasa 采；1♂，日本本州岛奥入濑川，2. vii. 1989，M. Sasa 采。

（3）鉴别特征：除了上前前侧片具有刚毛以外，其背部和后部也具有刚毛，数目较多的披针形的肩鬃（9～26）和前小盾片鬃（7～18），中鬃一般缺失或者最多 2 根，阳茎刺突包括中间的一根较弱的末端圆钝的刺和后部 2 根细刺，“肛尖”末端一般有凹陷，抱器端节无长毛，到末端逐渐变窄。

（4）雄成虫（n=12）。体长 1.97～2.45，2.08mm；翅长 1.00～1.43，1.22mm；体长/翅长 1.48～1.75，1.64；翅长/前足胫节长 2.48～2.88，2.66。

1）体色：深棕色，小盾片黑色。

2）头部：触角 12～13，12 鞭节，末节长 185～274，217μm，触角比值（AR）0.49～0.79，0.56。头部鬃毛 5～9，6 根，包括 1～2，1 根内顶鬃，1～4，2 根外顶鬃，2～4，3 根后眶鬃。唇基毛 8～17，11 根。幕骨长 124～143，132μm，宽 17～24，21μm。食窦泵、幕骨和茎节如图 2.5.32（a）所示。下唇须 5 节，各节长分别为（μm）：23～30，27；34～45，41；49～75，68；60～79，71；86～124，111；第 5 节和第 3 节长度比值为 1.69～1.82，1.74。

3）胸部［图 2.5.32（c）］：前胸背板中部具有 3～5，4 根刚毛，后部具有 3～5，4 根刚毛。肩陷区［图 2.5.32（d）］小，略成椭圆形，后缘骨化或不骨化。背中鬃 31～72，49 根，包括 7～26，14 根披针形肩鬃，5～12，9 根非披针形的肩鬃；7～22，13 根非披针形的其他背中鬃，以及 7～18，12 根披针形前小盾片鬃。中鬃 0～2，0 根；翅前鬃 6～10，8 根；翅上鬃 1～2，1 根。前前侧片鬃 3～7，5 根；后上前侧片鬃 2～5，3 根刚毛，后上前侧片鬃 2～3，2 根；后侧片Ⅱ具有 4～7，5 根刚毛。小盾片鬃 6～9，8 根。

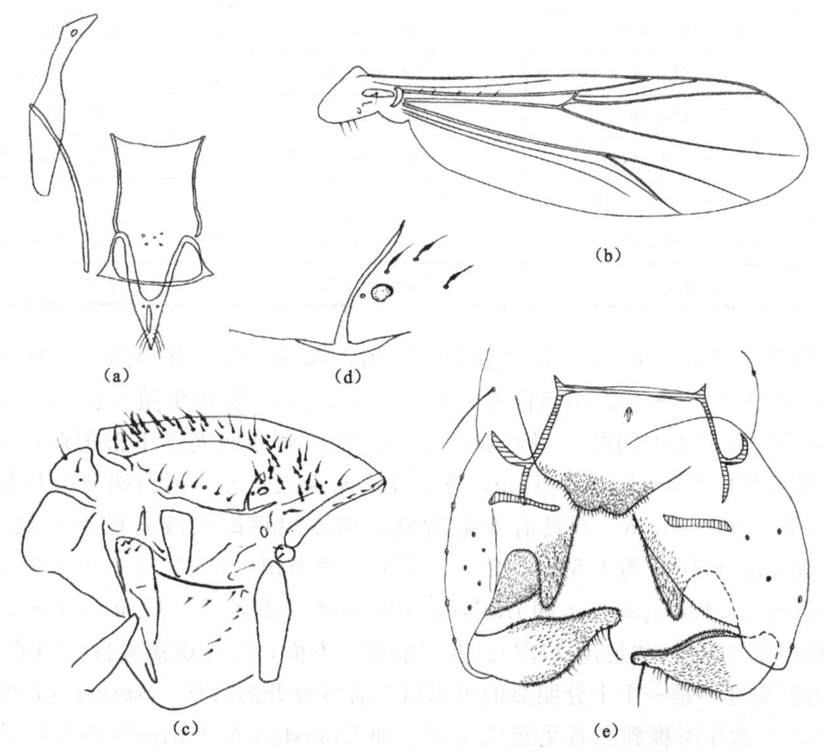

图 2.5.32 五鬃沼摇蚊 *Limnophyes pentaplastus* (Kieffer)

(a) 食窦泵、幕骨和茎节；(b) 翅；(c) 胸部；(d) 肩陷区；(e) 生殖节

4）翅［图 2.5.32（b）］：翅脉比（VR）1.26～1.36，1.31。臀角退化。前缘脉延伸长 36～64，50μm。R 脉具 4～10，7 根刚毛，R_1 脉具有 0～1，0 根刚毛，R_{4+5} 脉无刚毛。腋瓣缘毛 2～4，3 根。

5）足：前足胫距长 38～49，43μm；中足胫距长 19～24，22μm 和 15～23，21μm；后足胫距长 38～53，50μm 和 11～23，17μm。前足胫节末端宽 26～34，29μm；中足胫节末端宽 23～34，31μm；后足胫节末端宽 24～41，37μm；胫栉 9～11，10 根，最短的 19～23，21μm，最长的 30～49，44μm。不存在毛形感器。胸部足各节长度及足比见表 2.5.21。

表 2.5.21 五鬃沼摇蚊 *Limnophyes pentaplastus* 胸足各节长度（μm）及足比（*n*=12）

足	p1	p2	p3
fe	370～529，465	411～539，492	425～562，503
ti	620～660，640	421～539，498	473～620，563

续表

足	p1	p2	p3
ta1	230～326，260	170～240，215	265～350，315
ta2	140～189，168	95～132，115	110～165，132
ta3	95～120，108	66～90，82	110～161，137
ta4	50～66，55	33～57，45	47～66，57
ta5	54～66，58	40～61，54	47～66，58
LR	0.44～0.51，0.47	0.42～0.47，0.44	0.52～0.56，0.55
BV	3.22～3.66，3.33	3.83～4.37，4.09	3.32～3.66，3.49
SV	3.63～3.95，3.80	4.31～4.77，4.63	3.39～3.58，3.45
BR	2.1～2.8，2.4	2.3～2.8，2.5	2.8～3.6，3.2

6）生殖节［图 2.5.32（e）］："肛尖"突出，末端一般具有凹陷，上具短刚毛。第九肛节侧片有 2～4，3 根毛。阳茎内突长 68～88，76μm，腹内生殖突长 70～89，79μm。阳茎刺突阳茎刺突包括中间的一根较弱的末端圆钝的刺和两侧各 1 根细刺，长 11～26，19μm。抱器基节长 125～157，141μm，下附器成略尖三角形。抱器端节由基部向末端逐渐变细，长 75～98，85μm。不具有亚端背脊；抱器端棘缺失或者成毛发状，11～14，13μm。生殖节比（HR）为 1.56～1.99，1.77；生殖节值（HV）为 2.07～2.66，2.41。

（5）讨论：*L. pentaplastus* 和 *L. gurgicola* 两者关系较近，然而 *L. pentaplastus* 具有略高的触角比（AR）和足比（LR）。在"肛尖"方面，经过观察采自中国的标本发现，具有缺口的肛尖并不是一个十分明显的可以讲二者区分开的特征。Sæther（1990）也根据 Pinder（1978）的作图提到二者更近的关系。而 Cranston & Oliver（1988）对该种的描述则可能是其他的种。在对日本 *L. Kibunefuscus*，*L. kibunepilosus*，*L. Oiraquartus* 三个种的检视鉴定后，我们发现两者特征完全符合 *L. pentaplastus*，为 *L. pentaplastus* 的同物异名。

（6）分布：中国（北京、吉林、辽宁、福建、陕西、四川），俄罗斯（远东地区），日本，欧洲部分国家，美国，加拿大。

2.5.4.35　宽圆沼摇蚊 *Limnophyes pseudopumilio* Makarchenko & Makarchenko

Limnophyes pseudopumilio Makarchenko & Makarchenko，2001：180；2011：115.

（1）模式产地：俄罗斯远东地区。

（2）鉴别特征：该种下唇须 4 节，前缘脉不延伸，"肛尖"宽而圆，阳茎刺突较短，由两根短刺组成，这些特征可以将其与本属其他种区分开。

（3）雄成虫。触角比值（AR）0.67。头部鬃毛 3 根外顶鬃，不具有内顶鬃和后眶鬃。下唇须 4 节。前胸背板中部具有 1 根刚毛，后部具有 2 根刚毛。背中鬃 38 根，包括 4 根披针形肩鬃，以及 1 根披针形前小盾片鬃。中鬃 6 根；翅前鬃 4 根；翅上鬃 1 根。不具有小盾片鬃。翅表面具极细的微毛。前缘脉不延伸。R 脉具 1 根刚毛，R_1 脉和 R_{4+5} 脉无刚毛。腋瓣缘毛 4 根。前足胫距长 50μm；中足胫距长 22μm 和 22μm；后足胫距长 53μm 和 25μm。胫栉 8 根，不存在毛形感器。前足、中足和后足的足比分别为 LR_1 0.45，LR_2

0.41，LR_3 0.50。生殖节［图 2.5.33（a）］、“肛尖”［图 2.5.33（b）］宽而圆，密被细毛，周围具大量长毛。第九肛节侧片有 3 根长毛。阳茎刺突较短，由两根刺组成，长 20μm。抱器端棘［图 2.5.33（c）］明显。生殖节比（HR）为 1.50。

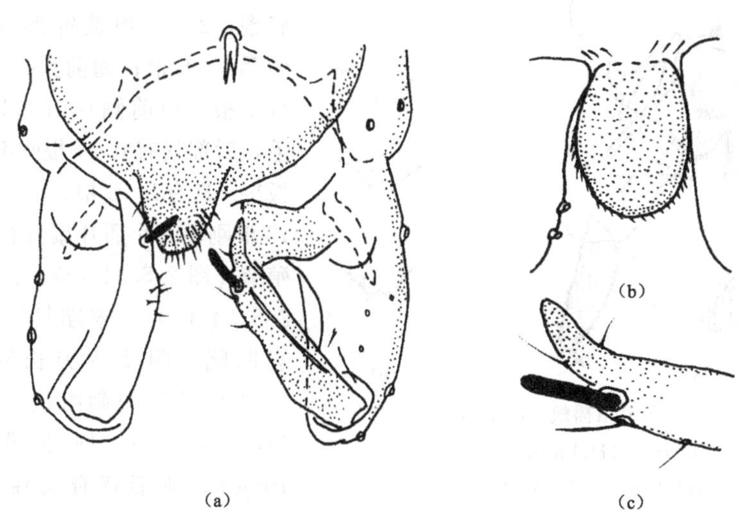

图 2.5.33 宽圆沼摇蚊 *Limnophyes pseudopumilio* Makarchenko & Makarchenko

（a）生殖节；（b）肛尖；（c）抱器端棘

（4）讨论：Makarchenko & Makarchenko（2001）对该种有较为详细的描述，本种与 *L. pumilio*（Holmgren）和 *L. torulus* Sæther 关系较近，比如在抱器端节及“肛尖”等结构的形状有明显的相似之处。本研究未能检视到本种的模式标本，鉴别特征等引自原始描述。

（5）分布：俄罗斯（远东地区）。

2.5.4.36 多毛沼摇蚊 *Limnophyes pumilio* (Holmgren)

Chironomus pumilio Holmgren，1869：41.

Camptocladius glibifer Lundström，1915：16.

Limnophyes glibifer (Lundström) Goetghbuer，1940－1950：134；Brundin 1947：34；Oliver 1963：177；Reiss，1968：244；Cranston，1979：19.

Camptocladius crescens Kieffer in Thienemann，1933：22 = *L. ploenensis* stat. n.，parte (pupa not larva)，syn. n.

Limnophyes folliculatus Sæther，1975：1050；Cranston 1979：19.

Camptocladius crescens Kieffer，1915：53.

Limnophyes pumilio (Holmgren)，Sæther 1990：73；Makarchenko & Makarchenko 2011：115.

（1）模式产地：美国。

（2）鉴别特征：该种前前侧片除了前部具有刚毛外，其背部和后部也具有刚毛，具有披针形的肩鬃和前小盾片鬃，触角具有 13 鞭节，这些特征可以将其与本属其他种区分开。

（3）雄成虫。触角 11 或 13 节，触角比值（AR）0.54～0.90，末鞭节长 124～371μm。下唇须第 5 节和第 3 节的长度之比为 1.55。前胸背板中部具有 1～3 根刚毛，后部具有 2～6 根刚毛。肩陷区小，边缘骨化或者不骨化，具有或者不具有瘤状结构。背中鬃 20～54 根，包括5～20 根披针形肩鬃，2～9 根披针形前小盾片鬃。中鬃 0～6 根；翅前鬃4～10 根；翅上鬃 1 根。前前侧片前部具 1～8 根刚毛，后部具有 0～6 根刚毛。后前胸背板鬃Ⅱ具有 2～5 根；后侧片Ⅱ具有 6～13 根刚毛。小盾片鬃具有3～8 根。生殖节［图 2.5.34（a）］、“肛尖”［图 2.5.34（b）］末端具凹陷或者不具有凹陷。阳茎刺突长约 15μm，由 3～4 根等长的刺组成。抱器基节长 110～132μm。抱器端节长 74～108μm；亚端背脊尖锐。生殖节比（HR）为 1.30～1.56；生殖节值（HV）为 2.40～2.83。

图 2.5.34 多毛沼摇蚊 *Limnophyes pumilio*（Holmgren）

（a）生殖节；（b）肛尖

（4）讨论：本研究未能检视到该种的模式标本，鉴别特征等引自 Sæther（1990）。

（5）分布：俄罗斯（远东地区），欧洲部分国家，美国。

2.5.4.37 塞利沼摇蚊 *Limnophyes schelli* Sæther

Limnophyes schelli Sæther 1990：46；Makarchenko & Makarchenko 2011：115.

（1）模式产地：挪威。

（2）鉴别特征：该种具有 3～8 根披针形肩鬃，2～4 根披针形前小盾片鬃，小而圆的肩陷区，尖锐的亚端背脊，“肛尖”宽而圆钝，这些特征可以将其与本属其他种区分开。

（3）雄成虫。触角 11 或 13 鞭节，触角比值（AR）0.69～0.83，3～4 根外顶鬃。食窦泵、幕骨和茎节如图 2.5.35（a）所示。胸部［图 2.5.35（b）］前胸背板中部具有1～3 根刚毛，后部具有 4～8 根刚毛。肩陷区小，具有骨化的后缘。背中鬃 13～23 根，包括 1～8 根披针形肩鬃，3～6 根非披针形肩鬃，5～6 根非披针形的其他背中鬃，2～4 根披针形前小盾片鬃。前前侧片具 4～13 根刚毛，后侧片Ⅱ具有 4～10 根刚毛。生殖节［图 2.5.35（c）］肛尖宽而圆钝，具有 6～14 根刚毛。第九肛节侧片有 3～5 根毛。腹内生殖突长 60～84μm。抱器基节长 131～169μm。抱器端节长 75～98μm；亚端背脊尖锐。

（4）讨论：本研究未能检视到该种的模式标本，鉴别特征等引自 Sæther（1990）。

（5）分布：俄罗斯（远东地区），挪威。

2.5.4.38 锥沼摇蚊 *Limnophyes strobilifer* Makarchenko & Makarchenko

Limnophyes strobilifer Makarchenko & Makarchenko，2001：182；2011：115.

（1）模式产地：俄罗斯远东地区。

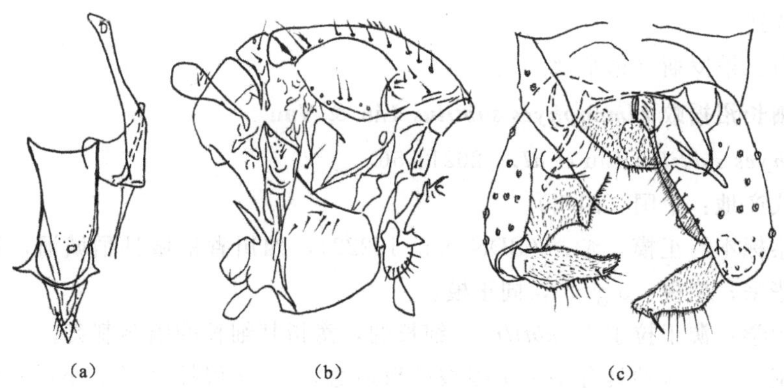

图 2.5.35 塞利沼摇蚊 *Limnophyes schelli* Sæther

(a) 食窦泵、幕骨和茎节；(b) 胸部；(c) 生殖节

(2) 鉴别特征：该种后足胫节末端具锥形附属物，阳茎刺突分别由两根刺构成，抱器基节下附器背叶具有明显的指状突出结构，抱器端节内缘具两根长毛，亚端背脊尖锐，这些特征可以将其与本属其他种区分开。

(3) 雄成虫。触角比值（AR）0.88～0.93。前胸背板中部具有 2～4 根刚毛，后部具 8～9 根刚毛。背中鬃 27～32 根，其中包括 12～15 根披针形肩鬃。中鬃 5～6 根；翅前鬃 6～8 根，翅上鬃 1 根，小盾片鬃 6 根，前上前侧片鬃 5～8 根，后上前侧片鬃 12 根。生殖节［图 2.5.36（a）］、"肛尖"［图 2.5.36（b）］略成三角形，具 5～7 根短刚毛。第九肛节侧片有 4～6 根长毛。横腹内生殖突长 94～102μm。阳茎刺突分别由两根长 8μm 和 20μm 的刺构成。抱器基节下附器背叶具有明显的指状突出结构。抱器端节［图 2.5.36（c）］内缘具两根长毛，亚端背脊尖锐，抱器端棘长 10μm。生殖节比（HR）为 2.00。

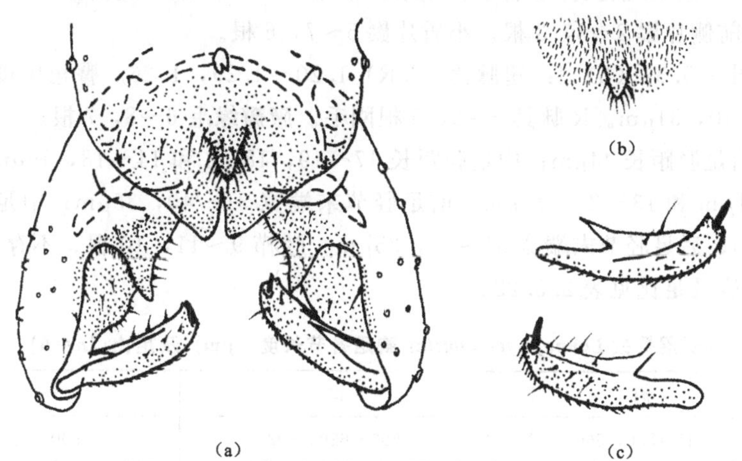

图 2.5.36 锥沼摇蚊 *Limnophyes strobilifer* Makarchenko & Makarchenko

(a) 生殖节；(b) 肛尖；(c) 抱器端节

(4) 讨论：该种是全北区与 *L. asquamatus* Andersen 关系最近的一个种，除了毛序略有不同，两者在其他结构方面均极为相似。本研究未能检视到该种模式标本，鉴别特征

等引自原始描述。

（5）分布：俄罗斯（远东地区）。

2.5.4.39　细长沼摇蚊 *Limnophyes subtilus* Liu & Yan

Limnophyes subtilus Liu *et al.*，2021：56.

（1）模式产地：中国（四川）。

（2）观察标本：正模，♂，（BDN No. 12222），四川省稻城县稻城河，11. vi. 1996，扫网，王新华采；副模：5♂♂，同正模。

（3）词源学：源于拉丁文 *subtilus*，细长的，意指其细长的阳茎刺突。

（4）鉴别特征：该种具有 9～21 根披针形肩鬃，7～9 根披针形前小盾片鬃，阳茎刺突细长，且腋瓣臀角中度发达，这些特征可以将其与本属其他种区分开。

（5）雄成虫（n=6）。体长 2.53～2.83，2.67mm；翅长 1.56～1.73，1.63mm；体长/翅长 1.54～1.74，1.64；翅长/前足胫节长 2.97～3.16，3.05。

1）体色：头部，胸部深棕色，腹部棕色。

2）头部：触角 13 鞭节，末节长 185～274，217μm，触角比值（AR）0.76～0.88，0.83。头部鬃毛 5～7，6 根，包括 1 根内顶鬃，2 根外顶鬃，2～4，3 根后眶鬃。唇基毛 14～18，16 根。幕骨长 132～140，136μm，宽 17～24，22μm。食窦泵、幕骨和茎节如图 2.5.37（a）所示。下唇须 5 节，各节长分别为（μm）：25～31，28；40～45，43；79～95，86；78～90，85；120～128，125；第 5 节和第 3 节长度比值为 1.26～1.62，1.44。

3）胸部［图 2.5.37（c）］：前胸背板中部具有 3～4，4 根刚毛，后部具有 4～6，5 根刚毛。肩陷区［图 2.5.37（d）］略圆，边缘发生骨化。背中鬃 43～47，45 根，包括 9～21，14 根披针形肩鬃，6～10，8 根非披针形的肩鬃；14～19，15 根非披针形的其他背中鬃，以及 7～9，8 根披针形前小盾片鬃。中鬃 2～6，5 根；翅前鬃 4～10，7 根；翅上鬃 1 根。前前侧片鬃 2～3，3 根。小盾片鬃 5～7，6 根。

4）翅［图 2.5.37（b）］：翅脉比（VR）1.20～1.29，1.26。臀角中度发达。前缘脉延伸长 22～40，31μm。R 脉具 5～6，5 根刚毛。腋瓣缘毛 6～8，7 根。

5）足：前足胫距长 44μm；中足胫距长 17～19，18μm 和 14～18，16μm；后足胫距长 37～45，41μm 和 13～22，17μm。前足胫节末端宽 31～40，35μm；中足胫节末端宽 31～33，32μm；后足胫节末端宽 31～40，35μm。胫栉 9～11，10 根。不存在毛形感器。胸部足各节长度及足比见表 2.5.22。

表 2.5.22　细长沼摇蚊 *Limnophyes subtilus* 胸足各节长度（μm）及足比（n=6）

足	p1	p2	p3
fe	540～580，560	590～620，602	590～630，605
ti	690～730，712	620～650，632	730～760，745
ta1	340～360，352	270～290，280	420～440，432
ta2	200～230，215	170～180，178	220
ta3	130～140，132	120	190～200，192

续表

足	p1	p2	p3
ta4	80～90，87	60～80，72	95～100，98
ta5	80	55～70，64	80
LR	0.49	0.44～0.45，0.44	0.55～0.60，0.58
BV	3.04～3.25，3.20	3.47～3.55，3.49	2.97～3.05，3.02
SV	3.61～3.64，3.62	4.38～4.48，4.41	3.13～3.16，3.14
BR	1.84～2.00，1.88	2.50	2.00～2.60，2.38

6）生殖节［图 2.5.37（e）］："肛尖"末端圆钝，上具有 17～32，24 根短刚毛。第九肛节侧片有 3～5，4 根毛。阳茎内突长 43～62，50μm，腹内生殖突长 68～83，77μm。阳茎刺突为细长的单根刺，长 11～26，19μm。抱器基节长 141～148，144μm，下附器背叶成指状。抱器端节长 84～98，91μm，具有尖锐的亚端背脊；抱器端棘成毛发状，长 17～20，19μm。生殖节比（HR）为 1.46～1.68，1.59；生殖节值（HV）为 2.81～3.15，2.95。

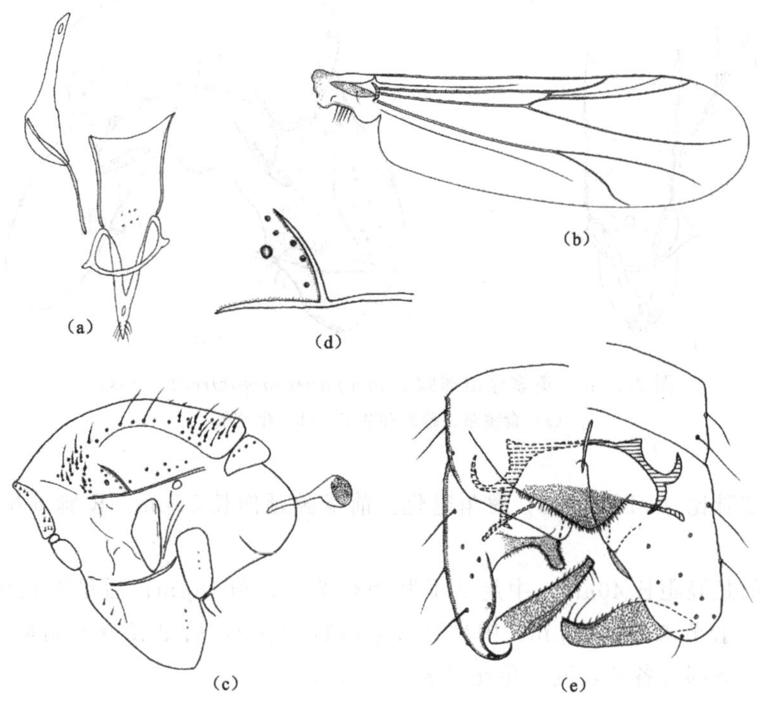

图 2.5.37　细长沼摇蚊 *Limnophyes subtilus* Liu & Yan

(a) 食窦泵、幕骨和茎节；(b) 翅；(c) 胸部；(d) 肩陷区；(e) 生殖节

（6）分布：中国（四川）。

2.5.4.40　奥多摩沼摇蚊 *Limnophyes tamakireides* Sasa

Limnophyes tamakireides Sasa，1983：78；Sasa，1984：86；Sasa & Kawai，1987：

46；Sasa & Okazawa，1992：142；Yamamoto，2004：49.

(1) 模式产地：日本。

(2) 观察标本：正模，♂，(No. A 070：081)，日本本州岛奥多摩湖，24. vi. 1981，M. Sasa 采。

(3) 鉴别特征：该种触角比（AR）较小（0.31），"肛尖"圆钝，下附器背叶指状，抱器端节近中部明显隆起，末端一半逐渐变细，阳茎刺突不存在，这些特征可以与本属的其他种类区分开。

(4) 雄成虫。翅长 1.15mm；翅长/前足胫节长 2.40。

1) 头部：触角 12 鞭节，末鞭节长 88μm，触角比值（AR）0.31。头部鬃毛 7 根，包括 1 根内顶鬃，4 根外顶鬃，2 根后眶鬃。唇基毛 15 根。幕骨长 138μm，宽 32μm。茎节长 225μm，宽 100μm。食窦泵、幕骨和茎节如图 2.5.38 (a) 所示。下唇须 5 节，各节长分别为（μm）：20、25、63、72、120，第 5 节和第 3 节长度之比为 1.90。

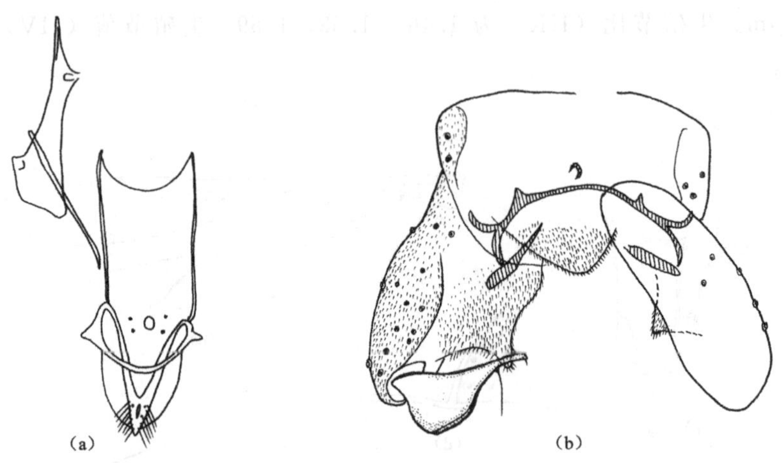

图 2.5.38　奥多摩沼摇蚊 *Limnophyes tamakireides* Sasa

(a) 食窦泵、幕骨和茎节；(b) 生殖节

2) 翅：翅脉比（VR）1.33，臀角退化。前缘脉延伸长 55μm。R 脉 6 根刚毛，腋瓣缘毛缺失。

3) 足：前足胫距长 40μm，中足 2 根胫距长 20μm 和 18μm；后足 2 根胫距长 50μm 和 20μm。前足胫节末端宽 45μm，中足胫节末端宽 40μm；后足胫节末端宽 48μm；后足具胫栉 10 根。胸部足各节长度及足比见表 2.5.23。

表 2.5.23　奥多摩沼摇蚊 *Limnophyes tamakireides* 胸足各节长度（μm）及足比（$n=1$）

足	fe	ti	ta1	ta2	ta3	ta4	ta5	LR	BV	SV	BR
p1	480	590	270	170	110	80	80	0.46	3.05	3.96	1.33
p2	490	480	210	120	80	50	70	0.44	3.69	4.62	1.15
p3	500	540	300	140	130	60	70	0.56	3.35	3.47	2.30

4）生殖节［图 2.5.38（b）］：“肛尖”圆钝，下附器背叶指状，抱器端节近中部明显隆起，末端一半逐渐变细，阳茎刺突不存在。

（5）讨论：模式标本的胸部和生殖节部分特征难以辨认，对生殖节特征的记述根据 Sasa（1983）的原始描述。

（6）分布：日本。

2.5.4.41 南浅川沼摇蚊 *Limnophyes tamakitanaides* Sasa

Limnophyes tamakiyoides Sasa，1981：97；Sasa，1985：58；Sasa & Kawai，1987：47；Sasa，1990：46；Sasa & Suzuki，1991：97；Sasa & Okazawa，1992a：68；1992b：142；Sasa & Hirabayashi，1993：390；Sasa，1996：35；1996：70；Yamamoto，2004：50；Makachenko & Makarchenko，2011：115.

（1）模式产地：日本。

（2）观察标本：正模，♂，（No. A 056：041），日本本州岛八王子市南浅川河，20. xii. 1979，M. Sasa 采。

（3）鉴别特征：该种背中鬃 26 根，其中包括 8 根披针形前小盾片鬃，肩陷区大而圆，轻微骨化，前足足比（LR_1）高（0.87），“肛尖”略尖，下附器较发达，阳茎刺突不存在，这些特征可以与本属的其他种类区分开。

（4）雄成虫。体长 3.00mm；翅长 1.70mm。体长/翅长 1.76；翅长/前足胫节长 2.43。

1）体色：棕色。

2）头部：触角 12 鞭节，末鞭节长 450μm，触角比值（AR）0.87。头部鬃毛 6 根，包括 1 根内顶鬃，3 根外顶鬃，2 根后眶鬃。唇基毛 15 根。幕骨长 168μm，宽 70μm。茎节长 175μm，宽 75μm。食窦泵、幕骨和茎节如图 2.5.39（a）所示。下唇须 5 节，各节长分别为（μm）：25、38、100、102、175，第 5 节和第 3 节长度之比为 1.75。

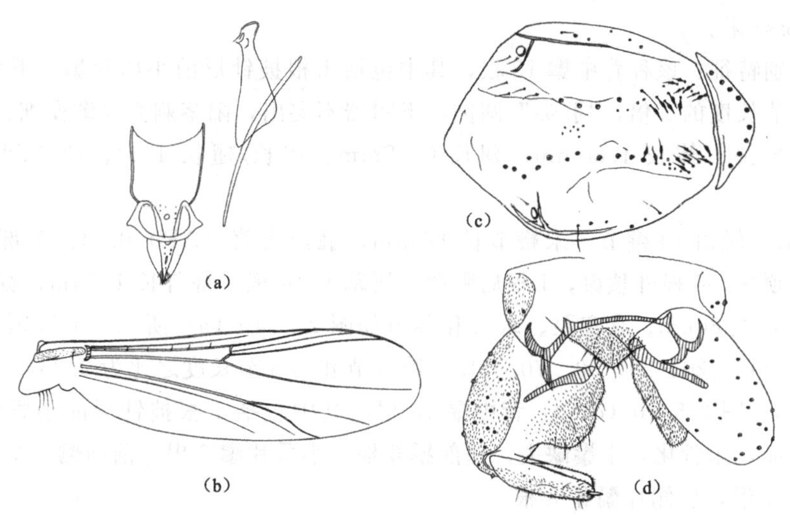

图 2.5.39 南浅川沼摇蚊 *Limnophyes tamakitanaides* Sasa

（a）食窦泵、幕骨和茎节；（b）翅；（c）胸部；（d）生殖节

3）胸部［图 2.5.39（c）］：前胸背板鬃 7 根，背中鬃 26 根，其中包括 8 根披针形前小盾片鬃，肩陷区大而圆，轻微骨化，中鬃 3 根，翅前鬃 6 根，小盾片鬃 8 根。前前侧片鬃 6 根，后上前侧片鬃Ⅱ 4 根，后侧片鬃Ⅱ 4 根。

4）翅［图 2.5.39（b）］：翅脉比（VR）1.26，臀角退化。前缘脉延伸长 100μm。R 脉 6 根刚毛，腋瓣缘毛 4 根。

5）足：前足胫距长 70μm，中足 2 根胫距长 37μm 和 30μm；后足 2 根胫距长 65μm 和 30μm。前足胫节末端宽 50μm，中足胫节末端宽 51μm；后足胫节末端宽 68μm；后足具胫栉 16 根。胸部足各节长度及足比见表 2.5.24。

表 2.5.24　南浅川沼摇蚊 *Limnophyes tamakitanaides* 胸足各节长度（μm）及足比（*n*=1）

足	fe	ti	ta1	ta2	ta3	ta4	ta5	LR	BV	SV	BR
p1	700	900	780	280	200	120	110	0.87	3.35	2.05	1.20
p2	670	740	390	190	140	70	80	0.53	3.75	3.62	1.40
p3	770	880	460	240	200	100	100	0.52	3.30	3.59	2.33

6）生殖节［图 2.5.39（d）］："肛尖"略尖。第九背板有 12 根刚毛，第九肛节侧片有 5 根刚毛。阳茎内突长 75μm，腹内生殖突长 188μm。阳茎刺突缺失。抱器基节长 188μm，下附器较发达。抱器端节长 120μm，亚端背脊长；抱器端棘长 20μm。生殖节比（HR）为 1.56，生殖节值（HV）为 2.50。

（5）分布：俄罗斯（远东地区），日本。

2.5.4.42　于坝沼摇蚊 *Limnophyes tamakiyoides* Sasa

Limnophyes tamakiyoides Sasa，1983：79；Sasa，1993：80；Yamamoto，2004：50.

（1）模式产地：日本。

（2）观察标本：正模，♂，（No. A 070：086），日本本州岛奥多摩湖于坝，27. vi. 1981，M. Sasa 采。

（3）鉴别特征：该种背中鬃 15 根，其中包括 1 根披针形前小盾片鬃，下唇须第 5 节长超过第 3 节长度的 2 倍，"肛尖"圆钝，下附器不突出，阳茎刺突逐渐变细。

（4）雄成虫。体长 1.80mm；翅长 0.98mm。体长/翅长 1.84；翅长/前足胫节长 2.23。

1）头部：触角 10 鞭节，末鞭节长 175μm，触角比值（AR）0.54。头部鬃毛 6 根，包括 1 根内顶鬃，4 根外顶鬃，1 根后眶鬃。唇基毛 14 根。幕骨长 125μm，宽 25μm。茎节长 180μm，宽 80μm。食窦泵、幕骨和茎节如图 2.5.40（a）所示。下唇须 5 节，各节长分别为（μm）：20、25、50、70、113，第 5 节和第 3 节长度之比为 2.25。

2）胸部［图 2.5.40（c）］：背中鬃 15 根，其中包括 1 根披针形前小盾片鬃，肩陷区小而不明显，未骨化，中鬃缺失，翅前鬃 6 根，小盾片鬃 7 根。前前侧片鬃 5 根，后上前侧片鬃Ⅱ 4 根，后侧片鬃Ⅱ 3 根。

3）翅［图 2.5.40（b）］：翅脉比（VR）1.33，臀角退化。前缘脉延伸长 70μm。R 脉 5 根刚毛，腋瓣缘毛 2 根。

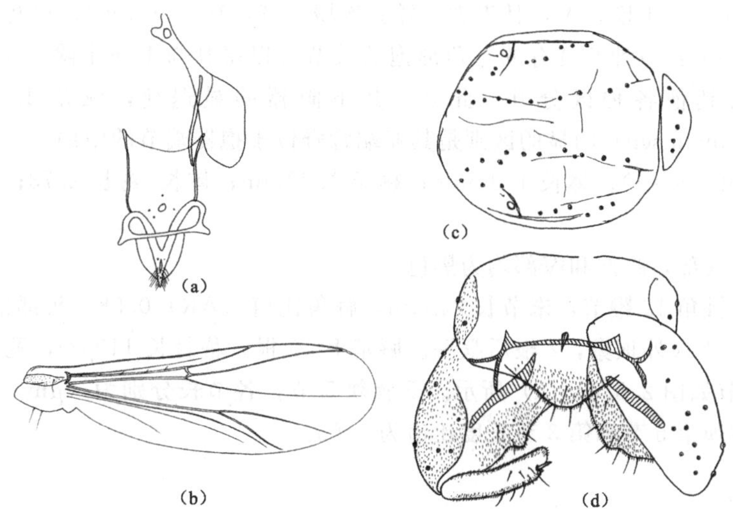

图 2.5.40 于坝沼摇蚊 *Limnophyes tamakiyoides* Sasa

(a) 食窦泵、幕骨和茎节；(b) 翅；(c) 胸部；(d) 生殖节

4）足：前足胫距长 38μm，中足 2 根胫距长 25μm 和 20μm；后足 2 根胫距长 50μm 和 15μm。前足胫节末端宽 35μm，中足胫节末端宽 40μm；后足胫节末端宽 48μm；后足具胫栉 11 根。胸部足各节长度及足比见表 2.5.25。

表 2.5.25 于坝沼摇蚊 *Limnophyes tamakiyoides* 胸足各节长度（μm）及足比（*n*=1）

足	fe	ti	ta1	ta2	ta3	ta4	ta5	LR	BV	SV	BR
p1	440	530	270	160	105	60	70	0.51	3.14	3.59	1.17
p2	450	450	195	100	75	40	55	0.43	4.06	4.62	1.80
p3	450	500	255	130	120	50	60	0.51	3.35	3.73	2.45

5）生殖节［图 2.5.40（d）］："肛尖"末端圆钝。第九背板有 9 根刚毛，第九肛节侧片有 3 根刚毛。阳茎内突长 28μm，腹内生殖突长 75μm。阳茎刺突由一根逐渐变细的刺构成，长 25μm。抱器基节长 125μm，下附器不突出。抱器端节长 75μm，亚端背脊低；抱器端棘长 15μm。生殖节比（HR）为 1.67，生殖节值（HV）为 2.40。

（5）讨论：根据 Edwards（1929）和 Pinder（1978）对 *L. minimus*（Meigen）的描述，Sasa（1983）指出与 *L. tamakiyoides* Sasa 有明显的相似及两者区别之处，然而，其中所记述的以触角比（AR）作为区别依据不准确，在已知的 *L. minimus* 的标本中，触角具有 9～13 鞭节，而非 Sasa（1983）所记录的均为 13 鞭节。两者另外一个明显的区别在于 *L. minimus* 的肛尖一般略尖，而非 *L. tamakiyoides* 肛尖的宽而圆钝。

（6）分布：日本。

2.5.4.43 隆铗沼摇蚊 *Limnophyes triangulus* Wang

Limnophyes triangulus Wang，1997：5；2000：637.

（1）模式产地：中国（甘肃）。

(2) 观察标本：正模，♂，甘肃省永登县连城林场，16. viii. 1993，扫网，卜文俊采。

(3) 鉴别特征：该种所具有的三角形抱器端节可以将其与本属中除 *L. cristatissimus* Sæther 之外的其他各种区分开，此外，其下附器明显退化，触角 12 鞭节，而与 *L. fumosus* (Johannsen) 明显的区别是其亚端背脊位于抱器端节的中部。

(4) 雄成虫 ($n=1$)。体长 1.92mm；翅长 1.29mm；体长/翅长 2.73；翅长/前足胫节长 1.49。

1) 体色：头部，胸部和腹部均为黑色。

2) 头部：触角 12 鞭节，末节长 242μm，触角比值 (AR) 0.58。头部鬃毛 5 根，包括 2 根内顶鬃，1 根外顶鬃，2 根后眶鬃。唇基毛 10 根。幕骨长 110μm，宽 23μm。食窦泵、幕骨和茎节如图 2.5.41 (a) 所示。下唇须 5 节，各节长分别为 (μm) 15、33、74、74、113，下唇须第 5 节和第 3 节长度比值为 1.53。

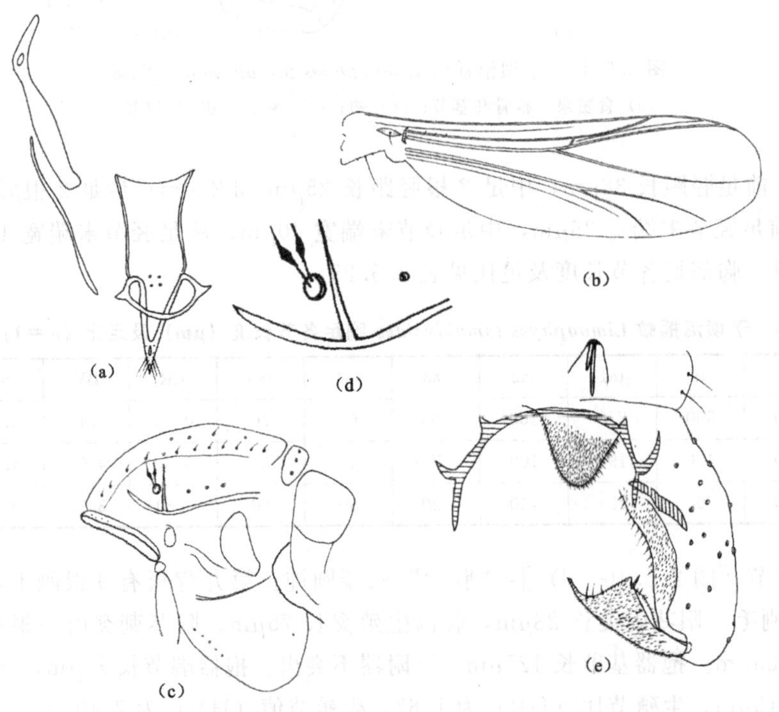

图 2.5.41　隆铗沼摇蚊 *Limnophyes triangulus* Wang

(a) 食窦泵、幕骨和茎节；(b) 翅；(c) 胸部；(d) 肩陷区；(e) 生殖节

3) 胸部 [图 2.5.41 (c)]：前胸背板具有 4 根刚毛。肩陷区 [图 2.5.41 (d)] 腹缘具有一瘤状结构。背中鬃 14 根，包括 2 根披针形肩鬃，11 根非披针形的其他背中鬃，以及 1 根披针形前小盾片鬃。中鬃 1 根；翅前鬃 4 根；翅上鬃 1 根。前前侧片鬃 6 根，后上前侧片鬃Ⅱ 1 根，后侧片鬃Ⅱ 2 根。小盾片鬃 2 根。

4) 翅 [图 2.5.41 (b)]：翅脉比 (VR) 1.26。臀角明显退化。前缘脉延伸长 42μm。R 脉具 3 根刚毛。腋瓣缘毛 1 根。

5) 足：前足胫距长 38μm；中足胫距长 23μm 和 13μm；后足胫距长 38μm 和 13μm。

前足胫节末端宽 30μm；中足胫节末端宽 28μm；后足胫节末端宽 30μm。胫栉 11 根，其中最短的 18μm，最长的 36μm。不存在毛形感器。胸部足各节长度及足比见表 2.5.26。

表 2.5.26 隆铁沼摇蚊 *Limnophyes triangulus* 胸足各节长度（μm）及足比（*n*=1）

足	fe	ti	ta1	ta2	ta3	ta4	ta5	LR	BV	SV	BR
p1	480	580	300	200	125	60	50	0.52	3.12	3.53	2.08
p2	490	500	220	130	90	50	60	0.44	3.67	4.50	2.40
p3	510	590	315	170	160	55	60	0.53	2.18	3.49	2.38

6）生殖节［图 2.5.41（e）］："肛尖"末端圆钝，由较多的刚毛覆盖。第九肛节侧片有 3 根毛。阳茎内突长 40μm，腹内生殖突长 80μm。阳茎刺突发达，由三根刺组成，长 36μm。抱器基节长 133μm，下附器缺失。抱器端节末端较尖细，长 77μm，亚端背脊不明显；抱器端棘位于抱器端节的中央，长 8μm。生殖节比（HR）为 1.73；生殖节值（HV）为 2.49。

（5）讨论：该种在 Wang（1997）中被详细描述，且到目前也仅有采自模式产地的一头标本记录。

（6）分布：中国（甘肃）。

2.5.4.44 对马沼摇蚊 *Limnophyes tusimofegeus*（Sasa & Suzuki）

Eukiefferella tusimofegeus Sasa & Suzuki，1999：84.

Limnophyes tusimofegeus Yamamoto，2004：50.

（1）模式产地：日本。

（2）观察标本：正模，♂，（No. A 355：082），日本九州岛长崎对马岛，26. iii. 1999，S. Suzuki 采。

（3）鉴别特征：该种触角比（AR）为 1.0，背中鬃 15 根，其中包括 1 根披针形前小盾片鬃，下唇须第 5 节长超过第 3 节长度的 2 倍，"肛尖"末端略突出，下附器圆钝，抱器端节细长，背腹面近平行，这些特征可以与本属的其他种类区分开。

（4）雄成虫。体长 2.74mm，翅长 1.74mm，体长/翅长 1.57。棕色，腹部浅棕色，足黄色。触角 13 鞭节，触角比值（AR）为 1.0。前胸背板后缘具 1 根鬃毛，背中鬃 6 根，不具有披针形刚毛，翅前鬃 3 根。翅脉比（VR）1.35，臀角退化。后足具胫栉 11 根。前足、中足和后足的足比分别为 0.80、0.51 和 0.73。"肛尖"略突出，下附器大而圆；抱器端节长而直，背腹面近平行。

（5）讨论：Sasa & Suzuki（1999）将该种置于 *Eukiefferiella* 属中，Yamamoto（2004）将其划分到 *Limnophyes* 属。根据原始描述，*L. tusimofegeus*"肛尖"、下附器以及翅脉的结构，均可以看出它明显属于 *Limnophyes* 属。该种未能检视模式标本，特征描述引自 Sasa & Suzuki（1999）。

（6）分布：日本。

2.5.4.45 双尾沼摇蚊 *Limnophyes verpus* Wang & Sæther

Limnophyes verpus Wang & Sæther，1993：220；Wang，2000：637；Makarchenko &

Makarchenko，2011：115.

（1）模式产地：中国（四川）。

（2）观察标本：正模，♂，四川省峨眉山，17. v. 1986，扫网，王新华采；5♂♂，重庆市金佛山，9. V. 1990，扫网，王新华采；1♂，福建省戴云山自然保护区，14. ix. 2002，灯诱，刘政采；3♂♂，福建省福州市乌江，22. iv. 1993，扫网，卜文俊采；1♂，福建省南坪县芒砀山，22. ix. 2002，扫网，刘政采；4♂♂，福建省上杭县步云山，7. v. 1993，灯诱，卜文俊采；8♂♂，福建省武夷山自然保护区七里桥，25. iv. 1993，扫网，卜文俊采；2♂♂，广西壮族自治区金秀县，1. vi. 1990，扫网，王新华采；5♂♂，广西壮族自治区龙胜县，24. v. 1990，扫网，王新华采；1♂，贵州省贵阳市花溪公园，23. vii. 1993，灯诱，卜文俊采；23♂♂，贵州省道真县大沙河自然保护区，25. v. 2004，扫网，唐红渠采；3♂♂，贵州省梵净山自然保护区，30. v. 2002，扫网，张瑞雷采；5♂♂，贵州省汉口县，22. v. 2002，扫网，张瑞雷采；2♂♂，湖北省鹤峰县分水岭林场，16. vii. 1997，扫网，纪炳纯采；9♂♂，湖南省衡阳县衡山，20. vii. 2004，扫网，闫春财采；8♂♂，湖南省宜章县莽山，23. vii. 2003，扫网，闫春财采；10♂♂，湖南省株洲县桃源洞公园，17. vii. 2004，扫网，闫春财采；4♂♂，江西省武夷山自然保护区，14. vi. 2004，扫网，闫春财采；1♂，宁夏回族自治区六盘山自然保护区二龙河林场，7. viii. 1987，扫网，王新华采；2♂♂，四川省成都市，16. v. 1986，扫网，王新华采；7♂♂，四川省峨眉山，17. v. 1987，扫网，王新华采；9♂♂，四川省雅安县泥巴山，17. vi. 1993，扫网，王新华采；1♂，天津市于桥水库，20. x. 1986，扫网，王新华采；1♂，新疆维吾尔自治区尼卡县，9. viii. 2002，扫网，唐红渠采；43♂♂，西藏自治区下扎与县，24. iv. 1988，扫网，邓成玉采；1♂♂，西藏自治区中尼友谊桥，14. viii. 1987，扫网，邓成玉采；30♂♂，西藏自治区日喀则市樟木镇，18. ix. 1987，扫网，邓成玉采；1♂，云南省富民县大营乡，1. vi. 1996，扫网，王新华采；2♂♂，云南省武定县狮子山，12. viii，1986，扫网，王新华采。

（3）鉴别特征：该种不具有披针形肩鬃和前小盾片鬃，“肛尖”明显二裂，下附器三角形，背叶不发达，阳茎刺突具有一根中间刺，两侧也常有刺，这些特征可以将其与本属的其他种类区别开。

（4）雄成虫（$n=151$）。体长 1.31～1.57，1.49mm；翅长 0.77～1.05，0.88mm；体长/翅长 1.44～1.78，1.65；翅长/前足胫节长 2.35～2.75，2.54。

1）体色：头部，胸部和腹部均为深棕色，小盾片棕色。

2）头部：触角 13 鞭节，末节长 195～349，267μm，触角比值（AR）0.51～0.96，0.83。头部鬃毛 4～7，6 根，包括 1～2，1 根内顶鬃，2～3，2 根外顶鬃，1～3，2 根后眶鬃。唇基毛 6～15，10 根。幕骨长 88～120，106μm，宽 13～21，17μm。食窦泵、幕骨和茎节如图 2.5.42（a）所示。下唇须 5 节，各节长分别为（μm）：10～20，14；15～27，23；62～85，76；63～68，65；106～117，111；第 5 节和第 3 节长度比值为 1.67～1.80，1.74。

3）胸部［图 2.5.42（c）］：前胸背板中部具有 2～5，4 根刚毛，后部具有 1～3，2 根刚毛。肩陷区［图 2.5.42（d）］小且略圆，结构简单。背中鬃 8～13，10 根，无披针形鬃毛。中鬃 6~10，8 根；翅前鬃 4~5，4 根；翅上鬃 1 根。前前侧片鬃 1~3，2 根；后上前侧片鬃 1~2，1 根；后侧片鬃Ⅱ 2~7，4 根。小盾片鬃 5~10，7 根。

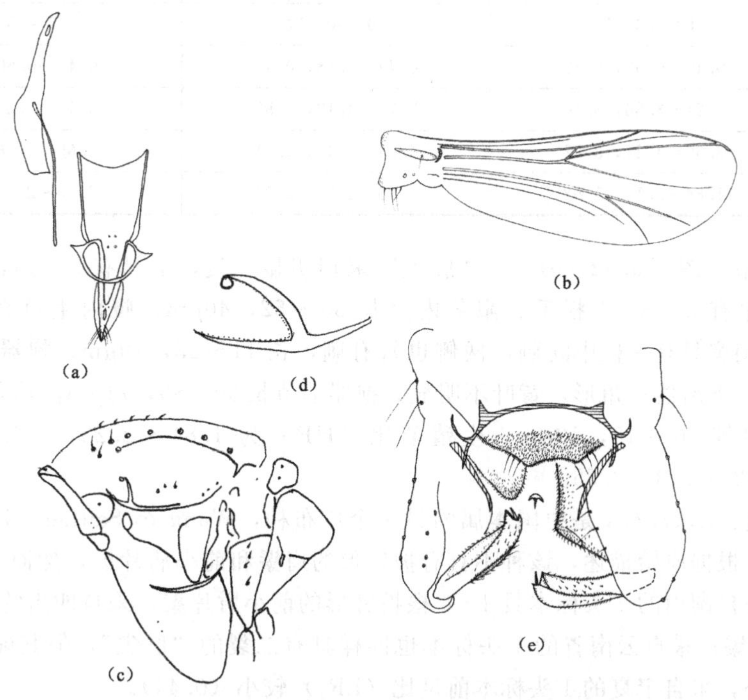

图 2.5.42 双尾沼摇蚊 *Limnophyes verpus* Wang & Sæther

(a) 食窦泵、幕骨和茎节；(b) 翅；(c) 胸部；(d) 肩陷区；(e) 生殖节

4）翅［图 2.5.42（b）］：翅脉比（VR）1.20~1.35，1.28。臀角退化。前缘脉延伸长 22~40，31μm。R 脉具 1~3，2 根刚毛，R_1 脉具 0~2，1 根刚毛。腋瓣缘毛 2~5，4 根。

5）足：前足胫距长 27~42，33μm；中足胫距长 20~38，28μm 和 12~28，16μm；后足胫距长 25~40，31μm 和 15~21，17μm。前足胫节末端宽 15~25，21μm；中足胫节末端宽 20~28，24μm；后足胫节末端宽 25~29，26μm。胫栉 9~11，10 根。不存在毛形感器。胸部足各节长度及足比见表 2.5.27。

表 2.5.27 双尾沼摇蚊 *Limnophyes verpus* 胸足各节长度（μm）及足比（*n*=151）

足	p1	p2	p3
fe	420~490，460	420~470，452	430~500，455
ti	540~590，412	420~500，462	530~590，545
ta1	280~300，292	200~240，231	250~295，262
ta2	180~230，215	110~140，128	130~160，148
ta3	120~140，132	80~90，86	120~135，127

续表

足	p1	p2	p3
ta4	70～90，77	30～40，35	50～60，54
ta5	60～66，63	50～60，54	55～65，61
LR	0.49～0.52，0.50	0.44～0.48，0.47	0.47～0.50，0.48
BV	3.21～3.56，3.40	3.73～4.17，3.89	3.18～3.30，3.22
SV	3.60～4.21，3.92	4.04～4.47，4.31	3.69～4.06，3.84
BR	1.84～2.12，1.98	1.80～2.50，2.21	2.00～2.67，2.37

6）生殖节［图 2.5.42（e）］："肛尖"末端明显二裂，上具有 8～14，11 根刚毛。第九肛节侧片有 2～5，4 根毛。阳茎内突长 30～52，40μm，腹内生殖突长 50～73，67μm。阳茎刺突具有一根中间刺，两侧也常有刺，长 11～23，19μm。抱器基节长 92～128，114μm，下附器三角形，背叶不明显。抱器端节长 50～80，71μm，具有尖锐的亚端背脊；抱器端棘 10～15，13μm。生殖节比（HR）为 1.84～2.28，2.09；生殖节值（HV）为 2.22～2.74，2.55。

（5）讨论：*L. verpus* 是中国本属的另一个广布种，Wang & Sæther（1993）对其做了详尽描述。根据原始描述，该种不具有披针形的肩鬃和前小盾片鬃，然而采自福建的 4 头标本以及采自湖南的 2 头标本具 1～4 根披针形的前小盾片鬃；采自四川的标本具有3～5 根弯曲的中鬃；采自云南省的 1 头标本也同样具有二裂的"肛尖"，但其颜色明显比体色要深。此外，采自宁夏的 1 头标本前足比（LR_1）较小（0.44）。

（6）分布：中国（重庆、湖北、湖南、宁夏、福建、广西、贵州、江西、天津、四川、西藏、云南），俄罗斯（远东地区）。

2.5.4.46　弗兰格尔沼摇蚊 *Limnophyes vrangelensis* Makarchenko & Makarchenko

Limnophyes vrangelensis Makarchenko & Makarchenko，2001：182；2011：115.

（1）模式产地：俄罗斯（远东地区）。

（2）鉴别特征：该种所具有的略成三角形的"肛尖"，下附器具有指状背叶，抱器端节弯曲，基部宽末端尖细，这些特征可以将其与本属其他种区分开。

（3）雄成虫。

触角比值（AR）0.61。头部鬃毛 6 根，包括 2 根内顶鬃，4 根外顶鬃。下唇须后 4 节。前胸背板中部具有 2 根刚毛。背中鬃 7 根。中鬃 2 根；翅前鬃 5 根。不具有小盾片鬃。翅 R 脉具 2 根刚毛，R_1 脉和 R_{4+5} 脉无刚毛。腋瓣缘毛 1 根。前足胫距长 50μm；中足胫距长 22μm 和 22μm；后足胫距长 53μm 和 25μm。胫栉 8 根，不存在毛形感器。前足、中足和后足的足比分别为 LR_1 0.44，LR_2 0.38，LR_3 0.52。生殖节［图 2.5.43（a）］"肛尖"末端尖，成三角形，边缘密被细毛，具 18 根刚毛。第九肛节侧片有 5 根长毛。抱器基节下附器背叶成指状。抱器端节［图 2.5.43（b）］弯曲，略成叶片状。不具阳茎刺突。

（4）讨论：本研究未能检视到该种模式标本，鉴别特征等引自原始描述。

（5）分布：俄罗斯（远东地区）。

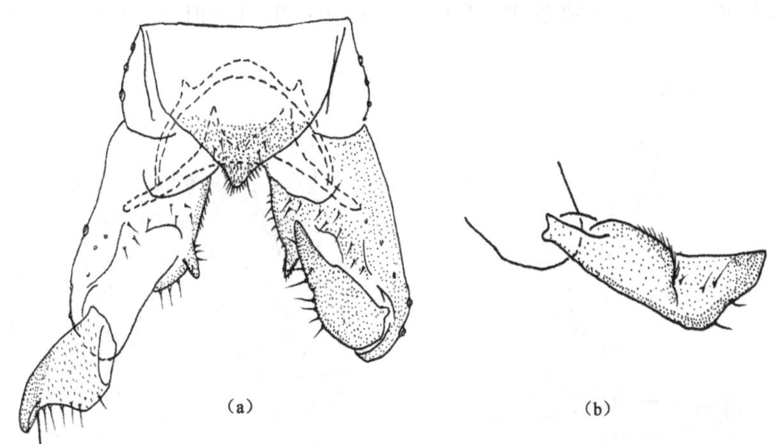

图 2.5.43 弗兰格尔沼摇蚊 *Limnophyes vrangelensis* Makarchenko & Makarchenko

(a) 生殖节；(b) 抱器端节

2.5.4.47 大隅沼摇蚊 *Limnophyes yakyabeus* Sasa & Suzuki

Limnophyes yakyabeus Sasa & Suzuki，1999：81；Yamamoto，2004：50.

(1) 模式产地：日本。

(2) 观察标本：正模，♂，(No. A 381：022)，日本九州鹿儿岛大隅，23. iii. 1999，S. Suzuki 采。

(3) 鉴别特征：该种背中鬃 12 根，其中包括 1 根披针形前小盾片鬃，下唇须第 5 节长超过第 3 节长度的 2 倍，“肛尖”略尖，下附器突出且末端圆钝，阳茎刺突由四根刺组成，这些特征可以与本属的其他种类区分开。

(4) 雄成虫。体长 2.25mm；翅长 1.20mm。体长/翅长 1.88；翅长/前足胫节长 2.55。

1) 头部：触角 12 鞭节，末鞭节长 229μm，触角比值（AR）0.64。头部鬃毛 7 根，包括 2 根内顶鬃，3 根外顶鬃，2 根后眶鬃。唇基毛 14 根。幕骨长 110μm，宽 18μm。茎节长 102μm，宽 44μm。食窦泵、幕骨和茎节如图 2.5.44 (a) 所示。下唇须 5 节，各节长分别为（μm）：20、26、44、62、97，第 5 节和第 3 节长度之比为 2.20。

2) 胸部：背中鬃 12 根，其中包括 1 根披针形前小盾片鬃，中鬃 3 根，翅前鬃 4 根，小盾片鬃 5 根。

3) 翅 [图 2.5.44 (b)]：翅脉比（VR）为 1.25，臀角退化。前缘脉延伸长 100μm。R 脉具 5 根刚毛，腋瓣缘毛 2 根。

4) 足：前足胫距长 55μm，中足 2 根胫距长 15μm 和 14μm；后足 2 根胫距长 45μm 和 17μm。前足胫节末端宽 38μm，中足胫节末端宽 40μm；后足胫节末端宽 47μm；后足具胫栉 14 根。

5) 生殖节 [图 2.5.44 (c)]：“肛尖”略尖。第九背板有 6 根刚毛，第九肛节侧片有 3 根刚毛。阳茎内突长 45μm，腹内生殖突长 80μm。阳茎刺突由四根刺构成，长 20μm。抱器基节长 125μm，下附器突出且末端较圆钝。抱器端节长 80μm，亚端背脊不明显；抱器端棘长 10μm。生殖节比（HR）为 1.56，生殖节值（HV）为 2.81。

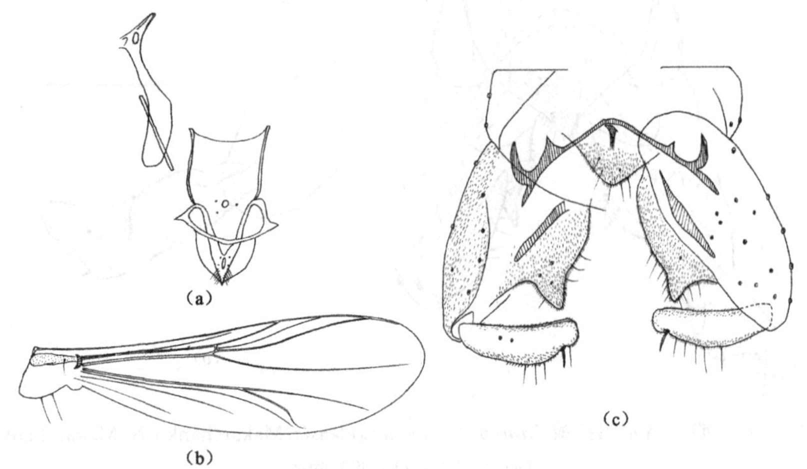

图 2.5.44　大隅沼摇蚊 *Limnophyes yakyabeus* Sasa & Suzuki

(a) 食窦泵、幕骨和茎节；(b) 翅；(c) 生殖节

(5) 讨论：该种与 Makarchenko & Makarchenko (2001) 所记录的 *L. strobilifer* 相近，可通过 *L. yakyabeus* 所具有的独特的阳茎刺突及末端较圆钝的下附器将两者区别开。

(6) 分布：日本。

2.5.4.48　屋久沼摇蚊 *Limnophyes yakycedeus* Sasa & Suzuki

Limnophyes yakycedeus Sasa & Suzuki, 1999: 82; Yamamoto, 2004: 50.

(1) 模式产地：日本。

(2) 观察标本：正模，♂，(No. A 383: 069)，日本九州屋久岛，26. iii. 1999，S. Suzuki 采。

(3) 鉴别特征：该种背中鬃 22 根，其中包括 4 根披针形肩鬃及 6 根披针形前小盾片鬃，"肛尖"末端圆钝，阳茎刺突长且逐渐变细，这些特征可以与本属的其他种类区分开。

(4) 雄成虫。体长 2.30mm；翅长 1.20mm。体长/翅长 1.92；翅长/前足胫节长 2.18。

1) 体色：棕色。

2) 头部：触角 11 鞭节，末鞭节长 229μm，触角比值（AR）0.44。头部鬃毛 4 根，包括 2 根内顶鬃，1 根外顶鬃，1 根后眶鬃。唇基毛 14 根。幕骨长 138μm，宽 44μm。茎节长 150μm，宽 63μm。食窦泵、幕骨和茎节如图 2.5.45 (a) 所示。下唇须 5 节，各节长分别为（μm）：25、38、62、75、120，第 5 节和第 3 节长度之比为 1.94。

3) 胸部［图 2.5.45 (c)］：背中鬃 22 根，其中其中包括 4 根披针形肩鬃及 6 根披针形前小盾片鬃，中鬃 4 根，翅前鬃 5 根，小盾片鬃 10 根。

4) 翅［图 2.5.45 (b)］：翅脉比（VR）为 1.29，臀角退化。前缘脉延伸长 80μm。R 脉具 7 根刚毛，腋瓣缘毛 2 根。

5) 足：前足胫距长 46μm，中足 2 根胫距长 18μm 和 17μm；后足 2 根胫距长 44μm

和 20μm。前足胫节末端宽 35μm，中足胫节末端宽 36μm；后足胫节末端宽 22μm；后足具胫栉 10 根。

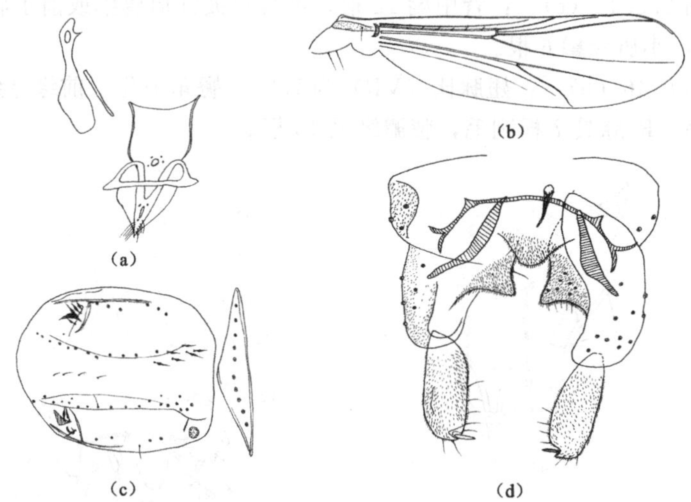

图 2.5.45 屋久沼摇蚊 *Limnophyes yakycedeus* Sasa & Suzuki

(a) 食窦泵、幕骨和茎节；(b) 翅；(c) 胸部；(d) 生殖节

6) 生殖节［图 2.5.45 (d)］："肛尖"略尖。第九背板有 10 根短刚毛，第九肛节侧片有 4 根刚毛。阳茎内突长 50μm，腹内生殖突长 88μm。阳茎刺突长且逐渐变细，长 40μm。抱器基节长 125μm，下附器背叶指状。抱器端节长 88μm，亚端背脊不明显；抱器端棘长 18μm。生殖节比 (HR) 为 1.42，生殖节值 (HV) 为 2.61。

(5) 讨论：该种与种内变异较大的 *L. minimus* (Meigen) 相近，两者具有几乎完全相同的生殖节，但 *L. minimus* 胸部不具有或者仅具有极少的披针形鬃毛，这与 *L. yakycedeus* 可明显区别开。

(6) 分布：日本。

2.5.4.49 鹿儿岛沼摇蚊 *Limnophyes yakydeeus* Sasa & Suzuki

Limnophyes yakydeeus Sasa & Suzuki, 1999: 82; Yamamoto, 2004: 50.

(1) 模式产地：日本。

(2) 观察标本：正模，♂，(No. A 383: 015)，日本九州鹿儿岛屋久杉地区，25. iii. 1999，S. Suzuki 采。

(3) 鉴别特征：该种个体较大，不具有披针形的肩鬃或前小盾片鬃，前缘脉延伸长 150μm，R_1 脉具 7 根刚毛，"肛尖"圆钝，阳茎刺突小，由 6 根刺构成，这些特征可以与本属的其他种类区分开。

(4) 雄成虫。体长 3.93mm；翅长 2.55mm。体长/翅长 1.54；翅长/前足胫节长 2.43。

1) 体色：棕色。

2) 头部：触角 13 鞭节，末鞭节长 530μm，触角比值 (AR) 1.10。头部鬃毛 10 根，包括 1 根内顶鬃，5 根外顶鬃，4 根后眶鬃。唇基毛 6 根。幕骨长 188μm，宽 62μm。茎节长 170μm，宽 75μm。食窦泵、幕骨和茎节如图 2.5.46（a）所示。下唇须 5 节，各节长分别为（μm）：45，66，138，101，141，第 5 节和第 3 节长度之比为 1.02。

3）胸部［图 2.5.46（c）］：背中鬃 12 根，不具有披针形肩鬃或前小盾片鬃，中鬃 4 根，翅前鬃 4 根，小盾片鬃 6 根。

4）翅［图 2.5.46（b）］：翅脉比（VR）为 1.20，臀角退化。前缘脉延伸长 150μm，R 脉具 14 根刚毛，R_1脉具 7 根刚毛，腋瓣缘毛 15 根。

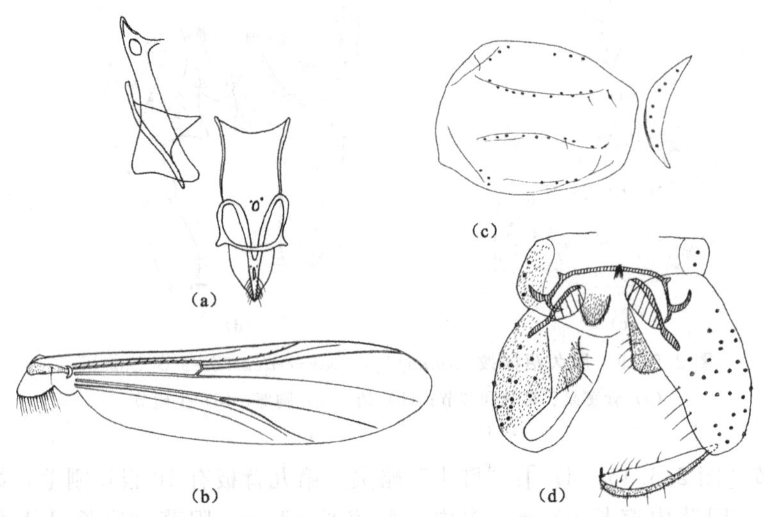

图 2.5.46 鹿儿岛沼摇蚊 *Limnophyes yakydeeus* Sasa & Suzuki

(a) 食窦泵、幕骨和茎节；(b) 翅；(c) 胸部；(d) 生殖节

5）足：前足胫距长 70μm，中足 2 根胫距长 44μm 和 35μm；后足 2 根胫距长 65μm 和 31μm。前足胫节末端宽 57μm，中足胫节末端宽 59μm；后足胫节末端宽 67μm；后足具胫栉 13 根。

6）生殖节［图 2.5.46（d）］："肛尖"圆钝，周围密被短细毛。第九肛节侧片有 5 根刚毛。阳茎内突长 138μm，腹内生殖突长 163μm。阳茎刺突小，由六根刺构成，长 10μm。抱器基节长 305μm，下附器宽而圆钝。抱器端节长 163μm，亚端背脊不存在；抱器端棘长 20μm。生殖节比（HR）为 1.87，生殖节值（HV）为 2.41。

（5）讨论：正如 Sasa & Suzuki（2000）中提到的，该种具备作为 *Limnophyes* 属内种的基本特征，但又因为其个体较大，触角比（AR）大于 1.0，以及 Cu_1脉几乎不弯曲这些特征，使其分类地位尚有争议。

（6）分布：日本。

2.6 肛脊摇蚊属系统学研究

2.6.1 肛脊摇蚊属简介

肛脊摇蚊属 *Mesosmittia* 由 Brundin 于 1956 年建立，*Mesosmittia flexuella*（Edwards，

1929）为本属的模式种。

该属的主要特征是：Cu_1脉强烈弯曲，前缘脉有时延伸，或者不延伸（新热带区的几种除外），中鬃存在且成完整一列，不存在真正的肛尖，第九背板的背部发生拱形隆起，这一重要特征可将其与其他属分开。

根据 Cranston *et al*.（1989），肛脊摇蚊属（*Mesosmittia*）的生态学方面的资料我们现在还知之甚少。尽管 Srenzke（1950）提到 *M. flexuella*（Edwards）为陆生种类，但其成虫则曾在英国水流湍急的小溪中采集到。其蛹期资料目前也知之甚少。Sæther（1985b）曾提到该属至少是半水生。

系统发育方面的研究：Brundin（1956）将肛脊摇蚊属作为伪施密摇蚊属（*Pseudosmittia*）的一个群，Sæther（1977）把该属作为叶角摇蚊属（*Camptocladius* v. d Wulp），原施密摇蚊属（*Prosmittia* Brundin）和伪施密摇蚊属（*Pseudosmittia* Goetghbuer）等属中相同的群。从该属雄性成虫特征（触角、翅、生殖节）和幼虫特征均可以判定该属所处的这一位置。

Sublette & Wirth（1980）描述了两个亚南极区的属，*Nakataia* 和 *Hevelius*，Sæther（1982）记录了美国东南部的两个属，*Unniella* 和 *Platysmittia*，四属均有腋瓣缘毛这一特征可将其与 *Smittia* - *Parakiefferiella* - *Pseudomittia* 属群中的其他属分开。*Hevelius* 属和 *Platysmittia* 属均具有发达的阳茎刺突，这与肛脊摇蚊属不同。*Hevelius* 属的生殖节结构与肛脊摇蚊属相似，而 *Platysmittia* 属和 *Mesosmittia* 属二者均有明显退化的内顶鬃。然而，*Hevelius* 和 *Platysmittia* 的一些种类则缺少中鬃。*Platysmittia* 与异叶角摇蚊属（*Acamptocladius*）则具有较近的关系，翅脉和腋瓣具缘毛相对于伪施密摇蚊属（*Pseudosmittia*）的其他特征来说则是祖征。

叶角摇蚊属（*Camptocladius*）在雌雄成虫的触角鞭节均有毛形感器。然而，施密摇蚊属（*Smittia*）和伪施密摇蚊属（*Pseudosmittia*）也有相似的毛形感器，这一特征与其要适应生活的陆生环境有关，肛脊摇蚊属（*Mesosmittia*）雌性成虫的鞭节和外生殖器在直突摇蚊亚科中是独一无二的。其腹侧叶类似于毛突摇蚊属（*Chaetocladius*）（Sæther 1977），但其他特征却不是如此类似。和伪施密摇蚊属（*Pseudomittia*）一样，肛脊摇蚊属的抱器基节具有或多或少骨化的边缘，但对于该属来说，这个相似性似乎不足道，而且其与叶角摇蚊属（*Camptocladius*）的生殖节更为相似，但生殖突有差异。根据目前已有资料，肛脊摇蚊属的分类地位似乎是介于叶角摇蚊属（*Camptocladius*）和伪施密摇蚊属（*Pseudosmittia*）之间，而与叶角摇蚊属关系较近。

Sæther（1985 b）根据肛脊摇蚊属（*Mesosmittia*）已知的成虫的资料认为，该属是十分单一的。由于 *M. prolixa* 和 *M. mina* 均具有退化的下附器及抱器基节顶端明显弯曲而被 Sæther 划分为姐妹种，*M. tora*、*M. patrihortae* 和 *M. truncata* 可能属于另外一个群，因为它们都具有相似的下附器，这三个属组成的群与 *M. prolixa* 和 *M. mina* 组成的另外一个群构成姐妹群。

2.6.2 肛脊摇蚊属雄成虫的鉴别特征

据 Cranston *et al*.（1989）属征：

体小型，体长 1.0～1.8mm。

(1) 触角（Antenna）：13 鞭节，毛形感器位于触角的第 2、第 3 节和第 13 节，其中第 2、第 3 节上的毛形感器较短而钝，触角比（AR）：0.8～1.8。

(2) 头部（Head）：复眼一般光裸无毛，不具复眼延伸；具有超过 10 根的头部鬃毛，包括 1～4 根细的分离的内顶鬃；幕骨相对较短，食窦泵较宽阔，具有短的角。下唇须第三节具有 1～3 根细长的感觉棒。

(3) 胸部（Thorax）：前胸背板一般发达或强烈发达，与盾片的突出部分有极窄的接触，中鬃单列，长且粗壮，发生于前胸背板附近；背中鬃、翅前鬃和盾片鬃数目较少，单列；存在 1 根翅上鬃。

(4) 翅（Wing）：翅膜区无毛，具有点状构造，臀角发达，前缘脉略有延伸（仅有几个特定种类延伸较强烈）；R_{2+3} 脉终止于 R_1 脉和 R_{4+5} 脉中间，R_{4+5} 脉止于 M_{3+4} 脉末端的背部相对处或近相对处，Cu_1 脉弯曲，臀脉较短，终止于近侧，R 脉具少量毛或者不具毛，腋瓣缘毛 1～10 根。

(5) 足（Legs）：伪胫距和毛形感器均不存在。

(6) 生殖节（Hypopygium）：第九背板中部具有隆起的拱形结构，边缘具有少量的细毛，不具有真正的肛尖，腹内生殖突直或略弯曲，阳茎内突具有三角形的阳茎叶；阳茎刺突基部发达，末端略延长或明显延长；抱器基节有时会出现延伸至抱器端节的着生处之外，上附器缺失，下附器退化或发达。抱器端节具有长的低的亚端背脊，其末端具有非常短的颜色浅的抱器端棘。

根据观察标本及相关研究文献，Andersen & Mendes (2002)，Sæther (1985 b, 1996)，Kong *et al*. (2011) 等，将 Cranston *et al*. (1989) 中的属征做如下修订："具有超过 10 根的头部鬃毛，包括 1～4 根细的分离的内顶鬃" 修订为 "具有超过 4 根的头部鬃毛，包括 1～4 根细的分离的内顶鬃"，如采自中国陕西的 *M. apsensis* 头部鬃毛为 4 根，采自中国河北的 *M. brevae* 头部鬃毛为 5～8 根。"抱器端节末端具有非常短的颜色浅的抱器端棘" 修订为 "除 *M. apsensis* 外，抱器端节末端具有非常短的颜色浅的抱器端棘"。其余特征均符合本属雄成虫属征。

2.6.3 检索表

东亚地区肛脊摇蚊属雄成虫检索表

1. 抱器端节非或稍由粗变细 ………………………………………… 2
   抱器端节由粗变细，基部或中部最宽 ………………………………… 4
2. 抱器端节末端不存在抱器端棘 ……………………… *M. apsensis* Kong & Wang
   抱器端节末端存在抱器端棘 ………………………………………… 3
3. 抱器端节短于 70μm，略成矩形 ……………………… *M. brevae* Kong & Wang
   抱器端节长于 70μm，成棒状 ……………………………… *M. patrihortae* Sæther
4. 抱器端节由基部到末端逐渐变细，基部最宽 ……………… *M. acutistylus* Sæther
   抱器端节在近中部最宽 ………………………………… *M. gracila* Kong & Wang

2.6.4 种类描述

2.6.4.1 尖铗肛脊摇蚊 *Mesosmittia acutistyla* Sæther

Mesosmittia acutistyla Sæther，1985 b：43；Kong *et al*. 2011：890.

（1）模式产地：美国。

（2）观察标本：1♂，河北省赤城县吕河堡，21. vii. 2001，扫网，郭玉红采。

（3）鉴别特征：抱器端节明显由粗变细，基部最宽，第九背板隆起末端尖锐。

（4）雄成虫（$n=1$）。体长 1.72mm；翅长 1.25mm。体长/翅长 1.37；翅长/前足腿节长 2.55。

1）体色：头部深褐色；触角浅黄棕色；胸部深棕色；腹部浅棕色；足浅棕色；翅几乎透明。

2）头部：触角末鞭节长 460μm，触角比（AR）1.44；唇基毛 13 根；头部鬃毛 8 根，包括内顶鬃 4 根，外顶鬃 4 根；幕骨长 97μm，宽 18μm。食窦泵、幕骨和茎节如图 2.6.1（a）所示。下唇须各节长度分别为（μm）：17、44、75、70、88，第 5 节和第 3 节长度比值为 1.17。

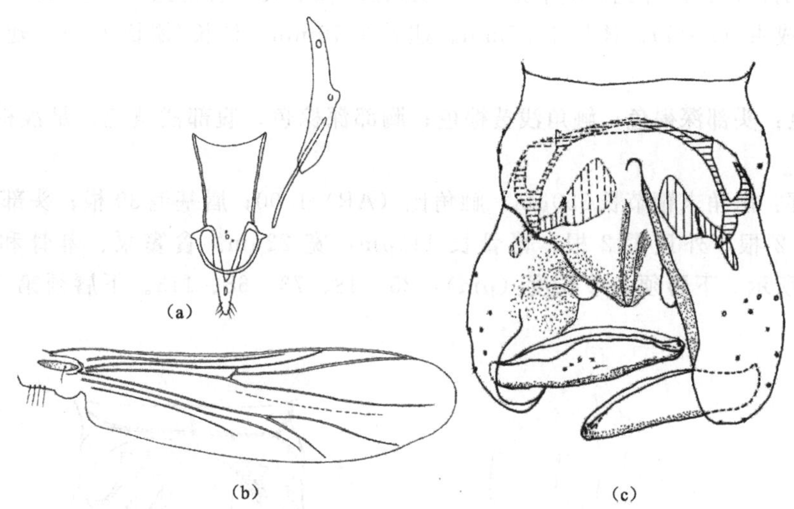

图 2.6.1 尖铗肛脊摇蚊 *Mesosmittia acutistylus* Sæther

（a）食窦泵、幕骨和茎节；（b）翅；（c）生殖节

3）胸部：背中鬃 8 根，中鬃 7 根，翅前鬃 3 根，小盾片鬃 4 根。

4）翅［图 2.6.1（b）］：翅脉比（VR）1.26，前缘脉延伸长 10μm，腋瓣缘毛 4 根，臂脉有 1 根毛。

5）足：前足胫距长度为 40μm，中足 2 根胫距长度分别为 15μm 和 20μm；后足 2 根胫距长度分别为 42μm 和 15μm；前足胫节宽 26μm，中足胫节宽 25μm，后足胫节宽 32μm。后足胫节具有一个 30μm 长的胫栉。胸足各节长度及足比见表 2.6.1。

表 2.6.1　尖铗肛脊摇蚊 *Mesosmittia acutistyla* 胸足各节长度（μm）及足比（$n=1$）

足	fe	ti	ta1	ta2	ta3	ta4	ta5	LR	BV	SV	BR
p1	490	610	290	170	120	80	60	0.47	3.23	3.79	2.08
p2	510	520	220	130	100	70	60	0.42	3.47	4.68	3.00
p3	550	610	350	180	150	80	70	0.57	3.35	3.31	3.41

6）生殖节［图 2.6.1（c）］：第九背板中部隆起末端尖锐，具有 14 根缘毛，肛节侧片（LSIX）具有 5 根长刚毛。阳茎内突（Pha）长 43μm，横腹内生殖突长 79μm。抱器基节长 154μm。抱器端节基部最宽端部最细，长约 97μm；抱器端棘长 6μm。生殖节比（HR）为 1.59，生殖节值（HV）为 1.77。

（5）分布：中国（河北），美国。

2.6.4.2　无棘肛脊摇蚊 *Mesosmittia apsensis* Kong & Wang

Mesosmittia apsensis Kong *et al*. 2011：890.

（1）模式产地：中国（陕西）。

（2）观察标本：正模，♂，（BDN No. 03854），陕西省周至县板房子乡，9. viii. 1994，扫网，卜文俊采。

（3）鉴别特征：该种抱器端节短，末端抱器端棘缺失，触角比（AR）1.0。

（4）雄成虫（$n=1$）。体长 1.95mm。翅长 1.10mm。体长/翅长 1.77。翅长/前足腿节长 2.59。

1）体色：头部深褐色；触角浅黄棕色；胸部深棕色；腹部浅黄色；足浅棕色；翅几乎透明。

2）头部：触角末鞭节长 350μm，触角比（AR）1.00；唇基毛 30 根；头部鬃毛 4 根，包括内顶鬃 2 根，外顶鬃 2 根；幕骨长 119μm，宽 22μm。食窦泵、幕骨和茎节如图 2.6.2（a）所示。下唇须各节长度（μm）：25、48、73、68、113。下唇须第 5 节和第 3

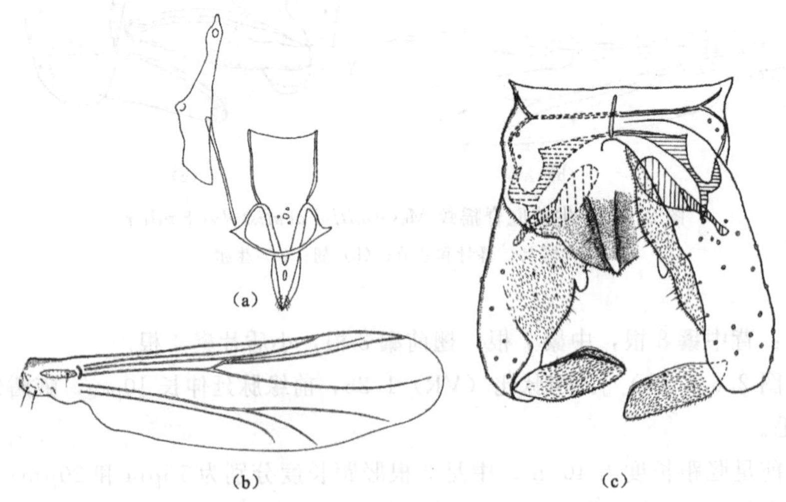

图 2.6.2　无棘肛脊摇蚊 *Mesosmittia apsensis* Kong & Wang

(a) 食窦泵、幕骨和茎节；(b) 翅；(c) 生殖节

节长度比值为 1.54。

3）胸部：背中鬃 9 根，中鬃 6 根，翅前鬃 4 根，小盾片鬃 6 根。

4）翅［图 2.6.2（b）］：翅脉比（VR）1.30，前缘脉延伸 17μm 长，腋瓣缘毛 2 根；臀角发达，臂脉有 1 根毛。

5）足：前足胫距长度为 31μm，中足 2 根胫距长度分别为 13μm 和 15μm；后足 2 根胫距长度分别为 26μm 和 28μm；前足胫节宽 26μm，中足胫节宽 22μm，后足胫节宽 31μm。后足胫节具有一个 33μm 长的胫栉。胸足各节长度及足比见表 2.6.2。

6）生殖节［图 2.6.2（c）］：第九背板中部隆起部位具有 6 根缘毛，肛节侧片（LSIX）具有 6 根长刚毛。阳茎内突（Pha）长 38μm，横腹内生殖突长 88μm，阳茎刺突长 37μm。抱器基节长 132μm。抱器端节短，长约 70μm；抱器端棘缺失。生殖节比（HR）为 1.89，生殖节值（HV）为 2.79。

表 2.6.2　无棘肛脊摇蚊 *Mesosmittia apsensis* 胸足各节长度（μm）及足比（*n*=1）

足	fe	ti	ta1	ta2	ta3	ta4	ta5	LR	BV	SV	BR
p1	425	540	260	160	105	70	55	0.48	3.71	3.14	1.75
p2	430	460	190	110	80	50	50	0.41	4.68	3.61	2.19
p3	470	520	300	160	120	70	60	0.58	3.30	3.15	3.00

（5）讨论：具有短而颜色浅的抱器端棘是本属的一个重要特征，而该种抱器端棘消失，这在本属中则是独一无二的，因该标本的其他性状均符合本属特征，故将 *M. apsensis* 划分到 *Mesosmittia* 属中。

（6）分布：中国（陕西）。

2.6.4.3 短肛脊摇蚊 *Mesosmittia brevae* Kong & Wang

Mesosmittia brevae Kong *et al*. 2011：891.

（1）模式产地：中国（河北）。

（2）观察标本：正模，♂，（BDN No. 02187），河北省遵化市龙门口水库，7. vii. 2001，扫网，郭玉红采；副模 4♂♂，同正模。

（3）鉴别特征：该种相对较短的抱器端节可以将其与本属中除 *M. apsensis* 和 *M. tora* 外的其他种分开，但 *M. apsensis* 不具有抱器端棘，而 *M. tora* 则具有发达的下附器，这两个特征又可将三者分开。

（4）雄成虫（*n*=5）。体长 1.78～2.10，1.95mm；翅长 1.03～1.13，1.09mm。体长/翅长 1.69～1.91，1.80；翅长/前足腿节长 2.27～2.62，2.49。

1）体色：头部深褐色；触角浅黄棕色；胸部和腹部深棕色；足浅棕色；翅透明。

2）头部：触角末鞭节长 400～420，413μm，触角比（AR）1.40～1.54，1.50；唇基毛 12～14，13 根；头部鬃毛 5～8，6 根，包括内顶鬃 2～4，3 根，外顶鬃 3～5，4 根；幕骨长 101～106，103μm，宽 13～17，15μm。食窦泵、幕骨和茎节如图 2.6.3（a）所示。下唇须各节长度（μm）分别为 17～22，18；31～40，36；53～57，56；48～61，54；79～97，87；第 5 节和第 3 节长度比值为 1.39～1.69，1.55。

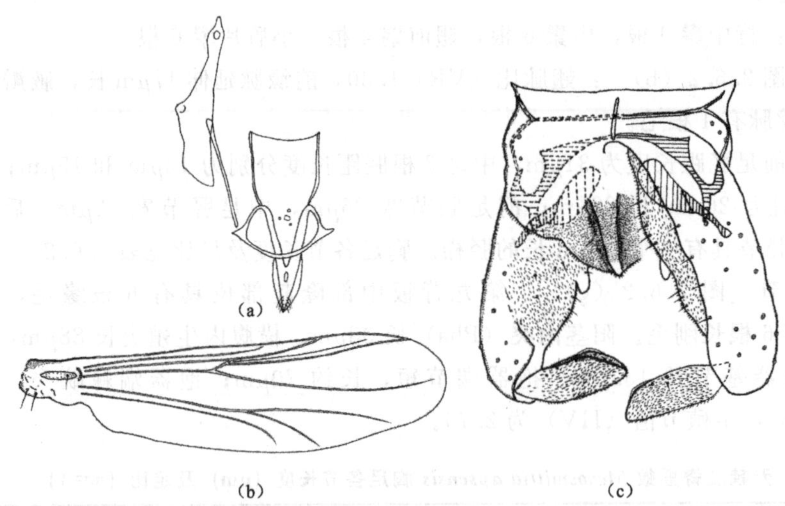

图 2.6.3　短肛脊摇蚊 *Mesosmittia brevae* Kong & Wang

(a) 食窦泵、幕骨和茎节；(b) 翅；(c) 生殖节

3）胸部：背中鬃 7～10，9 根，中鬃 9～14，11 根，翅前鬃 4～6，5 根，小盾片鬃 6～9，8 根。

4）翅［图 2.6.3（b）］：臀角发达。翅脉比（VR）1.22～1.29，1.25，前缘脉延伸长 15～24，20μm。腋瓣缘毛 1～4，2 根；臂脉有 1 根毛。

5）足：前足胫距长度为 24～35，32μm，中足 2 根胫距长度分别为 13～17，16μm 和 12～15，13μm；后足 2 根胫距长度分别为 31～35，32μm 和 9～13，12μm；前足胫节宽 22～26，24μm，中足胫节宽 22～25，23μm，后足胫节宽 26～33，28μm。后足胫节具有一个 22～33，27μm 长的胫栉。胸足各节长度及足比见表 2.6.3。

表 2.6.3　短肛脊摇蚊 *Mesosmittia brevae* 胸足各节长度（μm）及足比（n=5）

足	p1	p2	p3
fe	400～460，432	420～470，460	460～510，500
ti	470～560，530	410～500，486	510～580，560
ta1	220～280，248	180～210，194	260～340，306
ta2	130～160，144	100～120，108	140～170，159
ta3	90～110，102	70～85，82	100～140，134
ta4	70～80，73	40～60，53	60～70，67
ta5	50～60，58	40～60，53	50～65，60
LR	0.41～0.49，0.47	0.38～0.43，0.40	0.50～0.59，0.54
BV	3.39～4.30，3.96	4.48～5.11，4.85	3.21～3.73，3.46
SV	3.00～3.49，3.21	3.64～4.51，3.91	3.02～3.61，3.30
BR	1.29～2.17，1.87	1.88～2.50，2.20	2.92～4.06，3.31

6）生殖节［图 2.6.3（c）］：第九背板中部隆起部位具有 3～7，5 根缘毛，肛节侧片（LSIX）具有 4～7，5 根长刚毛。阳茎内突（Pha）长 38～45，42μm，横腹内生殖突长 75～90，82μm，阳茎刺突长 28～38，34μm。抱器基节长 119～128，125μm。抱器端节短，略成矩形，长 62～70，66μm；具有低的亚端背脊，抱器端棘长约 5μm。生殖节比（HR）为 1.83～1.94，1.90；生殖节值（HV）为 2.69～3.07，2.95。

（5）讨论：该种具有短的抱器端节（短于 70μm），与 *M. apsensis* 和 *M. tora* 相似，但是 *M. apsensis* 不具有抱器端棘，且具有低的触角比（AR 1.0），而 *M. brevae* 触角比（AR）约为 1.50。*M. tora* 具有发达的下附器，而 *M. brevae* 的下附器则很不发达。

（6）分布：中国（河北）。

2.6.4.4 纺锤肛脊摇蚊 *Mesosmittia gracila* Kong & Wang

Mesosmittia gracila Kong *et al*. 2011：892.

（1）模式产地：中国（甘肃）。

（2）观察标本：正模，♂，（BDN No. 08259），甘肃省天水市小陇山，7. viii. 1993，扫网，卜文俊采。

（3）鉴别特征：该种抱器端节中部最宽，此外其阳茎刺突极细。

（4）雄成虫（$n=1$）。体长 2.23mm；翅长 1.10mm。体长/翅长 2.02；翅长/前足腿节长 2.29。

1）体色：头部深褐色；触角浅黄棕色；胸部深棕色；腹部浅棕色；足浅棕色；翅几乎透明。

2）头部：触角末鞭节长 387μm，触角比（AR）1.35；唇基毛 12 根；头部鬃毛 7 根，包括内顶鬃 3 根，外顶鬃 4 根；幕骨长 110μm，宽 22μm。食窦泵、幕骨和茎节如图 2.6.4（a）所示。下唇须各节长度（μm）：22、44、84、79、123。下唇须第 5 节和第 3 节长度比值为 1.47。

3）胸部：背中鬃 9 根，中鬃 12 根，翅前鬃 5 根，小盾片鬃 8 根。

4）翅［图 2.6.4（b）］：翅脉比（VR）1.26，前缘脉延伸长 30μm，R 脉具有 1 根毛，腋瓣缘毛 4 根；臂脉有 1 根毛。

5）足：前足胫距长度为 42μm，中足 2 根胫距长度分别为 23μm 和 17μm；后足 2 根胫距长度分别为 30μm 和 15μm；前足胫节宽 25μm，中足胫节宽 20μm，后足胫节宽 21μm。后足胫节具有一个 36μm 长的胫栉。胸足各节长度及足比见表 2.6.4。

6）生殖节［图 2.6.4（c）］：第九背板中部隆起部位具有 9 根缘毛，肛节侧片（LSIX）具有 7 根长刚毛。阳茎内突（Pha）长 40μm，横腹内生殖突长 75μm，阳茎刺突细长，长 66μm。抱器基节长 165μm。抱器端节中部最宽，长约 80μm；抱器端棘 5μm 长。生殖节比（HR）为 2.06，生殖节值（HV）为 2.78。

表 2.6.4 纺锤肛脊摇蚊 *Mesosmittia gracila* 胸足各节长度（μm）及足比（$n=1$）

足	fe	ti	ta1	ta2	ta3	ta4	ta5	LR	BV	SV	BR
p1	480	600	280	190	130	90	70	0.47	2.83	3.86	1.87
p2	470	520	200	120	90	60	60	0.38	3.61	4.95	2.00
p3	490	600	330	170	150	70	60	0.55	3.61	3.30	2.20

（5）讨论：该种与 *M. guanajensis* Andersen & Mendes 相似，*M. acutistylus* Sæther 也具有由粗变细的抱器端节，且基部最宽，而 *M. gracila* 抱器端节的最宽处在中部位置。但是 *M. gracila* 具有细长的阳茎刺突和比较高的下唇须 5/3（1.47），而 *M. guanajensis* 下唇须 5/3 为 1.33。

（6）分布：中国（甘肃）。

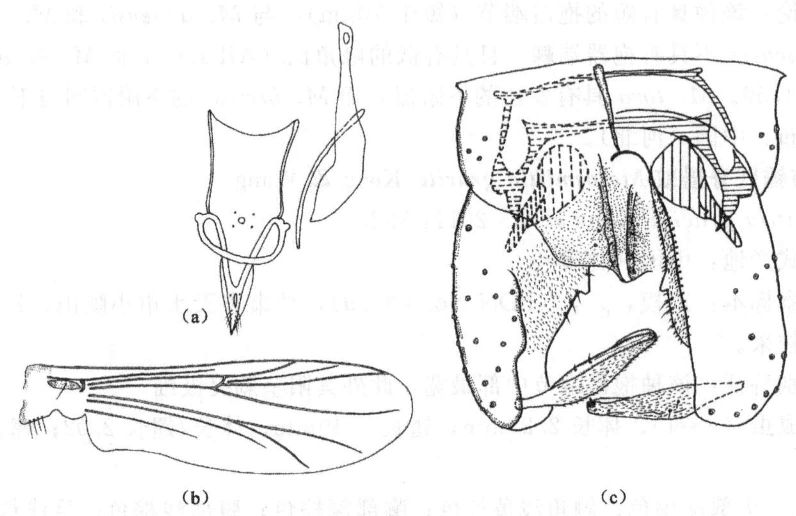

图 2.6.4　纺锤肛脊摇蚊 *Mesosmittia gracila* Kong & Wang

(a) 食窦泵、幕骨和茎节；(b) 翅；(c) 生殖节

2.6.4.5　侧毛肛脊摇蚊 *Mesosmittia patrihortae* Sæther

Mesosmittia patrihortae Sæther, 1985 b: 47; Sæther, 1996: 290. Andersen & Mendes 2002: 150; Wang *et al*. 2005: 386; Wang *et al*. 2006: 453; Yamamoto, 2008: 13; Kong *et al*., 2011: 893.

Mesosmittia dolichoptera Wang & Zheng, 1990: 486.

Mesosmittia yunnanensis Wang & Zheng, 1990: 488; Wang, 2000: 637.

（1）模式产地：美国。

（2）观察标本：23♂♂，云南省武定县狮子山，6. viii. 1986，扫网，王新华采；2♂♂，贵州省道真县大沙河自然保护区，24. viii. 2004，扫网，于昕采；1♂，贵州省道真县大沙河自然保护区，25. v. 2004，灯诱，唐红渠采；4♂♂，贵州省贵阳市花溪公园，25. vii. 2001，灯诱，郭玉红采；6♂♂，河北省遵化市龙门口水库，7. vii. 2001，扫网，郭玉红采；3♂♂，湖北省立峰县后河，10. vii. 1999，扫网，纪炳纯采；10♂，湖北省咸丰县坪坝营，vii. 1999，扫网，B. Ji；3♂♂，湖北省咸丰县马河坝村，25. vii. 1999，扫网，纪炳纯采；3♂♂，湖北省鹤峰县分水岭，17. vii. 1999，扫网，纪炳纯采；3♂，陕西省周至县板房子乡，9. viii. 1994，扫网，卜文俊采；6♂♂，陕西省西凤县秦岭，28. vii. 1994，扫网，卜文俊采；1♂，陕西省宁陕县旬阳坝，17. viii. 1994，扫网，吕楠采；1♂，陕西省留坝县庙台子村，17. vii. 1994，扫网，卜文俊采；22♂♂，广西壮族自治区乐业林场，24. vii. 2004，扫网，于昕采；21♂♂，四川省卧龙自然保护区，

27. vii. 1987，扫网，王新华采；8♂♂，甘肃省天水市麦积山，5. viii. 1986，扫网，王新华采；2♂♂，云南省富民县大营乡，1. vi. 1996，扫网，王新华采；8♂♂，吉林省长白山自然保护区，23. vi. 1986，扫网，王新华采；2♂♂，天津市杨柳青农场，10. viii. 1985，扫网，王新华采；3♂♂，山东省牟平县，28. viii. 1988，扫网，王新华采；1♂，四川省汶川县，14. vii. 1987，扫网，王新华采；2♂♂，四川省甘孜自治县雅江，14. vi. 2001，扫网，王新华采；1♂，四川省映秀县，15. vii. 1987，扫网，王新华采；1♂，云南省昆明市松花坝水库，1. vi. 1996，灯诱，王新华采；1♂，江苏省南京大学校园，扫网，卜文俊采；1♂，重庆市金佛山，扫网，王新华采；4♂♂，河南省栾川县庙子乡，12. vii. 1996，扫网，李军采；3♂♂，云南省昆明市黑龙潭公园，20. v. 1996，扫网，王新华采；3♂♂，贵州省罗甸县，9. viii. 1995，扫网，卜文俊采；2♂♂，云南省大理市，23. v. 1996，扫网，王新华采。

(3) 鉴别特征：该种抱器端节成棒状，下附器或多或少的发达，具有低的亚端背脊。

(4) 雄成虫（$n=151$）。体长 1.84～2.18，2.03mm；翅长 1.00～1.20，1.10mm。体长/翅长 1.77～1.92，1.84；翅长/前足腿节长 2.58～2.80，2.67。

1) 体色：头部深褐色；触角浅黄棕色；胸部和腹部深棕色；足浅棕色；翅透明。

2) 头部：触角末鞭节长 375～435，418μm，触角比（AR）1.04～1.49，1.28；唇基毛 4～12，7 根，头部鬃毛 4～8，6 根，包括内顶鬃 1～4，3 根，外顶鬃 3～4，3 根；幕骨长 105～128，115μm，宽 15～26，21μm。食窦泵、幕骨和茎节如图 2.6.5（a）所示。下唇须第 5 节和第 3 节长度比值为 1.13～1.35，1.26。

3) 胸部：背中鬃 4～10，7 根，中鬃 5～13，10 根，翅前鬃 3～6，4 根，小盾片鬃 2～8，6 根。

4) 翅［图 2.6.5（b）］：翅脉比（VR）1.21～1.30，1.24，前缘脉延伸长 8～34，21μm。R 脉有 0～4，2 根毛，腋瓣缘毛 1～8，3 根；臂脉有 1 根毛。

5) 足：前足胫距长度为 38～53，42μm，中足 2 根胫距长度分别为 17～23，20μm 和 15～17，16μm；后足 2 根胫距长度分别为 38～45，40μm 和 13～23，16μm；前足胫节宽 24～40，29μm，中足胫节宽 22～31，25μm，后足胫节宽 26～48，34μm。后足胫节具有一个 26～38，30μm 长的胫栉。胸足各节长度及足比见表 2.6.5。

表 2.6.5 侧毛肛脊摇蚊 *Mesosmittia patrihortae* 胸足各节长度（μm）及足比（$n=151$）

足	p1	p2	p3
fe	387～435，414	416～482，451	435～529，491
ti	496～576，528	435～534，488	496～595，557
ta1	217～274，246	161～203，181	258～312，288
ta2	123～165，142	85～113，101	142～170，155
ta3	90～118，101	66～85，78	123～137，131
ta4	57～76，65	43～57，52	57～76，65

续表

足	p1	p2	p3
ta5	47～57，52	43～47，46	43～57，53
LR	0.44～0.51，0.46	0.35～0.40，0.38	0.51～0.55，0.53
BV	3.01～3.49，3.27	3.86～4.27，4.07	3.19～3.42，3.32
SV	3.54～4.04，3.85	4.90～5.59，5.21	3.40～3.72，3.57
BR	1.80～3.30，2.50	2.20～3.10，2.70	3.30～4.40，3.90

6）生殖节［图 2.6.5（c）］：第九背板中部隆起部位具有 3～7，5 根缘毛，肛节侧片（LSIX）具有 4～7，5 根长刚毛。阳茎内突（Pha）长 38～45，42μm，横腹内生殖突长 75～90，82μm，阳茎刺突长 28～38，34μm。抱器基节长 119～128，125μm。抱器端节成棒状，长 62～70，66μm；具有低的亚端背脊，抱器端棘长约 5μm。生殖节比（HR）为 1.83～1.94，1.90；生殖节值（HV）为 2.69～3.07，2.95。

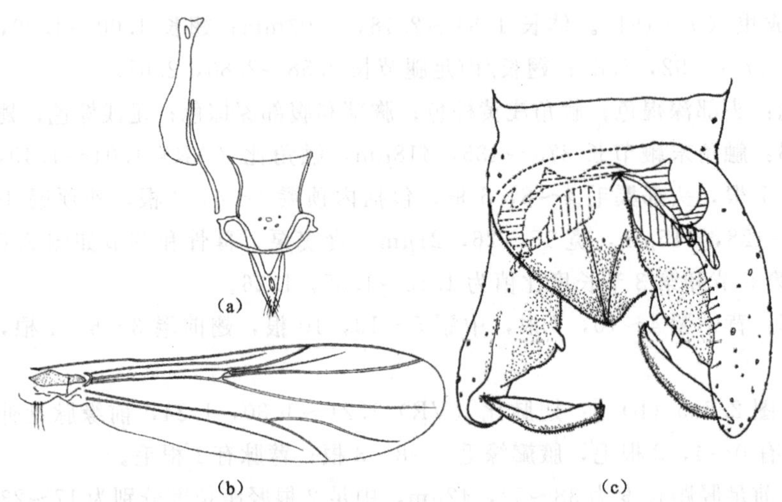

图 2.6.5　侧毛肛脊摇蚊 *Mesosmittia patrihortae* Sæther

(a) 食窦泵、幕骨和茎节；(b) 翅；(c) 生殖节

（5）分布：中国（陕西、四川、重庆、云南、贵州、广西、山东、天津、江苏、吉林、河南、湖北、河北），俄罗斯（远东地区），日本，美国，南美部分国家。

（6）讨论：该种由 Sæther（1985 b）作详尽的描述。根据采自中国的标本的测量及王新华和郑乐怡（1990）的描述，中国的标本与原始描述基本符合。但在触角比（AR）和臀角缘毛等性状上也存在一些变异，3 头采自中国山西省的标本触角比（AR）为 1.04～1.10，1 头采自湖北省的标本触角比（AR）为 1.70，9 头采自湖北省的标本腋瓣缘毛为 4～8 根，因此该种的触角比（AR）修订为 1.04～1.70，腋瓣缘毛的数量为 1～8 根。

王新华和郑乐怡（1990）描述了采自中国的该属 2 种，*M. dolichoptera* 和 *M. yunnanensis*。此后，Sæther（1996）和 Andersen & Mendes（2002）认为两者均为 *M. patrihortae* 的同物异名，Wang（2000）中国摇蚊名录将 *M. yunnanensis* 作为该属一独

立种。目前，作者根据该种标本的测量和文献描述认为，*M. dolichoptera* 和 *M. yunnanensis* 均为 *M. patrihortae* 的同物异名。

2.7 直突摇蚊属系统学研究

2.7.1 直突摇蚊属简介

直突摇蚊属（*Orthocladius*）作为直突摇蚊亚科中的一个属，由 v. d. Wulp 于 1874 年建立，并以 *Tipula stercoraria* v. d. Wulp 作为模式种。目前该属被划分为六个亚属：赭直突摇蚊亚属［*O.*（*Eudactylocladius*）Thienemann］、真直突摇蚊亚属［*O.*（*Euorthocladius*）Thienemann］、寄莼直突摇蚊亚属［*O.*（*Pogonocladius*）Brundin］、钻木直突摇蚊亚属［*O.*（*Symposiocladius*）Cranston］、中直突摇蚊亚属［*O.*（*Mesorthocladius*）Sæther］和指名亚属（*Orthocladius* s. str.）。

该属的主要特征是：翅膜区不具毛，且不具有翅上鬃，臀角退化到十分发达，中鬃一般发生于前胸背板附近，中足和后足的第一和第二跗节常存在伪胫距，肛尖发达，一般三角形末端尖锐，上附器一般存在且较发达，具有双下附器，抱器端节结构简单，一般有不发达到十分发达的亚端背脊。

根据 Cranston *et al*.（1989），直突摇蚊属（*Orthocladius*）的幼虫阶段几乎在各种类型的流水中都有发现。除了 *O.*（*Eudactylocladius*）发生于湖泊、池塘、沼泽及潮湿的土壤中外，*Orthocladius* s. str. 发生于湖泊、池塘和地下温水中，*O.*（*Pogonocladius*）主要栖息于池塘和湖泊，*O.*（*Symposiocladius*）则主要栖息于木材。*Orthocladius* 具有一化性或者多化性，这主要由其栖息地及种本身的特征决定。一般来说，大量的种类在春末夏初会大量发生，也有一些种类在整个夏季、秋季均可以大量发生。靠近北极地区的本属的种类一般为单化性，需要超过一年才能完成一个世代。

系统发育方面的研究：根据 Sæther（2005），直突摇蚊属（*Orthocladius*）是摇蚊科中仅有的几个属内比较难以界定的属之一，这主要是由于对其幼虫和成虫阶段的亚属的划分的不一致造成的。Soponis（1977）中指出了该属的研究历史、命名学和分类学方面的诸多问题。然而直突摇蚊属的雄成虫和 *Stackelbergina* Shilova & Zelentzov 并没有特别明显的区别，也并非所有的幼虫都可以很容易地与 *Cricotopus* van der Wulp 区分开。

亚属的鉴别特征最早由 Thienemann（1935）根据 *Eudactylocladius*，*Euorthocladius* 和 *Orthocladius* s. str. 的三个亚属的幼虫阶段特征提出，Brundin（1956）给出了成虫阶段的亚属鉴别特征，Soponis（1977）则提出了该属幼虫、蛹和成虫等各阶段的亚属检索表。

Cranston（1983）建立的钻木直突摇蚊亚属（subgenus *Symposiocladius*）则由 Sæther（2004）进行了修订，Kong *et al*.（2012 a）又记录到采自中国云南的本亚属 1 种，这将该亚属内的种类增加到 10 种。

Sæther（2005）在对直突摇蚊属进行系统发育分析后认为，中直突摇蚊亚属（subgenus *Mesorthocladius*）内的种之间并不存在任何独一无二的共有新征，而一些在该亚属中存在的特征，如小盾片鬃多列，蛹的前疣发达等在其他亚属中也同样存在。真直突摇蚊亚属（subgenus *Euorthocladius*）也同样缺少共有新征，而一些特征在属内的某些种类中则共同存在，这主要是一些蛹期阶段的性状。赭直突摇蚊亚属（subgenus *Eudactylocladius*）则不论在幼虫、蛹和雌雄成虫中均具有一个或者几个共有新征，幼虫阶段唯一的共有新征即是其红棕色的头壳。寄莼直突摇蚊亚属（subgenus *Pogonocladius* Brundin）所具有的雌成虫宽大的第九背板，蛹期多刺的背板及四节的触角在其中均是独一无二的，然而在雄成虫中则找不到任何共有新征。钻木直突摇蚊亚属（subgenus *Symposiocladius*）中大而圆的劳氏器，毛刷状的第四腹节侧毛均仅存在于本亚属中。雄成虫阳茎刺突和伪足 B 缺失两性状在本亚属中普遍存在，而在其他亚属中则极少发现。在指名亚属（subgenus *Orthocladius* s. str.）中并未发现可以使其成为一个整体而区别于其他各亚属的特征，而一些特征如蛹的节间连接处的黑点或者环状结构则可以将该亚属划分为几个群。

2.7.2　直突摇蚊属雄成虫的鉴别特征

据 Cranston *et al*.（1989）属征：体型从小型至大型，最长可达 4mm，体色多为深棕色和黑色。

（1）触角（Antenna）：13 鞭节，毛形感器位于触角的第 2～5 节和最末节，但寄莼直突摇蚊亚属（subgenus *Pogonocladius*）触角的第 2～5 节不存在毛形感器；触角末端不存在亚顶端毛，触角比（AR）1.0～3.5。

（2）头部（Head）：眼光裸无毛或者偶有微毛，复眼不具有或者轻微的背部延伸，某些种类略有微毛。头部鬃毛单列至多列，常不具后眶鬃，幕骨在基部的 1/2 处最宽，食窦泵尖锐至圆钝。

（3）胸部（Thorax）：前胸背板中部较窄，缺口较浅多成“V”形。中鬃一般发生于前胸背板附近，较细或者缺失；背中鬃直立，单列至多列；翅前鬃 3～15 根，其中的 1～2 根常位于前端而与其余翅前鬃分离，在极少数种类中该鬃毛缺失；多数种类翅上鬃缺失；小盾片鬃单列至多列。

（4）翅（Wing）：翅膜区无毛；臀角从一般发达到十分发达，少数种类成直角。前缘脉不延伸或者中度延伸；R_{2+3} 脉终止于从 R_1 脉到 R_{4+5} 脉的 1/3～1/2 处；R_{4+5} 脉止于 M_{3+4} 脉终点的相对处；Cu_1 脉笔直或者略有弯曲，一般在末端发生轻微弯曲；FCu 脉在 RM 脉的背部，R_1 脉和 R_{4+5} 脉有毛或者无毛。腋瓣具缘毛。

（5）足（Legs）：中足和后足的第一和第二跗节常存在伪胫距，有些种类不存在伪胫距或者在第二跗节上不存在。感觉棒一般存在于中足和后足的第一跗节，某些种类后足第一跗节无此结构。

（6）生殖节（Hypopygium）：肛尖发达具毛，一般成三角形且末端尖锐，也有一些种类肛尖末端圆钝两侧平行。横腹内生殖突一般短而宽，且略成拱形。阳茎刺突存在或者缺失。上附器一般存在且比较发达，多成钩状；常具双下附器，某些种类中或者缺失。抱器端节结构简单，一般有不发达到十分发达的亚端背脊。

根据观察标本和相关研究文献 Soponis（1977，1990）及 Sæther（2003，2004b，2005）等，Cranston *et al*.（1989）中的属征应做如下修订：“体长最长可达 4mm”修订

为“体长最长超过 5mm”，如 *Orthocladius*（*Euorthocladius*）*shoufukusextus* Sasa 和 *Orthocladius*（*Euorthocladius*）*thienemanni* Kieffer 两种的体长均超过 4mm，前者体长更是长达 5.95mm。“触角比（AR）1.0～3.5”修订为“触角比 0.4～3.5”，例如中国的种类中，*O.*（*Eudactylocladius*）*brevis* sp. n. 的触角比（AR）为 0.43～0.46，*O.*（*Eudactylocladius*）*interctus* Kong *et al.* 的触角比为 0.77，*O.*（*Euorthocladius*）*albidus* 的触角比为 0.47，以上 3 种的触角比均小于 1.0。“上附器一般存在且比较发达，多成钩状”修订为“上附器除了少数种类外均存在，多成钩状、三角形或者衣领状”，如 *Eudactylocladius* 亚属的种类均不存在上附器。

2.7.3 检索表

直突摇蚊属雄成虫分亚属检索表

1. 下附器不具有发达的背叶，阳茎刺突缺失 …… 赭直突摇蚊亚属（subgenus *Eudactylocladius*）
   下附器具有发达的背叶，阳茎刺突存在或缺失 …… 2
2. 上附器发达，三角形或者较圆钝 …… 3
   上附器退化或者成领状 …… 4
3. 眼明显分离，阳茎刺突缺失 …… 真直突摇蚊亚属（subgenus *Euorthocladius*）（部分）
   眼向背部延伸，阳茎刺突常存在 …… 指名亚属（subgenus *Orthocladius* s. str.）（部分）
4. 肛尖健壮，三角形或者末端圆钝两侧平行 …… 5
   肛尖尖锐，不健壮 …… 8
5. 两眼明显分离 …… 6
   两眼向背部延伸 …… 7
6. 腋瓣臀角发达，明显弯曲 …… 中直突摇蚊亚属（subgenus *Mesorthocladius*）（部分）
   腋瓣臀角至多略发达 …… 真直突摇蚊亚属（subgenus *Euorthocladius*）（部分）
7. R_{4+5}脉具毛，下附器腹叶明显延伸至超过背叶 …… 指名亚属（subgenus *Orthocladius* s. str.）（部分）
   R_{4+5}脉不具毛，下附器腹叶明显未延伸至超过背叶 …… 中直突摇蚊亚属（subgenus *Mesorthocladius*）（部分）
8. 两眼明显分离 …… 9
   两眼向背部延伸 …… 13
9. 阳茎刺突缺失 …… 10
   阳茎刺突存在 …… 11
10. 下附器腹叶延伸至超过背叶，小盾片鬃多列 …… 真直突摇蚊亚属（subgenus *Euorthocladius*）（部分）
    下附器腹叶未延伸至超过背叶，小盾片鬃单列或多列 …… 寄莼直突摇蚊亚属（subgenus *Pogonocladius*）（部分）
11. 下附器背叶长且窄 …… 钻木直突摇蚊亚属（subgenus *Symposiocladius*）（部分）
    下附器背叶非长或窄 …… 12

12. 腋瓣臀角十分突出 ……………… 指名亚属（subgenus *Orthocladius* s. str.）（部分）
腋瓣臀角并非十分突出 ……… 真直突摇蚊亚属（subgenus *Euorthocladius*）（部分）
13. 阳茎刺突缺失，抱器端节明显弯曲
………………………… 钻木直突摇蚊亚属（subgenus *Symposiocladius*）（部分）
阳茎刺突存在，抱器端节不弯曲 ………………………………………………………… 14
14. 肛尖三角形，基部和端部无明显的区别
………………………………… 中直突摇蚊亚属（subgenus *Mesorthocladius*）（部分）
肛尖的三角形基部和逐渐变细的端部有明显区别
………………………………… 指名亚属（subgenus *Orthocladius* s. str.）（部分）

2.7.4 种类描述

赭直突摇蚊亚属 Subgenus *Eudactylocladius*

模式种：*Orthocladius fuscimanus* Kieffer，Thienemann（1935：206）.

赭直突摇蚊亚属（*Eudactylocladius*）由 Thienemann 根据幼虫和蛹的特征于 1935 年建立，并以 *O. fuscimanus* Kieffer 为模式种，目前仍按照 Thienemann 对该亚属的定义，但辅以成虫阶段的特征作为支持（Brundin 1956；Soponis 1977；Sæther 1977）。而 *O. fuscimanus* Kieffer 曾被作为至少 6 个种描述。虽然 Cranston（1984）中的研究集中于西古北区较大范围的分类和生态学研究，但并未对该亚属进行修订。Cranston（1999）对赭直突摇蚊亚属 *Eudactylocladius* 的新北区的种类进行了修订。根据 Yamamoto（2004）日本直突摇蚊亚科名录，经过对日本标本的检视，作者发现本亚科所记录的 *Orthocladius* (*Eudactylocladius*) *biwaniger* Sasa 实为 *Orthocladius*（*O.*）*biwainfirmus* Sasa & Nishino。

鉴别特征：翅膜区不具毛，Cu_1 脉略弯曲，R_1 脉和 R_{4+5} 脉不具毛或具有少量毛，腋瓣缘毛一般较多；中后足的第一和第二跗节存在伪胫距；横腹内生殖突轻微骨化，直或者略成拱形，不存在阳茎刺突，抱器基节不存在或者存在不发达的上附器，下附器极不发达，亚端背脊发达或者不发达。

东亚地区赭直突摇蚊亚属雄成虫检索表

1. 下附器完全退化……………………………… *O.*（*E.*）*fengensis* Kong，Sæther & Wang
下附器未完全退化 …………………………………………………………………………… 2
2. 肛尖末端光裸无毛 ……………………… *O.*（*E.*）*interctus* Kong，Sæther & Wang
肛尖末端具刚毛 ……………………………………………………………………………… 3
3. 触角比（AR）小于 0.5，R_1 和 R_{4+5} 脉均具毛 … *O.*（*E.*）*brevis* Kong，Sæther & Wang
触角比（AR）一般大于 0.5，R_1 和 R_{4+5} 脉非均具毛 ………………………………… 4
4. 前缘脉延伸明显（170μm），下唇须的第 5 节明显短于第 3 节
………………………………………………………… *O.*（*E.*）*yakyefeus*（Sasa & Suzuki）
前缘脉延伸短于 100μm，下唇须的第 5 节明显长于第 3 节 ………………………… 5
5. 生殖节值（HV）大于 4.0 ……………………… *O.*（*O.*）*seiryugeheus* Sasa *et al.*
生殖节值（HV）小于 4.0 ……………………………………………………………………6
6. 上附器发达，圆钝或成直角 ………………………… *O.*（*E.*）*musester* Sæther

上附器不发达 …………………………………………………………………………………… 7

7. 抱器基节内缘具有大量刚毛 ………………………………………………………………… 8

抱器基节内缘具有少量刚毛 ………………………………………………………………… 9

8. 抱器端节内缘不具突出，腋瓣缘毛 9～14 根 ………… *O.*（*E.*）*subletteorum* Cranston

抱器端节内缘具突出，腋瓣缘毛 13～20 根 ……………… *O.*（*E.*）*priomixtus* Sæther

9. 上附器一般发达，肛尖未骨化，长于 50mm …………………… *O.*（*E.*）*gelidus* Kieffer

上附器不发达，肛尖一般到强烈骨化，一般短于 50mm ……………………………… 10

10. 抱器端节背面密被细毛，肛尖不发达 ………………… *O.*（*E.*）*dubitatus* Johannsen

抱器端节背面非密被细毛，肛尖发达 ……………………………………………………… 11

11. 抱器基节具有明显的上附器和下附器 ………………… *O.*（*E.*）*gelidorum*（Kieffer）

抱器基节不具有明显分化的上附器和下附器……………… *O.*（*E.*）*olivaceus* Kieffer

2.7.4.1 短赭直突摇蚊 *Orthocladius*（*Eudactylocladius*）*brevis* Kong, Sæther & Wang

（1）模式产地：中国（云南）。

（2）观察标本：正模，♂，（BDN No. 11196）云南省大理市点苍山清碧溪，23. v. 1996，灯诱，王备新采；副模，1♂，同正模。

（3）词源学：源于拉丁文 *brevis*，短的，意指其短的触角末鞭节。

（4）鉴别特征：该种触角末节较短（189～235μm），触角比（AR）小（0.43～0.46），R_1脉和 R_{4+5}脉具毛，抱器端节中部最宽，这些特征可以将其与本亚属中的其他种区分开。

（5）雄成虫（*n*=2）。体长 2.65～3.23mm；翅长 1.68～1.95mm；体长/翅长 1.57～1.65；翅长/前足胫节长 2.79～2.91。

1）体色：头部和胸部深棕色，腹部棕色。

2）头部：触角末节长 189～235μm，触角比（AR）0.43～0.46。头部鬃毛 8～11 根，包括 1～3 根内顶鬃，3～5 根外顶鬃，3～4 根后眶鬃。唇基毛 9～10 根。幕骨长 127～132μm，宽 26μm。食窦泵、幕骨和茎节如图 2.7.1（a）所示。下唇须 5 节，各节长分别为（μm）：20～26，44～47，75，57～70，110～118。下唇须第 5 节和第 3 节长度之比为 1.47～1.57。

3）胸部：前胸背板具 4～5 根刚毛，背中鬃 9～16 根，中鬃 4～8 根，翅前鬃 4～5 根，小盾片鬃 7～10 根。

4）翅［图 2.7.1（b）］：翅脉比（VR）1.11～1.13。臀角相对较发达。前缘脉延伸长 30～40μm。R 脉有 6～9 根刚毛；R_1 脉和 R_{4+5} 脉分别具 1 根刚毛。腋瓣缘毛 11～12 根。

5）足：前足胫距长 27～30μm；中足胫距长 18～23μm 和 17～20μm；后足胫距长 37～44μm 和 20～21μm。前足胫节末端宽 31～35μm；中足胫节末端宽 30～34μm；后足胫节末端宽 37～40μm；胫栉 9～10 根，最短的 18～20μm，最长的 33～35μm。不存在毛形感器。胸部足各节长度及足比见表 2.7.1。

表 2.7.1　短赭直突摇蚊 *Orthocladius*（*Eudactylocladius*）*brevis* 胸足各节长度（μm）及足比（$n=2$）

足	p1	p2	p3
fe	600～670	610～710	660～790
ti	720～820	600～720	730～850
ta1	440～490	260～320	390～450
ta2	310～350	170～210	230～270
ta3	180～220	120～140	180～200
ta4	120～150	80～90	110
ta5	90～100	80	85～90
LR	0.60～0.61	0.43～0.44	0.53
BV	2.41～2.48	3.27～3.37	2.94～3.12
SV	3.00～3.04	4.47～4.65	3.56～3.64
BR	2.00～2.22	1.78～1.83	3.60～3.65

6）生殖节［图 2.7.1（c）］：第九背板包括肛尖上共有 4～6 根毛。第九肛节侧片有 5～6 根毛。肛尖长 36～40μm，宽 13～14μm。阳茎内突长 58～62μm，横腹内生殖突长 115～125μm。抱器基节长 163～200μm。抱器端节长 95～98μm，中部最宽，具有长而低的亚端背脊。抱器端棘长 10μm。生殖节比（HR）为 1.72～2.04，生殖节值（HV）为 2.78～3.29。

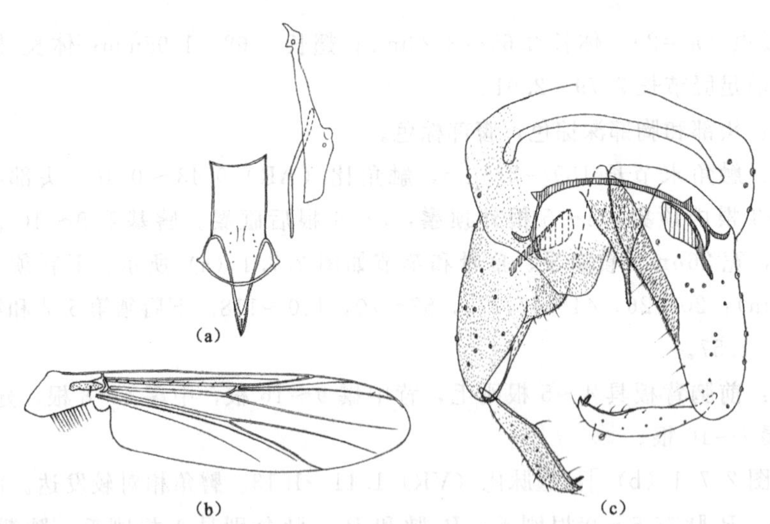

图 2.7.1　短赭直突摇蚊 *Orthocladius*（*Eudactylocladius*）*brevis* Kong, Sæther & Wang

(a) 食窦泵、幕骨和茎节；(b) 翅；(c) 生殖节

（6）分布：中国（云南）。

2.7.4.2　缺叶直突摇蚊 *Orthocladius*（*Eudactylocladius*）*dubitatus* Johannsen

Orthocladius（*Eudactylocladius*）*dubitatus* Johannsen，1942：72.

Spaniotoma (*Orthocladius*) *sordidella* Group *Eudactylocladius* Thienemann sensu Johannsen, 1937, not Zetterstedt, 1838.

Orthocladius (*Dactylocladius*) *dubitatus* Sublette, 1967. [re-description of types].

Orthocladius (*Eudactylocladius*) sp. Sæther, 1977: fig. 46 A~C.

Orthocladius (*Eudactylocladius*) *dubitatus* Cranston 1998: 277; Makarchenko & Makarchenko 2011: 116.

(1) 模式产地：美国。

(2) 鉴别特征：该种肛尖不发达或者退化，抱器基节具有不发达的上附器，下附器缺失，抱器端节密被短毛，近基部最粗，向末端逐渐变细，亚端背脊圆钝且发达，这些特征可以将其与本亚属中的其他种区分开［图 2.7.2 (a) (b)］。

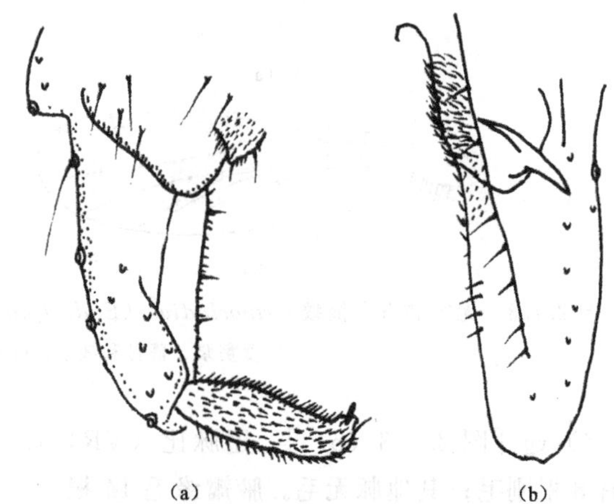

图 2.7.2 缺叶直突摇蚊 *Orthocladius* (*Eudactylocladius*) *dubitatus* Johannsen

(a) (b) 生殖节

(3) 讨论：本种是该亚属内种内变异最大的一个种类，这可能是由于其幼虫生活环境的多样性造成的，但其成虫比较容易区分。虽然下附器的退化使得 *O.* (*E.*) *dubitatus* 与 *O.* (*E.*) *olivaceus* 较难区分，但密被短毛的逐渐变细的抱器端节是该种一个最可靠的区分依据。本研究未能检视到模式标本，鉴别特征等引自原始描述。

(4) 分布：俄罗斯（远东地区），北美部分国家。

2.7.4.3 无突豨直突摇蚊 *Orthocladius* (*Eudactylocladius*) *fengensis* Kong, Sæther & Wang

(1) 模式产地：中国（陕西）。

(2) 观察标本：正模，♂，(BDN No. 10480) 陕西省凤县双石铺镇，31. vii. 1994，扫网，卜文俊采。

(3) 词源学：源于模式标本产地，陕西凤县。

(4) 鉴别特征：该种抱器基节的内缘缺乏长毛，下附器完全缺失，这两个特征可以将其与本亚属的其他种区别开。

(5) 雄成虫 ($n=1$)。体长 2.63mm；翅长 1.60mm；体长/翅长 1.64；翅长/前足胫节长 2.42。

1) 体色：头部、部触角和腹部深棕色，胸部和足棕色。

2) 头部：触角末节长 380μm，触角比 (AR) 1.09。头部鬃毛 8 根，包括 3 根内顶鬃，1 根外顶鬃，4 根后眶鬃。唇基毛 10 根。食窦泵、幕骨和茎节如图 2.7.3 (a) 所示。幕骨长 140μm，宽 33μm。下唇须 5 节，各节长分别为 (μm)：20、42、100、98、117。下唇须第 5 节和第 3 节长度之比为 1.17。

3) 胸部：前胸背板具 8 根刚毛，背中鬃 11 根，中鬃 4 根，翅前鬃 3 根，小盾片鬃 8 根。

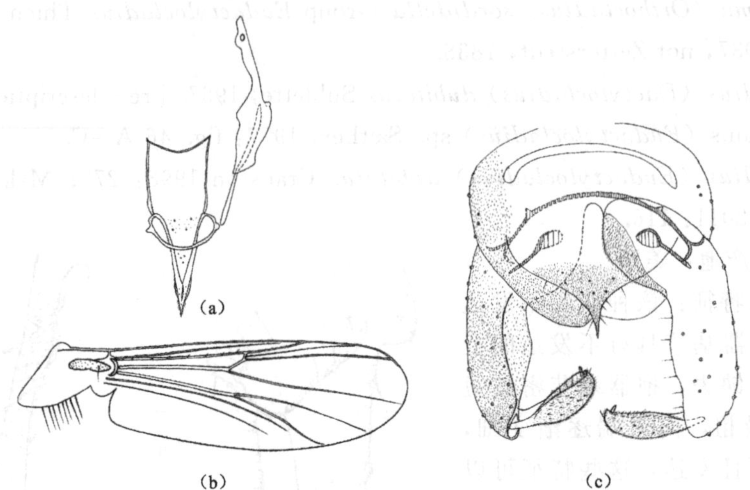

图 2.7.3　无突赭直突摇蚊 *Orthocladius*（*Eudactylocladius*）*fengensis* Kong, Sæther & Wang

(a) 食窦泵、幕骨和茎节；(b) 翅；(c) 生殖节

4）翅［图 2.7.3（b）］：翅脉比（VR）1.15。臀角发达。前缘脉延伸长 35μm。R 脉有 8 根刚毛；其他脉无毛。腋瓣缘毛 14 根。

5）足：前足胫距长 35μm；中足胫距长 19μm 和 18μm；后足胫距长 51μm 和 18μm。前足胫节末端宽 36μm；中足胫节末端宽 31μm；后足胫节末端宽 43μm；胫栉 9 根，最短的 22μm，最长的 44μm。不存在毛形感器。胸部足各节长度及足比见表 2.7.2。

表 2.7.2　无突赭直突摇蚊 *Orthocladius*（*Eudactylocladius*）*fengensis* 胸足各节长度（μm）及足比（*n*=1）

足	fe	ti	ta1	ta2	ta3	ta4	ta5	LR	BV	SV	BR
p1	660	750	540	330	230	150	110	0.72	2.38	2.61	2.45
p2	650	640	300	190	125	80	90	0.47	3.28	4.30	2.60
p3	720	770	420	230	190	95	100	0.55	3.11	3.55	2.88

6）生殖节［图 2.7.3（c）］：第九背板包括肛尖上共有 16 根毛。第九肛节侧片有 8 根毛。肛尖长 40μm，宽 13μm。阳茎内突长 68μm，横腹内生殖突长 100μm。抱器基节长 198μm，内缘缺乏长毛。抱器端节长 80μm，具有长而低的亚端背脊。抱器端棘长 12μm。生殖节比（HR）为 2.47，生殖节值（HV）为 3.28。

（6）分布：中国（陕西）。

2.7.4.4　角叶直突摇蚊 *Orthocladius*（*Eudactylocladius*）*gelidorum*（Kieffer）

Dactylocladius gelidorum Kieffer，1923：6.

Orthocladius nanseni Kieffer，1926：84.

Orthocladius（*Eudactylocladius*）*nanseni* Sæther *et al*.，1984：259.

Orthocladius（*Eudactylocladius*）*gelidorum*（Kieffer），Cranston 1998：286；Makarchenko & Makarchenko 2011：116.

(1) 模式产地：加拿大。

(2) 鉴别特征：该种肛尖一般发达，仅基部具毛，抱器基节具有不发达的角状上附器，下附器较明显，抱器端节基部窄，近中部最宽，亚端背脊低而圆钝，这些特征可以将其与本亚属中的其他种区分开［图 2.7.4 (a) (b)］。

(3) 讨论：本种与产于北美的 *O.* (*Eudactylocladius*) *subletteorum* 生殖节的构造相近，但本种的中足和后足的第一跗节具有毛形感器，而后者后足缺少毛形感器，借此特征可以将其与 *O.* (*E.*) *subletteorum* 加以区分。本研究未能检视到模式标本，鉴别特征等引自 Cranston (1998)。

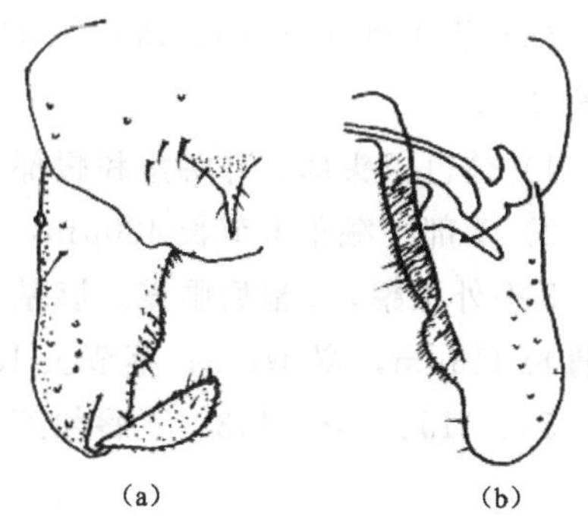

图 2.7.4 角叶直突摇蚊 *Orthocladius* (*Eudactylocladius*) *gelidorum* (Kieffer)
(a) (b) 生殖节

(4) 分布：俄罗斯（远东地区），欧洲部分国家，加拿大。

2.7.4.5 多毛直突摇蚊 *Orthocladius* (*Eudactylocladius*) *gelidus* Kieffer

Orthocladius gelidus Kieffer, 1922: 22.

Dactylocladius longiseta Kieffer, 1923: 6.

Spaniotoma grampianus Edwards, 1933: 89.

Orthocladius (*Eudactylocladius*) *gelidus* Kieffer, Cranston 1998: 288; Makarchenko & Makarchenko 2011: 116.

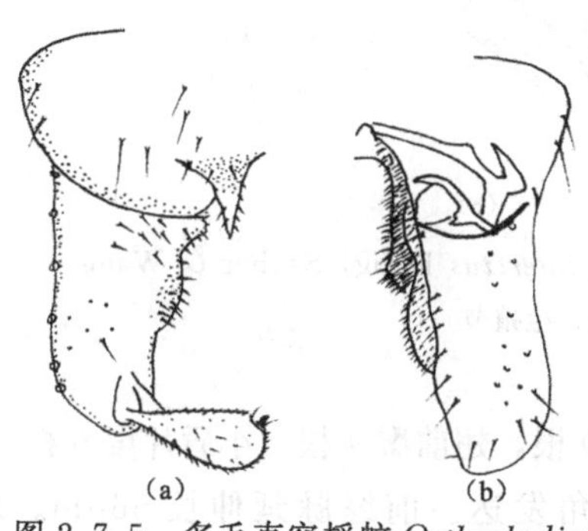

图 2.7.5 多毛直突摇蚊 *Orthocladius* (*Eudactylocladius*) *gelidus* Kieffer
(a) (b) 生殖节

(1) 模式产地：加拿大。

(2) 鉴别特征：该种肛尖发达，基部和中部均具刚毛，抱器基节具有一般发达的上附器，抱器端节基部窄，近末端最宽，这些特征可以将其与本亚属中的其他种区分开［图 2.7.5 (a) (b)］。

(3) 讨论：本种根据其生殖节特征在该亚属中比较容易区分，其雄成虫的上下附器均较为发达，这在本亚属当中是唯一的。*O.* (*E.*) *fuscimanus* 与其相似，但 *O.* (*E.*) *fuscimanus* 上附器较圆钝，上附器则不发达。本研究未能检视到模式标本，鉴别特征等引自 Cranston (1998)。

(4) 分布：俄罗斯（远东地区），欧洲部分国家，加拿大。

2.7.4.6 尖秃直突摇蚊 *Orthocladius* (*Eudactylocladius*) *interctus* Kong, Sæther & Wang

(1) 模式产地：中国（四川）。

(2) 观察标本：正模，♂，(BDN No. 12339) 四川省泸定县，7. vi. 1996，扫网，王新华采。

(3) 词源学：源于拉丁文，*interctus* 意指其肛尖末端光裸无毛。

(4) 鉴别特征：该种肛尖光裸无毛且末端两侧平行，亚端背脊长而低，触角比 (AR) 较小 (0.77)，这些特征可以将其与本亚属的其他种区别开。

(5) 雄成虫 ($n=1$)。体长 3.45mm；翅长 2.13mm；体长/翅长 1.62；翅长/前足胫节长 2.21。

1) 体色：头部、部触角和腹部深棕色，胸部深棕色。

2) 头部：触角末节长 480μm，触角比 (AR) 0.77。头部鬃毛 10 根，包括 2 根内顶鬃，3 根外顶鬃，5 根后眶鬃。唇基毛 14 根。食窦泵、幕骨和茎节如图 2.7.6 (a) 所示。幕骨长 113μm，宽 37μm；茎节长 139μm，宽 52μm。下唇须 5 节，各节长分别为 (μm)：30、53、115、108、153。下唇须第 5 节和第 3 节长度之比为 1.33。

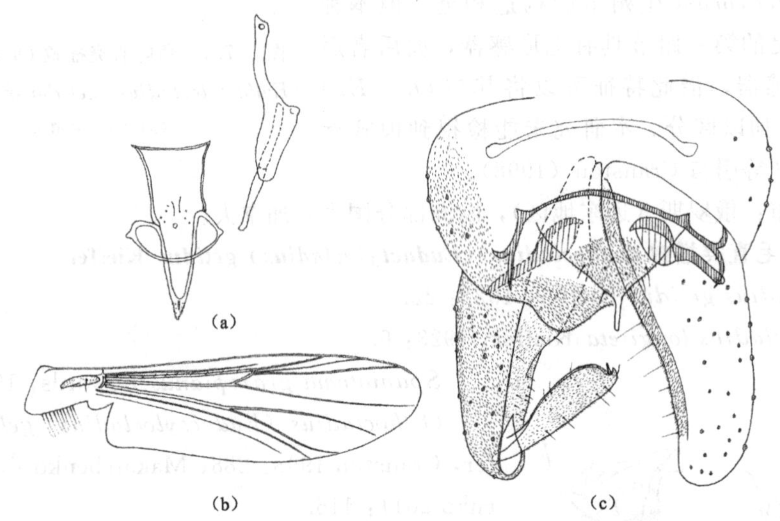

图 2.7.6 尖秃直突摇蚊 *Orthocladius* (*Eudactylocladius*) *interctus* Kong, Sæther & Wang

(a) 食窦泵、幕骨和茎节；(b) 翅；(c) 生殖节

3) 胸部：前胸背板具 5 根刚毛，背中鬃 10 根，中鬃 9 根，翅前鬃 4 根，小盾片鬃 9 根。

4) 翅 [图 2.7.6 (b)]：翅脉比 (VR) 1.20。臀角发达。前缘脉延伸长 56μm。R 脉有 10 根刚毛；其他脉无毛。腋瓣缘毛 20 根。

5) 足：前足胫距长 55μm；中足胫距长 24μm 和 22μm；后足胫距长 66μm 和 27μm。前足胫节末端宽 40μm；中足胫节末端宽 44μm；后足胫节末端宽 53μm；胫栉 10 根，最短的 26μm，最长的 53μm。不存在毛形感器。胸部足各节长度及足比见表 2.7.3。

表 2.7.3 尖秃直突摇蚊 *Orthocladius* (*Eudactylocladius*) *interctus* 胸足各节长度 (μm) 及足比 ($n=1$)

足	fe	ti	ta1	ta2	ta3	ta4	ta5	LR	BV	SV	BR
p1	960	1200	775	490	330	215	145	0.64	2.49	2.79	2.05
p2	980	1060	450	280	210	130	120	0.43	3.36	4.53	2.33
p3	1080	1275	680	370	270	160	140	0.53	3.23	3.46	2.43

6) 生殖节 [图2.7.6 (c)]：第九背板包括肛尖上共有 8 根毛。第九肛节侧片有 9 根毛。肛尖长 20μm，宽 8μm。阳茎内突长 92μm，横腹内生殖突长 150μm。抱器基节长

237μm。抱器端节长 120μm，具有长而低的亚端背脊。抱器端棘长 9μm。生殖节比（HR）为 1.98，生殖节值为（HV）2.88。

（6）分布：中国（四川）。

2.7.4.7 突叶直突摇蚊 *Orthocladius*（*Eudactylocladius*）*musester* Sæther

Orthocladius（*Eudactylocladius*）*musester* Sæther，2004：9.

（1）模式产地：挪威。

（2）观察标本：4♂♂，湖北省鹤峰县分水岭林场，11. vi. 1996，扫网，纪炳纯采。

（3）鉴别特征：该种抱器基节后叶伸出成钝三角形，这一特征可以将其与本亚属内除 *O.*（*E.*）*fuscimanus*（Kieffer）外的其余种区分开，其与 *O.*（*E.*）*fuscimanus* 的区别在于下附器前部末端具毛，具有一个宽而短的食窦泵，且足的跗节不具有毛形感器，这些特征可以将两者明显区分开。

（4）雄成虫（n=4）。体长 2.75～3.10，2.90mm；翅长 1.93～2.10，1.98mm；体长/翅长 1.43～1.48，1.45；翅长/前足胫节长 2.50～2.59，2.55。

1）体色：头部和胸部深棕色，腹部棕色。

2）头部：触角末节长 450～480，465μm，触角比（AR）1.01～1.04，1.02。头部鬃毛 10～11，11 根，包括 1～3，2 根内顶鬃，2～3，3 根外顶鬃，5～7，6 根后眶鬃。唇基毛 10～11，10 根。幕骨长 167～174，170μm，宽 26～35，30μm；茎节长 161～167，165μm，宽 52～61，55μm。食窦泵、幕骨和茎节如图 2.7.7（a）所示。下唇须 5 节，各节长分别为（μm）：25～26，26；45～46，46；101～123，114；110～125，117；158～195，177。下唇须第 5 节和第 3 节长度之比为 1.56～1.63，1.60。

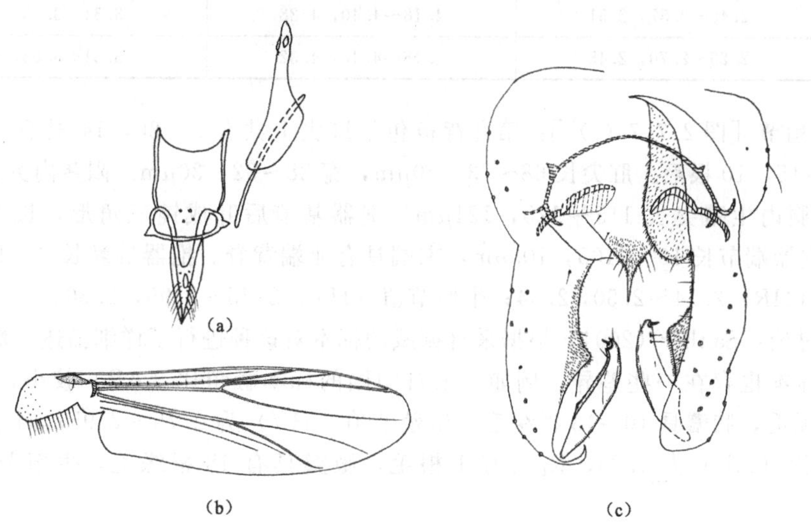

图 2.7.7 突叶直突摇蚊 *Orthocladius*（*Eudactylocladius*）*musester* Sæther

(a) 食窦泵、幕骨和茎节；(b) 翅；(c) 生殖节

3）胸部：前胸背板具 4～6，5 根刚毛，背中鬃 10～11，10 根，中鬃 6～11，9 根，翅前鬃 3～5，4 根，小盾片鬃 8～12，10 根。

4）翅［图 2.7.7（b）］：翅脉比（VR）1.04～1.10，1.07。臀角相对发达。前缘脉延伸长 40～55，47μm。R 脉有 7～9，8 根刚毛；其余翅脉无毛。腋瓣缘毛 10～13，12 根。

5）足：前足胫距长 42～51，44μm；中足胫距长 22～24，23μm 和 21～22，22μm；后足胫距长 58～61，60μm 和 22～26，24μm。前足胫节末端宽 40～44，42μm；中足胫节末端宽 35～38，36μm；后足胫节末端宽 44～47，45μm；胫栉 10～11，10 根，最短的 23～29，26μm，最长的 38～44，41μm。不存在毛形感器。胸部足各节长度及足比见表 2.7.4。

表 2.7.4　突叶直突摇蚊 *Orthocladius*（*Eudactylocladius*）*musester* 胸足各节长度（μm）及足比（*n*=4）

足	p1	p2	p3
fe	810～870，845	800～87，855	870～920，895
ti	900～1010，960	790～890，750	970～1030，995
ta1	650～740，690	380～400，392	550～590，575
ta2	390～410，398	230～245，238	300～320，308
ta3	275～290，283	160～170，165	230～255，242
ta4	180～190，186	95～105，98	120～125，122
ta5	130～140，135	105～120，112	120～130，125
LR	0.72～0.73，0.72	0.45～0.48，0.46	0.56～0.58，0.57
BV	2.38～2.51，2.44	3.34～3.46，3.40	3.06～3.10，3.08
SV	2.46～2.57，2.51	4.18～4.40，4.28	3.31～3.53，3.47
BR	2.25～2.70，2.45	4.18～4.40，4.32	3.31～3.53，3.44

6）生殖节［图 2.7.7（c）］：第九背板包括肛尖上共有 8～20，14 根毛。第九肛节侧片有 8～15，10 根毛。肛尖长 68～73，70μm，宽 28～32，30μm。阳茎内突长 75～85，80μm，横腹内生殖突长 115～125，121μm。抱器基节后叶成钝三角形，长 225～250，235μm。抱器端节长 100～105，103μm，末端具有亚端背脊。抱器端棘长 8～12，10μm。生殖节比（HR）2.14～2.50，2.34；生殖节值（HV）2.75～2.95，2.80。

（5）讨论：Sæther（2004）根据采自挪威的标本对该种进行了详细描述。然而，中国和挪威的标本也存在一些差异，例如，采自中国的标本触角比（AR）较小，约为 1.0，R_1 脉光裸无毛，腋瓣具 10～13 根缘毛，生殖节值（HV）为 2.75～2.95；而采自挪威的标本触角比（AR）为 1.25，R_1 具有 1 根毛，腋瓣具有 18 根缘毛，生殖节值（HV）为 3.63。

（6）分布：中国（湖北），挪威。

2.7.4.8 奥利弗直突摇蚊 *Orthocladius*（*Eudactylocladius*）*olivaceus* Kieffer

Dactylocladius olivaceus Kieffer，1911：183.

Eudactylocladius vagans Thienemann，1950：132.

Orthocladius（*Eudactylocladius*）*olivaceus*，Cranston 1998：290；Makarchenko &

Makarchenko 2011：116.

（1）模式产地：德国。

（2）鉴别特征：该种肛尖三角形，基部和中部均具刚毛，抱器基节的上下附器均不发达，抱器端节具一些分散的长毛，亚端背脊位于抱器端节的末端，且圆钝［图 2.7.8（a）（b）］。

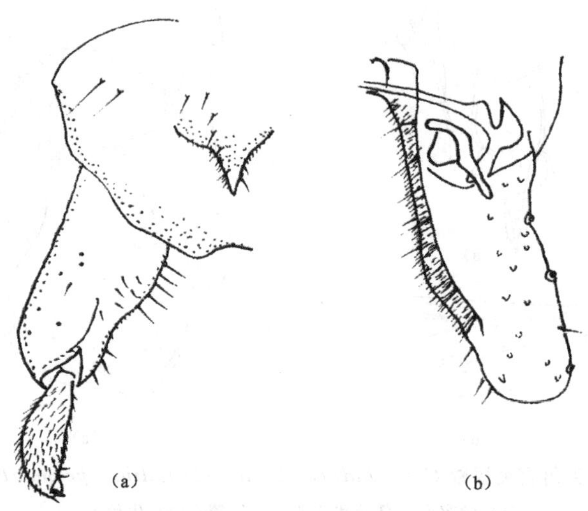

图 2.7.8 奥利弗直突摇蚊 *Orthocladius*（*Eudactylocladius*）*olivaceus* Kieffer

（a）（b）生殖节

（3）讨论：本种的区分主要是依靠蛹的特征，其雄性成虫的上附器和下附器均明显退化又与采自中国陕西的 *O.*（*E.*）*fengensis* 相似，但 *O.*（*E.*）*fengensis* 的下附器完全消失，且其抱器端节不具有分散的长毛，故容易将其区分开。本研究未能检视到模式标本，鉴别特征等引自 Cranston（1998）。

（4）分布：俄罗斯（远东地区），欧洲部分国家，美国。

2.7.4.9 尖角直突摇蚊 *Orthocladius*（*Eudactylocladius*）*priomixtus* Sæther

Orthocladius（*Eudactylocladius*）*priomixtus* Sæther，2004：2.

（1）模式产地：挪威。

（2）观察标本：1♂，甘肃省兰州市吐鲁沟国家森林公园，16. viii. 1993，扫网，卜文俊采。

（3）鉴别特征：该种抱器基节后部的 1/4 处密布细毛，并有不太明显的上附器，且足的跗节不具有毛形感器，这些特征可以将其与本亚属除 *O.*（*E.*）*subletteorum* 外的其他种区别开。本种与 *O.*（*E.*）*subletteorum* 的区别在于其抱器端节的末端具有三角形的外缘突出。

（4）雄成虫（$n=1$）。体长 3.80mm；翅长 2.38mm；体长/翅长 1.60；翅长/前足胫节长 2.58。

1）体色：头部和胸部深棕色，腹部棕色。

2）头部：触角末节长 600μm，触角比（AR）1.28。头部鬃毛 11 根，包括 2 根内顶鬃，4 根外顶鬃，5 根后眶鬃。唇基毛 11 根。幕骨长 162μm，宽 38μm；茎节长 165μm，宽 52μm。食窦泵、幕骨和茎节如图 2.7.9（a）所示。下唇须 5 节，各节长分别为（μm）：30、52、114、92、163。下唇须第 5 节和第 3 节长度之比为 1.43。

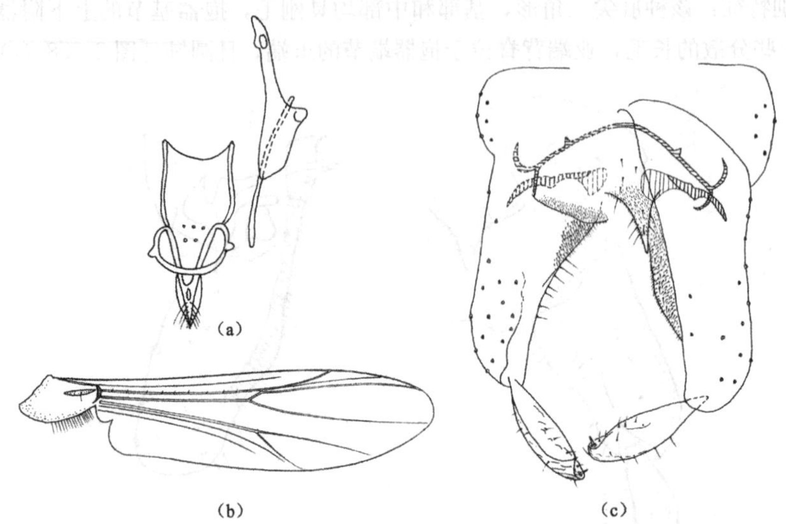

图 2.7.9　尖角直突摇蚊 *Orthocladius*（*Eudactylocladius*）*priomixtus* Sæther

（a）食窦泵、幕骨和茎节；（b）翅；（c）生殖节

3）胸部：前胸背板具 4 根刚毛，背中鬃 14 根，中鬃 8 根，翅前鬃 3 根，小盾片鬃 14 根。

4）翅［图 2.7.9（b）］：翅脉比（VR）1.05。臀角相对发达。前缘脉延伸长 66μm。R 脉有 9 根刚毛，R_1 脉具有 1 根刚毛。腋瓣缘毛 17 根。

5）足：前足胫距长 55μm；中足胫距长 22μm 和 21μm；后足胫距长 60μm 和 33μm。前足胫节末端宽 43μm；中足胫节末端宽 43μm；后足胫节末端宽 52μm；胫栉 13 根，最短的 26μm，最长的 50μm。不存在毛形感器。胸部足各节长度及足比见表 2.7.5。

表 2.7.5　尖角直突摇蚊 *Orthocladius*（*Eudactylocladius*）*priomixtus* Sæther 胸足各节长度（μm）及足比（*n*＝1）

足	fe	ti	ta1	ta2	ta3	ta4	ta5	LR	BV	SV	BR
p1	920	1050	820	480	330	230	140	0.78	2.36	2.40	2.50
p2	930	920	460	260	195	130	115	0.50	3.30	4.02	2.33
p3	980	1120	660	360	280	155	130	0.59	2.98	3.18	2.43

6）生殖节［图 2.7.9（c）］：第九背板包括肛尖上共有 12 根毛。第九肛节侧片有 11 根毛。肛尖长 58μm，宽 22μm。阳茎内突长 62μm，横腹内生殖突长 117μm。抱器基节后部的 1/4 处密布细毛，长 198μm。抱器端节长 88μm，末端具三角形突出，亚端背脊位于末端。抱器端棘长 10μm。生殖节比（HR）为 2.25，生殖节值（HV）为 4.32。

（5）讨论：采自中国的标本的足比（LR）较高，前、中和后足的足比分别为 0.78、0.50 和 0.59，而采自挪威的标本的足比（LR）则相对较低，分别为 0.68、0.43～0.44

和 0.54～0.59。

(6) 分布：中国（甘肃），挪威。

2.7.4.10 中村赭直突摇蚊 *Orthocladius* (*Eudactylocladius*) *seiryugeheus* Sasa, Suzuki & Sawai

Orthocladius (*Orthocladius*) *seiryugeheus* Sasa *et al.*, 1998: 107; Yamamoto, 2004: 61.

Orthocladius (*Eudactylocladius*) *seiryugeheus* Sasa, Suzuki & Sawai.

(1) 模式产地：日本。

(2) 观察标本：正模，♂，(No. 358: 063)，日本四国岛中村，26.iv.1998，扫网，S. Suzuki 采。

(3) 鉴别特征：该种触角比（AR）较小（0.76），三角形肛尖，抱器端节短且密被长毛，较高的生殖节值（HV 4.07），下附器略突出，这些特征可以将其与本亚属中的其他种区分开。

(4) 雄成虫。体长 2.53mm，翅长 1.45mm。体长/翅长 1.74，翅长/前足胫节长 2.74。

1) 体色：头部和胸部棕色，腹部浅棕色。

2) 头部：触角末节长 299μm，触角比（AR）0.76。头部鬃毛 8 根，包括 2 根内顶鬃，3 根外顶鬃，3 根后眶鬃。唇基毛 12 根。幕骨长 130μm，宽 30μm；茎节长 138μm，宽 40μm。食窦泵、幕骨和茎节如图 2.7.10（a）所示。下唇须 5 节，各节长分别为（μm）：30、40、70、75、138。下唇须第 5 节和第 3 节长度之比为 1.97。

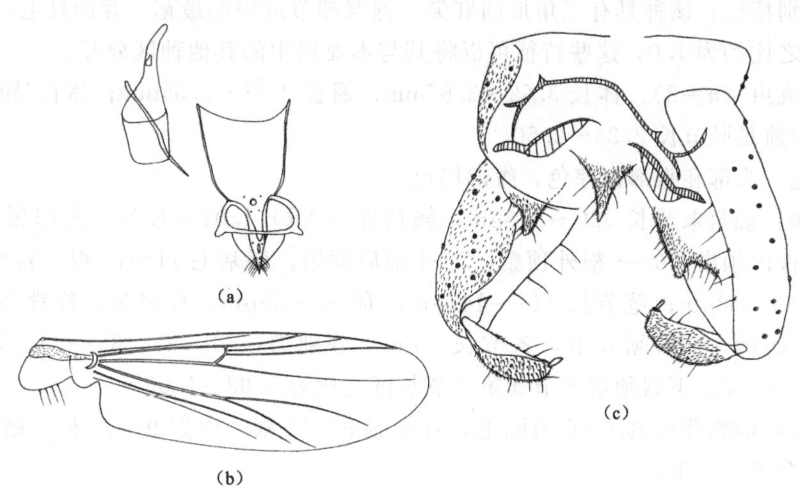

图 2.7.10 中村赭直突摇蚊 *Orthocladius* (*Eudactylocladius*) *seiryugeheus* Sasa, Suzuki & Sawai

(a) 食窦泵、幕骨和茎节；(b) 翅；(c) 生殖节

3) 胸部：背中鬃 7 根，中鬃缺失，翅前鬃 5 根，小盾片鬃 4 根。

4) 翅［图 2.7.10（b）］：翅脉比（VR）1.20。臀角一般发达。前缘脉延伸长 50μm。R 脉有 1 根刚毛。腋瓣缘毛 6 根。

5) 足：前足胫距长 44μm；中足胫距长 26μm 和 23μm；后足胫距长 43μm 和 22μm。

前足胫节末端宽 35μm；中足胫节末端宽 36μm；后足胫节末端宽 44μm；胫栉 10 根，最短的 25μm，最长的 42μm。伪胫距存在于中足和后足的第一和第二跗节，长 21～30μm。

6）生殖节［图 2.7.10（c）］：第九背板包括肛尖上共有 7 根毛。第九肛节侧片有 6 根毛。肛尖三角形，长 50μm，宽 25μm。阳茎内突长 40μm，横腹内生殖突长 88μm。抱器基节长 163μm。抱器端节较短，密被长毛，长 62μm，亚端背脊不明显。抱器端棘长 10μm。生殖节比（HR）为 2.63，生殖节值（HV）为 4.07。

（5）讨论：Sasa *et al*.（1998）建立该种，并将其归入直突摇蚊属指名亚属，随后，Yamamoto（2004）仍将其划归到该亚属。然而，经过对模式标本的观察，该种不具有指名亚属种类所具有的阳茎刺突和上附器等结构，而下附器构造简单，以及抱器端节密被的长毛可明显看出其为赭直突摇蚊亚属［*O.*（*Eudactylocladius*）］的特征，故将其划归到本亚属。

（6）分布：日本。

2.7.4.11 苏伯来直突摇蚊 *Orthocladius*（*Eudactylocladius*）*sublettorum* Cranston

Orthocladius（*Eudactylocladius*）*sublettorum* Cranston，1999：291；Makarchenko & Makarchenko 2011：116.

（1）模式产地：加拿大。

（2）观察标本：3♂♂，（BDN No. 11374）四川省理塘县桑堆镇海子山，11. vi. 1996，扫网，王新华采。

（3）鉴别特征：该种具有三角形的肛尖，抱器端节近中部最宽，背面具毛，第 5 节和第 3 节长度之比约为 1.0，这些特征可以将其与本亚属中的其他种区分开。

（4）雄成虫（$n=2$）。体长 3.62～3.67mm；翅长 2.33～2.55mm；体长/翅长 1.42～1.56；翅长/前足胫节长 2.36～2.50。

1）体色：头部和胸部深棕色，腹部棕色。

2）头部：触角末节长 520～545μm，触角比（AR）1.02～1.06。头部鬃毛 13～14 根，包括 4 根内顶鬃，6～8 根外顶鬃，2～4 根后眶鬃。唇基毛 11～13 根。幕骨长 150～154μm，宽 48～50μm；茎节长 145～147μm，宽 52～55μm。食窦泵、幕骨和茎节如图 2.7.11（a）所示。下唇须 5 节，各节长（μm）分别为：30～35、35～44、123～128、88～92、120～132。下唇须第 5 节和第 3 节长度之比为 0.98～1.03。

3）胸部：前胸背板具 4～6 根刚毛，背中鬃 9～12 根，中鬃 9～11 根，翅前鬃 4～6 根，小盾片鬃 8～12 根。

4）翅［图 2.7.11（b）］：翅脉比（VR）1.11～1.13。臀角相对较发达。前缘脉延伸长 30～40μm。R 脉有 6～9 根刚毛；R_1 脉和 R_{4+5} 脉分别具 1 根刚毛。腋瓣缘毛 11～12 根。

5）足：前足胫距长 54～55μm；中足胫距长 27～29μm 和 26～28μm；后足胫距长 62～66μm 和 25～33μm。前足胫节末端宽 47～48μm；中足胫节末端宽 55～58μm；后足胫节末端宽 59～66μm；胫栉 12～13 根，最短的 25～29μm，最长的 48～54μm。伪胫距存在于中足和后足的第一和第二跗节，长 24～29μm。不存在毛形感器。胸部足各节长度及足比见表 2.7.6。

表 2.7.6 苏伯来直突摇蚊 *Orthocladius* (*Eudactylocladius*) *sublettorum* 胸足各节长度 (μm) 及足比 ($n=2$)

足	p1	p2	p3
fe	990～1020	990～1010	1050～1120
ti	1050～1080	1000～1010	1100～1220
ta1	720～780	460～510	600～630
ta2	440～460	280～300	310～350
ta3	300～330	210～230	260～290
ta4	200～220	140～150	170～175
ta5	150～160	125～130	140～150
LR	0.69～0.72	0.46～0.50	0.54～0.55
BV	2.63～2.72	3.12～3.25	3.08～3.13
SV	2.69～2.83	3.96～4.33	3.58～3.70
BR	2.14～2.50	2.10～2.13	2.88～3.25

6）生殖节［图 2.7.11（c）］：第九背板包括肛尖上共有 12 根毛。第九肛节侧片有 8～11 根毛。肛尖三角形，长 70～75μm，宽 58～62μm。阳茎内突长 85～95μm，横腹内生殖突长 105～125μm。抱器基节长 273～288μm。抱器端节近中部最宽，长 101～120μm，具有长而低的亚端背脊。抱器端棘长 14～15μm。生殖节比（HR）为 2.40～2.70，生殖节值（HV）为 3.02～3.59。

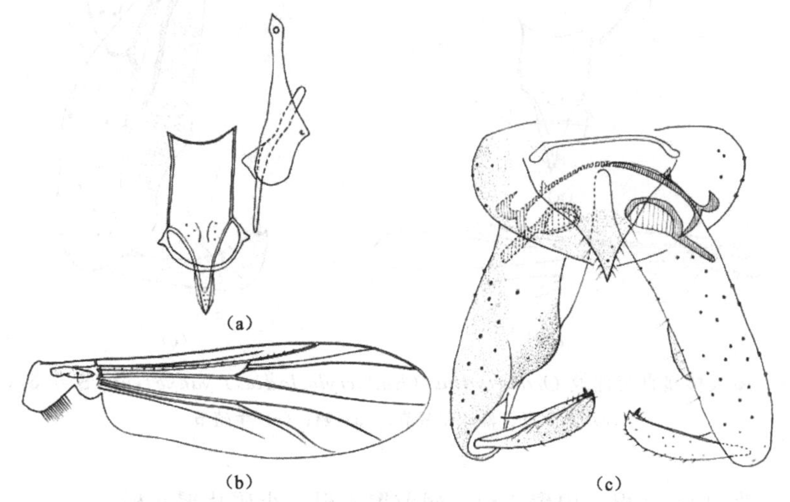

图 2.7.11 苏伯来直突摇蚊 *Orthocladius* (*Eudactylocladius*) *sublettorum* Cranston

(a) 食窦泵、幕骨和茎节；(b) 翅；(c) 生殖节

（5）讨论：Cranston（1998）对该种进行了详细的描述，Sæther（2004）指出了该种与 *O.*（*E.*）*priomixtus* 的密切关系。采自中国的该种的标本较新北区的标本的触角比

（AR 0.97～1.15）低。

（6）分布：中国（四川），欧洲部分国家，加拿大。

2.7.4.12　屋久杉赭直突摇蚊 *Orthocladius*（*Eudactylocladius*）*yakyefeus*（Sasa & Suzuki）

Limnophyes yakyefeus Sasa & Suzuki，2000：84；Yamamoto，2004：50.

Orthocladius（*Eudactylocladius*）*yakyefeus*（Sasa & Suzuki）Comb. n.

（1）模式产地：日本。

（2）观察标本：正模，♂，（No. 383：018），日本九州鹿儿岛屋久杉地区，25. iii. 1999，扫网，S. Suzuki 采。

（3）鉴别特征：该种 R_1 脉具 6 根刚毛，前缘脉延伸明显（170μm），下唇须的第 5 节明显短于第 3 节，具有细长的抱器端节，抱器基节内缘密被长毛，这些特征可以将其与本亚属中的其他种区分开。

（4）雄成虫。体长 4.25mm；翅长 2.65mm；体长/翅长 1.60；翅长/前足胫节长 2.21。

1）体色：头部和胸部深棕色，腹部棕色。

2）头部：触角末节长 550μm，触角比（AR）1.10。头部鬃毛 8 根，包括 2 根内顶鬃，4 根外顶鬃，2 根后眶鬃。唇基毛 5 根。幕骨长 154μm，宽 44μm；茎节长 167μm，宽 66μm。食窦泵、幕骨和茎节如图 2.7.12（a）所示。下唇须 5 节，各节长（μm）分别为：37、50、175、125、150。下唇须第 5 节和第 3 节长度之比为 0.86。

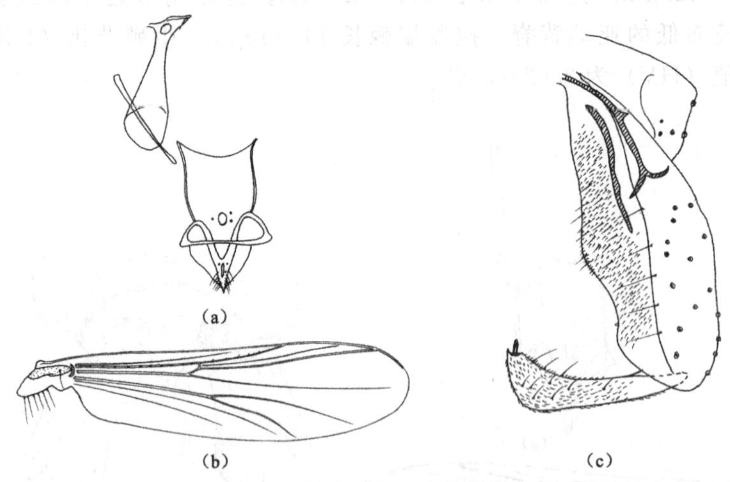

图 2.7.12　屋久杉赭直突摇蚊 *Orthocladius*（*Eudactylocladius*）*yakyefeus*（Sasa & Suzuki）
（a）食窦泵、幕骨和茎节；（b）翅；（c）生殖节

3）胸部：背中鬃 10 根，中鬃 4 根，翅前鬃 4 根，小盾片鬃 6 根。

4）翅［图 2.7.12（b）］：翅脉比（VR）1.20。臀角较退化。前缘脉延伸长 170μm。R 脉有 11 根刚毛；R_1 具 6 根刚毛。腋瓣缘毛 6 根。

5）足：前足胫距长 75μm；中足胫距长 44μm 和 35μm；后足胫距长 66μm 和 31μm。前足胫节末端宽 52μm；中足胫节末端宽 57μm；后足胫节末端宽 66μm；胫栉

12 根，最短的 29μm，最长的 48μm。伪胫距存在于中足和后足的第一和第二跗节，长 25～32μm。

6）生殖节［图 2.7.12（c）］：肛尖丢失。第九肛节侧片有 8 根毛。阳茎内突长 125μm，横腹内生殖突长 150μm。抱器基节长 295μm。抱器端节细长，末端最宽，长 163μm，具有长而低的亚端背脊。抱器端棘长 17μm。生殖节比（HR）为 1.81，生殖节值（HV）为 2.61。

（5）讨论：Sasa & Suzuki（2000）建立本种，并将其置于 *Limnophyes* 属当中，Yamamoto（2004）沿用了这一归属。然而，根据我们对模式标本的观察，该种符合 Cranston（1998）和 Sæther（2004）提出的直突摇蚊属中赭直突摇蚊亚属的鉴别特征，如翅的 R 脉和 R_1 脉均具有较多的刚毛，且 Cu_1 脉未明显弯曲，此外该种抱器基节内缘分布较明显的长缘毛，均是在 *O.* 赭直突摇蚊（*Eudactylocladius*）中特有的，这些特征均不符合 *Limnophyes* 的属征，故将该种转移至本属的赭直突摇蚊亚属中。

（6）分布：日本。

真直突摇蚊亚属 Subgenus *Euorthocladius*

模式种：*Orthocladius thienemanni* Kieffer 1906

真直突摇蚊亚属（*Euorthocladius*）由 Thienemann 于 1935 年建立，并以 *O. thienemanni* Kieffer 为模式种。个体小型至中型。其幼虫一般具有深棕色的头壳，体呈棕色、绿色或者黄色，在急流、小溪和河流中均有发现。Soponis（1990）修订了本亚属的全北区种类，并给出了该亚属的检索表。目前，该属世界上共记录 26 种，其中古北区 15 种，新北区 9 种，东洋区 5 种，非洲区 1 种（Chaudhuri *et al*. 2001；Makarchenko & Makarchenko 2011；Rossaro & Pietrangelo 1992；Soponis 1990；Sæther 2005；Wang 2000）。Wang（2000）中国摇蚊名录记述了本亚属 3 种，*O.*（*E.*）*kanii*（Tokunaga，1939）、*O.*（*E.*）*thienemanni* Kieffer，1906 和 *O.*（*E.*）*rivulorum* Kieffer，1909 的幼虫。根据 Yamamoto（2004）日本直突摇蚊亚科名录，经过对日本标本的检视，作者发现本亚属存在 4 项错误鉴定（如附录 C 中所示）。

鉴别特征：本亚属种类与本属的其他亚属的主要区别是：小盾片鬃一般多列，肛尖末端圆钝。如果小盾片鬃单列则其两眼不向背部延伸。

东亚地区真直突摇蚊亚属雄成虫检索表

1. 阳茎刺突不存在 ………… 2
   阳茎刺突存在 ………… 6
2. 前缘脉不延伸，下唇须第 5 节长于第 3 节的 3 倍 ………… *O.*（*E.*）*togahamatus*（Sasa & Okazawa）
   前缘脉明显延伸，下唇须第五节略长于第 3 节 ………… 3
3. 肛尖短于 40μm ………… 4
   肛尖一般长于 60μm ………… 5
4. 下附器背叶三角形 ………… *O.*（*E.*）*tibetensis* Kong，Sæther & Wang
   下附器背叶非三角形 ………… *O.*（*E.*）*oiratertius* Sasa
5. 亚端背脊弱，不明显，下附器背叶鼻状 …… *O.*（*E.*）*abiskoensis* Thienemann & Krüger

亚端背脊长而且明显，下附器背叶非鼻状………… *O.*（*E.*）*suspensus*（Tokunaga）

6. 抱器端棘明显较细，且颜色浅 ……………………………………………………………… 7

抱器端棘较粗，颜色正常……………………………………………………………………… 8

7. 触角比（AR）0.47，腋瓣缘毛 21 根……… *O.*（*E.*）*albidus* Kong，Sæther & Wang

触角比（AR）2.92，腋瓣缘毛多于 50 根…… *O.*（*E.*）*togaflextus* Sasa & Okazawa

8. 胸部中鬃缺失 …………………………………………………………………………… 9

胸部具有中鬃………………………………………………………………………………… 10

9. 上附器衣领状 ………………………………………………… *O.*（*E.*）*saxosus*（Tokunaga）

上附器圆钝，略呈半圆形 ……………… *O.*（*E.*）*asamadentalis* Sasa & Hirabayashi

10. 肛尖两侧平行，下附器腹叶退化……… *O.*（*E.*）*insolitus* Makarchenko & Makarchenko

肛尖两侧不平行，下附器腹叶不退化 ……………………………………………………… 11

11. 前缘脉延伸至超过 R_{4+5} 脉末端 ……………………………………………………… 12

前缘脉延伸不超过 R_{4+5} 脉末端…………………… *O.*（*E.*）*shoufukuseptimus* Sasa

12. 抱器端节明显弯曲，上附器三角形 ……… *O.*（*E.*）*flectus* Kong，Sæther & Wang

抱器端节不弯曲或不明显弯曲，上附器非三角形 ………………………………………… 13

13. 触角比（AR）大于 2.5 ……………………………… *O.*（*E.*）*shoufukuquintus* Sasa

触角比（AR）小于 2.0 …………………………………………………………………… 14

14. 亚端背脊不明显 ………………………………………… *O.*（*E.*）*kanii*（Tokunaga）

亚端背脊长而明显 ………………………………………………………………………… 15

15. 下附器背叶鼻状 ………………………………………… *O.*（*E.*）*rivulorum* Kieffer

下附器背叶非鼻状 ………………………………………………………………………… 16

16. 中足的第一跗节具有毛形感器 ……………………………… *O.*（*E.*）*rivicola* Kieffer

中足的第一跗节不具有毛形感器 ………………………… *O.*（*E.*）*thienemanni* Kieffer

2.7.4.13 阿比斯库直突摇蚊 *Orthocladius*（*Euorthocladius*）*abiskoensis* Thienemann & Krüger

Orthocladius abiskoensis Thienemann & Krüger，1937：257.

Lapporthocladius abiskoensis Thienemann & Krüger，1937：266.

Orthocladius（s. str.）*abiskoensis* Edwards，1937：144.

Lapporthocladius abiskoensis（Edwards），Zavžel 1938：8；Thienemann 1941：66，1944：564，1954：182；Brundin 1956：103；Fittkau *et al.* 1967：358；Fittkau & Reiss 1978：418.

Orthocladius（s. str.）*abiskoensis*，Sæther 1969：65.

Orthocladius（*Lapporthocladius*）*abiskoensis*，Pankratova 1970：173，182.

Orthocladius（*Euorthocladius*）*abiskoensis*，Säwedal 1978：85.

Orthocladius（*Euorthocladius*）*abiskoensis*，Soponis 1990：13；Makarchenko & Makarchenko，2011：116.

（1）模式产地：瑞典。

（2）鉴别特征：该种翅臀角一般发达，阳茎刺突缺失，上附器三角形具有尖锐的或者圆钝的末端，下附器背叶成鼻状，覆盖腹叶，亚端背脊较弱，这些特征可以将其与本亚属中的其他种区分开。

(3) 讨论：该种由 Thienemann & Krüger 始建于1937年，但原始描述过于简单。随后 Edwards (1937) 对该种雄成虫有一简单的描述，主要是根据胸部的斑纹将其与 *O. rubicundus* 和 *O. decoratus* 区分开，又根据下唇须第三节和第四节的长度将 *O. abiskoensis* 与 *O. rubicundus* 区分开。Säwedal (1978) 将本种置于目前的真直突摇蚊亚属 (Subgenus *Euorthocladius*)，后 Soponis (1990) 对该种进行了修订。该种未能看到模式标本，鉴别特征引自 Soponis (1990)。

(4) 分布：俄罗斯（远东地区），瑞典，美国。

2.7.4.14 短尖真直突摇蚊 *Orthocladius* (*Euorthocladius*) *albidus* Kong, Sæther & Wang

(1) 模式产地：中国（四川）。

(2) 观察标本：正模，♂，(BDN No. 12401) 四川省甘孜藏族自治州雅江，14. vi. 1996，扫网，王新华采。

(3) 词源学：源于拉丁文 *albidus*，短的，意指其短的肛尖。

(4) 鉴别特征：该种触角比 (AR) 小 (0.47)，肛尖较短，且抱器端棘颜色较浅，这些特征可以将其与本亚属中的其他种区分开。

(5) 雄成虫 (n=1)。体长 3.27mm；翅长 2.00mm；体长/翅长 1.64；翅长/前足胫节长 2.67。

1) 体色：头部和胸部深棕色，触角、足和腹部浅棕色。

2) 头部：触角末节长 320μm，触角比 (AR) 0.47。头部鬃毛 9 根，包括 1 根内顶鬃，3 根外顶鬃，5 根后眶鬃。唇基毛 13 根。食窦泵、幕骨和茎节如图 2.7.13 (a) 所示。幕骨长 154μm，宽 44μm。下唇须 5 节，各节长 (μm) 分别为：35、44、90、91、152。下唇须第 5 节和第 3 节长度之比为 1.69。

3) 胸部：前胸背板具 4 根刚毛，背中鬃 10 根，中鬃缺失，翅前鬃 4 根，小盾片鬃多列，48 根。

4) 翅 [图 2.7.13 (b)]：翅脉比 (VR) 1.18。臀角发达。前缘脉延伸长 35μm。R 脉有 8 根刚毛，其余脉无刚毛。腋瓣缘毛 21 根。

5) 足：前足胫距长 44μm；中足胫距长 26μm 和 22μm；后足胫距长 52μm 和 26μm。前足胫节末端宽 40μm；中足胫节末端宽 40μm；后足胫节末端宽 48μm；胫栉 10 根，最短的 25μm，最长的 50μm。伪胫距存在于中足和后足的第一和第二跗节，长 22～27μm。不存在毛形感器。胸部足各节长度及足比见表 2.7.7。

表 2.7.7 短尖真直突摇蚊 *Orthocladius* (*Euorthocladius*) *albidus* 胸足各节长度 (μm) 及足比 (n=1)

足	fe	ti	ta1	ta2	ta3	ta4	ta5	LR	BV	SV	BR
p1	750	800	670	410	280	180	110	0.84	2.27	2.31	2.22
p2	850	820	440	300	200	100	90	0.54	3.06	3.80	2.00
p3	870	930	600	350	260	140	110	0.65	2.79	3.00	3.27

6）生殖节［图 2.7.13（c）］：第九背板包括肛尖上共有 9 根毛。第九肛节侧片有 11 根毛。肛尖长 38μm，宽 18μm。阳茎内突长 70μm，横腹内生殖突长 150μm。抱器基节长 187μm。上附器衣领状，下附器的腹叶延伸至超过背叶。阳茎刺突长 25μm。抱器端节长 98μm，具有长而低的亚端背脊。抱器端棘颜色较浅，长 10μm。生殖节比（HR）为 1.91，生殖节值（HV）为 3.34。

（6）分布：中国（四川）。

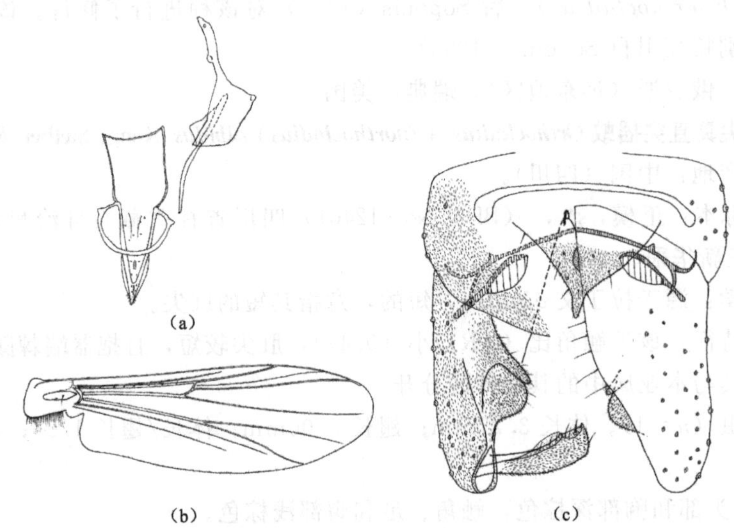

图 2.7.13　短尖真直突摇蚊 *Orthocladius*（*Euorthocladius*）*albidus* Kong，Sæther & Wang

（a）食窦泵、幕骨和茎节；（b）翅；（c）生殖节

2.7.4.15　浅间真直突摇蚊 *Orthocladius*（*Euorthocladius*）*asamadentalis* Sasa & Hirabayashi

Orthocladius（*Euorthocladius*）*asamadentalis* Sasa & Hirabayashi，1993：382；Yamamoto，2004：57.

（1）模式产地：日本。

（2）观察标本：正模，♂，（No. 240：037），日本本州长野浅间温泉，16.v.1991，灯诱，Suzuki 采。

（3）鉴别特征：该种小盾片鬃双列，肛尖健壮，末端圆钝，上附器圆钝，下附器腹叶延伸至明显超过背叶，这些特征可以将其与本亚属中的其他种区分开。

（4）雄成虫。体长 2.95mm，翅长 1.85mm；体长/翅长 1.59，翅长/前足胫节长 2.57。

1）头部：触角末节长 484μm，触角比（AR）1.22。头部鬃毛 15 根，包括 2 根内顶鬃，9 根外顶鬃，4 根后眶鬃。唇基毛 8 根。幕骨长 175μm，宽 50μm；茎节长 212μm，宽 88μm。食窦泵、幕骨和茎节如图 2.7.14（a）所示。下唇须 5 节，各节长（μm）分别为：31、52、108、101、141。下唇须第 5 节和第 3 节长度之比为 1.32。

2）胸部：背中鬃 11 根，中鬃缺失，翅前鬃 5 根，小盾片鬃双列，18 根。

3）翅［图 2.7.14（b）］：翅脉比（VR）1.12。臀角极为发达。前缘脉延伸长

20μm。R 脉有 10 根刚毛，腋瓣缘毛 15 根。

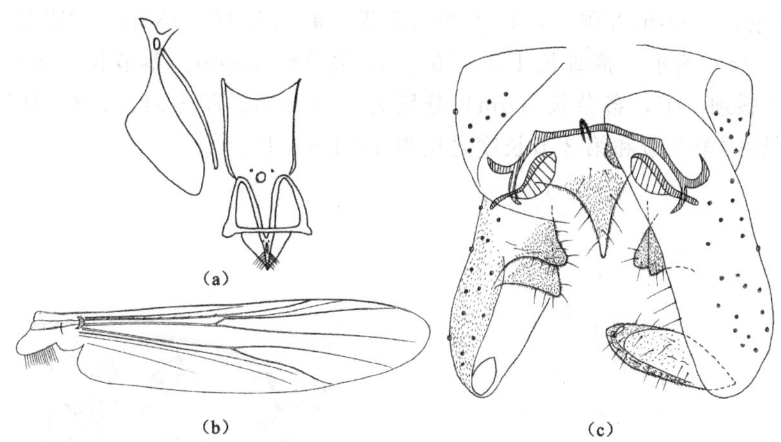

图 2.7.14 浅间真直突摇蚊 *Orthocladius*（*Euorthocladius*）*asamadentalis* Sasa & Hirabayashi

(a) 食窦泵、幕骨和茎节；(b) 翅；(c) 生殖节

4）足：前足胫距长 44μm；中足胫距长 22μm 和 20μm；后足胫距长 57μm 和 24μm。前足胫节末端宽 56μm；中足胫节末端宽 52μm；后足胫节末端宽 53μm；胫栉 10 根，最短的 27μm，最长的 49μm。伪胫距存在于中足和后足的第一和第二跗节，长 26～32μm。

5）生殖节［图 2.7.14（c）］：肛尖健壮，末端圆钝，长 60μm，基部宽 50μm。第九背板包括肛尖上共有 10 根毛。第九肛节侧片有 15 根毛。阳茎内突长 75μm，横腹内生殖突长 95μm。抱器基节长 225μm，上附器圆钝，下附器的腹叶延伸至明显超过背叶。抱器端节长 112μm，亚端背脊不明显。阳茎刺突存在，长 37μm，抱器端棘长 16μm。生殖节比（HR）为 2.01，生殖节值（HV）为 2.63。

（5）讨论：除了抱器端节外，该种生殖节的结构与采自中国秦岭的 *O.*（*Euorthocladius*）*flectus* 十分相似。但本种个体较小，且触角比（AR）也较 *O.*（*E.*）*flectus* 为小（见后面内容），又因两者明显差异的抱器端节结构，可以将两者明显区分。

（6）分布：日本。

2.7.4.16 弯铗直突摇蚊 *Orthocladius*（*Euorthocladius*）*flectus* Kong, Sæther & Wang

（1）模式产地：中国（陕西）。

（2）观察标本：正模，♂，（BDN No. 19999），陕西省凤县秦岭，10. vi. 1998，扫网，杨莲芳采。副模，2♂♂，同正模。

（3）词源学：源于拉丁文 *flectus*，弯曲的，意指其弯曲的抱器端节。

（4）鉴别特征：该种上附器成较宽三角形，末端圆钝，抱器端节弯曲，这些特征可以将其与本亚属中的其他种区分开。

（5）雄成虫（$n=2$）。体长 3.70～4.35mm；翅长 2.33～2.80mm；体长/翅长 1.55～1.59；翅长/前足胫节长 2.77～2.89。

1）体色：胸部深棕色，头部、触角、足和腹部浅棕色。

2）头部：触角比（AR）1.90～2.00，末节长 760～900μm。头部鬃毛 11～18 根，包括 2 根内顶鬃，5～7 根外顶鬃，4～9 根后眶鬃。唇基毛 10～13 根。食窦泵、幕骨和茎节如图 2.7.15（a）所示。幕骨长 154～163μm，宽 53～55μm。茎节长 128～147μm，宽 52～55μm。下唇须 5 节，各节长（μm）分别为：31～35、75～84、158～163、97～99、170～176。下唇须第 5 节和第 3 节长度之比为 1.04～1.11。

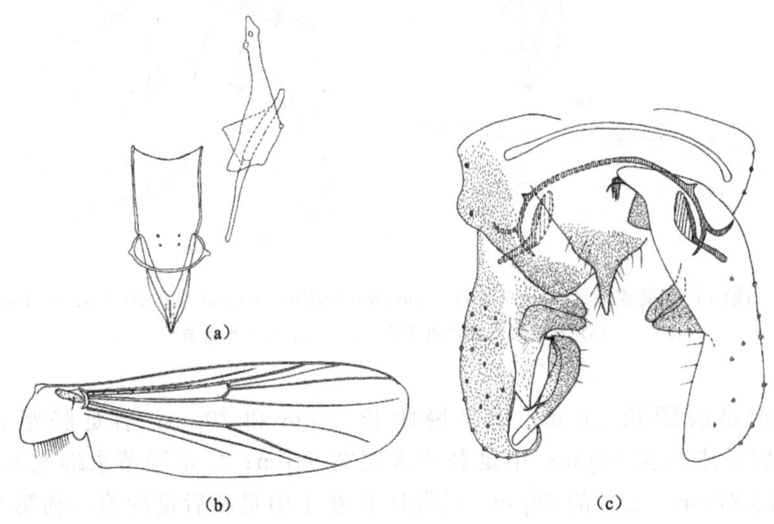

图 2.7.15　弯铗直突摇蚊 *Orthocladius*（*Euorthocladius*）*flectus* Kong，Sæther & Wang

（a）食窦泵、幕骨和茎节；（b）翅；（c）生殖节

3）胸部：前胸背板具 3～4 根刚毛，背中鬃 12～13 根，中鬃 4～5 根，翅前鬃 3～5 根，小盾片鬃双列，16～22 根。

4）翅［图 2.7.15（b）］：翅脉比（VR）1.02～1.05。臀角一般发达。前缘脉延伸长 30～40μm。R 脉有 10～11 根刚毛，其余脉无刚毛。腋瓣缘毛 13～20 根。

5）足：前足胫距长 62～70μm；中足胫距长 26～35μm 和 25～31μm；后足胫距长 62～66μm 和 20～22μm。前足胫节末端宽 44～50μm；中足胫节末端宽 42～48μm；后足胫节末端宽 47～55μm；胫栉 10～12 根，最短的 26～30μm，最长的 48～54μm。伪胫距存在于中足和后足的第一和第二跗节，长 22～26μm。不存在毛形感器。胸部足各节长度及足比见表 2.7.8。

表 2.7.8　弯铗直突摇蚊 *Orthocladius*（*Euorthocladius*）*flectus* 胸足各节长度（μm）及足比（*n*=2）

足	p1	p2	p3
fe	840～970	900～1070	910～1200
ti	1000～1170	950～1160	1150～1310
ta1	790～920	525～650	675～810
ta2	470～490	300～400	370～430

续表

足	p1	p2	p3
ta3	360～390	210～305	270～310
ta4	230～250	125～190	120～190
ta5	130～140	125～140	110～140
LR	0.78～0.79	0.55～0.56	0.59～0.62
BV	2.21～2.28	2.78～3.15	3.06～3.18
SV	2.33	3.43～3.52	3.05～3.10
BR	2.00～2.22	1.78～1.83	3.60～3.65

6）生殖节［图 2.7.15（c）］：第九背板包括肛尖上共有 10～14 根毛。第九肛节侧片有 4 根毛。肛尖长 57～67μm，宽 27～35μm。阳茎内突长 88～102μm，横腹内生殖突长 125～128μm。抱器基节长 225～267μm。上附器宽三角形，末端圆钝，下附器的腹叶延伸至略超过背叶。阳茎刺突长 30μm。抱器端节弯曲，长 118～137μm，亚端背脊从末端延伸至抱器端节基部的 2/3 处。抱器端棘长 10～11μm。生殖节比（HR）为 1.91～1.95，生殖节值（HV）为 3.14～3.18。

（6）分布：中国（陕西）。

（7）讨论：本种与日本产 *Orthocladius*（*Euorthocladius*）*asamadentalis* Sasa & Hirabayashi 在生殖节的结构，如下附器肛尖等特征相似，两者的区别见 *O.*（*E.*）*asamadentalis* 种的讨论。

2.7.4.17 低叶直突摇蚊 *Orthocladius*（*Euorthocladius*）*insolitus* Makarchenko & Makarchenko

Orthocladius（*Euorthocladius*）*insolitus* Makarchenko & Makarchenko，2006：65；2011：116.

（1）模式产地：俄罗斯（远东地区）。

（2）鉴别特征：该种触角比（AR）0.90～1.30，复眼间距较宽，肛尖两侧平行，末端圆钝，上附器低，衣领状，下附器三角形，腹叶退化，抱器端节略弯曲，末端一半具亚端背脊，这些特征可以将其与本亚属中的其他种区分开。

（3）雄成虫。触角 14 节，触角比（AR）0.90～1.30。下唇须第 5 节和第 3 节长度之比为 1.25。前胸背板具 3～4 根刚毛，背中鬃 7～8 根，中鬃 12～15 根，翅前鬃 5～6 根，小盾片鬃 16 根。臀角发达，R 脉有 3～7 根刚毛，R_1 脉和 R_{4+5} 脉光裸无毛。腋瓣缘毛 16～18 根。前足胫距长 44～52μm；中足胫距长 28μm 和 16～24μm；后足胫距长 60～68μm 和 20～24μm。胫栉 7 根。中足和后足的第一和第二跗节具有伪胫距。不存在毛形感器。生殖节［图 2.7.16（a）］：第九背板包括肛尖上共有 8～10 根毛，肛尖肛尖两侧平行，末端圆钝，长 40～72μm。第九肛节侧片有 5～6 根毛。横腹内生殖突长 100～112μm。抱器基节长 240～260μm，上附器低，衣领状，下附器三角形，腹叶退化［图 2.7.16（b）］。抱器端节［图 2.7.16（c）］略弯曲，长 92～100μm，亚端背脊位于抱器端节末端一半。生殖节比（HR）为 2.50～2.60。

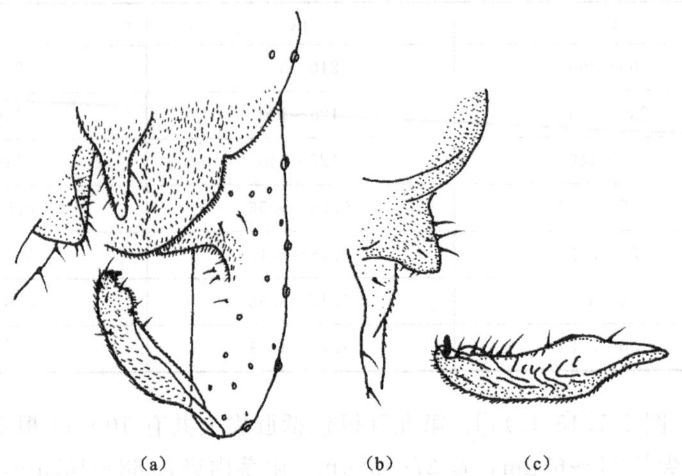

图 2.7.16　低叶直突摇蚊 *Orthocladius*（*Euorthocladius*）*insolitus* Makarchenko & Makarchenko

(a) 生殖节；(b) 下附器；(c) 抱器端节

（4）讨论：本研究未能检视到该种模式标本，鉴别特征等引自原始描述。

（5）分布：俄罗斯（远东地区）。

2.7.4.18　金氏直突摇蚊 *Orthocladius*（*Euorthocladius*）*kanii*（Tokunaga）

Spaniotoma（*Orthocladius*）*kanii* Tokunaga，1939：315.

Euorthocladius kanii（Tokunaga），Thienemann，1944：567.

Orthocladius（sen. str.）*kanii* Tokunaga，1964：17.

Orthocladius kanii（Tokunaga），Sasa & Yamamoto，1977：310.

Orthocladius（*Euorthocladius*）*kanii*（Tokunaga），Soponis，1990：22；Wang，2000：637；Wang & Ji，2001：407；Yamamoto，2004：58.

（1）模式产地：日本。

（2）观察标本：正模，♂，日本本州岛远矢湖，12. vi. 1986，扫网，S. Suzuki 采；6♂♂，辽宁省抚顺市三块石国家森林公园，29. iv. 1994，扫网，王俊才采。

（3）鉴别特征：该种阳茎刺突存在，下附器背叶略成方形，覆盖背叶，这些特征可以将其与本亚属中的其他种区分开。

（4）雄成虫（$n=7$）。体长 3.90～4.05，3.96mm；翅长 2.38～2.82，2.65mm；体长/翅长 1.42～1.64，1.55；翅长/前足胫节长 2.64～2.89，2.77。

1）体色：胸部深棕色，头部、触角、足和腹部浅棕色。

2）头部：触角比（AR）1.04～1.10，1.06，末节长 533～550，542μm。头部鬃毛 16～19，17 根，包括 2～6，4 根内顶鬃，5～10，7 根外顶鬃 4～9，7 根后眶鬃。唇基毛 11～18，15 根。食窦泵、幕骨和茎节如图 2.7.17（a）所示。幕骨长 176～183，180μm，宽 35～42，40μm。茎节长 128～147，135μm，宽 35～37，36μm。下唇须 5 节，各节长（μm）分别为：26～35，30；44～57，50；99～110，104；75～79，77；132～136，134。下唇须第 5 节和第 3 节长度之比为 1.24～1.33，1.30。

3）胸部：前胸背板具2～4，3根刚毛，背中鬃8～11，10根，中鬃4～7，6根，翅前鬃4～6，5根，小盾片鬃双列，13～28，20根。

4）翅［图2.7.17（b）］：翅脉比（VR）1.04～1.06，1.05。臀角发达。前缘脉延伸长20～40，28μm。R脉有4～6，5根刚毛，其余脉无刚毛。腋瓣缘毛18～24，21根。

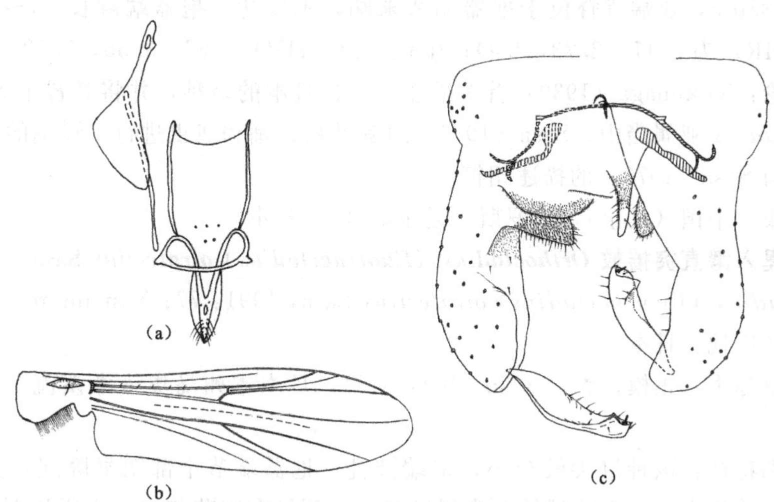

图2.7.17 金氏直突摇蚊 *Orthocladius*（*Euorthocladius*）*kanii*（Tokunaga）

（a）食窦泵、幕骨和茎节；（b）翅；（c）生殖节

5）足：前足胫距长31～44，37μm；中足胫距长33～35，34μm和22～33，26μm；后足胫距长62～75，69μm和28～36，33μm。前足胫节末端宽45～52，49μm；中足胫节末端宽46～48，47μm；后足胫节末端宽60～65，62μm；胫栉10～12根，最短的25～30，27μm，最长的48～55，51μm。伪胫距存在于中足和后足的第一和第二跗节，长20～24μm。不存在毛形感器。胸部足各节长度及足比见表2.7.9。

表2.7.9 金氏直突摇蚊 *Orthocladius*（*Euorthocladius*）*kanii* 胸足各节长度（μm）及足比（$n=7$）

足	p1	p2	p3
fe	980～1070，1035	1000～1150，1075	1040～1170，1085
ti	1050～1290，1145	990～1250，1155	1140～1390，1255
ta1	740～870，825	510～600，545	670～800，735
ta2	520～550，535	350～370，364	410～480，445
ta3	340～400，365	240～300，265	310～360，345
ta4	180～250，228	180～200，190	200～230，215
ta5	120～140，130	140～180，165	160～200，185
LR	0.67～0.70，0.68	0.48～0.52，0.50	0.58～0.59，0.58
BV	2.39～2.41，2.40	2.75～2.86，2.80	2.64～2.65，2.65
SV	2.39～2.41，2.40	3.90～4.00，3.95	3.20～3.25，3.22
BR	2.30～2.60，2.45	2.14～2.23，2.19	3.50～3.78，3.66

6）生殖节［图 2.7.17（c）］：第九背板包括肛尖上共有 8～14，11 根毛。第九肛节侧片有 8～14，11 根毛。肛尖长 80～83，81μm，宽 37～42，40μm。阳茎内突长 98～102，100μm，横腹内生殖突长 135～150，144μm。抱器基节长 300～325，312μm，上附器衣领状，下附器背叶略成方形，覆盖腹叶。阳茎刺突长 50～62，55μm。抱器端节长 110～150，135μm，亚端背脊位于抱器端节末端，不发达。抱器端棘长 15～16，15μm。生殖节比（HR）为 2.17～2.73，2.44；生殖节值（HV）2.67～3.55，3.12。

（5）讨论：Tokunaga（1939）首次描述了采自日本的该种，并将其置于 *Spaniotoma* 属的 *Orthocladius* 亚属当中，Sasa（1979）对其幼虫、蛹和成虫进行了详细的描述。采自中国的标本与 Sasa（1979）的描述相符。

（6）分布：中国（辽宁），俄罗斯（远东地区），日本。

2.7.4.19 奥入濑直突摇蚊 *Orthocladius*（*Euorthocladius*）*oiratertius* Sasa

Orthocladius（*Euorthocladius*）*oiratertius* Sasa，1991：77；Yamamoto，2004：58.

（1）模式产地：日本。

（2）观察标本：正模，♂，（No. 202：049），日本本州岛奥入濑溪流，1. vii. 1989，M. Sasa 采。

（3）鉴别特征：该种肛尖较短小，末端圆钝，抱器端节中部明显隆起，上附器衣领状，下附器背叶不突出，腹叶延伸至略超过背叶，不具有阳茎刺突，小盾片鬃双列，这些特征可以将其与本亚属中的其他种区分开。

（4）雄成虫。体长 3.35mm，翅长 2.15mm；体长/翅长 1.56，翅长/前足胫节长 2.53。

1）体色：深棕色。

2）头部：触角末节长 550μm，触角比（AR）1.10。头部鬃毛 10 根，包括 5 根内顶鬃，4 根外顶鬃，1 根后眶鬃。唇基毛 12 根。幕骨长 150μm，宽 79μm；茎节长 163μm，宽 62μm。食窦泵、幕骨和茎节如图 2.7.18（a）所示。下唇须 5 节，各节长（μm）分别为：31、48、110、88、154。下唇须第 5 节和第 3 节长度之比为 1.40。

3）胸部：背中鬃 9 根，中鬃缺失，翅前鬃 4 根，小盾片鬃双列，9 根。

4）翅［图 2.7.18（b）］：翅脉比（VR）1.03。臀角极为发达。前缘脉延伸长 30μm。R 脉有 10 根刚毛，腋瓣缘毛 12 根。

5）足：前足胫距长 65μm；中足胫距长 38μm 和 26μm；后足胫距长 80μm 和 25μm。前足胫节末端宽 50μm；中足胫节末端宽 63μm；后足胫节末端宽 70μm；胫栉 13 根，最短的 32μm，最长的 54μm。伪胫距存在于中足和后足的第一和第二跗节，长 29～39μm。

6）生殖节［图 2.7.18（c）］：肛尖短小，末端圆钝，长 30μm，基部宽 15μm。第九背板包括肛尖上共有 4 根毛。第九肛节侧片有 12 根毛。阳茎内突长 105μm，横腹内生殖突长 145μm。抱器基节长 300μm，上附器衣领状，下附器背叶不突出，腹叶延伸至略超过背叶。抱器端节中部明显隆起，长 125μm。阳茎刺突不存在，抱器端棘长 10μm。生殖节比（HR）为 2.40，生殖节值（HV）为 2.68。

（5）讨论：较短的肛尖在本亚属中较常见，如 *O.*（*Euorthocladius*）*albidus* 和 *O.*（*E.*）*tibetensis*，然而，与此两者不同的是 *O.*（*Euorthocladius*）*oiratertius* 具有中部隆

起的抱器端节，这在本亚属中却是极少见的。

(6) 分布：日本。

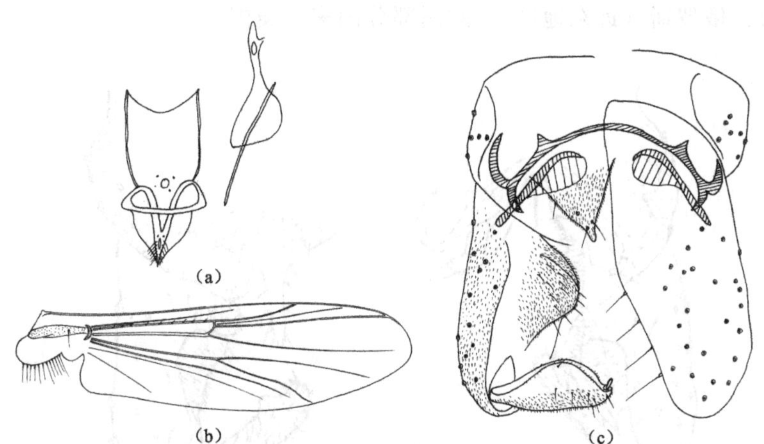

图 2.7.18 奥入濑直突摇蚊 *Orthocladius* (*Euorthocladius*) *oiratertius* Sasa

(a) 食窦泵、幕骨和茎节；(b) 翅；(c) 生殖节

2.7.4.20 长脊直突摇蚊 *Orthocladius* (*Euorthocladius*) *rivicola* Kieffer

Orthocladius rivicola Kieffer，1911：181.

Orthocladius (*Chaetocladius*) *rivicola* Goetghbuer，1934：89.

Euorthocladius rivicola (Kieffer)，Thienemann 1936：191；1939：7；1941：65；1944：559，648；1954：23；Dittmar 1955：470；Romaniszyn 1958：82.

Orthocladius (*Orthocladius*) *rivicola* Goetghbuer，1942：32，53.

Orthocladius rivicola Chernovskii，1949：205，282.

Orthocladius (*Euorthocladius*) *rivicola* α Rossaro，1982：fig 31.

Orthocladius (*Euorthocladius*) Thienemann type I，Soponis 1977：15.

Orthocladius (*Euorthocladius*) sp. 6 Coffman & Ferrington 1984：fig. 25.

Orthocladius (*Euorthocladius*) *rivicola* Brundin，1956：101；Fittkau *et al*. 1967：362；Sæther 1968：463；Sæther 1969：61；Lehmann 1971：486；Rossaro 1978a：290；Rossaro 1978b：185；Säwedal 1978：87；Prat 1979：67；Fittkau & Reiss 1978：421；Halvorsen *et al*. 1982：119；Murray & Ashe 1983：230；Soponis 1990：26；Makarchenko & Makarchenko，2011：116.

(1) 模式产地：德国。

(2) 鉴别特征：该种触角比（AR）为 1.00～1.76，中足具有毛形感器，上附器衣领状或略成三角形，下附器背叶方形或略圆钝，腹叶延伸至略超过背叶，亚端背脊长而发达，这些特征可以将其与本亚属中的其他种区分开［图 2.7.19 (a) (b)］。

(3) 讨论：Kieffer (1911) 将本种雄成虫划分到直突摇蚊属 *Orthocladius*，并根据该种具有白绿色的腹部等特征将本种与本属其他中区分开。Prat (1979) 最早给出了该种的生殖节的作图，并根据本种具有较低的触角比将其与 *O*. (*E*.) *thienemanni* 区分开，而北美的标本下附器的背叶一般比 Prat（1979）图中的略方。该种未能看到模式标本，鉴别特征引自 Soponis（1990）。

（4）分布：俄罗斯（远东地区），欧洲部分国家，美国。

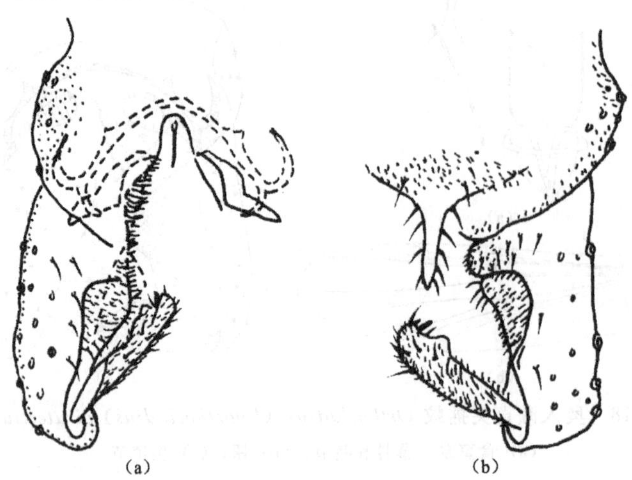

图 2.7.19　长脊直突摇蚊 *Orthocladius*（*Eorthocladius*）*rivicola* Kieffer
（a）（b）生殖节

2.7.4.21　鼻状真直突摇蚊 *Orthocladius*（*Euorthocladius*）*rivulorum* Kieffer

Orthocladius rivulorum Kieffer，1909：48.

Orthocladius（*Dactylocladius*）*rivulorum* Kieffer，Goetghbuer 1933：215.

Euorthocladius rivilorum Kieffer，Thienemann 1935：201；1936：191；1944：558；1954：23；Romaniszyn 1958：27.

Spaniotoma（*Orthocladius*）*rivulorum* Kieffer，Johannsen 1937：56.

Orthocladius（*Orthocladius*）*rivulorum* Kieffer，Goetghbuer 1942：33，53.

Orthocladius rivulorum Chernovskii，1949：205.

Hydrobaenus rivulorum（Kieffer），Roback 1957：76.

Orthocladius（*Euorthocladius*）sp. 1 Oliver *et al.*，1978：18.

Orthocladius（*Eorthocladius*）cf. *rivulorum*－*suspensus* Coffman，1973：table 1.

Orthocladius（*Eorthocladius*）Alaska sp. Ⅲ Tilley，1979：138.

Orthocladius（*Eorthocladius*）sp. 1 Coffman & Ferrington 1984：fig. 25. 391.

Orthocladius（*Eorthocladius*）*rivulorum* Kieffer，Brundin 1956：101；Fittkau *et al.* 1967：362；Sæther 1968：464；Lehmann 1971：486；Rossaro 1978a：290；Rossaro 1978b：185；Fittkau & Reiss 1978：421；Pinder 1978：70；Rossaro 1982：42；Murray & Ashe 1983：230；Longton 1984：142；Sahin 1984：80；Soponis 1990：30；Wang 2000：637；Makarchenko & Makarchenko，2011：116.

（1）模式产地：德国。

（2）鉴别特征：该种触角比（AR）约为 1.30，中足和后足的第一跗节具有毛形感器，阳茎刺突存在但不易分辨，上附器衣领状，下附器背叶鼻状，腹叶被背叶覆盖或者延伸至略超过背叶，这些特征可以将其与本亚属中的其他种区分开［图 2.7.20（a）（b）］。

（3）讨论：Brundin（1956）首次将 *O.*（*E.*）*rivulorum* 划归到真直突摇蚊亚属（*Euorthocladius*）当中，并给出该种生殖节的详细附图。Soponis（1990）对该种进行了修订。Wang（2000）中国摇蚊名录中记录了采自中国西藏、青海和宁夏的本种的幼虫。该种未能看到模式标本，鉴别特征引自 Soponis（1990）。

（4）分布：中国（西藏、青海、宁夏），俄罗斯（远东地区），欧洲部分国家，美国。

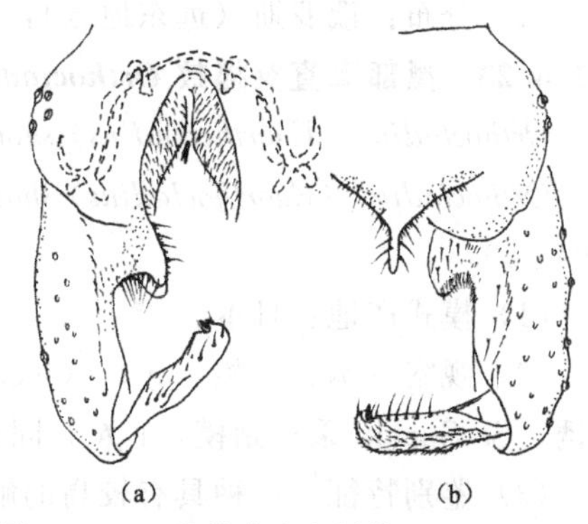

图 2.7.20 鼻状真直突摇蚊 *Orthocladius*（*Eorthocladius*）*rivulorum* Kieffer

（a）（b）生殖节

2.7.4.22 萨克斯直突摇蚊 *Orthocladius*（*Euorthocladius*）*saxosus*（Tokunaga）

Spaniotoma（*Orthocladius*）*saxosus* Tokunaga 1939：326.

Euorthocladius sp. Thienemann 1941：180.

Euorthocladius saxosus（Tokunaga），Thienemann 1944：558；1954：301.

Orthocladius saxosus（Tokunaga），Pankratova 1970：173；Sasa & Yamamoto 1977：310；Rossaro 1984：table 2.

Orthocladius（*Eorthocladius*）sp. 5 Coffman & Ferrington 1984：fig. 25. 391.

Orthocladius（*Eorthocladius*）sp. Säwedal 1978：87.

Orthocladius（*Eorthocladius*）sp. Ferrington 1984：table 7.

Orthocladius（*Eorthocladius*）*saxosus*（Tokunaga），Brundin 1956：101；Fittkau *et al*. 1967：362；Fittkau & Reiss 1978：421；Soponis 1990：36；Makarchenko & Makarchenko，2011：116.

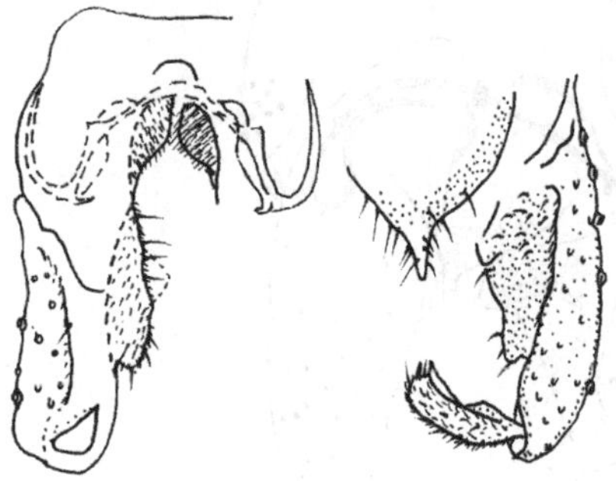

(a) (b)

图 2.7.21 萨克斯直突摇蚊 *Orthocladius*（*Eorthocladius*）*saxosus*（Tokunaga）

（a）（b）生殖节

（1）模式产地：日本。

（2）鉴别特征：该种不具有中鬃，翅臀角不发达，阳茎刺突较发达，上附器衣领状，下附器背叶腹叶延伸至明显超过背叶，这些特征可以将其与本亚属中的其他种区分开［图 2.7.21（a）（b）］。

（3）讨论：Tokunaga（1939）首次对采自日本的本种的雌雄成虫、蛹和幼虫进行了描述。Thienemann 认为本种应划归到 *Euorthocladius* 当中，并将蛹和幼虫划归至该属的检索表中。Brundin（1956）首次将 *O.*（*E.*）*saxosus* 划归到真直突摇亚蚊属（subgenus *Euorthocladius*）当中。因 *O.*（*E.*）*saxosus* 较易分辨，故该种至今已在很多摇蚊名录中出现（Fittkau *et al*. 1967，Sasa & Yamamoto 1977，Fittkau & Reiss 1978，Makarchenko &

Makarchenko 2011)。Soponis (1990) 对该种进行了修订。该种未能看到模式标本，鉴别特征引自 Soponis (1990)。

(4) 分布：俄罗斯（远东地区），日本，欧洲部分国家，美国。

2.7.4.23　黑部真直突摇蚊 *Orthocladius* (*Euorthocladius*) *shoufukuquintus* Sasa

Orthocladius (*Euorthocladius*) *shoufukuquintus* Sasa，1997：33；Yamamoto，2004：59.

Orthocladius (*Euorthocladius*) *shoufukusextus* Sasa，Sensu Sasa，1997：34；Yamamoto，2004：59.

(1) 模式产地：日本。

(2) 观察标本：正模，♂，(No. 326：009)，日本本州岛富山县黑部，8. iv. 1996，灯诱，S. Suzuki 采；副模，1♂，同正模。

(3) 鉴别特征：该种具有较高的触角比 (AR)，阳茎刺突存在，下附器背叶略狭长，腹叶延伸至超过背叶，抱器端节末端较宽，这些特征可以将其与本亚属中的其他种区分开。

(4) 雄成虫。体长 5.95mm，翅长 3.88mm；体长/翅长 1.53，翅长/前足胫节长 2.96。

1) 体色：深棕色。

2) 头部：触角末节长 1250μm，触角比 (AR) 2.78。头部鬃毛 21 根，包括 4 根内顶鬃，10 根外顶鬃，7 根后眶鬃。唇基毛 11 根。幕骨长 286μm，宽 88μm；茎节长 264μm，宽 110μm。食窦泵、幕骨和茎节如图 2.7.22 (a) 所示。下唇须 5 节，各节长 (μm) 分别为：44、88、206、198、264。下唇须第 5 节和第 3 节长度之比为 1.28。

3) 胸部：背中鬃 14 根，中鬃 5 根，翅前鬃 7 根，小盾片鬃双列，15 根。

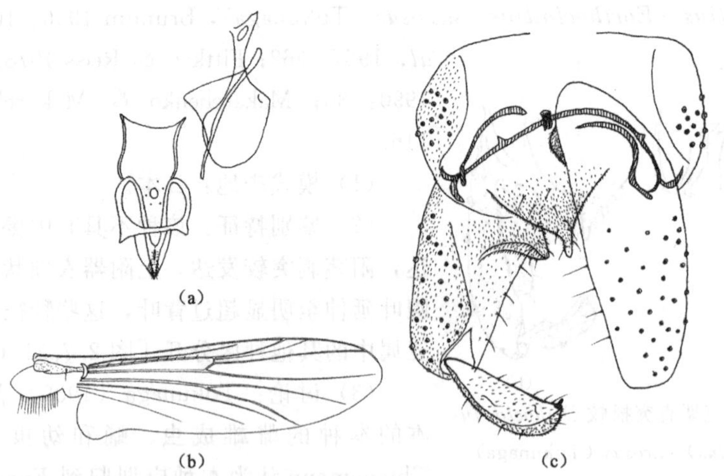

图 2.7.22　黑部真直突摇蚊 *Orthocladius* (*Euorthocladius*) *shoufukuquintus* Sasa
(a) 食窦泵、幕骨和茎节；(b) 翅；(c) 生殖节

4) 翅 [图 2.7.22 (b)]：翅脉比 (VR) 1.08。臀角极为发达。前缘脉延伸长 60μm。R 脉有 10 根刚毛，腋瓣缘毛 15 根。

5）足：前足胫距长 101μm；中足胫距长 40μm 和 35μm；后足胫距长 110μm 和 32μm。前足胫节末端宽 90μm；中足胫节末端宽 88μm；后足胫节末端宽 96μm；胫栉 13 根，最短的 42μm，最长的 64μm。伪胫距长 32～40μm。胸部足各节长度及足比见表 2.7.10。

表 2.7.10 黑部真直突摇蚊 *Orthocladius*（*Euorthocladius*）*shoufukuquintus* 胸足各节长度（μm）及足比（*n*=1）

足	fe	ti	ta1	ta2	ta3	ta4	ta5	LR	BV	SV	BR
p1	1310	1640	1300	770	680	350	190	0.79	2.14	2.27	2.00
p2	1400	1550	900	540	420	220	190	0.58	2.81	3.28	2.00
p3	1550	1880	1120	670	500	240	230	0.60	2.77	3.06	3.00

6）生殖节［图 2.7.22（c）］：第九背板包括肛尖上共有 10 根毛，肛尖长 40μm，基部宽 25μm。第九肛节侧片有 26 根毛。阳茎内突长 130μm，横腹内生殖突长 176μm。抱器基节长 374μm，上附器衣领状，下附器背叶略狭长，腹叶延伸至超过背叶。抱器端节末端较宽，长 150μm。阳茎刺突存在，长 38μm。抱器端棘长 13μm。生殖节比（HR）为 2.49，生殖节值（HV）为 3.95。

（5）讨论：Sasa（1997）中同时记录了采自日本富山县黑部的三个种，然而，根据对其模式标本的重新测量鉴定，*O.*（*Euorthocladius*）*shoufukuquintus* 和 *O.*（*E.*）*shoufukusextus* 两个种均具有相同的生殖节结构，如肛尖和上下附器等，以及均具有在本亚属中较高的触角比（AR），因此将后者作为前者的同物异名。

（6）分布：日本。

2.7.4.24 笑福真直突摇蚊 *Orthocladius*（*Euorthocladius*）*shoufukuseptimus* Sasa

Orthocladius（*Euorthocladius*）*shoufukuseptimus* Sasa，1997：35；Yamamoto，2004：59.

（1）模式产地：日本。

（2）观察标本：正模，♂，（No. 326：083），日本本州岛富山县黑部，26. v. 1996，灯诱，S. Suzuki 采。

（3）鉴别特征：该种前缘脉不延伸，肛尖末端较尖锐，上附器三角形，这些特征可以将其与本亚属中的其他种区分开。

（4）雄成虫。体长 5.85mm，翅长 3.25mm；体长/翅长 1.80，翅长/前足胫节长 2.41。

1）体色：深棕色。

2）头部：触角末节长 1050μm，触角比（AR）1.91。头部鬃毛 19 根，包括 3 根内顶鬃，5 根外顶鬃，11 根后眶鬃。唇基毛 11 根。幕骨长 242μm，宽 88μm；茎节长 286μm，宽 110μm。食窦泵、幕骨和茎节如图 2.7.23（a）所示。下唇须 5 节，各节长（μm）分别为：40、88、198、168、220。下唇须第 5 节和第 3 节长度之比为 1.11。

3）胸部：背中鬃 12 根，中鬃 7 根，翅前鬃 5 根，小盾片鬃双列，18 根。

4）翅［图 2.7.23（b）］：翅脉比（VR）1.10。臀角极为发达。前缘脉不发生延伸。

R 脉有 10 根刚毛，腋瓣缘毛 26 根。

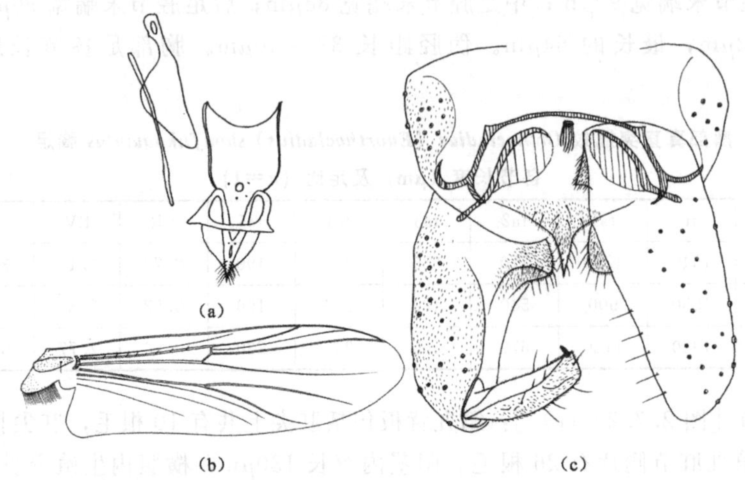

图 2.7.23　笑福真直突摇蚊 *Orthocladius*（*Euorthocladius*）*shoufukuseptimus* Sasa

(a) 食窦泵、幕骨和茎节；(b) 翅；(c) 生殖节

5）足：前足胫距长 79μm；中足胫距长 34μm 和 33μm；后足胫距长 101μm 和 31μm。前足胫节末端宽 80μm；中足胫节末端宽 79μm；后足胫节末端宽 88μm；胫栉 10 根，最短的 39μm，最长的 62μm。伪胫距存在于中足和后足的第一和第二跗节，长 40～60μm。胸部足各节长度及足比见表 2.7.11。

表 2.7.11　笑福真直突摇蚊 *Orthocladius*（*Euorthocladius*）*shoufukuseptimus* 胸足各节长度（μm）及足比（*n*=1）

足	fe	ti	ta1	ta2	ta3	ta4	ta5	LR	BV	SV	BR
p1	1350	1500	1125	700	510	300	—	0.75	—	2.53	2.00
p2	1375	1400	775	410	350	180	200	0.55	3.11	3.58	3.80
p3	1450	1750	1000	—	—	—	—	0.57	—	3.20	3.00

6）生殖节［图 2.7.23（c）］：第九背板包括肛尖上共有 14 根毛，肛尖长 55μm，基部宽 20μm。第九肛节侧片有 18 根毛。阳茎内突长 145μm，横腹内生殖突长 180μm。抱器基节长 330μm，上附器三角形，下附器背叶较宽，腹叶延伸至略超过背叶。抱器端节长 141μm。阳茎刺突存在，长 38μm。抱器端棘长 10μm。生殖节比（HR）为 2.34，生殖节值（HV）为 4.15。

（5）讨论：该种具有尖锐的肛尖末端，这在本亚属中是较少见的特征，这与直突摇蚊属的指名亚属 *O.*（*Orthocladius*）特征较符合，但本种中存在真直突摇蚊亚属 *O.*（*Euorthocladius*）所具有的双列或多列的小盾片鬃，故将其置入本亚属中。

（6）分布：日本。

2.7.4.25　伸展直突摇蚊 *Orthocladius*（*Euorthocladius*）*suspensus*（Tokunaga）

Spaniotoma（*Orthocladius*）*suspensa* Tokunaga，1939：323.

Euorthocladius suspensus (Tokunaga), Thienemann, 1944: 558.

Orthocladius (sen. str.) *suspensus* Tokunaga, 1964: 17.

Orthocladius suspensus (Tokunaga), Sasa & Yamamoto, 1977: 310.

Orthocladius (*Euorthocladius*) *suspensus* (Tokunaga), Soponis (1990: 38); Yamamoto (2004: 59); Wang *et al*. 2006: 449.

(1) 模式产地：日本。

(2) 观察标本：1♂，贵州省汉口市黑湾镇，28. vii. 2001，扫网，张瑞雷采。

(3) 鉴别特征：该种臀角略成直角，不具有毛形感器，不具有阳茎刺突，亚端背脊长，这些特征可以将其与本亚属中的其他种区分开。

(4) 雄成虫（$n=1$）。体长 3.80mm；翅长 1.98mm；体长/翅长 1.92；翅长/前足胫节长 2.25。

1) 体色：头部和胸部棕色，触角、足和腹部浅棕色。

2) 头部：触角比（AR）1.40，末节长 560μm。头部鬃毛 9 根，包括 2 根内顶鬃，4 根外顶鬃，3 根后眶鬃。唇基毛 8 根。食窦泵、幕骨和茎节如图 2.7.24 (a) 所示。幕骨长 158μm，宽 26μm。下唇须 5 节，各节长（μm）分别为：32、48、123、118、211。下唇须第 5 节和第 3 节长度之比为 1.72。

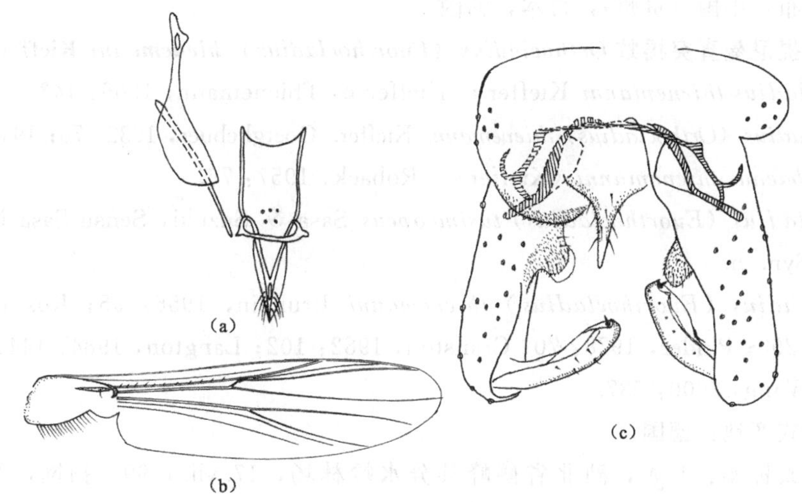

图 2.7.24 伸展直突摇蚊 *Orthocladius* (*Euorthocladius*) *suspensus* (Tokunaga)

(a) 食窦泵、幕骨和茎节；(b) 翅；(c) 生殖节

3) 胸部：前胸背板具 1 根刚毛，背中鬃 12 根，中鬃 22 根，翅前鬃 3 根，小盾片鬃 7 根。

4) 翅 [图 2.7.24 (b)]：翅脉比（VR）1.21。臀角略成直角。前缘脉延伸长 35μm。R 脉有 8 根刚毛，其余脉无刚毛。腋瓣缘毛 15 根。

5) 足：前足胫距长 53μm；中足胫距长 26μm 和 22μm；后足胫距长 66μm 和 25μm。前足胫节末端宽 44μm；中足胫节末端宽 43μm；后足胫节末端宽 53μm；胫栉 9 根，最短的 27μm，最长的 47μm。伪胫距存在于中足和后足的第一和第二跗节，长 20～28μm。不存在毛形感器。胸部足各节长度及足比见表 2.7.12。

表 2.7.12　伸展直突摇蚊 *Orthocladius*（*Euorthocladius*）*suspensus* 胸足各节长度（μm）及足比（$n=1$）

足	fe	ti	ta1	ta2	ta3	ta4	ta5	LR	BV	SV	BR
p1	880	1050	740	490	350	250	140	0.70	2.17	2.61	2.10
p2	920	900	420	270	210	130	140	0.47	2.99	4.33	2.40
p3	980	1080	610	340	270	170	130	0.56	2.93	3.38	2.43

6）生殖节［图 2.7.24（c）］：第九背板包括肛尖上共有 9 根毛。第九肛节侧片有 9 根毛。肛尖长 50μm，宽 20μm。阳茎内突长 81μm，横腹内生殖突长 103μm。抱器基节长 245μm。上附器衣领状，下附器腹叶延伸至略超过背叶。阳茎刺突缺失。抱器端节长 145μm，亚端背脊较长。抱器端棘长 12μm。生殖节比（HR）为 1.69，生殖节值（HV）为 2.62。

（5）讨论：王新华等（2006）记录了采自中国贵州的该种，而采自日本的标本不具有中鬃，臀角缘毛 34 根，翅脉比（VR）1.08，这些特征与采自中国的标本有区别。

（6）分布：中国（贵州），日本，韩国。

2.7.4.26　提尼曼直突摇蚊 *Orthocladius*（*Euorthocladius*）*thienemanni* Kieffer

Orthocladius thienemanni Kieffer in Kieffer & Thienemann，1906：143.

Orthocladius（*Orthocladius*）*thienemanni* Kieffer. Goetghebuer，1932：75；1942：34.

Hydrobaenus thienemanni（Kieffer）. Roback，1957：76.

Orthocladius（*Euorthocladius*）*tusimoopeus* Sasa & Suzuki，Sensu Sasa & Suzuki，1999：91. Syn. n.

Orthocladius（*Euorthocladius*）*thienemanni* Brundin，1956：95；Rossaro，1977：122；1978：290；Pinder，1978：70；Cranston，1982：102；Langton，1984：144；Soponis，1990：40；Wang，2000：637.

（1）模式产地：德国。

（2）观察标本：1♂，湖北省鹤峰县分水岭林场，17. vii. 1999，扫网，纪炳纯采；2♂♂，宁夏回族自治区六盘山自然保护区，8. viii. 1987，扫网，王新华采；1♂，四川省康定县瓦斯沟，15. vi. 1996，扫网，王新华采；1♂，日本群马县，24. iii. 1998，S. Suzuki 采。

（3）鉴别特征：触角比（AR）大于 1.70，阳茎刺突存在，下附器背叶较细长，腹叶或延伸至超过背叶，亚端背脊长而发达。

（4）雄成虫（$n=4$）。体长 4.00～4.20，4.06mm；翅长 2.08～2.88，2.55mm；体长/翅长 1.46～1.94，1.75；翅长/前足胫节长 2.59～2.79，2.67。

1）体色：胸部深棕色，头部、触角、足和腹部浅棕色。

2）头部：触角比（AR）1.05～1.44，1.26，末节长 460～550，512μm。头部鬃毛

14～16，15 根，包括 3～5，4 根内顶鬃，6～9，7 根外顶鬃，2～5，4 根后眶鬃。唇基毛 11～14，13 根。食窦泵、幕骨和茎节如图 2.7.25（a）所示。幕骨长 175～220，189μm，宽 38～44，41μm。茎节长 154～183，175μm，宽 37～46，41μm。下唇须 5 节，各节长（μm）分别为：31～48，38；53～74，60；110～154，134；114～123，117；145～176，161。下唇须第 5 节和第 3 节长度之比为 1.14～1.32，1.20。

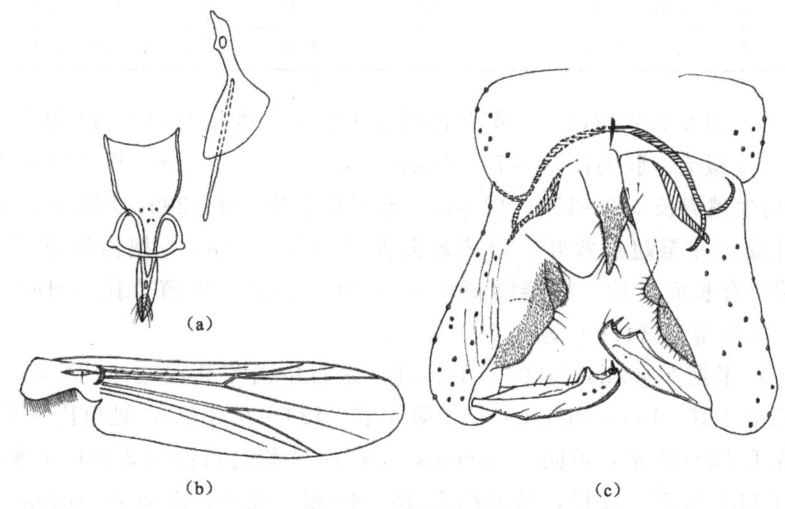

图 2.7.25 提尼曼直突摇蚊 *Orthocladius*（*Euorthocladius*）*thienemanni* Kieffer
（a）食窦泵、幕骨和茎节；（b）翅；（c）生殖节

3）胸部：前胸背板具 5～6，5 根刚毛，背中鬃 12～13，12 根，中鬃 1～3，2 根，翅前鬃 5 根，小盾片鬃多列，20～24，22 根。

4）翅［图 2.7.25（b）］：翅脉比（VR）1.02～1.06，1.04。臀角发达。前缘脉延伸长 10～40，28μm。R 脉有 9～12，10 根刚毛，其余脉无刚毛。腋瓣缘毛 13～25，19 根。

5）足：前足胫距长 55～70，63μm；中足胫距长 26～33，30μm 和 22～26，24μm；后足胫距长 54～72，63μm 和 23～35，30μm。前足胫节末端宽 44～47，45μm；中足胫节末端宽 40～44，42μm；后足胫节末端宽 51～53，52μm；胫栉 11 根，最短的 23～30，26μm，最长的 53~56，55μm。不存在毛形感器。胸部足各节长度及足比见表 2.7.13。

表 2.7.13 提尼曼直突摇蚊 *Orthocladius*（*Euorthocladius*）*thienemanni* 胸足各节长度（μm）及足比（*n*=4）

足	p1	p2	p3
fe	800～1120，1025	830～1140，975	870～1260，1008
ti	900～1270，1105	820～1150，955	1000～1390，1204
ta1	650～930，825	440～610，541	550～800，635
ta2	410～590，515	270～370，324	330～470，405
ta3	300～430，362	200～280，235	250～350，302

续表

ta4	210～280，248	150～190，172	160～230，205
ta5	130～170，152	125～150，135	120～170，145
LR	0.72～0.73，0.72	0.53～0.54，0.53	0.55～0.58，0.57
BV	2.26～2.38，2.30	2.78～2.93，2.85	2.81～3.18，3.02
SV	2.33～2.57，2.44	3.43～3.75，3.61	3.05～3.34，3.21
BR	2.00～3.00，2.56	2.80～3.40，3.09	4.29～4.40，4.36

6）生殖节［图 2.7.25（c）］：第九背板包括肛尖上共有 7～16，11 根毛。第九肛节侧片有 5～13，8 根毛。肛尖长 50～74，61μm，宽 31～42，35μm。阳茎内突长 75～105，90μm，横腹内生殖突长 100～150，124μm。抱器基节长 213～285，252μm，下附器背叶较细长，腹叶或延伸至超过背叶。阳茎刺突长 37～56，45μm。抱器端节长 112～138，125μm，亚端背脊长而发达。抱器端棘长 12～13，12μm。生殖节比（HR）为 1.90～2.07，2.02；生殖节值（HV）为 3.04～3.57，3.32。

（5）讨论：根据 Soponis（1990）的描述，采自中国和其他地区的标本之间差异如下，下唇须的第 3 节（154～163μm）长于第 4 节（123～128μm），触角比（AR）1.05～1.44，腋瓣缘毛 12～25 根，不同于 Soponis（1990）中修订后的第 3 节短于或者等于第 4 节，触角比（AR）1.75～2.15，腋瓣缘毛 30～40 根。此外，Sasa & Suzuki（1999）记录了采自日本九州岛的 *O.*（*Euorthocladius*）*tusimoopeus*，然而经过对其标本的重新检视，该种生殖节特征明显符合 *O.*（*E.*）*thienemanni*，故认为前者为其同物异名。

（6）分布：中国（四川、宁夏、湖北），日本，欧洲部分国家，美国。

2.7.4.27　藏直突摇蚊 *Orthocladius*（*Euorthocladius*）*tibetensis* Kong，Sæther & Wang

（1）模式产地：中国（西藏）。

（2）观察标本：正模，♂，（BDN No. 015）西藏自治区贡嘎拉萨沼泽，2. x. 1997，扫网，T. Solhøy & J. Skartveit 采。

（3）词源学：源于模式标本产地，西藏（Tibet）。

（4）鉴别特征：该种肛尖较短，阳茎刺突缺失，下附器背叶三角形，这些特征可以将其与本亚属中的其他种区分开。

（5）雄成虫（$n=1$）。体长 4.93mm；翅长 2.80mm；体长/翅长 1.76；翅长/前足胫节长 2.86。

1）体色：头部和胸部棕色，触角、足和腹部浅棕色。

2）头部：触角比（AR）1.62，末节长 860μm。头部鬃毛 12 根，包括 3 根内顶鬃，6 根外顶鬃，3 根后眶鬃。唇基毛 12 根。食窦泵、幕骨和茎节如图 2.7.26（a）所示。幕骨长 198μm，宽 52μm。下唇须 5 节，各节长（μm）分别为：44、66、158、150、180。下唇须第 5 节和第 3 节长度之比为 1.14。

3）胸部：前胸背板具 7 根刚毛，背中鬃 8 根，中鬃 2 根，翅前鬃 6 根，小盾片鬃 4 根。

4）翅［图 2.7.26（b）］：翅脉比（VR）1.28。臀角发达。前缘脉延伸长 90μm。R

脉有 7 根刚毛，其余脉无刚毛。腋瓣缘毛 27 根。

5）足：前足胫距长 66μm；中足胫距长 40μm 和 22μm；后足胫距长 75μm 和 25μm。前足胫节末端宽 57μm；中足胫节末端宽 58μm；后足胫节末端宽 74μm；胫栉 12 根，最短的 32μm，最长的 44μm。伪胫距存在于中足和后足的第一和第二跗节，长 22～40μm。不存在毛形感器。胸部足各节长度及足比见表 2.7.14。

表 2.7.14　藏直突摇蚊 *Orthocladius*（*Euorthocladius*）*tibetensis* 胸足各节长度（μm）及足比（*n*=1）

足	fe	ti	ta1	ta2	ta3	ta4	ta5	LR	BV	SV	BR
p1	980	1050	875	600	450	255	130	0.83	2.02	2.32	2.33
p2	1010	1000	525	325	250	170	125	0.53	2.91	3.83	2.14
p3	1100	1300	720	475	350	180	130	0.55	2.75	3.33	4.00

6）生殖节［图 2.7.26（c）］：第九背板包括肛尖上共有 8 根毛。第九肛节侧片有 10 根毛。肛尖长 36μm，宽 25μm。阳茎内突长 77μm，横腹内生殖突长 125μm。抱器基节长 290μm。上附器不明显，下附器背叶三角形，覆盖腹叶的大部分。阳茎刺突缺失。抱器端节长 145μm，亚端背脊存在于抱器端节的末端。抱器端棘长 17μm。生殖节比（HR）为 2.00，生殖节值（HV）为 3.40。

（6）分布：中国（西藏）。

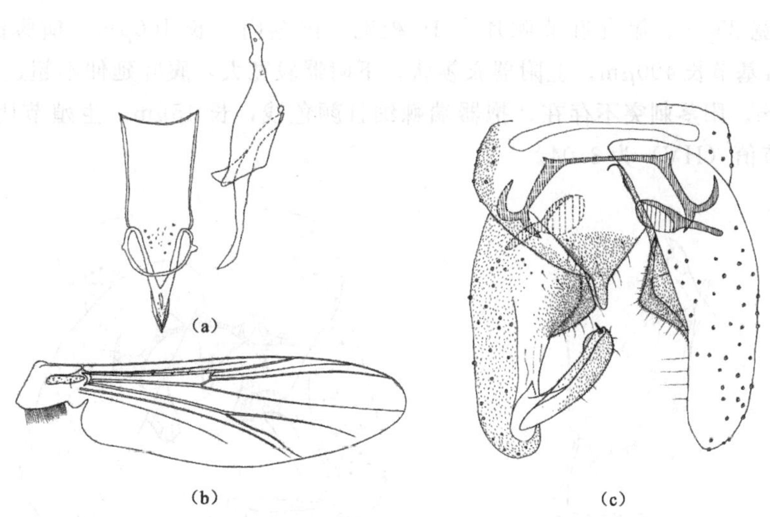

图 2.7.26　藏直突摇蚊 *Orthocladius*（*Euorthocladius*）*tibetensis* Kong，Sæther & Wang

（a）食窦泵、幕骨和茎节；（b）翅；（c）生殖节

2.7.4.28　利贺真直突摇蚊 *Orthocladius*（*Euorthocladius*）*togaflextus* Sasa & Okazawa

Orthocladius（*Euorthocladius*）*togaflextus* Sasa & Okazawa，1992：118；Sasa，1997：36；Yamamoto，2004：59.

（1）模式产地：日本。

（2）观察标本：正模，♂，（No. 190：068），日本本州岛富山县利贺村，26. v. 1996，灯诱，S. Suzuki 采。

(3) 鉴别特征：该种个体较大，前缘脉不延伸，触角比（AR）较大，腋瓣缘毛超过 50 根，肛尖健壮且末端圆钝，上附器衣领状，下附器较宽大，腹叶延伸不超过背叶，抱器端棘细，颜色浅，这些特征可以将其与本亚属中的其他种区分开。

(4) 雄成虫。体长 6.85mm，翅长 5.00mm；体长/翅长 1.37，翅长/前足胫节长 3.13。

1) 体色：深棕色。

2) 头部：触角末节长 1400μm，触角比（AR）2.92。头部鬃毛 17 根，包括 5 根内顶鬃，11 根外顶鬃，1 根后眶鬃。唇基毛 16 根。幕骨长 260μm，宽 85μm；茎节长 264μm，宽 88μm。食窦泵、幕骨和茎节如图 2.7.27（a）所示。下唇须 5 节，各节长（μm）分别为：40、110、176、207、282。下唇须第 5 节和第 3 节长度之比为 1.60。

3) 胸部：背中鬃 13 根，中鬃缺失，翅前鬃 4 根，小盾片鬃双列，30 根。

4) 翅：翅脉比（VR）1.07。臀角极为发达。前缘脉不发生延伸。R 脉有 15 根刚毛，腋瓣缘毛 52 根。

5) 足：前足胫距长 67μm；中足胫距长 35μm 和 33μm；后足胫距长 79μm 和 30μm。前足胫节末端宽 79μm；中足胫节末端宽 88μm；后足胫节末端宽 85μm；胫栉 16 根，最短的 37μm，最长的 64μm。伪胫距存在于中足和后足的第一和第二跗节，长 42～58μm。

6) 生殖节［图 2.7.27（b）］：第九背板包括肛尖上共有 8 根毛，肛尖健壮，长 50μm，基部宽 25μm。第九肛节侧片有 16 根毛。阳茎内突长 100μm，横腹内生殖突长 150μm。抱器基节长 400μm，上附器衣领状，下附器较宽大，腹叶延伸不超过背叶。抱器端节长 225μm。阳茎刺突不存在。抱器端棘细且颜色浅，长 15μm。生殖节比（HR）为 1.78，生殖节值（HV）为 3.04。

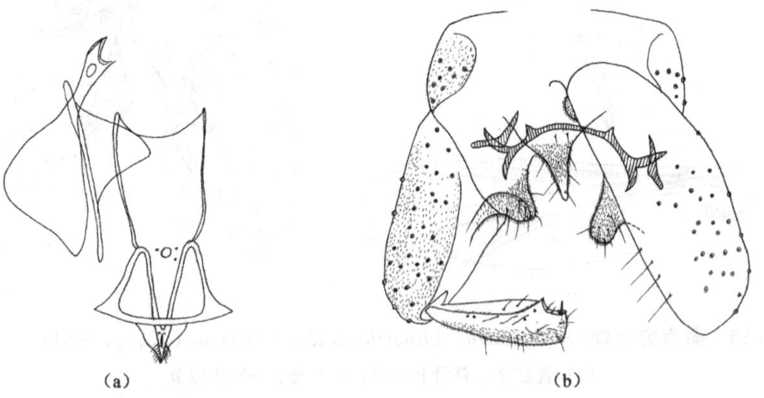

图 2.7.27　利贺真直突摇 *Orthocladius*（*Euorthocladius*）*togaflextus* Sasa & Okazawa

(a) 食窦泵、幕骨和茎节；(b) 生殖节

(5) 讨论：该种抱器端节的形状与 *O.*（*Euorthocladius*）*albidus* 几乎完全相同，包括细而颜色极浅的抱器端棘等，然而两者其他性状又有明显的区别，*O.*（*Euorthocladius*）*togaflextus* 个体较大，触角比（AR）大于 2.0，且具有健壮的肛尖及

较宽的下附器，而 *O.*（*Euorthocladius*）*albidus* 则明显与之相反。

（6）分布：日本。

2.7.4.29 富山真直突摇蚊 *Orthocladius*（*Euorthocladius*）*togahamatus*（Sasa & Okazawa）

Synorthocladius togahamatus Sasa & Okazawa，1992：114.

Orthocladius（*Euorthocladius*）*togahamatus*（Sasa & Okazawa），Sæther *et al.*，2000：177；Yamamoto，2004：59.

（1）模式产地：日本。

（2）鉴别特征：该种下唇须第 5 节和第 3 节长度比值较高（3.65），前缘脉不延伸，小盾片鬃单列，下附器较大成半圆形，阳茎刺突缺失，这些特征可以将其与本亚属中的其他种区分开。

（3）雄成虫。体长 2.30mm，翅长 1.52mm；体长/翅长 1.52。

1）体色：浅棕色。

2）头部：触角比（AR）0.80。下唇须 5 节，各节长（μm）分别为：33、36、45、102、164。下唇须第 5 节和第 3 节长度之比为 3.65。

3）翅［图 2.7.28（a）］：翅脉比（VR）1.19。臀角一般发达。前缘脉不延伸。

4）足：前足胫距长 30μm；中足胫距长 20μm 和 20μm；后足胫距长 40μm 和 16μm。后足胫节末端具胫栉 12 根。中足和后足的足比（LR）分别为 0.58 和 0.62。

5）生殖节［图 2.7.28（b）］：肛尖健壮，末端圆钝，下附器较大成半圆形，阳茎刺突缺失，抱器端节末端最宽，具亚端背脊。

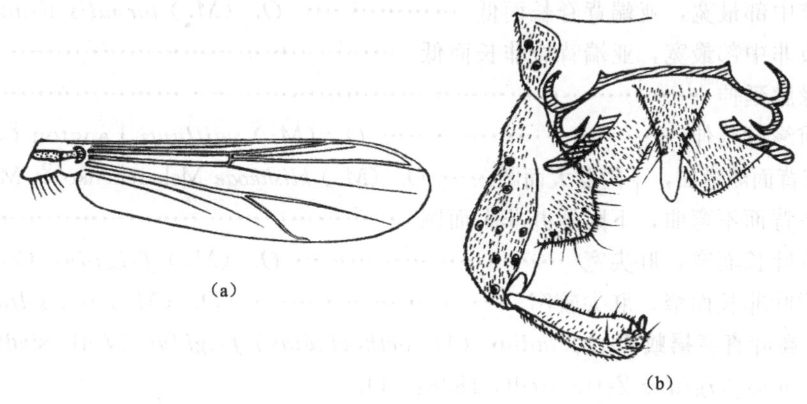

图 2.7.28 富山真直突摇蚊 *Orthocladius*（*Euorthocladius*）*togahamatus* Sasa & Okazawa

（a）翅；（b）生殖节

（4）讨论：该种由于具有强健的肛尖可以将其明显划分到 *O.*（*Euorthocladius*）亚属中，然而其小盾片鬃单列，以及不具有阳茎刺突则在本亚属中较特别，故其目前的分类地位仍有待商榷。本研究未能检视到模式标本，鉴别特征等引自 Sasa & Okazawa（1992）。

（5）分布：日本。

中直突摇蚊亚属 Subgenus *Mesorthocladius*

模式种：*Orthocladius*（*Mesorthocladius*）*frigidus*（Zetterstedt，1838）

中直突摇蚊亚属（Subgenus *Mesorthocladius*）由 Sæther 于 2005 年建立，并以 *Orthocladius*（*Mesorthocladius*）*frigidus*（Zetterstedt 1838）为模式种。该属的建立主要是根据其在系统发育中所处的中间位置。Sæther（2005）记录了本亚属的 5 个种，后 Makarchenko & Makarchenko（2011）俄罗斯远东地区摇蚊名录中记录该地区本亚属 5 种。在中国，Wang（2000）中国摇蚊名录记录本亚属 1 种，*O.*（*Mesorthocladius*）*frigidus*（Zetterstedt），但该种被置于指名亚属（*Orthocladius* s. str.）当中，Kong *et al*.（2012 b）记录中国该亚属 3 种。目前，该属世界共记录 7 种，其中古北区 6 种，新北区 6 种，东洋区 2 种（Sæther 2005；Makarchenko & Makarchenko 2011；Wang 2000；Kong *et al*. 2012 b）。

鉴别特征：本亚属种类上附器衣领状，下附器的腹叶在背叶下部但并不延伸至超过背叶，肛尖健壮末端圆钝或成三角形（*O. nimidens* Sæther），复眼具背部延伸，前胸背板鬃数目较多（9～27 根），亚端背脊突出，小盾片鬃一般多列，翅的臀角发达，中足和后足一般存在毛形感器。

东亚地区中直突摇蚊属雄成虫检索表

1. 阳茎刺突发达 …… *O.*（*M.*）*lamellatus* Sæther
   阳茎刺突退化或者缺失 …… 2
2. 肛尖末端尖锐 …… *O.*（*M.*）*nimidens* Sæther
   肛尖末端圆钝 …… 3
3. 抱器端节中部最宽，亚端背脊长而低 …… *O.*（*M.*）*tornalis* Kong & Wang
   抱器端节非中部最宽，亚端背脊非长而低 …… 4
4. 具有前缘脉延伸 …… 5
   不具有前缘脉延伸 …… *O.*（*M.*）*vaillanti* Langton & Cranston
5. 抱器端节背面略弯曲，下附器大而圆 …… *O.*（*M.*）*klishkoae* Makarchenko & Makarchenko
   抱器端节背面不弯曲，下附器并非大而圆 …… 6
6. 下附器背叶长而窄，肛尖宽 …… *O.*（*M.*）*frigidus*（Zetterstedt）
   下附器背叶非长而窄，肛尖较窄 …… *O.*（*M.*）*roussellae* Soponis

2.7.4.30　高叶直突摇蚊 *Orthocladius*（*Mesorthocladius*）*frigidus*（Zetterstedt）

Chironomus frigidus Zetterstedt，1838：811.

Orthocladius（*Euorthocladius*）*frigidus*（Zetterstedt），Brundin 1947：21；1956：101；Yamamoto，2004：57.

Orthocladius（*Orthocladius*）*frigidus*（Zetterstedt），Soponis 1987：123；Oliver 1990：32；Wang，2000：637.

Orthocladius（*Euorthocladius*）*oirasecundus* Sasa，Sensu Sasa，1991：73；Yamamoto，2004：58. Syn. n.

Spaniotoma filamentosus Tokunaga，1939：329.

Orthocladius（*Orthocladius*）*filamentosus*（Tokunaga），Yamamoto，2004：60.

Syn. n.

Orthocladius (*Mesorthocladius*) *frigidus* (Zetterstedt), Sæther 2005: 26; Makarchenko & Makarchenko, 2011: 115; Kong *et al.*, 2012 b: 389.

(1) 模式产地：格陵兰。

(2) 观察标本：10♂♂，四川省甘孜藏族自治州雅江，14. xi1996，灯诱，王新华采；1♂，甘肃省祁连山，24. vi. 1993，扫网，王新华采；2♂♂，河北省雾灵山，21. vi. 1995，灯诱，卜文俊采；1♂，日本奥入濑川，2. vii. 1989，M. Sasa采；1♂，日本本州岛香美町，Tokunaga采。

(3) 鉴别特征：该种小盾片鬃多列，下附器长且狭窄，肛尖两侧平行，末端圆钝，这些特征可以将其与本亚属中的其他种区分开。

(4) 雄成虫（n=13）。体长 3.50～4.72，4.03mm；翅长 2.30～2.95，2.67mm；体长/翅长 1.50～1.60，1.56；翅长/前足胫节长 2.39～2.89，2.67。

1) 体色：棕色或者黑色。

2) 头部：触角比（AR）1.24～2.04，末节长 600～650μm。头部鬃毛 14～16 根，包括 2～3，3 根内顶鬃，2～5，3 根外顶鬃，9～11，10 根后眶鬃。唇基毛 12～14，13 根。食窦泵、幕骨和茎节如图 2.7.29（a）所示。幕骨长 154～167，160μm，宽 44～53，49μm。茎节长 198～220，210μm，宽 59～73，66μm。下唇须 5 节，各节长（μm）分别为：42～53，48；58～73，66；128～150，138；106～141，132；180～216，198。下唇须第 5 节和第 3 节长度之比为 1.33～1.44，1.37。

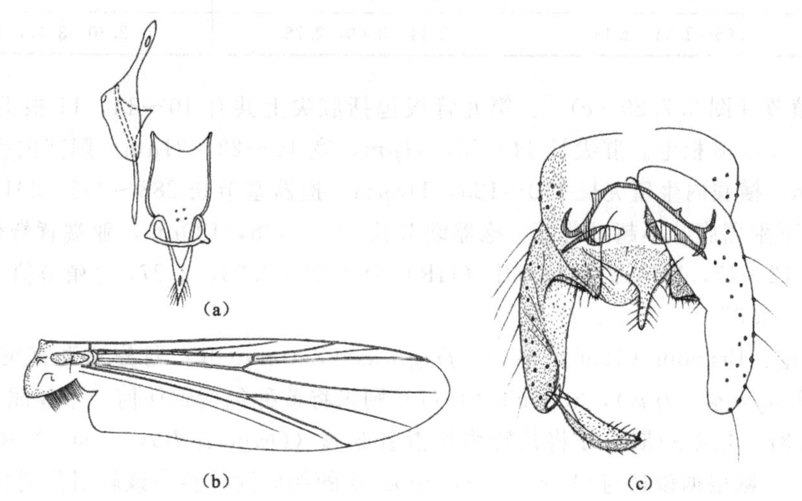

图 2.7.29 高叶直突摇蚊 *Orthocladius* (*Mesorthocladius*) *frigidus* (Zetterstedt)

(a) 食窦泵、幕骨和茎节；(b) 翅；(c) 生殖节

3) 胸部：前胸背板具 9～14，12 根刚毛，背中鬃 9～13，11 根，中鬃 9～15，11 根，翅前鬃 4～6，5 根，小盾片 27～35，32 根。

4) 翅［图 2.7.29（b）］：翅脉比（VR）1.02～1.03，1.03。臀角发达。前缘脉延

伸长 20～40，32μm。R 脉有 11～13，12 根刚毛，其余脉无刚毛。腋瓣缘毛 14～34，25 根。

5）足：前足胫距长 57～70，61μm；中足胫距长 26～37，31μm 和 25～29，27μm；后足胫距长 67～77，72μm 和 22～27，25μm。前足胫节末端宽 47～59，54μm；中足胫节末端宽 48～62，55μm；后足胫节末端宽 64～77，73μm；胫栉 10～12，11 根，最短的 25～30，27μm，最长的 46～60，52μm。伪胫距存在于中足和后足的第一和第二跗节，长 22～27μm。不存在毛形感器。胸部足各节长度及足比见表 2.7.15。

表 2.7.15　高叶直突摇蚊 *Orthocladius*（*Mesorthocladius*）*frigidus* 胸足各节长度（μm）及足比（n=13）

足	p1	p2	p3
fe	950～1020，998	1010～1100，1076	1060～1250，1179
ti	1160～1275，1242	990～1150，1074	1180～1400，1288
ta1	800～875，842	500～575，546	720～825，790
ta2	520～585，554	320～390，367	400～460，433
ta3	390～400，393	230～300，278	330～375，258
ta4	240～250，243	160～190，172	180～220，203
ta5	140～170，158	120～150，134	165～175，169
LR	0.69～0.72，0.70	0.50～0.52，0.51	0.57～0.59，0.58
BV	2.18～2.26，2.23	2.62～2.74，2.67	2.72～2.83，2.79
SV	2.60～2.62，2.61	3.91～4.18，4.03	3.11～3.21，3.17
BR	1.65～2.54，2.13	2.14～3.00，2.76	2.30～3.17，2.98

6）生殖节［图 2.7.29（c）］：第九背板包括肛尖上共有 10～14，11 根毛。第九肛节侧片有 7～10，8 根毛。肛尖长 44～55，51μm，宽 19～22，21μm。阳茎内突长 100～110，107μm，横腹内生殖突长 110～125，118μm。抱器基节长 288～295，291μm，上附器衣领状，下附器腹叶不超过背叶。抱器端节长 112～128，120μm，亚端背脊位与末端，抱器端棘长 12～15，14μm。生殖节比（HR）为 2.24～2.30，2.27，生殖节值（HV）为 2.80～3.69，3.37。

（5）讨论：Brundin（1956）将 *O. frigidus*（Zetterstedt）划分到真直突摇蚊亚属（subgenus *Euorthocladius*），Soponis（1977）则未将该种包括到任何一个亚属。而此后，Soponis（1987）根据蛹期特征将其转移到指名亚属（*Orthocladius* s. str.）中。Sæther *et al*.（2000）则根据该种与 *O. rousellae* Soponis 的相似性重新将该属划分到真直突摇蚊亚属（subgenus *Euorthocladius*）中。之后，Sæther（2005）将该种划归到中直突摇蚊亚属。Soponis（1990）中给出了真直突摇蚊亚属（subgenus *Euorthocladius*）生活史各个阶段的描述和鉴别特征，将 *O. frigidus* 排除在该亚属之外也是基于其蛹期肛上板所具有的长毛。*O.*（*M.*）*frigidus* 与 *O.*（*E.*）*rousellae* 在生活史的其他时期如两者雄性生殖节均相似，明显属于姊妹种。

此外，经过对 *O. oriasecundus* Sasa 和 *O.*（*O.*）*filamentosus*（Tokunaga）模式标本

的观察，其生殖节及其他结构特征均符合 *O. frigidus* 种的特征，因此，作者认为两者均为 *O.*（*M.*）*frigidus* 的同物异名。

（6）分布：中国（四川，河北、甘肃），俄罗斯（远东地区），日本，格陵兰，美国。

2.7.4.31 板直突摇蚊 *Orthocladius*（*Mesorthocladius*）*lamellatus* Sæther

Orthocladius（*Mesorthocladius*）*lamellatus* Sæther，2005：29；Makarchenko & Makarchenko，2008：250；2011：117.

（1）模式产地：美国。

（2）观察标本：正模，♂，美国俄亥俄州，14. iii. 1987，M. Bolton 采；副模，1♂，美国俄亥俄州 Sciota 公园，26. iv. 1987，M. Bolton 采。

（3）鉴别特征：该种阳茎刺突由较多的刺聚集而成，小盾片鬃单列或双列，肛尖发达，毛形感器位于中足和后足，这些特征可以将其与本亚属中的其他种区分开。

（4）雄成虫。体长 4.49～4.57mm；翅长 2.24～2.41mm；体长/翅长 1.90～2.00；翅长/前足胫节长 2.60～2.76。

1）体色：深棕色，具有黑色斑纹。

2）头部：触角比（AR）1.95～2.28，末节长 775～841μm。头部鬃毛 12～15 根，包括 3～6 根内顶鬃，6 根外顶鬃，3 根后眶鬃。唇基毛 10～12 根。食窦泵、幕骨和茎节如图 2.7.30（a）所示。幕骨长 195～199μm，宽 56μm。茎节长 165～184μm，宽 68μm。下唇须 5 节，各节长分别为（μm）：41～47，53～64，86～109，75～90，105～135。

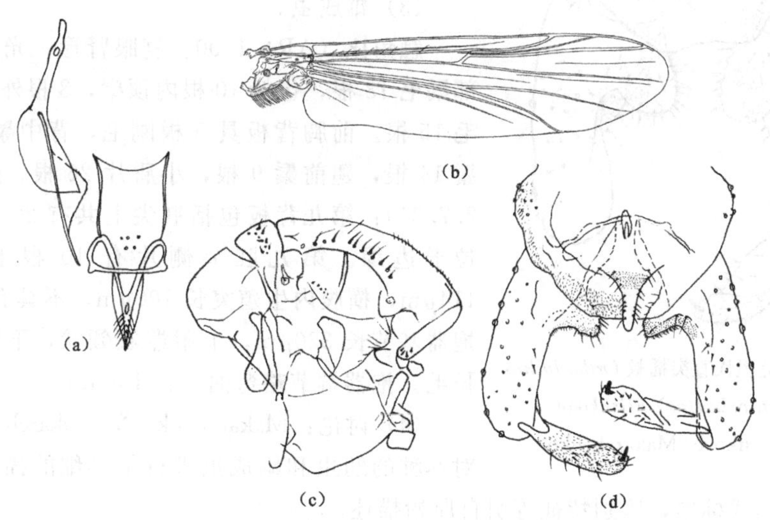

图 2.7.30 板直突摇蚊 *Orthocladius*（*Mesorthocladius*）*lamellatus* Sæther

(a) 食窦泵、幕骨和茎节；(b) 翅；(c) 胸部；(d) 生殖节

3）翅［图 2.7.30（b）］：翅脉比（VR）1.03。臀角一般发达，前缘脉延伸长 15～17μm。R 脉有 8～10 根刚毛，其余脉无刚毛。腋瓣缘毛 20～31 根。

4）胸部［图 2.7.30（c）］：前胸背板具 6～8 根刚毛，背中鬃 10～14 根，中鬃 13～18 根，翅前鬃 7～9 根，小盾片 13～21 根，单列或双列。

5）足：前足胫距长 71～79μm；中足胫距长 30μm 和 23～26μm；后足胫距长 75μm 和 23～24μm。前足胫节末端宽 56μm；中足胫节末端宽 56μm；后足胫节末端宽 68μm；胫栉 9～10，11 根。伪胫距存在于中足和后足的第一和第二跗节，长 23～24μm。毛形感器位于中足和后足的第一和第二跗节。

6）生殖节［图 2.7.30（d）］：第九背板包括肛尖上共有 10～14 根毛。第九肛节侧片有 10～11 根毛。肛尖健壮，基部三角形，末端圆钝，长 86～120μm。阳茎内突长 53～86μm，横腹内生殖突长 83～99μm。抱器基节长 308～364μm，上附器衣领状，下附器腹叶延伸未超过背叶。抱器端节长 135～167μm，亚端背脊位于末端且圆钝，抱器端棘长 10～19μm。生殖节比（HR）为 2.18～2.37，生殖节值（HV）为 2.74～3.12。

（5）分布：俄罗斯（远东地区），美国。

2.7.4.32　克里氏直突摇蚊 *Orthocladius*（*Mesorthocladius*）*klishkoae* Makarchenko & Makarchenko

Orthocladius（*Mesorthocladius*）*klishkoae* Makarchenko & Makarchenko，2008：248；2011：117.

（1）模式产地：俄罗斯（远东地区）。

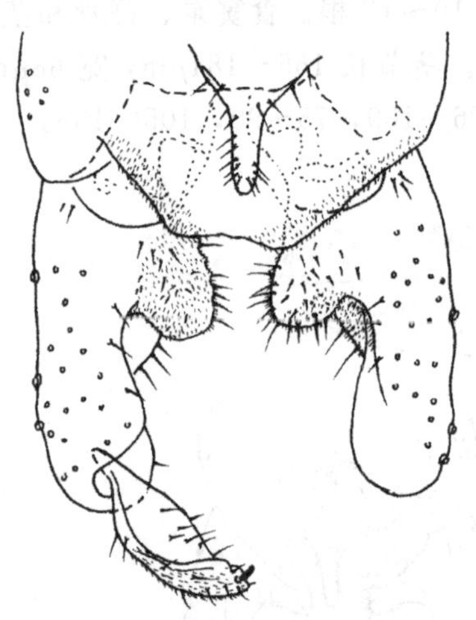

图 2.7.31　克里氏直突摇蚊 *Orthocladius*（*Mesorthocladius*）*klishkoae* Makarchenko & Makarchenko

（2）鉴别特征：该种不具有阳茎刺突，抱器基节下附器较大，边缘具长毛，抱器端节略弯曲，这些特征可以将其与本亚属中的其他种区分开。

（3）雄成虫。

触角比（AR）1.00。复眼肾形，光裸无毛。头部鬃毛 18 根，包括 10 根内顶鬃，8 根外顶鬃。唇基毛 15 根。前胸背板具 5 根刚毛，背中鬃 11 根，中鬃 14 根，翅前鬃 9 根，小盾片 26 根。生殖节（图 2.7.31）：第九背板包括肛尖上共有 20 根毛，主要位于边缘。第九肛节侧片有 10 根毛。肛尖长 114μm，横腹内生殖突长 100μm，不具有阳茎刺突。抱器基节长 320μm，上附器衣领状，下附器边缘具长毛。抱器端节略弯曲，长 156μm。

（4）讨论：Makarchenko & Makarchenko（2008）对本种的幼虫和雄成虫进行了详细的描述。本研究未能检视到模式标本，鉴别特征等引自原始描述。

（5）分布：俄罗斯（远东地区）。

2.7.4.33　鲁塞尔直突摇蚊 *Orthocladius*（*Mesorthocladius*）*roussellae* Soponis

Orthocladius（*Euorthocladius*）*roussellae* Soponis，1977：34.

Orthocladius（*Euorthocladius*）sp 3，Coffman & Ferrington，1984：406.

Orthocladius（*Mesorthocladius*）*roussellae* Soponis 1990：34；Makarchenko & Makarchenko，2011：116.

（1）模式产地：加拿大。

（2）鉴别特征：该种触角比（AR）较小（1.02～1.56），小盾片鬃多列且数目较多，翅前鬃和前胸背板鬃数目也较多，阳茎刺突退化或者缺失，下附器背叶长而窄，亚端背脊长，这些特征可以将其与本亚属中的其他种区分开［图 2.7.32（a）（b）］。

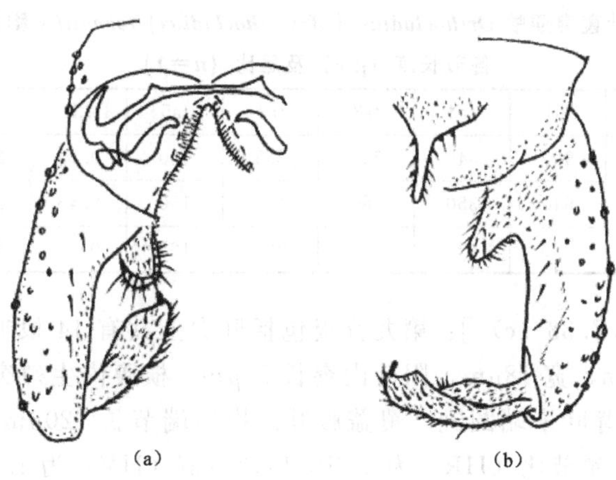

图 2.7.32 鲁塞尔直突摇蚊 *Orthocladius*（*Mesorthocladius*）*roussellae* Soponis

（a）（b）生殖节

（3）讨论：该种未能检视到模式标本，鉴别特征引自 Soponis（1990）。

（4）分布：俄罗斯（远东地区），加拿大。

2.7.4.34 钝叶直突摇蚊 *Orthocladius*（*Mesorthocladius*）*tornatilis* Kong & Wang

Orthocladius（*Mesorthocladius*）*tornatilis* Kong *et al*.，2012 b：390.

（1）模式产地：中国（吉林）。

（2）观察标本：1♂，吉林省长白山岳桦林，30. iv. 1994，扫网，王俊才采。

（3）鉴别特征：该种下附器背叶较圆钝，抱器端节中部最宽，亚端背脊长而低，这些特征可以将其与本亚属中的其他种区分开。

（4）雄成虫（n=1）。体长 3.43mm；翅长 2.58mm；体长/翅长 1.33；翅长/前足胫节长 2.48。

1）体色：深棕色，小盾片颜色较浅。

2）头部：触角比（AR）1.72，末节长 810μm。头部鬃毛 15 根，包括 1 根内顶鬃，6 根外顶鬃，8 根后眶鬃。唇基毛 11 根。食窦泵、幕骨和茎节如图 2.7.33（a）所示。幕骨长 176μm，宽 44μm。茎节长 198μm，宽 68μm。下唇须 5 节，各节长（μm）分别为：35、57、123、101、145，第 5 节和第 3 节长度之比为 1.18。

3）胸部：前胸背板具 10 根刚毛，背中鬃 17 根，中鬃 7 根，翅前鬃 5 根，小盾片 48 根，多列。

4）翅［图 2.7.33（b）］：翅脉比（VR）1.03。臀角发达，前缘脉延伸 20μm。R 脉有 10 根刚毛，其余脉无刚毛。腋瓣缘毛 24 根。

5）足：前足胫距长 66μm；中足胫距长 29μm 和 25μm；后足胫距长 74μm 和 28μm。

前足胫节末端宽 55μm；中足胫节末端宽 38μm；后足胫节末端宽 59μm；胫栉 12 根，最短的 33μm，最长的 62μm。伪胫距存在于中足和后足的第一和第二跗节，长 21～27μm。不存在毛形感器。胸部足各节长度及足比见表 2.7.16。

表 2.7.16 钝叶直突摇蚊 *Orthocladius*（*Mesorthocladius*）*tornatilis* 胸足各节长度（μm）及足比（*n*=1）

足	fe	ti	ta1	ta2	ta3	ta4	ta5	LR	BV	SV	BR
p1	1040	1230	900	540	390	255	160	0.73	2.36	2.52	2.50
p2	1100	1120	540	350	280	180	150	0.48	2.88	4.11	3.13
p3	1210	1400	800	475	360	220	165	0.57	2.80	3.26	2.30

6）生殖节［图 2.7.33（c）］：第九背板包括肛尖上共有 14 根毛。第九肛节侧片有 10 根毛。肛尖长 53μm，宽 18μm。阳茎内突长 50μm，横腹内生殖突长 113μm。抱器基节长 228μm，下附器背叶末端圆钝，覆盖腹叶。抱器端节长 120μm，亚端背脊长而低，抱器端棘长 12μm。生殖节比（HR）为 2.40，生殖节值（HV）为 2.85。

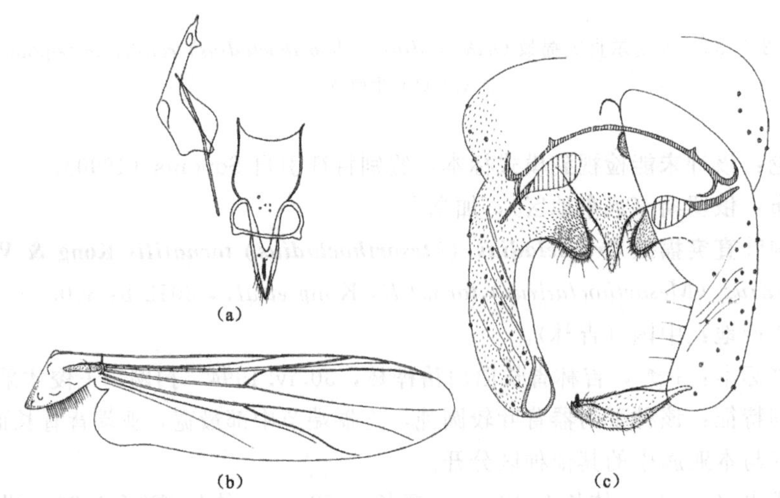

图 2.7.33 钝叶直突摇蚊 *Orthocladius*（*Mesorthocladius*）*tornatilis* Kong & Wang
(a) 食窦泵、幕骨和茎节；(b) 翅；(c) 生殖节

（5）分布：中国（吉林）。

2.7.4.35 长钝直突摇蚊 *Orthocladius*（*Mesorthocladius*）*vaillanti* Langton & Cranston

Orthocladius（*Orthocladius*）*vaillanti* Langton & Cranston，1991：251；Caldwell *et al.*，1997：8；Caldwell，1998：235.

Orthocladius（*Mesorthocladius*）*vaillanti* Sæther，2005：26；Makarchenko & Makarchenko，2011：115；Kong *et al.*，2012 b：391.

（1）模式产地：美国。

（2）观察标本：1♂，四川省理塘县矢量河，13.vi.1996，灯诱，王新华采。

（3）鉴别特征：该种不具有前缘脉延伸，亚端背脊位于抱器端节近末端，下附器较长且具有圆钝的末端，这些特征可以将其与本亚属中的其他种区分开。

(4) 雄成虫 ($n=1$)。体长 4.73mm；翅长 2.95mm；体长/翅长 1.60；翅长/前足胫节长 2.89。

1) 体色：深棕色，小盾片颜色较浅。

2) 头部：触角比 (AR) 1.40，末节长 700μm。头部鬃毛 16 根，包括 3 根内顶鬃，2 根外顶鬃，11 根后眶鬃。唇基毛 12 根。食窦泵、幕骨和茎节如图 2.7.34 (a) 所示。幕骨长 167μm，宽 53μm。茎节长 220μm，宽 73μm。下唇须 5 节，各节长 (μm) 分别为：53、57、150、141、216，第 5 节和第 3 节长度之比为 1.44。

3) 胸部 [图 2.7.34 (c)]：前胸背板具 11 根刚毛，背中鬃 13 根，中鬃 15 根，翅前鬃 6 根，小盾片 34 根，多列。

4) 翅 [图 2.7.34 (b)]：翅脉比 (VR) 1.02。臀角发达，不具有前缘脉延伸。R 脉有 13 根刚毛，其余脉无刚毛。腋瓣缘毛 34 根。

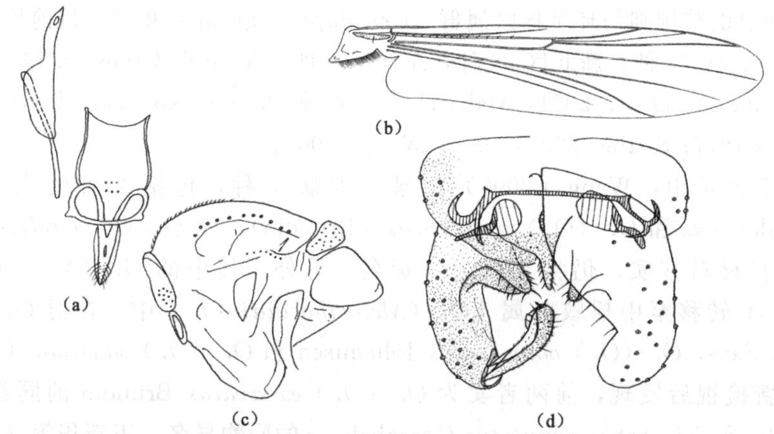

图 2.7.34 长钝直突摇蚊 *Orthocladius* (*Mesorthocladius*) *vaillanti* Langton & Cranston
(a) 食窦泵、幕骨和茎节；(b) 翅；(c) 胸部；(d) 生殖节

5) 足：前足胫距长 70μm；中足胫距长 37μm 和 29μm；后足胫距长 77μm 和 25μm。前足胫节末端宽 59μm；中足胫节末端宽 55μm；后足胫节末端宽 73μm；胫栉 10~12，11 根，最短的 25~30，27μm，最长的 46~60，52μm。伪胫距存在于中足和后足的第一和第二跗节，长 21~25μm。不存在毛形感器。胸部足各节长度及足比见表 2.7.17。

表 2.7.17 长钝直突摇蚊 *Orthocladius* (*Mesorthocladius*) *vaillanti* Langton & Cranston 胸足各节长度 (μm) 及足比 ($n=1$)

足	fe	ti	ta1	ta2	ta3	ta4	ta5	LR	BV	SV	BR
p1	1020	1275	875	585	400	250	170	0.69	2.26	2.52	1.65
p2	1100	1150	575	390	300	190	150	0.50	2.74	3.91	2.14
p3	1250	1400	825	460	360	220	175	0.59	2.83	3.26	2.55

6) 生殖节 [图 2.7.34 (d)]：第九背板包括肛尖上共有 15 根毛。第九肛节侧片有 7 根毛。肛尖长 56μm，宽 18μm。阳茎内突长 60μm，横腹内生殖突长 125μm。抱器基节长

285μm，下附器背叶长并逐渐变细。抱器端节长 124μm，亚端背脊位于末端且圆钝，抱器端棘长 14μm。生殖节比（HR）为 2.30，生殖节值（HV）为 3.69。

（5）讨论：*O. vaillanti* 首先被置于直突摇蚊指名亚属（*Orthocladius* s. str.）中（Langton & Cranston 1991；Caldwell *et al*. 1997），Sæther（2005）将其转移到中直突摇蚊亚属当中。中国的标本中的特征与原始描述相符。

（6）分布：中国（四川），俄罗斯（远东地区），美国。

直突摇蚊亚属 *Orthocladius* s. str.

模式种：*Orthocladius oblidens*（Walker）

直突摇蚊亚属（*Orthocladius* s. str.）作为直突摇蚊属（*Orthocladius*）的指名亚属，包含了该属中的大部分种类。Cranston *et al*.（1989）提供了直突摇蚊属（*Orthocladius*）的鉴别特征，Soponis（1977）给出了该亚属的鉴别特征，并修订了该亚属新北区的种类。*Orthocladius* s. str. 的雄成虫与 *O.*（*Euorthocladius*）亚属相似，而 *Orthocladius* s. str. 的蛹和幼虫的结构则与环足摇蚊属群（*Cricotopus*-group）相似。目前该亚属共记录 62 种，其中古北区 44 种，新北区 29 种，东洋区 8 种（Ashe & Cranston 1990，Oliver *et al*. 1990，Chaudhuri *et al*. 2001，Makarchenko & Makarchenko 2011，Rossaro & Prato 1991，Soponis 1977；Sæther 2003，2005，Wang 2000）。

中国摇蚊名录中，Wang（2000）记录本亚属 7 种，包括 2 种幼虫，*O.*（*O.*）*solivaga* Pankratova 和 *O.*（*O.*）*wetterensis*（Brundin），而 *O.*（*O.*）*solivaga* 为可疑名，由于没有材料核实，仍将其作为可疑名。另外，其中的 *O.*（*M.*）*frigidus* 由 Sæther（2005）转移至中摇蚊亚属［*O.*（*Mesorthocladius*）］中。在对 *O.*（*O.*）*yugashimaensis* Sasa，*O.*（*O.*）*obumbratus* Johannsen 和 *O.*（*O.*）*saxicola*（Kieffer）的标本进行重新检视后发现，前两者实为 *O.*（*O.*）*excavatus* Brundin 的同物异名，*O.*（*O.*）*saxicola* 为 *Cricotopus annulatus* Goetghebuer 的同物异名。王新华等（2005）记录到采自贵州的 *O.*（*O.*）*glabripannis*（Goetghebuer，1921）。根据 Yamamoto（2004）日本直突摇蚊亚科名录，经过对日本标本的检视，作者发现本亚科存在 8 项错误鉴定，其中 *O.*（*O.*）*toyamakeleus* Sasa 应为 *Psectrocladius toyamakeleus*（Sasa）。

鉴别特征：本亚属雄成虫体成小型或中型，深棕色，黑色或黄色。头部鬃毛单列；翅的臀角一般发达到非常发达，前缘脉延伸超过或不超过 R_{4+5} 脉的末端，翅脉比（VR）一般大于 1.0；前胸背板发达或者不发达，中鬃在除了 *O. appersoni* 外的种类中均存在，小盾片鬃一般单列，少数种类中双列或者多列；肛尖不发达到十分发达，一般末端尖锐，阳茎刺突存在或者缺失，下附器发达，短粗或者细长，上附器成三角形或者衣领状。

东亚地区直突摇蚊属 *Orthocladius* 的指名亚属雄成虫检索表

1. 前缘脉未延伸至超过 R_{4+5} 脉末端 …… 2
   前缘脉延伸至超过 R_{4+5} 脉的末端 …… 5
2. 小盾片鬃双列，抱器端节具凹陷 …… *O.*（*O.*）*rhyacobius* Kieffer
   小盾片鬃单列，抱器端节不具凹陷 …… 3
3. 上附器衣领状 …… *O.*（*O.*）*ulaanbaatus* Sasa & Suzuki
   上附器成三角形 …… 4

4. 亚端背脊长而低，不明显 ………………………… *O.*（*O.*）*glabripennis*（Goetghebuer）
亚端背脊比较发达 …………… *O.*（*O.*）*sakhalinensis* Makarchenko & Makarchenko
5. “肛尖”两侧平行……………………………………… *O.*（*O.*）*yugashimaensis* Sasa
“肛尖”两侧不平行……………………………………………………………………… 6
6. 亚端背脊十分发达，于抱器端节中央形成一三角形隆起
………………………………………… *O.*（*O.*）*nitidoscutellatus* Lundström
亚端背脊发达或不发达，但不形成明显的隆起 ………………………………… 7
7. 胸部具有浅棕色斑纹 ……………………………… *O.*（*O.*）*rubicundus*（Meigen）
胸部不具有浅棕色斑纹 ……………………………………………………………… 8
8. 上附器细长狭窄略成条形 ………………………………… *O.*（*O.*）*dorenus*（Roback）
上附器非狭长的条形 ………………………………………………………………… 9
9. 肛尖呈钝三角形 ………………… *O.*（*O.*）*setosus* Makarchenko & Makarchenko
肛尖不呈钝三角形 …………………………………………………………………… 10
10. 阳茎刺突逐渐变细 ……………………………………… *O.*（*O.*）*excavatus* Brundin
阳茎刺突不逐渐变细 ………………………………………………………………… 11
11. 抱器端节呈三角形 ……………… *O.*（*O.*）*linevitshae* Makarchenko & Makarchenko
抱器端节不呈三角形 ………………………………………………………………… 12
12. 生殖节值（HV）大于 5.0 ……………………………………… . *O.*（*O.*）*chuzesextus* Sasa
生殖节值（HV）约为 4.0 ……………………………………………………………… 13
13. 阳茎刺突由 2 根刺构成，亚端背脊短而透明
……………………………………… *O.*（*O.*）*cognatus* Makarchenko & Makarchenko
阳茎刺突由多根刺构成，亚端背脊不透明 ………………………………………… 14
14. 肛尖短，一般短于 30μm ……………………………… *O.*（*O.*）*hazenensis* Soponis
肛尖长于 50μm ……………………………………………………………………… 15
15. 上附器半圆形 ………………………………………… *O.*（*O.*）*tamanitidus* Sasa
上附器非半圆形 ……………………………………………………………………… 16
16. 胸部中鬃缺失 ………………………………………… *O.*（*O.*）*appersoni* Soponis
胸部具中鬃 …………………………………………………………………………… 17
17. 亚端背脊较突出 ……………………………………………………………………… 18
亚端背脊不明显 ……………………………………………………………………… 19
18. 下附器背叶较细长，末端略尖 ………… *O.*（*O.*）*absolutus* Kong, Sæther & Wang
下附器背叶末端圆钝……………… *O.*（*O.*）*defensus* Makarchenko & Makarchenko
19. 抱器端节中部最宽 ……………………………………… *O.*（*O.*）*manitobensis* Sæther
抱器端节末端最宽 …………………………………………………………………… 20
20. 上附器成三角形 ………………………………………… *O.*（*O.*）*oblidens*（Walker）
上附器非三角形 ……………………………………………………………………… 21
21. 抱器端节内缘具凹陷 …………………………………… *O.*（*O.*）*makabensis* Sasa
抱器端节内缘不具有凹陷 ………………………… *O.*（*O.*）*biwainfirmus* Sasa & Nishino

2.7.4.36 胖脊直突摇蚊 *Orthocladius* (*Orthocladius*) *absolutus* Kong, Sæther & Wang

(1) 模式产地：中国（河北）。

(2) 观察标本：正模，♂，(BDN No. 23496) 河北省赤城金阁山，20. vii. 2001，扫网，郭玉红采。

(3) 词源学：源于拉丁文 *absolutus*，发达的，意指其发达的亚端背脊。

(4) 鉴别特征：该种下附器背叶较细长，亚端背脊位于抱器端节的近末端，且极为发达，这些特征可以将其与其他种区分开。

(5) 雄成虫 ($n=1$)。体长 3.35mm；翅长 2.00mm；体长/翅长 1.68；翅长/前足胫节长 2.67。

1) 头部：触角比 (AR) 1.51，末节长 620μm。头部鬃毛 11 根，包括 3 根内顶鬃，3 根外顶鬃，5 根后眶鬃。唇基毛 12 根。食窦泵、幕骨和茎节如图 2.7.35 (a) 所示。幕骨长 154μm，宽 33μm。茎节长 187μm，宽 75μm。下唇须 5 节，各节长 (μm) 分别为：31、48、110、106、145。下唇须第 5 节和第 3 节长度之比为 1.32。

2) 胸部：前胸背板具 6 根刚毛，背中鬃 10 根，中鬃 7 根，翅前鬃 3 根，小盾片鬃 10 根。

3) 翅 [图 2.7.35 (b)]：翅脉比 (VR) 1.06。臀角发达。前缘脉延伸长 22μm。R 脉有 9 根刚毛，其余脉无刚毛。腋瓣缘毛 18 根。

4) 足：前足胫距长 45μm；中足胫距长 30μm 和 25μm；后足胫距长 65μm 和 25μm。前足胫节末端宽 41μm；中足胫节末端宽 40μm；后足胫节末端宽 44μm；胫栉 11 根，最短的 18μm，最长的 42μm。伪胫距存在于中足和后足的第一和第二跗节，长 16μm。不存在毛形感器。胸部足各节长度及足比见表 2.7.18。

表 2.7.18 胖脊直突摇蚊 *Orthocladius* (*Orthocladius*) *absolutus* 胸足各节长度 (μm) 及足比 ($n=1$)

足	fe	ti	ta1	ta2	ta3	ta4	ta5	LR	BV	SV	BR
p1	750	970	710	480	325	185	125	0.73	2.18	2.42	2.75
p2	820	850	430	270	190	110	120	0.51	3.04	3.88	2.40
p3	860	980	570	335	255	140	130	0.58	2.80	3.23	3.00

5) 生殖节 [图 2.7.35 (c)]：第九背板包括肛尖上共有 11 根毛。第九肛节侧片有 13 根毛。肛尖长 55μm，宽 35μm。阳茎内突长 83μm，横腹内生殖突长 130μm。抱器基节长 228μm，上附器成衣领状，下附器背叶长且狭窄，且腹叶未延伸至超过背叶。阳茎刺突长 25μm。抱器端节 [图 2.7.35 (d)] 长 95μm，亚端背脊发达，位于抱器端节近末端。抱器端棘长 8μm。生殖节比 (HR) 为 2.40；生殖节值 (HV) 为 3.53。

(6) 讨论：本种是本亚属内少数几个具有的发达亚端背脊的种类，*O.* (*O.*) *nitidoscutellatus* Lundström 也具有极发达的亚端背脊，然而该种亚端背脊位于抱器端节中央，与 *O.* (*O.*) *absolutus* 明显不同。

(7) 分布：中国（河北）。

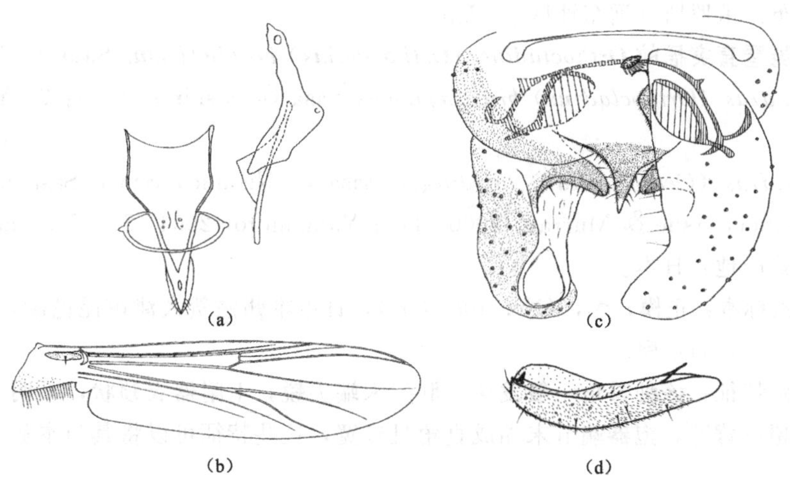

图 2.7.35 胖脊直突摇蚊 *Orthocladius* (*Orthocladius*) *absolutus* Kong, Sæther & Wang

(a) 食窦泵、幕骨和茎节；(b) 翅；(c) 生殖节；(d) 抱器端节

2.7.4.37 尖细直突摇蚊 *Orthocladius* (*Orthocladius*) *appersoni* Soponis

Orthocladius (*Orthocladius*) *appersoni* Soponis, 1977: 27; Makarchenko & Makarchenko, 2011: 117.

(1) 模式产地：美国。

(2) 鉴别特征：该种不具有中鬃，翅臂角不发达，阳茎刺突较发达，上附器略成三角形，下附器背叶腹叶延伸至明显超过背叶［图 2.7.36 (a) (b)］。

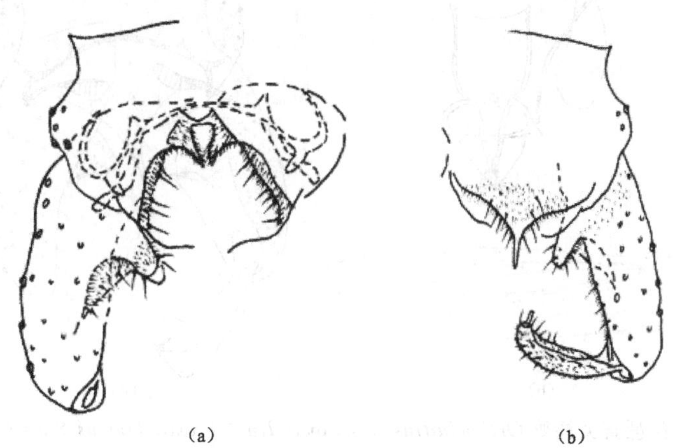

图 2.7.36 尖细直突摇蚊 *Orthocladius* (*Orthocladius*) *appersoni* Soponis

(a) (b) 生殖节

(3) 讨论：Soponis (1977) 对该种有详细的描述。该种与 *O.* (*O.*) *nigritusi* 和 *O.* (*O.*) *tryoni* 生殖节有相似之处，然而 *O.* (*O.*) *appersoni* 具有的三角形上附器可将其与 *O.* (*O.*) *nigritusi* 区分开，其中鬃缺失又可将其与 *O.* (*O.*) *tryoni* 区分开。该种未能看到模式标本，鉴别特征引自原始描述。

（4）分布：俄罗斯（远东地区），美国。

2.7.4.38 琵琶直突摇蚊 *Orthocladius*（*Orthocladius*）*biwainfirmus* Sasa & Nishino

Orthocladius（*Orthocladius*）*biwainfirmus* Sasa & Nishino，1995：2；Yamamoto，2004：59.

Orthocladius（*Orthocladius*）*biwaniger* Sasa & Nishino，Sensu Sasa & Nishino，1995：2；Sæther，Ashe & Murray，2000：176；Yamamoto，2004：57. Syn. n.

（1）模式产地：日本。

（2）观察标本：正模，♂，（No. 108：091），日本本州滋贺大津市琵琶湖，2. iii. 1994，Suzuki 采；1 ♂，同正模。

（3）鉴别特征：该种臀角一般发达，肛尖末端尖锐，上附器衣领状，不明显，下附器腹叶延伸不超过背叶，抱器端节末端成直角且较宽，这些特征可以将其与本亚属中的其他种区分开。

（4）雄成虫。体长 5.43mm，翅长 3.33mm；体长/翅长 1.63，翅长/前足胫节长 3.02。

1）头部：触角末节长 900μm，触角比（AR）1.80。头部鬃毛 13 根，包括 3 根内顶鬃，5 根外顶鬃，5 根后眶鬃。唇基毛 8 根。幕骨长 250μm，宽 50μm；茎节长 255μm，宽 100μm。食窦泵、幕骨和茎节如图 2.7.37（a）所示。下唇须第 5 节和第 3 节长度之比为 1.57。

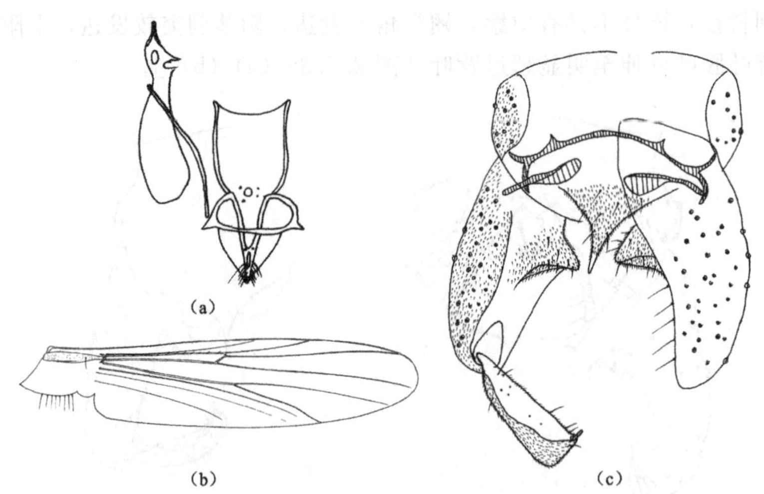

图 2.7.37 琵琶直突摇蚊 *Orthocladius*（*Orthocladius*）*biwainfirmus* Sasa & Nishino

（a）食窦泵、幕骨和茎节；（b）翅；（c）生殖节

2）胸部：前胸背板鬃 4 根，背中鬃 14 根，中鬃 2 根，翅前鬃 6 根，小盾片鬃 9 根。

3）翅［图 2.7.37（b）］：翅脉比（VR）1.14。臀角一般发达。前缘脉延伸 100μm。R 脉有 12 根刚毛，腋瓣缘毛 8 根。

4）足：前足胫距长 75μm；中足胫距长 50μm 和 20μm；后足胫距长 70μm 和 22μm。前足胫节末端宽 79μm；中足胫节末端宽 80μm；后足胫节末端宽 88μm；胫栉 13 根，最短的 32μm，最长的 54μm。伪胫距存在于中足和后足的第一和第二跗节，长 30～40μm。

5）生殖节［图 2.7.37（c）］：第九背板包括肛尖上共有 7 根毛，肛尖末端尖锐，长 44μm，基部宽 55μm。第九肛节侧片有 13 根毛。阳茎内突长 100μm，横腹内生殖突长 175μm。抱器基节长 330μm，上附器衣领状，不明显，下附器腹叶延伸不超过背叶。抱器端节长 154μm。阳茎刺突存在，长 20μm。抱器端棘长 22μm。生殖节比（HR）为 2.14，生殖节值（HV）为 3.52。

（5）讨论：Sasa & Nishino（1995）中还记录了 *O. biwaniger*，其后 Sæther *et al*.（2000）和 Yamamoto（2004）也记录了该种，且均将其置于 *O.*（*Eudactylocladius*）当中，然而，经过对模式标本的观察，该种具有明显的阳茎刺突，衣领状的上附器以及较复杂的下附器，这与 *O.*（*Eudactylocladius*）亚属的特征明显区别，而应归入指名亚属并与 *O.*（*Orthocladius*）*biwainfirmus* 明显相同，除了翅的前缘脉延伸方面特征的区别外，两者明显相同或者相似，故将 *O. biwaniger* 作为 *O.*（*Orthocladius*）*biwainfirmus* 的同物异名。

（6）分布：日本。

2.7.4.39 枥木直突摇蚊 *Orthocladius*（*Orthocladius*）*chuzesextus* Sasa

Orthocladius（*Orthocladius*）*chuzeseptimus* Sasa，1984：64；1985：120；1996：97；Sasa & Suzuki，1999：155；Yamamoto，2004：60.

Orthocladius（*Orthocladius*）*kamihiroi* Sasa & Hirabayashi，Sensu Sasa & Hirabayashi 1993：367. Syn. n.

（1）模式产地：日本。

（2）观察标本：正模，♂，（No. 041：051），日本本州岛枥木市中禅寺湖，12. v. 1979，M. Sasa 采；1♂，日本本州岛上高地，19. v. 1991，M. Sasa 采。

（3）鉴别特征：该种肛尖三角形且较粗壮，上附器衣领状，下附器背叶较宽末端圆钝，抱器端节勺状，生殖节值（HV）较高（5.19），这些特征可以将其与本亚属中的其他种区分开。

（4）雄成虫。体长 5.45mm，翅长 3.05mm；体长/翅长 1.79，翅长/前足胫节长 2.71。

1）体色：深棕色。

2）头部：触角末节长 900μm，触角比（AR）1.38。头部鬃毛 11 根，包括 1 根内顶鬃，5 根外顶鬃，5 根后眶鬃。唇基毛 13 根。幕骨长 198μm，宽 66μm；茎节长 242μm，宽 75μm。食窦泵、幕骨和茎节如图 2.7.38（a）所示。下唇须 5 节，各节长（μm）分别为：40、66、154、176、242。下唇须第 5 节和第 3 节长度之比为 1.57。

3）胸部：前胸背板鬃 6 根，背中鬃 9 根，中鬃 3 根，翅前鬃 7 根，小盾片鬃 6 根。

4）翅［图 2.7.38（b）］：翅脉比（VR）1.20。臀角极发达。前缘脉延伸 40μm。R 脉有 6 根刚毛，腋瓣缘毛 24 根。

5）足：前足胫距长 66μm；中足胫距长 24μm 和 22μm；后足胫距长 79μm 和 35μm。前足胫节末端宽 66μm；中足胫节末端宽 64μm；后足胫节末端宽 66μm；胫栉 13 根，最短的 30μm，最长的 50μm。伪胫距存在于中足和后足的第一和第二跗节，长 31～42μm。

胸部足各节长度及足比见表 2.7.19。

表 2.7.19 枥木直突摇蚊 *Orthocladius*（*Orthocladius*）*chuzesextus* 胸足各节长度（μm）及足比（$n=1$）

足	fe	ti	ta1	ta2	ta3	ta4	ta5	LR	BV	SV	BR
p1	1125	1250	875	625	375	250	170	0.70	2.29	2.71	1.88
p2	1000	1125	625	400	300	200	150	0.56	2.62	3.40	1.78
p3	1120	1375	760	450	375	200	130	0.59	2.82	3.28	3.75

6）生殖节［图 2.7.38（c）］：第九背板包括肛尖上共有 8 根毛，肛尖三角形且健壮，长 55μm，基部宽 25μm。第九肛节侧片有 10 根毛。阳茎内突长 138μm，横腹内生殖突长 150μm。抱器基节长 325μm，上附器衣领状，下附器背叶宽，末端圆钝。抱器端节长 105μm。阳茎刺突存在，由多根刺构成，长 28μm。抱器端棘长 15μm。生殖节比（HR）为 3.10，生殖节值（HV）为 5.19。

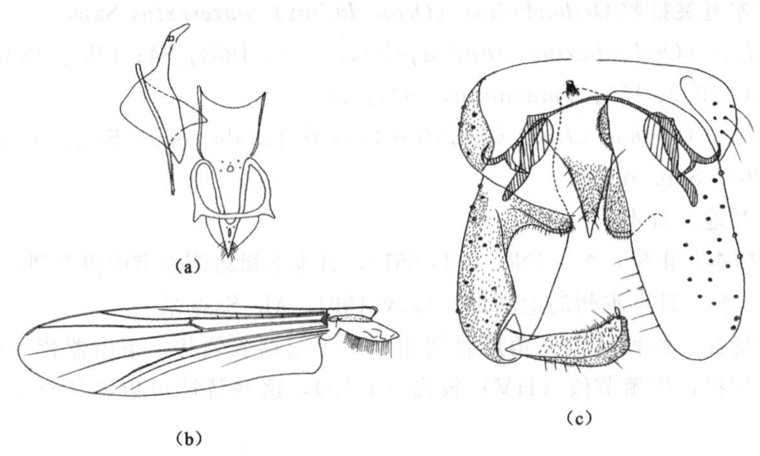

图 2.7.38 枥木直突摇蚊 *Orthocladius*（*Orthocladius*）*chuzesextus* Sasa

（a）食窦泵、幕骨和茎节；（b）翅；（c）生殖节

（5）讨论：Sasa（1984）首次记录该种，并将其归入指名亚属中，然而，原始描述与实际略有不符，Sasa 认为本种的下附器不分背叶和腹叶，根据对模式标本的观察，其下附器明显分为背腹叶，且背叶宽而末端圆钝。另外，经过对 Sasa & Hirabayashi（1993）所记录的 *O.*（*O.*）*kamihiroi* 的模式标本的观察，其亦为 *O.*（*O.*）*chuzesextus* Sasa 的同物异名。

（6）分布：日本。

2.7.4.40 双刺直突摇蚊 *Orthocladius*（*Orthocladius*）*cognatus* Makarchenko & Makarchenko

Orthocladius（*Orthocladius*）*cognatus* Makarchenko & Makarchenko，2006：60；2011：117.

（1）模式产地：俄罗斯远东地区。

（2）鉴别特征：该种触角比（AR）1.42～1.50，阳茎刺突由2根刺组成，亚端背脊颜色浅近透明，上附器衣领状具短毛，下附器腹叶未延伸至超过背叶，这些特征可以将其与本亚属中的其他种区分开。

（3）雄成虫。体长3.70～4.10mm；翅长2.60～2.80mm；体长/翅长1.43～1.57。

1）体色：深棕色。

2）头部：复眼光裸无毛，背部略延伸。触角14节，触角比（AR）1.42～1.50。头部鬃毛11～17根，包括4～7根内顶鬃，7～10根外顶鬃。唇基毛8～11根。下唇须5节，各节长（μm）分别为：44、48～56、144、116、180～192。

3）胸部：前胸背板具2根刚毛，背中鬃7～10根，中鬃5～10根，翅前鬃4～7根，小盾片鬃8～11根。

4）翅：臀角发达，不具有前缘脉延伸，R脉有8～9根刚毛，R_1无刚毛，R_{4+5}脉具2根刚毛。腋瓣缘毛16～20根。

5）足：前足胫距长68～72μm；中足胫距长24μm和28～32μm；后足胫距长80～88μm和16～20μm。胫栉11～13根。中足和后足的第一和第二跗节具有伪胫距。不存在毛形感器。

6）生殖节［图2.7.39（a）］：第九背板包括肛尖上共有20～24根毛，肛尖长48μm。第九肛节侧片有6～9根毛。横腹内生殖突长120μm。阳茎刺突由2根刺组成，长20μm。抱器基节长280～308μm，上附器成衣领状，下附器腹叶未延伸至超过背叶［图2.7.39（b）］。抱器端节［图2.7.39（c）］略弯曲，长112～124μm，亚端背脊颜色浅，近透明，位于抱器端节近末端。生殖节比（HR）为2.30～2.60。

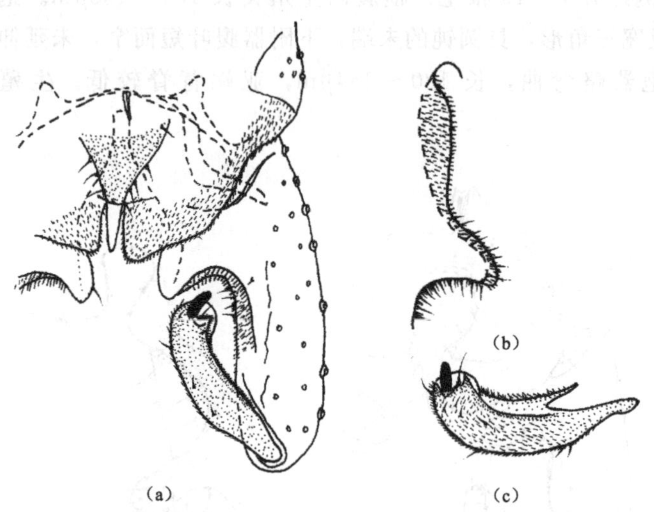

图2.7.39 双刺直突摇蚊 *Orthocladius*（*Orthocladius*）*cognatus* Makarchenko & Makarchenko

（a）生殖节；（b）下附器；（c）抱器端节

（4）讨论：本研究未能检视到模式标本，鉴别特征等引自原始描述。

（5）分布：俄罗斯（远东地区）。

2.7.4.41　圆盾直突摇蚊 *Orthocladius* (*Orthocladius*) *defensus* Makarchenko & Makarchenko

Orthocladius（*Orthocladius*）*defensus* Makarchenko & Makarchenko，2006：57；2011：117.

（1）模式产地：俄罗斯（远东地区）。

（2）鉴别特征：该种触角比（AR）1.50～1.64，上附器圆盾，具圆钝的末端，下附器腹叶短而窄，未延伸至超过背叶，抱器端节略弯曲，具低的亚端背脊，这些特征可以将其与本亚属中的其他种区分开。

（3）雄成虫。体长 3.50～3.90mm；翅长 2.06～2.35mm；体长/翅长 1.55～1.87。

1）体色：深棕色。

2）头部：复眼光裸无毛，背部略延伸。触角 14 节，触角比（AR）1.23～1.32。头部鬃毛 8～15 根，包括 6～10 根内顶鬃，2～5 根外顶鬃。唇基毛 9～15 根。下唇须 5 节，各节长（μm）分别为：40～44、56～68、136～160、112～124、196～200。

3）胸部：前胸背板具 6～8 根刚毛，背中鬃 9～10 根，中鬃 11 根，翅前鬃 4～5 根，小盾片鬃 12 根。

4）翅：臀角发达，不具有前缘脉延伸，R 脉有 6～8 根刚毛，R_1 和 R_{4+5} 脉无刚毛。腋瓣缘毛 19～20 根。

5）足：前足胫距长 72～76μm；中足胫距长 28μm 和 28～36μm；后足胫距长 52～60μm 和 28μm。胫栉 11 根。中足和后足的第一和第二跗节具有伪胫距。不存在毛形感器。

6）生殖节［图 2.7.40（a）］：第九背板包括肛尖上共有 18～24 根毛，肛尖长 52～56μm。第九肛节侧片有 7～10 根毛。横腹内生殖突长 104～108μm。抱器基节长 224～272μm，上附器成宽三角形，具圆钝的末端，下附器腹叶短而窄，未延伸至超过背叶［图 2.7.40（b）］。抱器略弯曲，长 120～144μm，亚端背脊较低。生殖节比（HR）为 2.20～2.50。

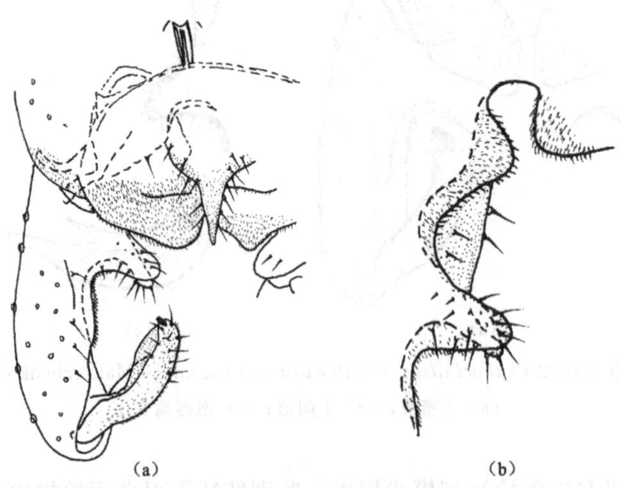

图 2.7.40　圆盾直突摇蚊 *Orthocladius*（*Orthocladius*）*defensus* Makarchenko & Makarchenko
（a）生殖节；（b）上附器和下附器

（4）讨论：本研究未能检视到模式标本，鉴别特征等引自原始描述。

（5）分布：俄罗斯（远东地区）。

2.7.4.42 细长直突摇蚊 *Orthocladius*（*Orthocladius*）*dorenus*（Roback）

Hydrobaenus dorenus Roback，1957：78.

Orthocladius dorenus（Roback），Sublette，1966：594；1967：316；1970：55.

Orthocladius（*Orthocladius*）*currani* Sublette，1967：315.

Orthocladius（*Orthocladius*）*dorenus*（Roback），Soponis，1977：48；Oliver，1990：32.

（1）模式产地：美国。

（2）观察标本：2♂♂，云南省洱源县牛街镇福田村，23.v.1996，灯诱，周长发采；1♂，浙江省天目山科技馆，12.xi.1998，灯诱，吴鸿采；2♂♂，四川省宝兴县隆西河，19.vi.1996，灯诱，王新华采。

（3）鉴别特征：该种上附器较细长，下附器背叶狭窄，腹叶略成方形，延伸至超过背叶，这些特征可以将其与其他种区分开。

（4）雄成虫（n=5）。体长3.65～4.03，3.87mm；翅长2.30～2.37，2.33mm；体长/翅长1.59～1.71，1.66；翅长/前足胫节长2.47～2.71，2.57。

1）体色：胸部深棕色，头部、触角、足和腹部浅棕色。

2）头部：触角比（AR）1.48～1.80，1.64，末节长650～720，688μm。头部鬃毛31～18，15根，包括1～2，2根内顶鬃，6～7，6根外顶鬃，6～9，7根后眶鬃。唇基毛10～13，11根。食窦泵、幕骨和茎节如图2.7.41（a）所示。幕骨长167～202，184μm，宽35～40，38μm。茎节长188～202，194μm，宽88～114，97μm。下唇须5节，各节长（μm）分别为：30～44，38；48～60，55；123～136，129；97～110，104；165～190，176。下唇须第5节和第3节长度之比为1.19～1.34，1.26。

3）胸部：前胸背板具5～7，6根刚毛，背中鬃8～11，9根，中鬃7～10，8根，翅前鬃4～6，5根，小盾片鬃11～14，12根。

4）翅［图2.7.41（b）］：翅脉比（VR）1.07～1.10，1.08。臀角发达。前缘脉延伸22～35，28μm。R脉有8～11，9根刚毛，其余脉无刚毛。腋瓣缘毛18～32，27根。

5）足：前足胫距长66～73，70μm；中足胫距长29～30，29μm和22～26，24μm；后足胫距长62～65，64μm和25～26，25μm。前足胫节末端宽44～52，48μm；中足胫节末端宽42～44，43μm；后足胫节末端宽50～53，51μm；胫栉10～12，11根，最短的28～36，32μm，最长的54～58，56μm。伪胫距存在于中足和后足的第一和第二跗节，长22～27μm。不存在毛形感器。胸部足各节长度及足比见表2.7.20。

表2.7.20 细长直突摇蚊 *Orthocladius*（*Orthocladius*）*dorenus* 胸足各节长度（μm）及足比（n=5）

足	p1	p2	p3
fe	850～950，879	875～930，907	900～980，946
ti	1030～1100，1065	880～930，908	1070～1125，1097

续表

足	p1	p2	p3
ta1	790～850，824	465～520，487	610～650，632
ta2	500～540，523	290～300，294	370～380，376
ta3	380～390，384	2200～225，222	255～260，258
ta4	240～255，244	100～130，119	130～160，144
ta5	140～150，154	90～125，105	120～125，123
LR	0.76～0.78，0.77	0.53～0.56，0.55	0.57～0.58，0.57
BV	2.10～2.18，2.14	3.07～3.15，3.11	2.93～2.99，2.96
SV	2.38～2.41，2.39	3.58～3.77，3.64	3.23～3.24，3.24
BR	2.17～2.25，2.21	2.00～2.14，2.09	2.56～3.25，2.83

6）生殖节［图 2.7.41（c）］：第九背板包括肛尖上共有 12～17，16 根毛。第九肛节侧片有 5～7，6 根毛。肛尖长 42～50，46μm，宽 18～25，23μm。阳茎内突长 45～87，69μm，横腹内生殖突长 118～140，125μm。抱器基节长 198～225，216μm，上附器较细长，下附器背叶狭窄，腹叶略成方形，延伸至超过背叶。阳茎刺突长 25～33，29μm。抱器端节长 88～100，93μm，亚端背脊伸长至端部 1/3 处。抱器端棘长 10～11，10μm。生殖节比（HR）为 2.25～2.42，2.34；生殖节值（HV）为 3.92～4.57，4.30。

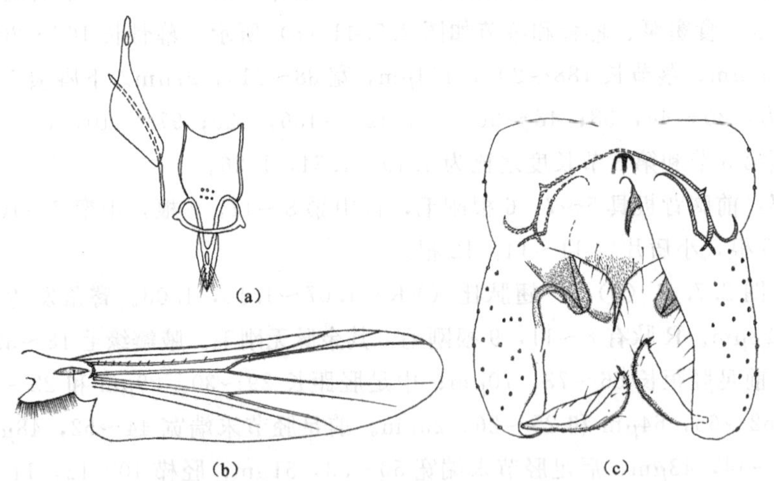

图 2.7.41　细长直突摇蚊 *Orthocladius*（*Orthocladius*）*dorenus*（Roback）

（a）食窦泵、幕骨和茎节；（b）翅；（c）生殖节

（5）讨论：与采自新北区的标本相比，采自中国四川的标本的下附器的腹叶略成方形，且上附器也较之细长，鉴于其余特征相近，将其看作因环境差异而造成的种内变异。

（6）分布：中国（云南、浙江、四川），俄罗斯（远东地区），美国。

2.7.4.43　窄刺直突摇蚊 *Orthocladius*（*Orthocladius*）*excavatus* Brundin

Orthocladius excavatus Brundin，1947：20.

Orthocladius (*Orthocladius*) *obumbratus* Johannsen, Wang 2000: 637.

Orthocladius (*Orthocladius*) *yugashimaensis* Sasa, Wang 2000: 637.

Orthocladius (*Orthocladius*) *kamisemai* Sasa & Hirabayashi, Sensu Sasa & Hirabayashi, 1993: 367; Yamamoto, 2004: 67. Syn. n.

Orthocladius (*Orthocladius*) *excavatus* Brundin, 1956: 104; Fittkau *et al*. 1967: 362; Soponis 1977: 53; Ashe & Cranston 1990: 205; Yamamoto 2004: 60.

(1) 模式产地：瑞典。

(2) 观察标本：2♂♂，(BDN No. 14719)，贵州省梵净山护国寺，2. viii. 2001，灯诱，张瑞雷采。副模，1♂，河南省栾川县龙峪湾，11. vii. 1996，灯诱，李军采；1♂，日本本州岛上高地，19. v. 1991，M. Sasa 采。

(3) 鉴别特征：该种阳茎刺突逐渐变窄，亚端背脊长而低，下附器背叶覆盖腹叶的大部分，这些特征可以将其与其他种区分开。

(4) 雄成虫 ($n=3$)。体长 2.78～3.35mm；翅长 1.43～1.75mm；体长/翅长 1.68～1.91；翅长/前足胫节长 1.98～2.29。

1) 体色：头部棕色，胸部深棕色，触角、足和腹部浅棕色。

2) 头部：触角比 (AR) 1.23～1.53，末节长 530～580μm。头部鬃毛 11～12 根，包括 4 根内顶鬃，3～4 根外顶鬃，4 根后眶鬃。唇基毛 5～9 根。食窦泵、幕骨和茎节如图 2.7.42 (a) 所示。幕骨长 123～150μm，宽 22～32μm。茎节长 128～147μm，宽 52～55μm。下唇须 5 节，各节长 (μm) 分别为：22～25、42～52、88～113、84～108、133～178。下唇须第 5 节和第 3 节长度之比为 1.39～1.60。

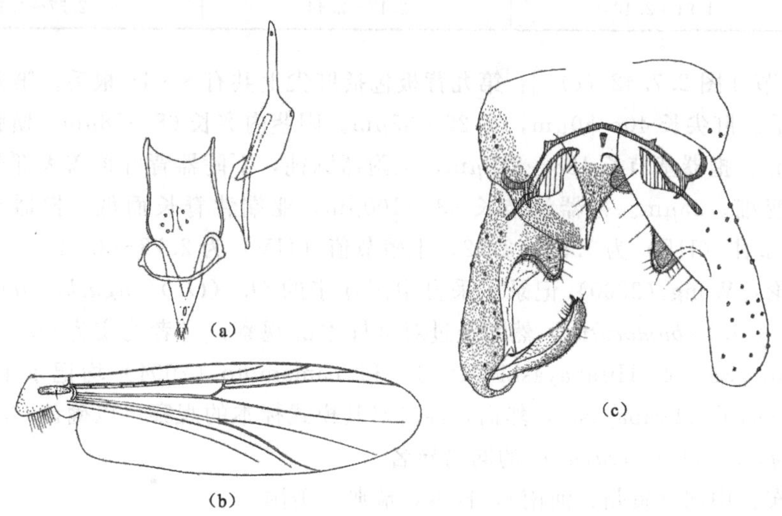

图 2.7.42 窄刺直突摇蚊 *Orthocladius* (*Orthocladius*) *excavatus* Brundin
(a) 食窦泵、幕骨和茎节；(b) 翅；(c) 生殖节

3) 胸部：前胸背板具 6～9 根刚毛，背中鬃 11～12 根，中鬃 9～11 根，翅前鬃 3～4 根，小盾片鬃 8～10 根。

4）翅［图 2.7.42（b）］：翅脉比（VR）1.06～1.11。臀角发达。前缘脉延伸长 23～40μm。R 脉有 3～8 根刚毛，其余脉无刚毛。腋瓣缘毛 9～11 根。

5）足：前足胫距长 47～57μm；中足胫距长 21～25μm 和 18～25μm；后足胫距长 48～58μm 和 18～25μm。前足胫节末端宽 37～43μm；中足胫节末端宽 35～38μm；后足胫节末端宽 40～48μm；胫栉 10～11 根，最短的 20～25μm，最长的 37～45μm。伪胫距存在于中足和后足的第一和第二跗节，长 20～26μm。不存在毛形感器。胸部足各节长度及足比见表 2.7.21。

表 2.7.21　窄刺直突摇蚊 *Orthocladius*（*Orthocladius*）*excavatus* Brundin 胸足各节长度（μm）及足比（*n*=3）

足	p1	p2	p3
fe	650～720	640～710	650～720
ti	780～840	620～730	730～850
ta1	550～640	320～360	405～500
ta2	340～380	150～200	420～510
ta3	240～275	100～170	200～240
ta4	160～200	85～110	105～125
ta5	70～100	85～95	90～105
LR	0.71～0.76	0.49～0.52	0.58～0.60
BV	2.30～2.31	3.12～3.27	2.94～2.99
SV	2.44～2.52	3.89～4.00	3.08～3.14
BR	1.91～2.42	2.17～2.44	2.57～4.11

6）生殖节［图 2.7.42（c）］：第九背板包括肛尖上共有 8～14 根毛。第九肛节侧片有 6～10 根毛。肛尖长 40～50μm，宽 25～33μm。阳茎内突长 68～78μm，横腹内生殖突长 80～100μm。抱器基节长 188～212μm，上附器圆钝，下附器背叶覆盖大部分腹叶。阳茎刺突逐渐变细，25μm。抱器端节长 93～100μm，亚端背脊长而低。抱器端棘长 9～10μm。生殖节比（HR）为 1.98～2.12；生殖节值（HV）为 2.78～3.04。

（5）讨论：Wang（2000）记录了采自中国辽宁的 *O.*（*O.*）*yugashimaensis* 和采自河南省的 *O.*（*O.*）*obumbratus*，然而经过对该标本的观察，二者均实为 *O.*（*O.*）*excavatus* Brundin。Sasa & Hirabayashi（1993）和 Yamamoto（2004）均记录了 *O.*（*O.*）*kamisemai* Sasa & Hirabayashi，然而，经过对其模式标本的观察可以确认 *O.*（*O.*）*kamisemai* 亦为 *O.*（*O.*）*excavatus* 的同物异名。

（6）分布：中国（贵州、河南），日本，瑞典，美国。

2.7.4.44　光铗直突摇蚊 *Orthocladius*（*Orthocladius*）*glabripennis*（Goetghebuer）

Dactylocladius glabripennis Goetghebuer，1921：84.

Spaniotorna（*Orthocladius*）*glabripennis*（Goetghebuer），Edwards 1929：345.

Orthocladius glabripennis（Goetghebuer），Pinder & Cranston 1976：20.

Orthocladius（*Orthocladius*）*chuzeseptimus* Sasa，Sensu Sasa，1984：67；1985：53；

1996：32；Sasa & Suzuki，1999：155；Yamamoto，2004：59. Syn. n.

Orthocladius（*Orthocladius*）*glabripennis*（Goetghebuer），Ashe & Cranston 1990：205；Longton & Cranston 1991：244；Yamamoto 2004：60；Wang *et al*. 2005：386.

（1）模式产地：比利时。

（2）观察标本：5♂♂，贵州省道真县大沙河自然保护区，24. viii. 2004，灯诱，于昕采；1♂，日本本州岛中禅寺湖，12. v. 1979，M. Sasa 采。

（3）鉴别特征：该种肛尖阔三角形，下附器背叶圆钝，前缘脉延伸至未超过 R_{4+5} 末端，这些特征可以将其与其他种区分开。

（4）雄成虫（n=5）。体长 2.48～3.17，2.77mm；翅长 1.43～1.75，1.59mm；体长/翅长 1.74～1.81，1.79；翅长/前足胫节长 2.33～2.36，2.34。

1）体色：胸部深棕色，头部、触角、足和腹部浅棕色。

2）头部：触角比（AR）1.23～1.49，1.36，末节长 418～630，548μm。头部鬃毛 10 根，包括 1～4，3 根内顶鬃，3 根外顶鬃，3～5，4 根后眶鬃。唇基毛 7～17，11 根。食窦泵、幕骨和茎节如图 2.7.43（a）所示。幕骨长 114～132，124μm，宽 26～31，28μm。茎节长 140～189，165μm，宽 55～76，65μm。下唇须 5 节，各节长（μm）分别为：22～31，27；40～53，44；84～97，90；70～92，81；141～176，159。下唇须第 5 节和第 3 节长度之比为 1.68～1.91，1.82。

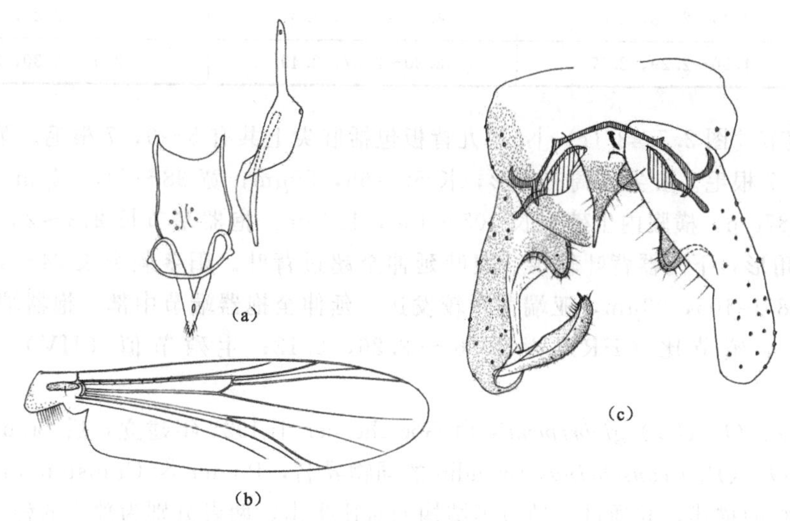

图 2.7.43 光铗直突摇蚊 *Orthocladius*（*Orthocladius*）*glabripennis*（Goetghebuer）

(a) 食窦泵、幕骨和茎节；(b) 翅；(c) 生殖节

3）胸部：前胸背板具 3～6，5 根刚毛，背中鬃 8～14，12 根，中鬃 5～9，7 根，翅前鬃 3～4，3 根，小盾片鬃 8～10，9 根。

4）翅［图 2.7.43（b）］：翅脉比（VR）1.07～1.09，1.08。臀角发达。前缘脉不具有延伸。R 脉有 6～9，8 根刚毛，其余脉无刚毛。腋瓣缘毛 11～12，11 根。

5）足：前足胫距长 40～55，49μm；中足胫距长 18～27，23μm 和 18～25，22μm；后足胫距长 44～53，50μm 和 17～26，21μm。前足胫节末端宽 27～35，31μm；中足胫节末端宽 31～38，34μm；后足胫节末端宽 37～42，40μm；胫栉 8～11，9 根，最短的 23～27，25μm，最长的 38～52，46μm。伪胫距存在于中足和后足的第一和第二跗节，长 23～29μm。不存在毛形感器。胸部足各节长度及足比见表 2.7.22。

表 2.7.22　光铗直突摇蚊 *Orthocladius*（*Orthocladius*）*glabripennis* 胸足各节长度（μm）及足比（*n*=5）

足	p1	p2	p3
fe	610～750，685	580～760，685	610～760，697
ti	710～950，850	590～740，687	700～900，820
ta1	520～660，586	290～370，341	410～510，482
ta2	320～410，364	165～205，184	220～270，255
ta3	220～300，272	125～160，151	160～210，188
ta4	150～205，184	80～115，104	90～140，124
ta5	90～120，106	80～95，88	80～120，94
LR	0.69～0.75，0.73	0.49～0.50，0.49	0.57～0.59，0.58
BV	2.28～2.36，2.31	3.25～3.31，3.28	2.93～3.14，3.07
SV	2.45～2.58，2.54	4.03～4.06，4.04	3.20～3.25，3.22
BR	1.90～2.29，2.17	2.20～2.67，2.49	2.94～3.30，3.13

6）生殖节［图 2.7.43（c）］：第九背板包括肛尖上共有 5～9，7 根毛。第九肛节侧片有 4～10，7 根毛。肛尖成阔三角形，长 50～65，59μm，宽 38～50，42μm。阳茎内突长 75～98，87μm，横腹内生殖突长 105～138，126μm。抱器基节长 213～238，227μm，上附器成三角形，下附器背叶较窄，腹叶延伸至超过背叶。阳茎刺突长 24～40，34μm。抱器端节长 85～105，93μm，亚端背脊较发达，延伸至抱器端节中部。抱器端棘长 10～13，11μm。生殖节比（HR）为 1.96～2.26，2.12；生殖节值（HV）为 2.91～3.11，3.02。

（5）讨论：*O.*（*O.*）*glabripennis* 由 Goetghebuer 于 1921 年建立，后 Brundin（1956）将该种作为 *O.*（*P.*）*consobrinus* Brundin 的同物异名，Pinder & Cranston（1976）对该种进行了详细的描述，并通过生殖节等结构的对比指出，两者分别为独立的种。王新华等（2005）在《贵州大沙河昆虫》中记录了该种。

此外，Sasa（1984）记录了采自日本枥木市的 *O.*（*Orthocladius*）*chuzeseptimus*，Sasa & Suzuki（1999）记录了采自日本长崎的 *O.*（*O.*）*tusimopequeus*，之后 Sasa（1985）又将 *O.*（*O.*）*chuzeseptimus* 放置于直突摇蚊属的 *glabripennis* 复合体中，然而，根据瑞日本此两种标本的重新测量鉴定认为两者均实为 *O.*（*Orthocladius*）*glabripennis* 的同物异名。

（6）分布：中国（贵州），俄罗斯（远东地区），日本，欧洲部分国家。

2.7.4.45 哈直突摇蚊 *Orthocladius*（*Orthocladius*）*hazenensis* Soponis

Orthocladius（*Orthocladius*）*hazenensis* Soponis，1977：56；Makarchenko & Makarchenko，2011：117.

（1）模式产地：加拿大。

（2）鉴别特征：该种肛尖短，上附器三角形，下附器背叶短而圆钝，抱器端节末端背部弯曲，这些特征可以将其与本亚属中的其他种区分开［图 2.7.44（a）（b）］。

（3）分布：俄罗斯（远东地区），加拿大。

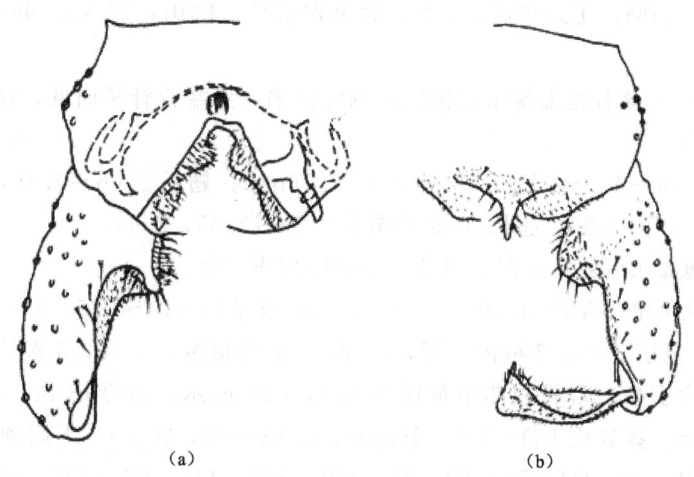

图 2.7.44 哈直突摇蚊 *Orthocladius*（*Orthocladius*）*hazenensis* Soponis
（a）（b）生殖节

2.7.4.46 方铗直突摇蚊 *Orthocladius*（*Orthocladius*）*linevitshae* Makarchenko & Makarchenko

Orthocladius（*Orthocladius*）*linevitshae* Makarchenko & Makarchenko，2008：256；2011：117.

（1）模式产地：俄罗斯（远东地区）。

（2）鉴别特征：该种下附器低，略成三角形，阳茎刺突由 4～5 根刺组成，抱器端节略成三角形，亚端背脊位于抱器端节的近末端，这些特征可以将其与本亚属中的其他种区分开［图 2.7.45（a）（b）］。

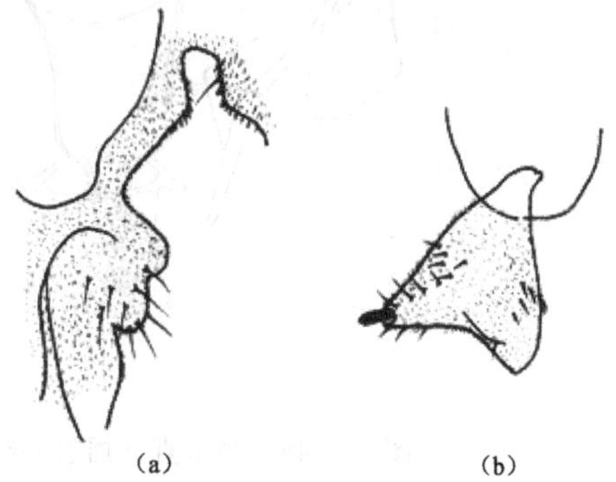

图 2.7.45 方铗直突摇蚊 *Orthocladius*（*Orthocladius*）*linevitshae* Makarchenko & Makarchenko
（a）上、下附器；（b）抱器端节

（3）讨论：本种与 *O.*（s. str.）*gregarius* Linevitsh、*O.*（s. str.）*multidentatus* Zelentsov、*O.*（s. str.）*nitidoscutellatus* Lundström 这四种的雄成虫不易分别，但通过蛹和幼虫的结构则很容易将其区分开。本研究未能检视到本种模式标本，鉴别特征等引自原始描述。

（4）分布：俄罗斯（远东地区）。

2.7.4.47 马卡直突摇蚊 *Orthocladius* (*Orthocladius*) *makabensis* Sasa

Orthocladius makabensis Sasa，1979：20.

Orthocladius（*Orthocladius*）*makabensis* Ashe & Cranston，1990：206；Sasa & Suzuki 1999：92；Yamamoto 2004：61.

（1）模式产地：日本。

（2）观察标本：正模，♂，日本茨城县筑波市，24.iii.1978，M. Sasa 采；2♂♂，辽宁省丹东市宽甸，22.iv.1992，扫网，王俊才采；1♂，吉林省长白山自然保护区二道河，29.iv.1994，扫网，王新华采；1♂，甘肃省岷县二郎山，29.vii.1986，扫网，王新华采。

（3）鉴别特征：该种抱器端节较圆钝，内缘凹陷，亚端背脊长而低，这些特征可以将其与其他种区分开。

（4）雄成虫（$n=4$）。体长 3.38～4.05，3.76mm；翅长 2.06～2.45，2.28mm；体长/翅长 1.65～1.67，1.66；翅长/前足胫节长 2.63～2.65，2.64。

1）体色：胸部深棕色，头部、触角、足和腹部浅棕色。

2）头部：触角比（AR）1.49～1.58，1.54，末节长 610～725，648μm。头部鬃毛 10～14，12 根，包括 1～3，2 根内顶鬃，4～6，5 根外顶鬃，5～6，5 根后眶鬃。唇基毛 7～13，11 根。食窦泵、幕骨和茎节如图 2.7.46（a）所示。幕骨长 141～176，164μm，宽 35～40，38μm。茎节长 180～205，195μm，宽 68～73，70μm。下唇须 5 节，各节长（μm）分别为：30～38，34；59～62，61；110～114，112；97～132，114；154～158，156。下唇须第 5 节和第 3 节长度之比为 1.35～1.44，1.39。

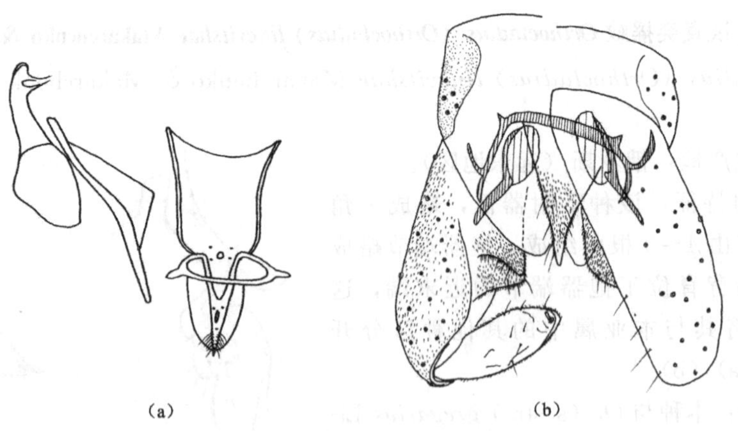

图 2.7.46 马卡直突摇蚊 *Orthocladius*（*Orthocladius*）*makabensis* Sasa
（a）食窦泵、幕骨和茎节；（b）生殖节

3）胸部：前胸背板具 4～5，5 根刚毛，背中鬃 10～13，11 根，中鬃 5～6，5 根，翅前鬃 3～4，3 根，小盾片鬃 6～8，7 根。

4）翅：翅脉比（VR）1.09～1.13，1.11。臀角一般发达。前缘脉延伸 18～23，

20μm。R 脉有 8～10，9 根刚毛，其余脉无刚毛。腋瓣缘毛 18～19，18 根。

5）足：前足胫距长 53～55，54μm；中足胫距长 23～26，24μm 和 21～22，22μm；后足胫距长 50～66，56μm 和 20～25，23μm。前足胫节末端宽 44μm；中足胫节末端宽 42～45，44μm；后足胫节末端宽 50～54，52μm；胫栉 11～12，11 根，最短的 32～38，35μm，最长的 56～61，58μm。伪胫距存在于中足和后足的第一和第二跗节，长 25～30μm。不存在毛形感器。胸部足各节长度及足比见表 2.7.23。

表 2.7.23　马卡直突摇蚊 *Orthocladius*（*Orthocladius*）*makabensis* 胸足各节长度（μm）及足比（*n*=4）

足	p1	p2	p3
fe	800～930，889	780～960，837	800～1050，996
ti	940～1090，995	790～980，887	970～1170，1060
ta1	580～740，675	360～490，447	510～680，582
ta2	410～480，457	250～290，274	310～400，376
ta3	290～350，324	170～230，198	230～320，278
ta4	190～230，214	110～155，134	125～200，174
ta5	125～140，134	120～130，125	125～130，127
LR	0.62～0.68，0.65	0.45～0.50，0.47	0.53～0.58，0.55
BV	2.29～2.30，2.30	2.95～3.02，2.98	2.78～2.87，2.83
SV	2.73～3.00，2.88	3.96～4.36，4.14	3.26～3.47，3.32
BR	1.88～2.00，1.94	1.90～2.00，1.99	2.50～3.00，2.73

6）生殖节［图 2.7.46（b）］：第九背板包括肛尖上共有 9～21，16 根毛。第九肛节侧片有 12 根毛。肛尖长 42～60，49μm，宽 20～30，24μm。阳茎内突长 75～85，79μm，横腹内生殖突长 102～150，128μm。抱器基节长 201～263，226μm，上附器成衣领状，下附器腹叶延伸至超过背叶。阳茎刺突长 36～38，37μm。抱器端节较圆钝，内缘凹陷，长 92～105，98μm，亚端背脊长而低。抱器端棘长 10～14，12μm。生殖节比（HR）为 2.18～2.50，2.33；生殖节值（HV）为 2.25～2.33，2.29。

（5）讨论：采自中国的标本的前缘脉均延伸至超过 R_{4+5} 脉的末端，且臀角明显发达，而日本标本则不具有前缘脉延伸，且臀角也并非明显突出。

（6）分布：中国（甘肃、吉林、辽宁），日本。

2.7.4.48　三角直突摇蚊 *Orthocladius*（*Orthocladius*）*manitobensis* Sæther

Orthocladius（*Orthocladius*）*manitobensis* Sæther，1969：69；Soponis，1977：68.

（1）模式产地：中国（浙江）。

（2）观察标本：2♂♂，（BDN No. 14285），浙江省天目山自然保护区科技馆，12. xi. 1998，灯诱，吴鸿采。

（3）鉴别特征：该种下附器背叶三角形，抱器端节中部最宽，亚端背脊长而低，这些特征可以将其与其他种区分开。

(4) 雄成虫 ($n=2$)。体长 3.25～3.38mm；翅长 2.00～2.05mm；体长/翅长 1.63～1.67；翅长/前足胫节长 2.33～2.56。

1) 体色：头部棕色，胸部深棕色，触角、足和腹部浅棕色。

2) 头部：触角比 (AR) 1.36～1.72，末节长 610～670μm。头部鬃毛 8～10 根，包括 2～4 根内顶鬃，3 根外顶鬃，3 根后眶鬃。唇基毛 7～9 根。食窦泵、幕骨和茎节如图 2.7.47 (a) 所示。幕骨长 143～167μm，宽 35～41μm。茎节长 168～181μm，宽 65～73μm。下唇须 5 节，各节长 (μm) 分别为：30～35、48～70、97～125、92～112、165～175。下唇须第 5 节和第 3 节长度之比为 1.40～1.70。

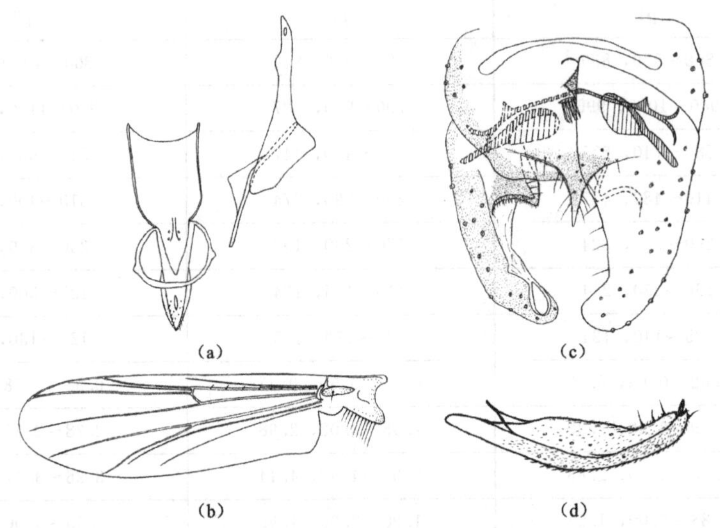

图 2.7.47　三角直突摇蚊 *Orthocladius* (*Orthocladius*) *manitobensis* Sæther

(a) 食窦泵、幕骨和茎节；(b) 翅；(c) 生殖节；(d) 抱器端节

3) 胸部：前胸背板具 4～5 根刚毛，背中鬃 8～11 根，中鬃 10～17 根，翅前鬃 3～4 根，小盾片鬃 8～10 根。

4) 翅 [图 2.7.47 (b)]：翅脉比 (VR) 1.05～1.08。臀角发达。前缘脉延伸长 20～30μm。R 脉有 8～9 根刚毛，其余脉无刚毛。腋瓣缘毛 11～23 根。

5) 足：前足胫距长 45～61μm；中足胫距长 22～23μm 和 18～22μm；后足胫距长 48～50μm 和 19～23μm。前足胫节末端宽 35～48μm；中足胫节末端宽 32～44μm；后足胫节末端宽 40μm；胫栉 8～10 根，最短的 22～29μm，最长的 37～46μm。伪胫距存在于中足和后足的第一和第二跗节，长 20～24μm。不存在毛形感器。胸部足各节长度及足比见表 2.7.24。

表 2.7.24　三角直突摇蚊 *Orthocladius* (*Orthocladius*) *manitobensis* 胸足各节长度 (μm) 及足比 ($n=1～2$)

足	p1	p2	p3	足	p1	p2	p3
fe	780～880	750	800～990	ta1	810	400	580～630
ti	980～1020	800～900	950～1080	ta2	500	230	310～375

续表

足	p1	p2	p3	足	p1	p2	p3
ta3	—	170	240	BV	—	3.20	2.88
ta4	—	110	150	SV	2.35	3.88	3.02～3.29
ta5	—	100	110	BR	2.32	2.13	2.67
LR	0.79	0.50	0.58～0.61				

6）生殖节［图 2.7.47（c）］：第九背板包括肛尖上共有 13～17 根毛。第九肛节侧片有 6～10 根毛。肛尖长 52～66μm，宽 30～33μm。阳茎内突长 80～83μm，横腹内生殖突长 108～150μm。抱器基节长 205μm，上附器近三角形，下附器背叶近三角形，腹叶延伸至超过背叶。阳茎刺突长 35μm。抱器端节［图 2.7.47（d）］长 100～120μm，亚端背脊长而低。抱器端棘长 10μm。生殖节比（HR）为 1.71～2.05；生殖节值（HV）为 2.81～3.25。

（5）分布：中国（浙江）。

2.7.4.49 隆脊直突摇蚊 *Orthocladius*（*Orthocladius*）*nitidoscutellatus* Lundström

Orthocladius nitidoscutellatus Lundström，1915：11.

Orthocladius（*Orthocladius*）*trigonolabis* Edwards，1924：170.

Orthocladius（*Orthocladius*）*nitidoscutellatus* Lundström，Makarchenko & Makarchenko 2011：117.

（1）模式产地：美国。

（2）观察标本：2♂♂，（BDN No. 11669），四川省理塘县矢量河，13. vi. 1996，灯诱，王新华采。

（3）鉴别特征：该种具有隆起的亚端背脊，下附器的腹叶延伸并未超过背叶，这些特征可以将其与其他种区分开。

（4）雄成虫（$n=2$）。体长 4.53～4.68mm；翅长 2.85～3.00mm；体长/翅长 1.51～1.62；翅长/前足胫节长 2.88～2.91。

1）体色：头部棕色，胸部深棕色，触角、足和腹部浅棕色。

2）头部：触角比（AR）1.36～1.52，末节长 750～760μm。头部鬃毛 11～13 根，包括 1～2 根内顶鬃，4～5 根外顶鬃，5～7 根后眶鬃。唇基毛 12～15 根。食窦泵、幕骨和茎节如图 2.7.48（a）所示。幕骨长 198～240μm，宽 40～57μm。茎节长 180～183μm，宽 55～63μm。下唇须 5 节，各节长（μm）分别为：42～44、62～79、110～123、110～128、176～198。下唇须第 5 节和第 3 节长度之比为 1.52～1.60。

3）胸部：前胸背板具 4～6 根刚毛，背中鬃 8～10 根，中鬃 3 根，翅前鬃 4 根，小盾片鬃 9 根。

4）翅［图 2.7.48（b）］：翅脉比（VR）1.06～1.09。臀角发达。前缘脉延伸长 30～50μm。R 脉有 6 根刚毛，其余脉无刚毛。腋瓣缘毛 21～28 根。

5）足：前足胫距长 65～75μm；中足胫距长 27～29μm 和 22～26μm；后足胫距长 67～78μm 和 22～38μm。前足胫节末端宽 35～48μm；中足胫节末端宽 45～68μm；后足胫节末端宽 53～66μm；胫栉 8～11 根，最短的 22～25μm，最长的 40～48μm。伪胫距存在于中足和后足的第一和第二跗节，长 24～28μm。不存在毛形感器。胸部足各节长度及足比见表 2.7.25。

表 2.7.25　隆脊直突摇蚊 *Orthocladius* (*Orthocladius*) *nitidoscutellatus* 胸足各节长度 (μm) 及足比 ($n=2$)

足	fe	ti	ta1	ta2	ta3	ta4
p1	980～1040	1160～1300	750～790	460～550	310～330	205～220
p2	990～1050	1080～1100	500～520	320～330	230～250	170～180
p3	1070～1190	1210～1350	720～730	410～440	305～320	180～195

足	ta5	LR	BV	SV	BR
p1	150～155	0.61～0.65	2.56～2.61	2.85～2.96	2.50～3.00
p2	160	0.46～0.47	2.90～2.92	4.13～4.14	2.14～2.50
p3	170	0.54～0.60	2.97～3.06	3.17～3.48	2.88～4.17

6）生殖节［图 2.7.48（c）］：第九背板包括肛尖上共有 20～24 根毛。第九肛节侧片有 10～14 根毛。肛尖长 38～50μm，宽 20～23μm。阳茎内突长 88～100μm，横腹内生殖突长 113～150μm。抱器基节长 288～312μm，上附器衣领状，下附器腹叶延伸至未超过背叶。阳茎刺突 20～25μm。抱器端节中部最宽，长 125～130μm，亚端背脊明显隆起。抱器端棘长 14～16μm。生殖节比（HR）为 2.30～2.40；生殖节值（HV）为 3.48～3.74。

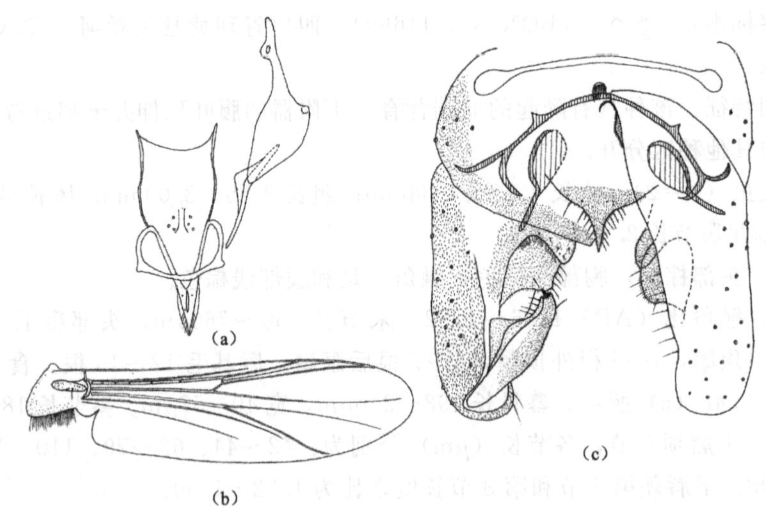

图 2.7.48　隆脊直突摇蚊 *Orthocladius* (*Orthocladius*) *nitidoscutellatus* Lundström

(a) 食窦泵、幕骨和茎节；(b) 翅；(c) 生殖节

（5）分布：中国（四川），美国。

2.7.4.50　六刺直突摇蚊 *Orthocladius* (*Orthocladius*) *oblidens* (Walker)

Chironomus oblidens Walker，1856：180.

Orthocladius oblidens (Walker), Kertesz 1902: 221; Brundin 1947: 21; Rossaro *et al*. 2003: 223.

Spaniotoma (s. str.) *oblidens* (Walker), Edwards 1929: 345, 1933: 619.

Hydrobaenus (s. str.) *oblidens* (Walker): Coe 1950: 157.

Orthocladius (s. str.) *lenzi* Kieffer, 1924: 69; Langton & Cranston 1991: 247.

Orthocladius pinderi Rossaro *et al*. 2003: 224.

Orthocladius (s. str.) *oblidens* (Walker), Goetghebuer 1932: 87; 1942: 52; Andersen 1937: 64; Brundin 1956: 103; Soponis 1977: 77; Pinder 1978: 72; Langton & Cranston 1991: 247; Makarchenko & Makarchenko, 2008: 257; 2011: 117.

(1) 模式产地：加拿大。

(2) 鉴别特征：该种下附器背叶成三角形，密被短毛，阳茎刺突由6根刺组成，抱器端节长而窄，亚端背脊位于抱器端节的近末端，这些特征可以将其与本亚属中的其他种区分开。

(3) 雄成虫。触角比（AR）1.85。头部鬃毛19根，包括9根内顶鬃，10根外顶鬃。唇基毛12根。下唇须第5节和第3节长度之比为1.18。前胸背板具2～3根刚毛，背中鬃6～12根，中鬃7～9根，翅前鬃4～5根，小盾片鬃8～12根。臀角发达，R脉有4～5根刚毛，R_1脉和R_{4+5}脉无刚毛。腋瓣缘毛14～15根。前足胫距长80μm；中足胫距长30μm和32μm；后足胫距长72μm和32μm。胫栉10根。伪胫距存在于中足和后足的第一和第二跗节。生殖节［图2.7.49（a）］第九背板包括肛尖上共有15根毛，肛尖长40μm。第九肛节侧片有7～11根毛。横腹内生殖突长124μm。抱器基节长248μm，下附器［图2.7.49（b）］背叶成三角形，密被短毛。阳茎刺突由6根刺组成，长28μm。抱器端节［图2.7.49（c）］长而窄，长116～120μm，亚端背脊位于抱器端节的近末端，抱器端棘长10μm。

(4) 分布：俄罗斯（远东地区），加拿大。

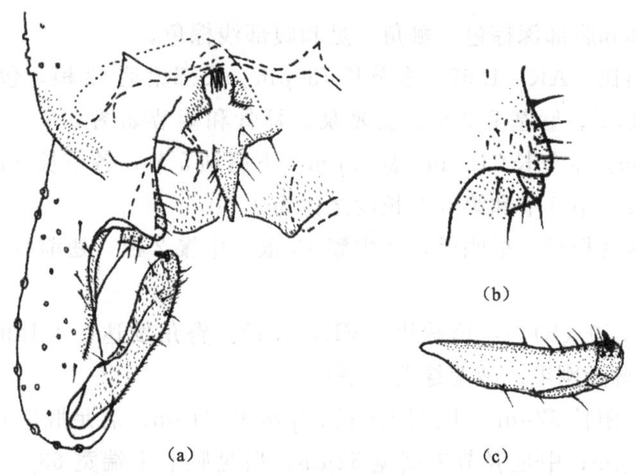

图2.7.49 六刺直突摇蚊 *Orthocladius* (*Orthocladius*) *oblidens* (Walker)

(a) 生殖节；(b) 下附器；(c) 抱器端节

2.7.4.51 比德直突摇蚊 *Orthocladius* (*Orthocladius*) *pedestris* (Kieffer)

Dactylocladius tubicola Kieffer，1909：48.

Orthocladius pedestris（Kieffer），Langton & Cranston 1991：248；Rossaro *et al.* 2003：226.

Orthocladius（*Orthocladius*）*rhyacobius*，Langton 1984：166.

Orthocladius（*Orthocladius*）*pedestris*，Makarchenko & Makarchenko，2008：259；2011：117.

（1）模式产地：德国。

（2）讨论：*O.*（*O.*）*pedestris* 为一全北区种，Kieffer（1909）、Langton & Cranston（1991）和 Rossaro（2003）分别记录到采自欧洲和北美的该种，Makarchenko & Makarchenko（2008）记录的采自俄罗斯远东地区的该种是本种在亚洲的首次记录。本种未检视模式标本。

（3）分布：俄罗斯（远东地区），德国。

2.7.4.52 短尖直突摇蚊 *Orthocladius* (*Orthocladius*) *rhyacobius* Kieffer

Orthocladius rhyacobius Kieffer，1911：181，182；Brundin，1947：22.

Orthocladius（*Orthocladius*）*obumbratus* Langton & Cranston 1991：247 in part，not Johannsen 1905：281.

（1）模式产地：美国。

（2）观察标本：正模，♂，（BDN No. 1741），内蒙古莫尔道嘎，8. vii. 1988，扫网，王新华采。

（3）鉴别特征：该种不具有前缘脉延伸，小盾片鬃双列，肛尖短而尖，下附器背叶成三角形，抱器端节近中部最宽，这些特征可以将其与其他种区分开。

（4）雄成虫（n=1）。体长 4.38mm；翅长 2.45mm；体长/翅长 1.79；翅长/前足胫节长 2.66。

1）体色：头部和胸部深棕色，触角、足和腹部浅棕色。

2）头部：触角比（AR）1.67，末节长 750μm。头部鬃毛 12 根，包括 3 根内顶鬃，3 根外顶鬃，6 根后眶鬃。唇基毛 9 根。食窦泵、幕骨和茎节如图 2.7.50（a）所示。幕骨长 176μm，宽 40μm。茎节长 212μm，宽 73μm。下唇须 5 节，各节长（μm）分别为：40、57、123、110、172；第 5 节和第 3 节长度之比为 1.40。

3）胸部：前胸背板具 5 根刚毛，背中鬃 15 根，中鬃 2 根，翅前鬃 6 根，小盾片鬃双列，18 根。

4）翅［图 2.7.50（b）］：翅脉比（VR）1.10。臀角发达。不具前缘脉延伸。R 脉有 8 根刚毛，其余脉无刚毛。腋瓣缘毛 26 根。

5）足：前足胫距长 57μm；中足胫距长 25μm 和 24μm；后足胫距长 59μm 和 26μm。前足胫节末端宽 53μm；中足胫节末端宽 52μm；后足胫节末端宽 63μm；胫栉 11 根，最短的 26μm，最长的 56μm。伪胫距存在于中足和后足的第一和第二跗节，长 24～30μm。不存在毛形感器。胸部足各节长度及足比见表 2.7.26。

表 2.7.26　　短尖直突摇蚊 *Orthocladius*（*Orthocladius*）*rhyacobius* 胸足各节长度（μm）及足比（*n*=1）

足	fe	ti	ta1	ta2	ta3	ta4	ta5	LR	BV	SV	BR
p1	920	1100	750	540	350	210	150	0.68	2.21	2.69	2.13
p2	960	1000	480	320	230	125	140	0.48	2.99	4.08	2.43
p3	1040	1160	630	400	280	130	150	0.54	2.95	3.49	3.25

6）生殖节［图 2.7.50（c）］：第九背板包括肛尖上共有 15 根毛。第九肛节侧片有 10 根毛。肛尖短而尖，长 31μm，宽 18μm。阳茎内突长 105μm，横腹内生殖突长 138μm。抱器基节长 250μm，上附器三角形，下附器背叶略成三角形，腹叶延伸略超过背叶。阳茎刺突长 48μm。抱器端节近中部最宽，长 115μm，亚端背脊长而低。抱器端棘长 9μm。生殖节比（HR）为 2.17；生殖节值（HV）为 3.80。

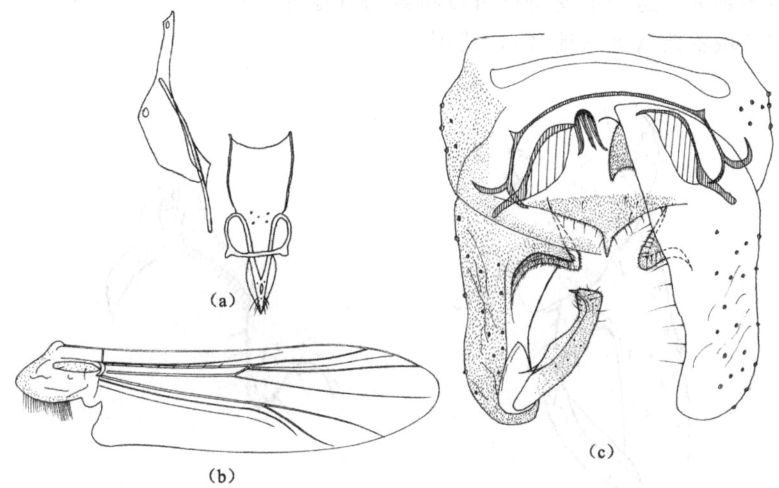

图 2.7.50　短尖直突摇蚊 *Orthocladius*（*Orthocladius*）*rhyacobius* Kieffer

（a）食窦泵、幕骨和茎节；（b）翅；（c）生殖节

（5）分布：中国（内蒙古），欧洲部分国家，美国。

2.7.4.53　无脊直突摇蚊 *Orthocladius*（*Orthocladius*）*rubicundus*（Meigen）

Chironomus rubicundus Meigen，1818：35.

Orthocladius rubicundus（Meigen），Pankatova 1970：176；Pinder 1978：72；Langton 1984：152；Langton & Cranston，1991：249；Rossaro *et al*. 2003：231.

Orthocladius saxicola Kieffer，1911：181；Pankatova 1970：174；2006：511.

Orthocladius breviseta Sæther，1969：65.

Orthocladius curtiseta Sæther，1973：58.

Orthocladius（*Orthocladius*）*rubicundus*（Meigen）Makarchenko & Makarchenko，2008：257；2011：117.

（1）模式产地：德国。

(2) 鉴别特征：该种下附器低，成三角形，密被短毛，阳茎刺突由 3～4 根刺组成，抱器端节窄，不具亚端背脊，这些特征可以将其与本亚属中的其他种区分开。

(3) 雄成虫。触角比（AR）1.23～1.32。头部鬃毛 9～11 根，包括 6～8 根内顶鬃，3 根外顶鬃。唇基毛 12 根。前胸背板具 5～6 根刚毛，背中鬃 10～14 根，中鬃 12～19 根，翅前鬃 3～4 根，小盾片鬃 6～8 根。臀角发达，不具有前缘脉延伸，R 脉有 5 根刚毛，R_1 和 R_{4+5} 脉无刚毛。腋瓣缘毛 12～13 根。前足胫距长 53μm；中足胫距长 32μm 和 23μm；后足胫距长 63μm 和 25μm。生殖节［图 2.7.51（a）］第九背板包括肛尖上共有 11 根毛，肛尖长 36μm。第九肛节侧片有 6 根毛。横腹内生殖突长 100μm。抱器基节长 210μm，下附器低，成三角形，密被短毛［图 2.7.51（b）］。阳茎刺突由 3～4 根刺组成，长 18μm。抱器端节窄，长 100μm，不具亚端背脊。

(4) 讨论：采自俄罗斯远东地区的 *O.*（*O.*）*rubicundus* 与 *O.*（*O.*）*excavatus* Brundin 较相似，二者在上下附器和抱器端节的结构方面都有很大的相似性，但后者具有更窄更短的阳茎刺突，这一重要特征可以将其与其他种区别开。

(5) 分布：俄罗斯（远东地区），德国。

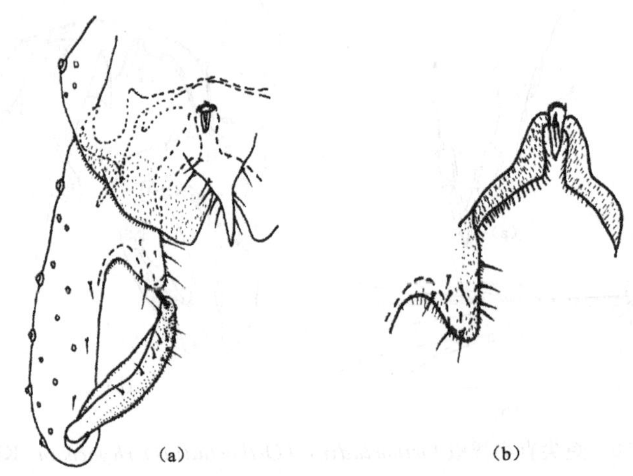

图 2.7.51　无脊直突摇蚊 *Orthocladius*（*Orthocladius*）*rubicundus*（Meigen）

(a) 生殖节；(b) 上附器、下附器和阳茎刺突

2.7.4.54　萨哈林直突摇蚊 *Orthocladius*（*Orthocladius*）*sakhalinensis* Makarchenko & Makarchenko

Orthocladius（*Orthocladius*）*sakhalinensis* Makarchenko & Makarchenko，2006：61；2011：117.

(1) 模式产地：俄罗斯（远东地区）。

(2) 鉴别特征：该种触角比（AR）1.22～1.28，阳茎刺突由一些小刺构成，上附器成钝三角形，末端圆钝，下附器背叶圆钝，腹叶未延伸至超过背叶，亚端背脊较发达，占据抱器端节末端近一半，这些特征可以将其与本亚属中的其他种区分开。

(3) 雄成虫。触角 14 节，触角比（AR）1.22～1.28。前胸背板具 6～7 根刚毛，背中鬃 11～12 根，中鬃 20～21 根，翅前鬃 4～5 根，小盾片鬃 9 根。臀角发达，不具有前缘脉延伸，R 脉有 9～12 根刚毛，R_1 无刚毛，R_{4+5} 脉具 1～3 根刚毛。生殖节[图 2.7.52 (a)(b)] 第九背板包括肛尖上共有 13～21 根毛，肛尖长 56～60μm，具 8～11 根刚毛。第九肛节侧片有 7～8 根毛。横腹内生殖突长 96～108μm。阳茎刺突由一些小刺构成，抱器基节长 220～240μm，上附器成钝三角形，末端圆钝，下附器背叶圆钝，腹叶未延伸至超过背叶。抱器端节长 116～124μm，亚端背脊较发达，占据抱器端节末端近一半。生殖节比（HR）为 2.20～2.30。

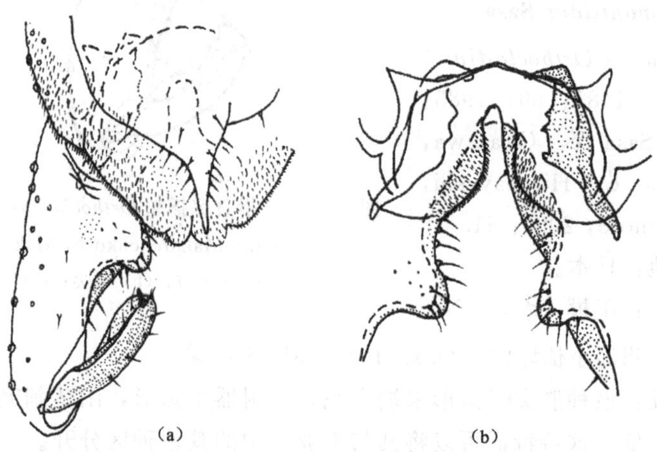

图 2.7.52 萨哈林直突摇蚊 *Orthocladius*（*Orthocladius*）*sakhalinensis* Makarchenko & Makarchenko
(a) 生殖节背面观；(b) 生殖节腹面观

(4) 讨论：本研究未能检视到该种模式标本，鉴别特征等引自原始描述。

(5) 分布：俄罗斯（远东地区）。

2.7.4.55 指直突摇蚊 *Orthocladius*（*Orthocladius*）*setosus* Makarchenko & Makarchenko

Orthocladius（*Orthocladius*）*setosus* Makarchenko & Makarchenko，2006：62；2011：117.

(1) 模式产地：俄罗斯（远东地区）。

(2) 鉴别特征：该种触角比（AR）1.42～1.59，上附器成窄三角形，末端略弯曲，下附器背叶指状，腹叶部分延伸超过背叶，这些特征可以将其与本亚属中的其他种区分开。

(3) 雄成虫。触角 14 节，触角比（AR）1.42～1.59。前胸背板具 2～5 根刚毛，背中鬃 10～14 根，中鬃 11～19 根，翅前鬃 5～7 根，小盾片鬃 11～12 根。臀角发达，R 脉有 6～9 根刚毛，R_1 脉和 R_{4+5} 脉光裸无毛。腋瓣缘毛 21～26 根。前足胫距长 65～67μm；中足胫距长 30μm 和 30μm；后足胫距长 65μm 和 25μm。胫栉 8～10 根。中足和后足的第一和第二跗节具有伪胫距，长 27～42μm。不存在毛形感器。生殖节［图 2.7.53 (a)］第九背板包括肛尖上共有 11～20 根毛，肛尖［图 2.7.53 (b)］长 45～58μm，具 7～17 根刚毛。第九肛节侧片有 7～8 根毛。横腹内生殖突长 100～108μm。抱器基节长 232～260μm，上附器［图 2.7.53 (c)］成窄三角形，末端略弯曲，下附器背叶指状，腹叶部分延伸超过背叶。抱器端节长 128～150μm，亚端背脊长 22～25μm。生殖节比（HR）

为 2.40。

（4）讨论：本研究未能检视到该种模式标本，鉴别特征等引自原始描述。

（5）分布：俄罗斯（远东地区）。

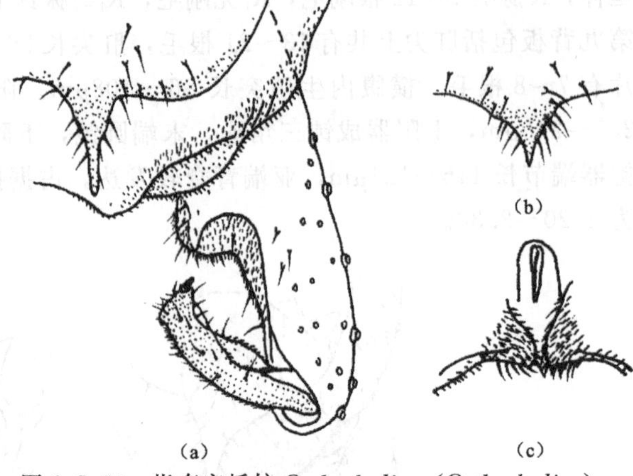

图 2.7.53　指直突摇蚊 *Orthocladius*（*Orthocladius*）*setosus* Makarchenko & Makarchenko

（a）生殖节；（b）肛尖；（c）上附器

2.7.4.56　半圆直突摇蚊 *Orthocladius* (*Orthocladius*) *tamanitidus* Sasa

Orthocladius（*Orthocladius*）*tamanitidus* Sasa，1981：80；1983：70；1997：37；Sasa & Okazawa，1992：119；Sasa & Hirabayashi，1993：383；Yamamoto，2004：61.

（1）模式产地：日本。

（2）观察标本：正模，♂，（No. 057：001），日本本州岛小仏峠村，25. xii. 1979，M. Sasa 采。

（3）鉴别特征：该种肛尖三角形末端尖锐，上附器半圆形，阳茎刺突明显由多根刺构成，亚端背脊长而低，这些特征可以将其与本亚属中的其他种区分开。

（4）雄成虫。体长 3.88mm，翅长 2.25mm；体长/翅长 1.72，翅长/前足胫节长 2.98。

1）头部：触角末节长 660μm，触角比（AR）1.50。头部鬃毛 9 根，包括 2 根内顶鬃，2 根外顶鬃，5 根后眶鬃。唇基毛 8 根。幕骨长 220μm，宽 33μm；茎节长 235μm，宽 62μm。食窦泵、幕骨和茎节如图 2.7.54（a）所示。下唇须 5 节，各节长（μm）分别为：30、55、125、133、205。下唇须第 5 节和第 3 节长度之比为 1.64。

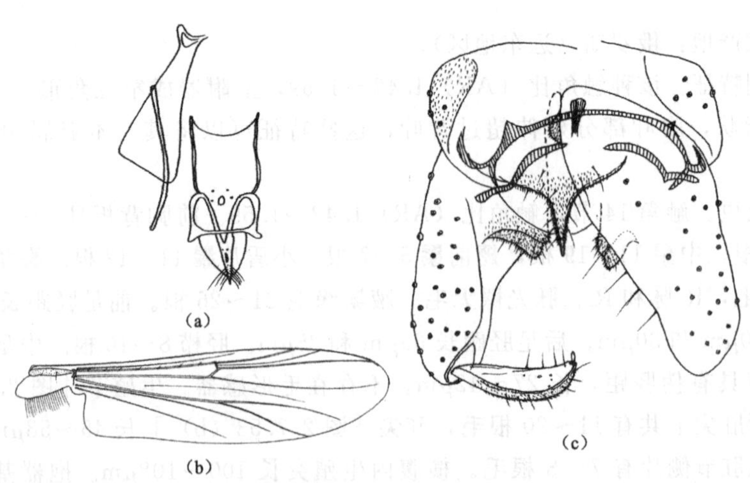

图 2.7.54　半圆直突摇蚊 *Orthocladius*（*Orthocladius*）*tamanitidus* Sasa

（a）食窦泵、幕骨和茎节；（b）翅；（c）生殖节

2）胸部：背中鬃 7 根，中鬃 7 根，翅前鬃 6 根，小盾片鬃 10 根。

3）翅［图 2.7.54（b）］：翅脉比（VR）1.08。臀角极发达。前缘脉延伸 44μm。R 脉有 7 根刚毛，腋瓣缘毛 20 根。

4）足：前足胫距长 66μm；中足胫距长 26μm 和 22μm；后足胫距长 66μm 和 24μm。前足胫节末端宽 52μm；中足胫节末端宽 51μm；后足胫节末端宽 57μm；胫栉 11 根，最短的 24μm，最长的 40μm。伪胫距存在于中足和后足的第一和第二跗节，长 21～40μm。胸部足各节长度及足比见表 2.7.27。

表 2.7.27　半圆直突摇蚊 *Orthocladius*（*Orthocladius*）*tamanitidus* 胸足各节长度（μm）及足比（*n*=1）

足	fe	ti	ta1	ta2	ta3	ta4	ta5	LR	BV	SV	BR
p1	840	1020	760	490	350	230	130	0.75	2.18	2.45	1.25
p2	860	850	480	270	210	110	100	0.56	3.17	3.56	1.10
p3	880	1040	600	350	260	120	120	0.58	2.96	3.27	2.67

5）生殖节［图 2.7.54（c）］：第九背板包括肛尖上共有 13 根毛，肛尖三角形且末端尖锐，长 50μm，基部宽 20μm。第九肛节侧片有 9 根毛。阳茎内突长 100μm，横腹内生殖突长 138μm。抱器基节长 252μm，上附器半圆形，下附器腹叶延伸略超过背叶。抱器端节长 113μm。阳茎刺突存在，由多根刺构成，长 38μm。抱器端棘长 15μm。生殖节比（HR）为 2.23，生殖节值（HV）为 3.43。

（5）讨论：该种与 Sæther（1969）所记录的 *O.*（*Orthocladius*）*manitobensis* 相近，如三角形的肛尖，多根刺构成的阳茎刺突以及抱器端节的形状等，两者一个明显的区别在于上附器的形状，*O.*（*O.*）*manitobensis* 为三角形上附器，而 *O.*（*O.*）*tamanitidus* 的上附器则明显为半圆形，这也是区分此两种最直观的特征。

（6）分布：日本。

2.7.4.57 乌兰巴托直突摇蚊 *Orthocladius*（*Orthocladius*）*ulaanbaatus* Sasa & Suzuki

Orthocladius（*Orthocladius*）*ulaanbaatus* Sasa & Suzuki，1997：149；Hayford，2005：195.

（1）模式产地：蒙古。

（2）观察标本：正模，♂，（No. 306：005），蒙古乌兰巴托，1. viii. 1995，S. Suzuki 采。

（3）鉴别特征：该种不具有前缘脉延伸，上附器衣领状，下附器腹叶延伸略超过背叶，抱器端节末端较宽，这些特征可以将其与本亚属中的其他种区分开。

（4）雄成虫。体长 3.85mm，翅长 2.15mm；体长/翅长 1.79，翅长/前足胫节长 2.69。

1）体色：棕色。

2）头部：触角末节长 700μm，触角比（AR）1.58。头部鬃毛 12 根，包括 2 根内顶鬃，4 根外顶鬃，6 根后眶鬃。唇基毛 8 根。幕骨长 188μm，宽 62μm；茎节长 238μm，宽 88μm。食窦泵、幕骨和茎节如图 2.7.55（a）所示。下唇须 5 节，各节长（μm）分别为：40、79、110、123、141。下唇须第 5 节和第 3 节长度之比为 1.28。

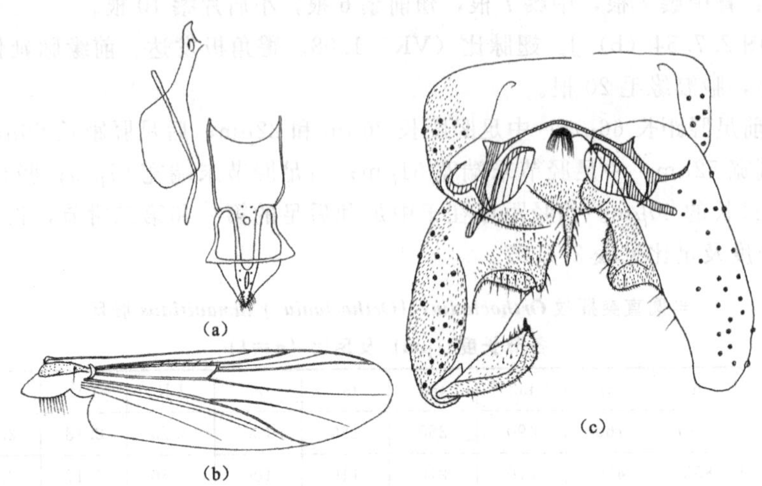

图 2.7.55　乌兰巴托直突摇蚊 *Orthocladius*（*Orthocladius*）*ulaanbaatus* Sasa & Suzuki

(a) 食窦泵、幕骨和茎节；(b) 翅；(c) 生殖节

3) 胸部：前胸背板鬃 3 根，背中鬃 10 根，中鬃 10 根，翅前鬃 4 根，小盾片鬃 9 根。

4) 翅［图 2.7.55（b）］：翅脉比（VR）1.12。臀角发达。不具有前缘脉延伸。R 脉有 11 根刚毛。

5) 足：前足胫距长 66μm；中足胫距长 31μm 和 26μm；后足胫距长 70μm 和 35μm。前足胫节末端宽 52μm；中足胫节末端宽 56μm；后足胫节末端宽 69μm；胫栉 11 根，最短的 25μm，最长的 41μm。伪胫距存在于中足和后足的第一和第二跗节，长 20～40μm。胸部足各节长度及足比见表 2.7.28。

表 2.7.28　乌兰巴托直突摇蚊 *Orthocladius*（*Orthocladius*）*ulaanbaatus* 胸足各节长度（μm）及足比（*n*＝1）

足	fe	ti	ta1	ta2	ta3	ta4	ta5	LR	BV	SV	BR
p1	800	1050	670	450	300	200	130	0.64	2.33	2.76	1.88
p2	850	900	400	240	190	130	130	0.56	3.21	4.38	1.75
p3	900	1100	570	340	250	150	170	0.52	2.83	3.51	2.50

6) 生殖节［图 2.7.55（c）］：第九背板包括肛尖上共有 10 根毛，肛尖三角形且末端尖锐，长 38μm，基部宽 13μm。第九肛节侧片有 14 根毛。阳茎内突长 105μm，横腹内生殖突长 150μm。抱器基节长 255μm，上附器衣领状，下附器腹叶延伸略超过背叶。抱器端节末端较宽，长 118μm。阳茎刺突存在，由多根刺构成，长 38μm。抱器端棘长 14μm。生殖节比（HR）为 2.16，生殖节值（HV）为 3.26。

(5) 讨论：该种为蒙古特有种。

(6) 分布：蒙古。

2.7.4.58　伊豆直突摇蚊 *Orthocladius*（*Orthocladius*）*yugashimaensis* Sasa

Orthocladius（*Orthocladius*）*yugashimaensis* Sasa，1979：23；1981：84；Yamamoto，

2004：62；Makarchenko & Makarchenko，2011：117.

Orthocladius tamaputridus Sasa，Sensu Sasa，1981：82. Syn. n.

（1）模式产地：日本。

（2）观察标本：正模，♂，（No. 026：001），日本本州岛静冈县伊豆，13. ii. 1978，M. Sasa 采；1♂，日本八王子市，20. xii. 1979，M. Sasa 采。

（3）鉴别特征：该种肛尖细且两侧平行，阳茎刺突小且由多根刺组成，上附器成三角形，下附器较宽，亚端背脊长而低，这些特征可以将其与本亚属中的其他种区分开。

（4）雄成虫。体长 4.75mm，翅长 2.88mm，体长/翅长 1.65，翅长/前足胫节长 2.74。

1）头部：触角末节长 1000μm，触角比（AR）1.82。头部鬃毛 16 根，包括 2 根内顶鬃，7 根外顶鬃，7 根后眶鬃。唇基毛 14 根。幕骨长 264μm，宽 79μm；茎节长 284μm，宽 88μm。食窦泵、幕骨和茎节如图 2.7.56（a）所示。下唇须 5 节，各节长（μm）分别为：44、66、134、141、198。下唇须第 5 节和第 3 节长度之比为 1.48。

2）胸部：前胸背板鬃 5 根，背中鬃 11 根，中鬃 3 根，翅前鬃 6 根，小盾片鬃 22 根。

3）翅［图 2.7.56（b）］：翅脉比（VR）1.08。臀角极发达。前缘脉延伸 30μm。R 脉有 7 根刚毛，腋瓣缘毛 11 根。

4）足：前足胫距长 80μm；中足胫距长 35μm 和 30μm；后足胫距长 75μm 和 35μm。前足胫节末端宽 85μm；中足胫节末端宽 80μm；后足胫节末端宽 90μm；胫栉 12 根，最短的 26μm，最长的 44μm。伪胫距存在于中足和后足的第一和第二跗节，长 25～45μm。胸部足各节长度及足比见表 2.7.29。

表 2.7.29 伊豆直突摇蚊 *Orthocladius*（*Orthocladius*）*yugashimaensis* 胸足各节长度（μm）及足比（*n*=1）

足	fe	ti	ta1	ta2	ta3	ta4	ta5	LR	BV	SV	BR
p1	1050	1250	900	590	430	270	170	0.72	2.19	2.56	1.67
p2	1125	1130	590	370	300	195	160	0.52	2.78	3.82	2.25
p3	1300	1375	790	500	380	220	170	0.57	2.96	2.73	2.50

5）生殖节［图 2.7.56（c）］：第九背板包括肛尖上共有 8 根毛，肛尖细且两侧平行，长 50μm，基部宽 15μm。第九肛节侧片有 8 根毛。阳茎内突长 95μm，横腹内生殖突长 170μm。抱器基节长 286μm，上附器三角形，下附器腹叶延伸略超过背叶。抱器端节［图 2.7.56（d）］长 154μm。阳茎刺突小，由多根刺构成，长 20μm。抱器端棘长 17μm。生殖节比（HR）为 1.86，生殖节值（HV）为 3.08。

（5）讨论：Sasa（1981）记录了采自日本八王子市的 *O. tamaputridus*，之后 Yamamoto（2004）也将其列入指名亚属中。然而，经过对该种标本的测量鉴定，其与 *O.*（*O.*）*yugashimaensis* 并无明显的可区分的特征，故将其视为 *O.*（*O.*）*yugashimaensis* 的同物异名。

（6）分布：俄罗斯（远东地区），日本。

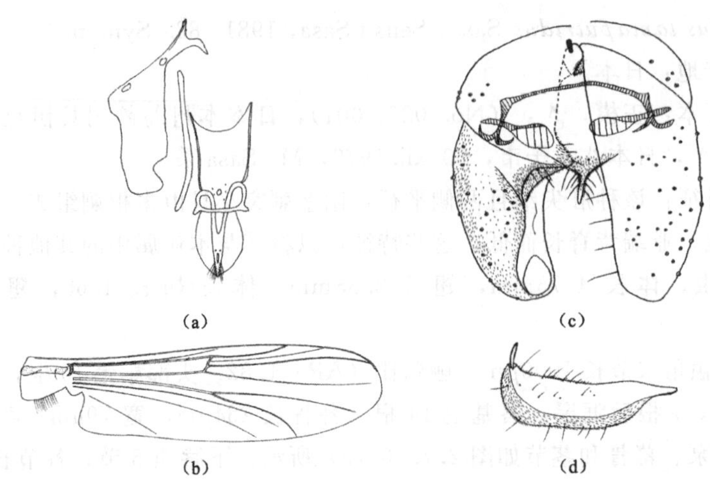

图 2.7.56　伊豆直突摇蚊 *Orthocladius*（*Orthocladius*）*yugashimaensis* Sasa

(a) 食窦泵、幕骨和茎节；(b) 翅；(c) 生殖节；(d) 抱器端节

寄莼直突摇蚊亚属 Subgenus *Pogonocladius* Brundin

模式种：*Orthocladius consobrinus*（Holmgren，1869）

寄莼直突摇蚊亚属（*Pogonocladius*）由 Brundin 根据其蛹的特征于 1956 年建立，并以 *O. consobrinus*（Holmgren）为模式种。*O.*（*P.*）*consobrinus*（Holmgren）与指名亚属（*Orthocladius* s. str.）形态相似，关系密切。Brundin（1956）根据其发达的臀角和前足的跗节上的毛将其与 *Orthocladius* s. str. 区别开。寄莼直突摇蚊属的幼虫主要生活在湖泊中的水生植物上。目前该属仅记录 *O.*（*P.*）*consobrinus*（Holmgren）一种（Brundin 1956，Pinder & Cranston 1976，Oliver *et al*. 1990，Makarchenko & Makarchenko，2011，Kong *et al*. 2012 a）。

鉴别特征：本亚属雄成虫头部鬃毛一般双列或者多列；翅具有极为发达的臀角；前缘脉延伸至超过 R_{4+5} 末端；翅脉比（VR）一般大于 1.0；前胸背板发达；上附器衣领状；抱器端节一般具有亚端背脊。

2.7.4.59　寄莼直突摇蚊 *Orthocladius*（*Pogonocladius*）*consobrinus*（Holmgren）

Chironomus consobrinus Holmgren，1869：44；Edwards，1922：206.

Orthocladius crassicornis Goetghebuer，1937：508.

Orthocladius（*Pogonocladius*）*consobrinus*（Holmgren），Pinder & Cranston，1976：19；Oliver *et al*.，1990：32；Makarchenko & Makarchenko，2011：115；Kong *et al*. 2012 a：181.

（1）模式产地：挪威。

（2）观察标本：5♂♂，青海省门源县风厘口沼泽，18. vii. 1989，扫网，魏美才采。

（3）鉴别特征：该种阳茎刺突不存在，下附器背叶长且狭窄，上附器退化或成衣领状，这些特征可以将其与其他种区分开。

(4) 雄成虫 ($n=5$)。体长 3.95～4.18，4.08mm，翅长 2.43～2.70，2.59mm，体长/翅长 1.46～1.65，1.55，翅长/前足胫节长 2.93～3.13，3.07。

1) 体色：胸部深棕色，头部、触角、足和腹部浅棕色。

2) 头部：触角比 (AR) 1.32～1.78，1.56，末节长 700～800，763μm。头部鬃毛 13～15，14 根，包括 2～4，3 根内顶鬃，5～6，5 根外顶鬃，5～6，5 根后眶鬃。唇基毛 7～8，7 根。食窦泵、幕骨和茎节如图 2.7.57 (a) 所示。幕骨长 176～198，188μm，宽 35～44，40μm。茎节长 194～213，205μm，宽 57～66，61μm。下唇须 5 节，各节长 (μm) 分别为：31～35，33；48～57，53；119～123，121；88～106，97；154～163，158。下唇须第 5 节和第 3 节长度之比为 1.29～1.33，1.31。

3) 胸部：前胸背板具 3～6，4 根刚毛，背中鬃 9～12，11 根，中鬃 4～8，6 根，翅前鬃 2～3，3 根，小盾片鬃 7～10，8 根。

4) 翅 [图 2.7.57 (b)]：翅脉比 (VR) 1.05～1.07，1.06。臀角发达。前缘脉延伸长 31～45，38μm。R 脉有 5～8，7 根刚毛，其余脉无刚毛。腋瓣缘毛 12～17，14 根。

5) 足：前足胫距长 65～66，65μm；中足胫距长 26～28，27μm 和 18～26，21μm；后足胫距长 61～75，66μm 和 18～32，24μm。前足胫节末端宽 44～50，46μm；中足胫节末端宽 44～50，46μm；后足胫节末端宽 48～57，53μm；胫栉 9～11，10 根，最短的 23～28，25μm，最长的 53～63，59μm。伪胫距存在于中足和后足的第一和第二跗节，长 22～28μm。不存在毛形感器。胸部足各节长度及足比见表 2.7.30。

表 2.7.30　寄莼直突摇蚊 *Orthocladius* (*Pogonocladius*) *consobrinus* 胸足各节长度 (μm) 及足比 ($n=5$)

足	p1	p2	p3
fe	810～920，874	920～980，955	950～1050，988
ti	1020～1110，1065	950～990，975	1130～1230，1184
ta1	740～810，778	630～660，641	630～720，682
ta2	430～460，445	370～380，374	370～410，385
ta3	310～320，306	270～280，275	270～280，275
ta4	200～210，204	150～160，154	150～160，154
ta5	140～180，162	130～140，135	140～150，144
LR	0.73～0.74，0.73	0.46～0.50，0.48	0.56～0.58，0.57
BV	2.29～2.43，2.38	3.01～3.20，3.12	2.85～3.06，2.96
SV	2.40～2.47，2.44	3.94～4.28，4.11	3.17～3.30，3.24
BR	2.33～2.50，2.46	2.80～3.00，2.89	3.00～4.80，3.86

6) 生殖节 [图 2.7.57 (c)]：第九背板包括肛尖上共有 6～13，11 根毛。第九肛节侧片有 13 根毛。肛尖长 50～62，64μm，宽 27～35，31μm。阳茎内突长 62～70，66μm，横腹内生殖突长 130～150，144μm。抱器基节长 220～288，254μm，上附器退化或成衣领状，下附器背叶长且狭窄。阳茎刺突长不存在。抱器端节长 101～125，115μm，亚端背脊位于抱器端节近末端。抱器端棘长 12～15，13μm。生殖节比 (HR) 为 2.18～2.30，

2.22；生殖节值（HV）为 3.80～3.96，3.92。

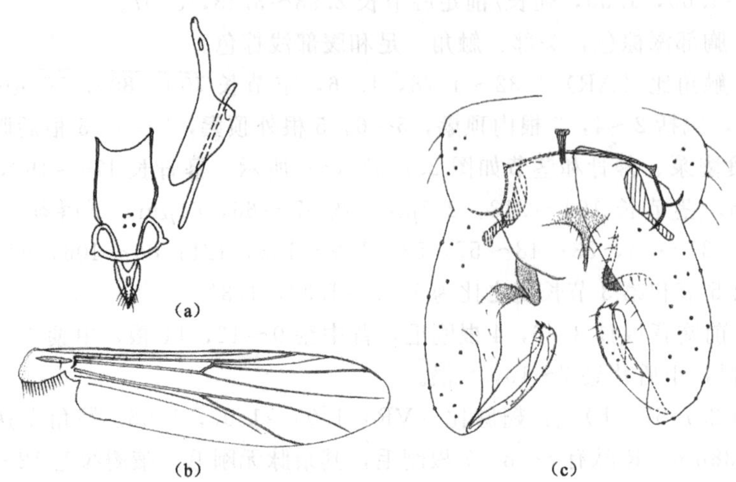

图 2.7.57 寄莼直突摇蚊 *Orthocladius*（*Pogonocladius*）*consobrinus*（Holmgren）
（a）食窦泵、幕骨和茎节；（b）翅；（c）生殖节

（5）讨论：Brundin（1956）根据其发达的臀角和前足的跗节上的毛将该亚属与指名亚属（*Orthocladius* s. str.）区别开，并认为 *O.*（*Orthocladius*）*glabripennis*（Goetghebuer）为 *O.*（*P.*）*consobrinus* 的同物异名。Pinder & Cranston（1976）对该种进行了详细的描述，并根据生殖节的特征将 *O.*（*O.*）*glabripennis* 和 *O.*（*P.*）*consobrinus* 区别开。

（6）分布：中国（青海），俄罗斯（远东地区），欧洲部分国家，美国。

钻木直突摇蚊亚属 Subgenus *Symposiocladius*

模式种：*Orthocladius lignicola* Kieffer（1915：273）.

钻木直突摇蚊亚属（Subgenus *Symposiocladius*）由 Cranston 于 1983 年建立，并以 *O. lignicola* Kieffer 为模式种。该属的建立主要是根据其幼虫阶段潜伏于木质物中。然而，*O. lignicola* 的成虫阶段和本属的指名亚属（*Orthocladius* s. str.）的一些种类并无明显区别，Cranston & Oliver（1988）和 Cranston *et al*.（1989）将作为直突摇蚊属的一个亚属。钻木直突摇蚊属（Subgenus *Symposiocladius*）作为一个属的其中一个原因是幼虫腹部刷状毛，然而，正如 Fagnani & Soponis（1988）提到的，*O. annectens* Sæther 和 *O. holsatus* Sæther 的幼虫腹部也具有刷状毛和明显的劳氏器，而且它们的生殖节结构与 *O. lignicola* Kieffer 也很难区分开，所以，Sæther *et al*.（2000）将它们均划分到钻木直突摇蚊属（Subgenus *Symposiocladius*）。目前，该属世界共记录 9 种，其中古北区 7 种，新北区 3 种，东洋区 4 种（Sæther 2003；Kong *et al*. 2012 a）。

鉴别特征：本亚属种类不具有阳茎刺突，肛尖三角形且末端尖锐，上附器衣领状，下附器腹叶延伸未超过背叶。

东亚地区钻木直突摇蚊亚属雄成虫检索表

1\. 下附器背叶完全覆盖腹叶 ………………………… *O.*（*S.*）*futianensis* Kong & Wang

下附器背叶不完全覆盖腹叶 ………………………………………………………………… 2

2. 下唇须细长，第 3 节长为第 4 节的 1.5 倍左右，R 脉具有 6～13 根毛 ……………………………………………………………… *O.*（*S.*）*lignicola* Kieffer

下唇须非细长，第 3 节长略长于第 4 节，R 脉具有 2～6 根毛 …………………………… 3

3. 抱器端节的亚端背脊缺失或者极不明显 ……………… *O.*（*S.*）*holsatus* Goetghebuer

抱器端节近末端具有明显的亚端背脊 ……………………… *O.*（*S.*）*schnelli* Sæther

2.7.4.60 福田直突摇蚊 *Orthocladius*（*Symposiocladius*）*futianensis* Kong & Wang

Orthocladius（*Symposiocladius*）*futianensis* Kong *et al*. 2012 a：182.

（1）模式产地：中国（云南）。

（2）观察标本：正模，♂，云南省洱源县牛街镇福田村，23. v. 1996，灯诱，周长发采；副模，2♂♂，同正模。

（3）鉴别特征：该种抱器端节中部最宽，亚端背脊存在于抱器端节近末端，这些特征可以将其与本亚属中的其他种区分开。

（4）雄成虫（n=3）。体长 3.90～4.30mm，翅长 2.18～2.38mm，体长/翅长 1.79～1.81，翅长/前足胫节长 2.39～2.50。

1）体色：头部和胸部深棕色，触角、足和腹部浅棕色。

2）头部：触角比（AR）1.18～1.40，末节长 600～650μm。头部鬃毛 9～12 根，包括 2～3 根内顶鬃，3～5 根外顶鬃，4 根后眶鬃。唇基毛 6～7 根。食窦泵、幕骨和茎节如图 2.7.58（a）所示。幕骨长 132～176μm，宽 30～44μm。茎节长 168～188μm，宽 59～63μm。下唇须 5 节，各节长（μm）分别为：26～40、40～53、92～114、88～110、154～198。下唇须第 5 节和第 3 节长度之比为 1.67～1.74。

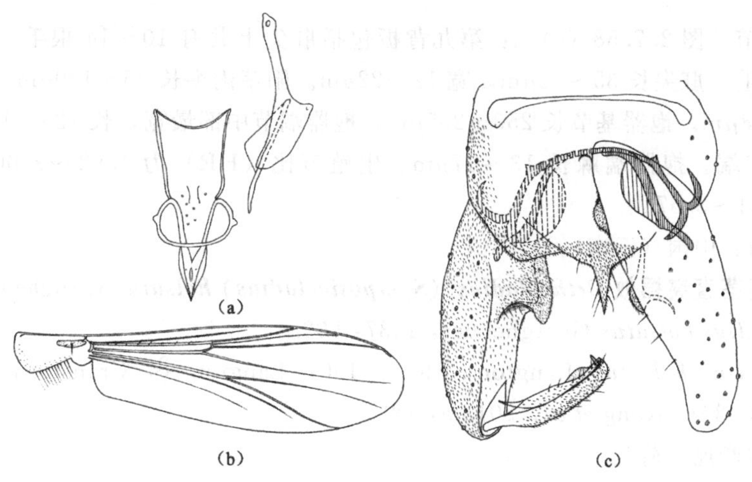

图 2.7.58 福田直突摇蚊 *Orthocladius*（*Symposiocladius*）*futianensis* Kong & Wang

（a）食窦泵、幕骨和茎节；（b）翅；（c）生殖节

3）胸部：前胸背板 4 根刚毛，背中鬃 9～13 根，中鬃 10～15 根，翅前鬃 3～4 根，小盾片鬃 7～11 根。

4）翅［图 2.7.58（b）］：翅脉比（VR）1.16～1.19。臀角一般发达。前缘脉延伸长 30～40μm。R 脉有 9～12 根刚毛，其余脉无刚毛。腋瓣缘毛 11～15 根。

5）足：前足胫距长 57～66μm；中足胫距长 26～35μm 和 25～26μm；后足胫距长 66～75μm 和 22～26μm。前足胫节末端宽 34～48μm；中足胫节末端宽 48～62μm；后足胫节末端宽 44～49μm；胫栉 10～14 根，最短的 29～30μm，最长的 51～66μm。伪胫距存在于中足和后足的第一和第二跗节，长 18～26μm。不存在毛形感器。胸部足各节长度及足比见表 2.7.31。

表 2.7.31　福田直突摇蚊 *Orthocladius*（*Symposiocladius*）*futianensis* 胸足各节长度（μm）及足比（*n*=3）

足	p1	p2	p3
fe	950～1010	1010～1060	1060～1110
ti	1160～1230	990～1070	1180～1290
ta1	790～860	500～510	720～740
ta2	520～540	320～330	410～430
ta3	390～410	230～240	330～340
ta4	280～290	160	180～210
ta5	140～150	120～140	145～160
LR	0.68～0.70	0.48～0.51	0.57～0.61
BV	2.13～2.28	3.01～3.03	2.72～2.78
SV	2.60～2.67	4.00～4.18	3.11～3.24
BR	2.20～3.00	2.25～3.00	3.80～4.17

6）生殖节［图 2.7.58（c）］：第九背板包括肛尖上共有 10～14 根毛。第九肛节侧片有 6～8 根毛。肛尖长 35～42μm，宽 12～22μm。阳茎内突长 95～120μm，横腹内生殖突长 112～138μm。抱器基节长 250～255μm。抱器端节中部最宽，长 128～130μm，亚端背脊位于近末端。抱器端棘长 13～17μm。生殖节比（HR）为 1.92～2.00，生殖节值（HV）为 3.31～3.67。

（5）分布：中国（云南）。

2.7.4.61　直茎直突摇蚊 *Orthocladius*（*Symposiocladius*）*holsatus* Goetghebuer

Orthocladius holsatus Goetghebuer，1937：509.

Orthocladius holsatus Langton，1991：190；Langton & Cranston，1991：246；Sæther，2003：307；Kong *et al*. 2012 a：183.

（1）模式产地：荷兰。

（2）观察标本：1♂，福建省武夷山自然保护区挂墩，29.iv.1993，灯诱，卜文俊采；1♂，福建省武夷山自然保护区三港，25.iv.1993，灯诱，卜文俊采。

（3）鉴别特征：抱器端节近端部最宽，亚端背脊长而低，阳茎内突末端略直，这些特征可以将其与本亚属中的其他种区分开。

（4）雄成虫（*n*=2）。体长 4.13～4.28mm，翅长 2.13～2.35mm，体长/翅长 1.82～

1.94，翅长/前足胫节长 2.36～2.67。

1）体色：胸部深棕色，头部、触角、足和腹部浅棕色。

2）头部：触角比（AR）1.33～1.35，末节长 600～730μm。头部鬃毛 10～12 根，包括 1～2 根内顶鬃，5 根外顶鬃，4～5 根后眶鬃。唇基毛 9 根。食窦泵、幕骨和茎节如图 2.7.59（a）所示。幕骨长 154～176μm，宽 42～48μm。茎节长 188～198μm，宽 82～88μm。下唇须 5 节，各节长（μm）分别为：35～52、48～57、119～155、110～125、202～210。下唇须第 5 节和第 3 节长度之比为 1.35～1.70。

3）胸部：前胸背板鬃具 8～9 根，背中鬃 9 根，中鬃 12～13 根，翅前鬃 3～4 根，小盾片鬃 11 根。

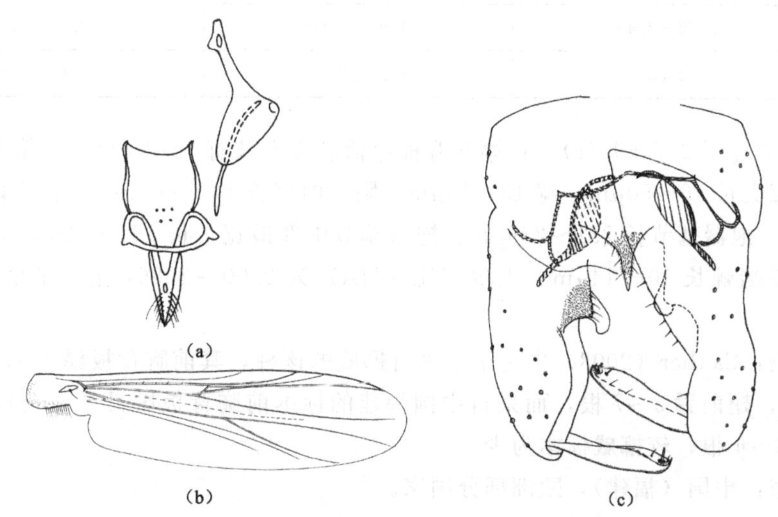

图 2.7.59　直茎直突摇蚊 *Orthocladius*（*Symposiocladius*）*holsatus* Goetghebuer

（a）食窦泵、幕骨和茎节；（b）翅；（c）生殖节

4）翅［图 2.7.59（b）］：翅脉比（VR）1.06～1.13。臀角发达。前缘脉延伸长 30～40μm。R 脉有 9～10 根刚毛，其余脉无刚毛。腋瓣缘毛 11～15 根。

5）足：前足胫距长 57μm，中足胫距长 31～35μm 和 26～31μm，后足胫距长 70μm 和 22～26μm。前足胫节末端宽 44～48μm，中足胫节末端宽 45～57μm，后足胫节末端宽 55～66μm，胫栉 10～12 根，最短的 21～25μm，最长的 50～54μm。伪胫距存在于中足和后足的第一和第二跗节，长 26～35μm。不存在毛形感器。胸部足各节长度及足比见表 2.7.32。

表 2.7.32　直茎直突摇蚊 *Orthocladius*（*Symposiocladius*）*holsatus* 胸足各节长度（μm）及足比（*n*=1～2）

足	p1	p2	p3
fe	880～900	950～1020	980～1060
ti	1100～1120	900～1010	1120～1180

续表

足	p1	p2	p3
ta1	840	450～620	650～670
ta2	650	290～380	370～380
ta3	380	230～310	310
ta4	240	130～180	170～180
ta5	170	140～160	140～150
LR	0.75	0.50～0.61	0.57～0.58
BV	2.15～2.23	2.62～3.17	3.03～3.05
SV	2.36～2.43	3.96～4.60	3.21～3.22
BR	2.33	2.33～2.50	2.60～2.80

6）生殖节［图 2.7.59（c）］：第九背板包括肛尖上共有 7～15 根毛。第九肛节侧片有 8 根毛。肛尖长 46～50μm，宽 13～15μm。阳茎内突长 100～112μm，横腹内生殖突长 113～120μm。抱器基节长 251～289μm。抱器端节中部最宽，长 101～126μm，亚端背脊长而低。抱器端棘长 10～14μm。生殖节比（HR）为 2.00～2.86，生殖节值（HV）为 3.27～4.23。

（5）讨论：Sæther（2003）中记录了采自挪威的该种，其前胸背板鬃 7～14 根，背中鬃 11～18 根，翅前鬃 5～7 根，而采自中国福建的标本前胸背板鬃具 8～9 根，背中鬃 9 根，翅前鬃 3～4 根，较挪威标本为少。

（6）分布：中国（福建），欧洲部分国家。

2.7.4.62　木直突摇蚊 *Orthocladius*（*Symposiocladius*）*lignicola* Kieffer

Orthocladius lignicola Kieffer in Potthast，1915：273.

Symposiocladius lignicola（Kieffer）Cranston 1983：419；Langton 1991：182.

Orthocladius（*Orthocladius*）*tryoni* Soponis，1977：100.

Orthocladius（*Symposiocladius*）*lignicola* Kieffer，Cranston *et al*. 1989：147；Sæther 2003：298；Makarchenko & Makarchenko，2011：115；Kong *et al*. 2012：183.

（1）模式产地：德国。

（2）观察标本：2♂♂，浙江省天目山自然保护区科技馆，14. vi. 1996，扫网，吴鸿采。

（3）鉴别特征：该种具有 6～17 根背中鬃，R 脉具有 6～13 根刚毛，抱器端节不具有内缘突出，且中部略宽，这些特征可以将其与本亚属中的其他种区分开。

（4）雄成虫（n=2）。体长 3.85～4.13mm，翅长 2.45～2.70mm，体长/翅长 1.53～1.57，翅长/前足胫节长 2.45～2.55。

1）体色：胸部深棕色，头部、触角、足和腹部浅棕色。

2）头部：触角比（AR）1.93～2.12，末节长 830～870μm。头部鬃毛 13～17 根，包括 3～5 根内顶鬃，6 根外顶鬃，4～6 根后眶鬃。唇基毛 6～8 根。食窦泵、幕骨和茎节如图 2.7.60（a）所示。幕骨长 158～172μm，宽 35～40μm。茎节长 178～183μm，宽 82～91μm。下唇须 5 节，各节长（μm）分别为：26～35，48～53，136～145，101～110，163～228。下唇须第 5 节和第 3 节长度之比为 1.12～1.68。

3）胸部：前胸背板具 6～7 根刚毛，背中鬃 10～11 根，中鬃 14～15 根，翅前鬃 4～5 根，小盾片鬃 7～8 根。

4）翅［图 2.7.60（b）］：翅脉比（VR）1.17。臀角发达。前缘脉延伸长 40～55μm。R 脉有 10～13 根刚毛，其余脉无刚毛。腋瓣缘毛 13～14 根。

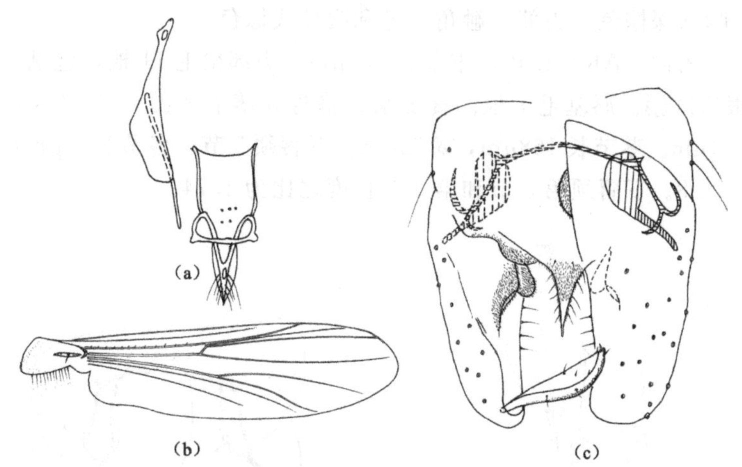

图 2.7.60 木直突摇蚊 *Orthocladius*（*Symposiocladius*）*lignicola* Kieffer

（a）食窦泵、幕骨和茎节；（b）翅；（c）生殖节

5）足：前足胫距长 62μm；中足胫距长 26～31μm 和 22～30μm；后足胫距长 64～75μm 和 20～26μm。前足胫节末端宽 40～50μm；中足胫节末端宽 44μm；后足胫节末端宽 51～57μm；胫栉 10～14 根，最短的 26μm，最长的 50～57μm。伪胫距存在于中足和后足的第一和第二跗节，长 22～26μm。不存在毛形感器。

6）生殖节［图 2.7.60（c）］：第九背板包括肛尖上共有 11～17 根毛。第九肛节侧片有 3～4 根毛。肛尖长 53～57μm，宽 22～25μm。阳茎内突长 80～113μm，横腹内生殖突长 105～135μm。抱器基节长 212～275μm。上附器衣领状，下附器腹叶延伸未超过背叶。抱器端节中部略宽，长 107～120μm，亚端背脊较明显。抱器端棘长 9～11μm。生殖节比（HR）为 1.98～2.29，生殖节值（HV）为 3.44～3.60。

（5）讨论：采自中国的标本触角比（AR 1.93～2.12）和前足的足比（LR_1 0.78～0.80）均高于新北区的标本（AR 1.73，LR_1 0.68）。

（6）分布：中国（浙江），俄罗斯（远东地区），欧洲部分国家，美国。

2.7.4.63 塞利直突摇蚊 *Orthocladius*（*Symposiocladius*）*schnelli* Sæther

Orthocladius（*Symposiocladius*）*annectens*，Schnell，1988：2，in list，not *O. annectens* Sæther.

Orthocladius（*Symposiocladius*）*schnelli* Sæther 2003：303；Makarchenko & Makarchenko，2011：115；Kong *et al* b. 2012：183.

(1) 模式产地：挪威。

(2) 观察标本：1♂，福建省武夷山自然保护区先锋岭，30. iv. 1993，灯诱，卜文俊采。

(3) 鉴别特征：该种抱器端节末端最宽，常为棒状，这些特征可以将其与本亚属的其他种区分开。

(4) 雄成虫 ($n=1$)。体长 3.90mm，翅长 2.18mm，体长/翅长 1.79，翅长/前足胫节长 2.39。

1) 体色：胸部深棕色，头部、触角、足和腹部浅棕色。

2) 头部：触角比 (AR) 1.40，末节长 600μm。头部鬃毛 11 根，包括 2 根内顶鬃，5 根外顶鬃，4 根后眶鬃。唇基毛 7 根。食窦泵、幕骨和茎节如图 2.7.61 (a) 所示。幕骨长 176μm，宽 44μm。茎节长 168μm，宽 72μm。下唇须 5 节，各节长 (μm) 分别为：35、53、114、106、198。下唇须第 5 节和第 3 节长度之比为 1.74。

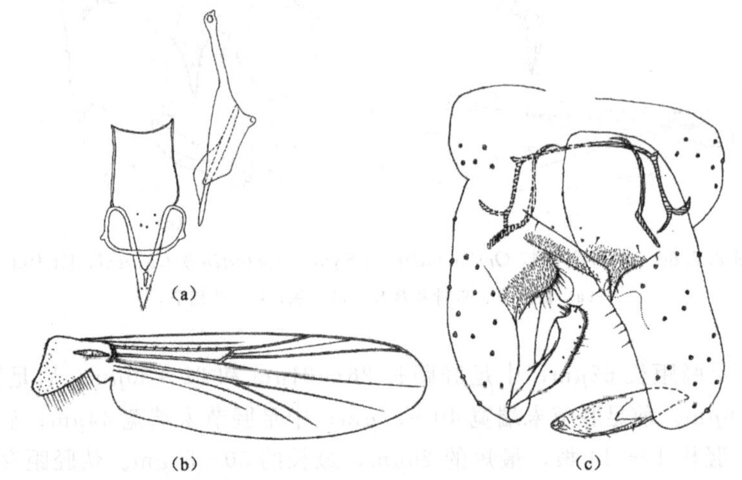

图 2.7.61 塞利直突摇蚊 *Orthocladius* (*Symposiocladius*) *schnelli* Sæther

(a) 食窦泵、幕骨和茎节；(b) 翅；(c) 生殖节

3) 胸部：前胸背板具 4 根刚毛，背中鬃 13 根，中鬃 10 根，翅前鬃 4 根，小盾片鬃 16 根。

4) 翅 [图 2.7.61 (b)]：翅脉比 (VR) 1.23。臀角发达。前缘脉延伸长 40μm。R 脉有 10 根刚毛，其余脉无刚毛。腋瓣缘毛 17 根。

5) 足：前足胫距长 55μm；中足胫距长 22μm 和 20μm；后足胫距长 66μm 和 22μm。前足胫节末端宽 48μm；中足胫节末端宽 53μm；后足胫节末端宽 52μm；胫栉 9 根，最短的 22μm，最长的 51μm。伪胫距存在于中足和后足的第一和第二跗节，长 20～24μm。不存在毛形感器。胸部足各节长度及足比见表 2.7.33。

6) 生殖节 [图 2.7.61 (c)]：第九背板包括肛尖上共有 13 根毛。第九肛节侧片有 14 根毛。肛尖长 43μm，宽 12μm。阳茎内突长 112μm，横腹内生殖突长 150μm。抱器基节长 255μm。抱器端节末端略宽，长 112μm，亚端背脊长而低。抱器端棘长 12μm。生殖节比（HR）为2.28，生殖节值（HV）为3.48。

表 2.7.33 塞利直突摇蚊 *Orthocladius*（*Symposiocladius*）*schelli* 胸足各节长度（μm）及足比（*n*=1）

足	fe	ti	ta1	ta2	ta3	ta4	ta5	LR	BV	SV	BR
p1	910	1060	780	510	350	250	140	0.74	2.20	2.53	2.50
p2	950	940	450	280	210	130	130	0.48	3.12	4.20	2.48
p3	1000	1100	650	350	280	170	150	0.59	2.89	3.23	3.50

（5）讨论：Sæther（2003）基于采自挪威的标本对该种进行了详细描述，采自中国的标本R脉具有10根毛，前足的足比（LR_1）为0.74，多于或高于采自挪威的标本R脉具有2～6根毛，前足的足比（LR_1）0.61～0.65。

（6）分布：中国（福建），俄罗斯（远东地区），挪威。

第3章 生物地理学分析

摇蚊科昆虫在世界各大生物地理区均有分布，其亚科和主要族级分类阶元在世界各大动物区系中往往共有，但种级阶元甚至一些属级阶元分布在单一动物地理区系内的情况则很常见。

依据 Sclater（1858）-Wallace（1876）的传统分区，世界动物地理分区为六大区，东亚的地理范围包括 Wallace 传统划分中的部分“东洋区”（中国东洋区范围的全部地区）以及“古北区”的东南部（中国古北区范围的全部地区、俄罗斯远东地区、朝鲜半岛、韩国、日本列岛）。古北区和东洋区的分界和地理范围，本文主要依据张荣祖（1979，1998，1999）提出的中国动物地理区划方案，两大区在我国的分界为：西起横断山脉北端，经过川北岷山与陕南的秦岭，沿伏牛山及淮河向东达于长江以北的通扬运河一线，终于江苏盐城一带。通常认为以喜马拉雅山脉部分分界最为明显，而在黄河和长江的中、下游地区，由于地势平坦，缺乏自然阻隔，因而呈现为广阔的过渡地带。

依据 Bănărescu（1992）的淡水动物地理区划。东亚所在的中印区（Sino-Indian region）的地理范围包括了 Wallace 传统区划中东洋区的全部以及古北区的东南部（中国古北区范围的全部地区、俄罗斯远东地区、朝鲜半岛、韩国以及日本列岛）。中印区包括3个亚区：东亚、高亚和南亚。其中东亚亚区标本采集地包括北京、天津、河北、辽宁、吉林、浙江、江西、山东、河南、贵州、湖北、陕西、四川和部分内蒙古等省级行政区；高亚亚区包括甘肃、宁夏、青海、新疆、部分内蒙古和部分西藏等省级行政区；南亚包括云南、海南、福建、广东、广西、香港、台湾和西藏部分区域。

由于摇蚊科属于典型的水生昆虫，因此即便是大的水域，如中国的长江，也不能作为地理隔障进而对该类动物的地理分布产生大的影响，而传统区划是基于陆生动物区系分布而定，因此传统分区对水生动物的分布和区划具有明显的局限性，而 Bănărescu 的淡水动物地理区划分区对于分析摇蚊的区系成分可能更加合理。

由于我国地域广阔，生境复杂且具高度生物多样性。虽然七属标本采集地域较广，但采集地点还不够细密，标本数量也远远不足，尚有大量的种类有待发现和描述。对于日本、韩国、俄远东地区、蒙古等国家和地区的研究材料仅观察到部分标本，部分是根据文献资料的分布记录于东亚。因此，基于目前所掌握的研究材料对该亚科进行生物地理分析，只能是一个初步的分析探讨。随着今后研究工作的深入，研究标本和文献资料更加齐全，相信本研究所涉及的七个属的生物地理学研究将会逐步得到完善。

3.1 七属的物种多样性

3.1.1 世界范围内该七属的生物多样性分析

至今，本研究所涉及的直突摇蚊亚科该七属共计 319 种。表 3.1.1 为本研究后该七属在各动物地理分区的种数分布统计。

表 3.1.1 该七属在各动物地理区种数分布统计

属名	古北	新北	非洲	新热带	东洋	澳洲	东亚	中国	世界
Chaetocladius	49	6	2	1	3	0	26	5	57
Heleniella	6	3	0	0	4	0	4	2	10
Heterotrissocladius	9	7	0	0	9	0	11	5	16
Krenosmittia	6	3	1	1	2	0	13	4	17
Limnophyes	60	15	4	9	22	1	55	18	92
Mesosmittia	5	6	3	11	4	0	6	5	18
Orthocladius	82	52	1	0	24	1	65	28	119
种总计	217	92	11	19	68	2	180*	68	319
种占世界百分比（%）	68	29	3	6	21	1	56	21	100

注 *包含幼虫、蛹和雌成虫共 10 种。

根据表 3.1.1 的统计，我们可以得出以下初步结论：

（1）该七属世界上以古北区种类最多，为 217 种，种类占世界总数的 68%；其次为新北区，为 92 种，种数占世界总数的 29%；再次为东洋区，为 68 种，种数占世界的 21%；新热带区为 19 种，种数占世界的 6%；非洲区为 11 种，种数占世界的 3%；澳洲区仅记录有 2 种。结果表明直突摇蚊亚科的该七属古北区分布占优势，其次为新北区和东洋区。澳洲区记录最少。

（2）世界上中足摇蚊族的该 6 属其中 1 个属在 6 大区均有分布，为沼摇蚊属（*Limnophyes*），世界记录 92 种，本属种类占世界该七属总种数的 29%；直突摇蚊属（*Orthocladius*）除新热带区外在其余各区均有记录，本属世界纪录为 119 种；另外 3 属：毛突摇蚊属（*Chaetocladius*）、克莱斯密摇蚊属（*Krenosmittia*）和肛脊摇蚊属（*Mesosmittia*），除澳洲区外的其他各区均有记录，世界记录分别为 57 种、17 种和 18 种，其余 2 属：毛胸摇蚊属（*Heleniella*）和异三突摇蚊属（*Heterotrissocladius*），仅在古北区、新北区和东洋区有分布记录，世界纪录分别为 10 种和 16 种。

（3）根据表 3.1.1 各属种类统计，种类记录最多的属为直突摇蚊属（*Orthocladius*），为 119 种，占世界总种数的 37%；其次为沼摇蚊属（*Limnophyes*），为 92 种，占世界总种数的 29%；再次为毛突摇蚊属（*Chaetocladius*），为 57 种，占世界总种数的 18%；其余各属种类占世界总种数的比例都较小。

(4) 属的分布既与地理历史因素有关，也与生态地理因素密切联系。各大动物区的远离往往使属的分布限制在一定范围之内，除上述因素以外，摇蚊大多生活史较短，迁飞能力较弱，可能使其分布受到限制。属的分布还与属内种类的多寡有关，通常包含种类多的大属有广泛的分布区，而包含种类少的小属常局限在一定范围之内，如沼摇蚊属（*Limnophyes*）在各大动物区系中均有记录。

3.1.2　东亚地区该七属的生物多样性分析

从表 3.1.1 可以看出，东亚该七属雄成虫目前记录为 170 种，占世界总种数的 53%。其中直突摇蚊属（*Orthocladius*）所占比例最大，为 65 种，占 38%；其次为沼摇蚊属（*Limnophyes*），为 55 种，占 32%。图 3.1.1 所示为七属世界种数和东亚、中国种数比较。

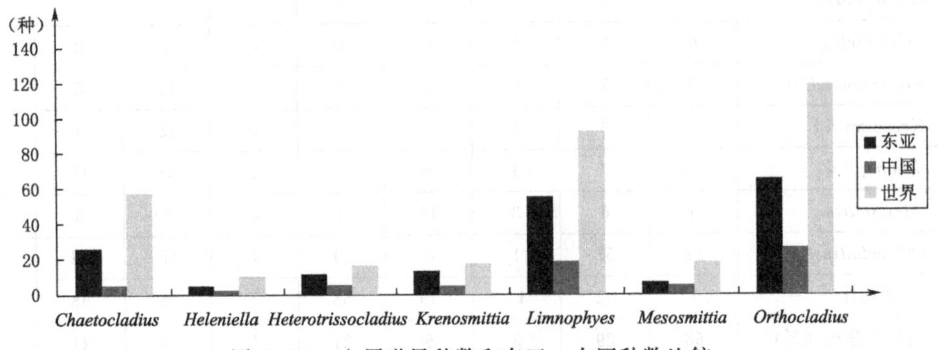

图 3.1.1　七属世界种数和东亚、中国种数比较

据 Bănărescu（1992）的淡水动物地理区划分区，表 3.1.2 为本研究后世界摇蚊亚科七属在世界淡水动物地理区划各大区分布情况。图 3.1.2 所示为七属在世界淡水动物地理区划各区系成分分析。图 3.1.3 所示为世界淡水动物地理区划各区特有种类分布比较。

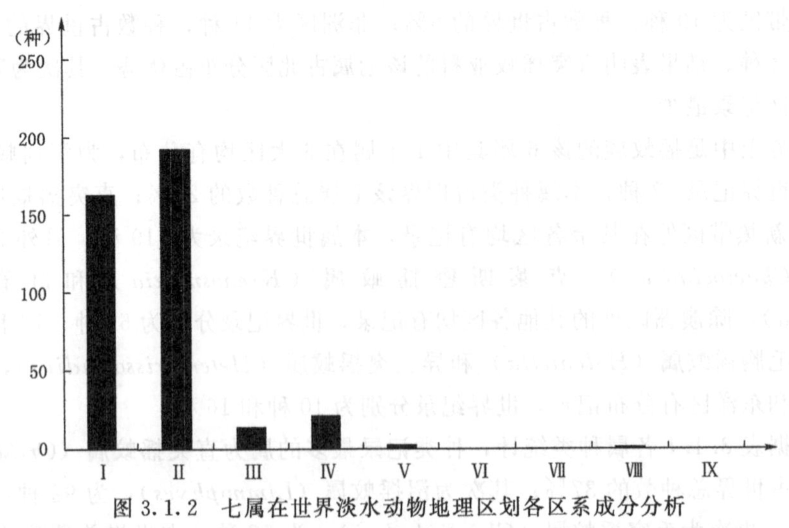

图 3.1.2　七属在世界淡水动物地理区划各区系成分分析

Ⅰ—全北区；Ⅱ—中印区；Ⅲ—非洲区；Ⅳ—新热带区；Ⅴ—澳洲区；Ⅵ—新西兰区；

Ⅶ—马达加斯加区带；Ⅷ—西亚过渡带；Ⅸ—中美安替列过渡带

表 3.1.2 七属在世界淡水动物地理区划各大区分布情况

属 名	全北区	中印区	非洲区	新热带区	澳洲区	新西兰区	马达加斯加区带	西亚过渡带	中美安替列过渡带	世界
Chaetocladius	25	33	4	1	0	0	0	0	0	57
Heleniella	7	5	0	0	0	0	0	0	0	10
Heterotrissocladius	9	11	0	0	0	0	0	0	0	16
Krenosmittia	4	13	3	0	0	0	0	0	0	17
Limnophyes	39	56	4	9	1	0	0	1	0	92
Mesosmittia	7	5	3	11	0	0	0	0	0	18
Orthocladius	82	69	1	0	1	0	0	0	0	119
种总计	163	192	14	21	2	0	0	1	0	319
种占世界（%）	51	60	4	7	1	0	0	0	0	100

从表 3.1.2、图 3.1.3 可以看出，世界该七属以中印区种类最多，为 192 种，种类占世界总数的 60%；其次为全北区，为 163 种，种数占世界总数的 51%；再次为新热带区为 21 种，种数占世界的 7%；非洲区为 14 种，种数占世界的 4%；澳洲区 2 种，西亚过渡带为 1 种；新西兰区、马达加斯加区带、中美安替列过渡带则没有分布。统计结果表明，全北区和中印区显然是世界该七属物种多样丰富的地区，其他地区的研究尚显薄弱。

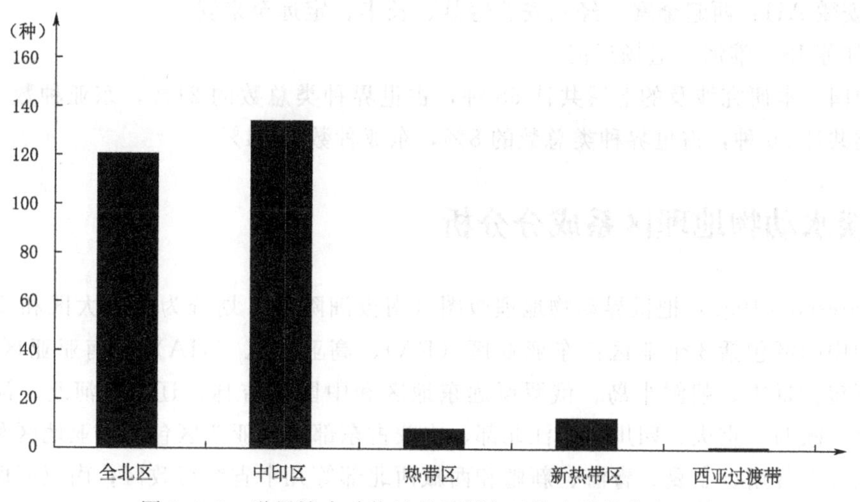

图 3.1.3 世界淡水动物地理区划各区特有种类分布比较

图 3.1.3 给出了世界淡水动物地理区划各区特有种类的分布数量，我们发现，全北区和中印区占有绝对优势，拥有 256 个特有种共占到了全世界总量的 80%；其次新热带区特有种类 13 个，占总数量的 4%；热带区的特有种类 8 个，占总数量的 3%。

3.2 传统动物地理区系成分分析

目前国际上对摇蚊的分布类型的研究主要采用的是 Sclater（1858）-Wallace（1876）

传统的动物地理区划，因此本研究首先根据传统动物地理区划对世界和东亚本研究七属的分布进行了研究。张荣祖（1979，1998，1999）曾依据对陆生脊椎动物区系分析的结果，把中国动物地理版图划分东洋界和古北区，具体划分情况已在本文前面述及，以下是各地区的归属：

（1）古北区：中国（北京 BJ、河北 HEB 、黑龙江 HL、吉林 JL、辽宁 LN、内蒙古 NM、宁夏 NX、青海 QH、山东 SD、山西 SX、天津 TJ、新疆 XJ）；日本；俄远东；韩国；蒙古；朝鲜。

（2）东洋区：重庆 CQ、福建 FJ、广东 GD、广西 GX、贵州 GZ、海南 HAN、湖北 HB、湖南 HN、香港 HK、江西 JX、上海 SH、台湾 TW、澳门 AM、云南 YN、浙江 ZJ。

（3）跨区：（含省内具体分界线）

1）西藏 XZ：横断山脉北端北纬 30°至雅鲁藏布江大拐弯。

2）四川 SC：巴塘、理塘、康定、马尔康、黑水至若尔盖一线，再经过川北岷山（白水江流域为其最北限）。

3）甘肃 GS：岷山至秦岭一带。

4）陕西 SNX：秦岭北坡与黄土高原之间。

5）河南 HEN：伏牛山。

6）安徽 AH：西起金寨，经六安、寿县、长丰、定远至来安。

7）江苏 JS：淮河一通扬运河。

在中国，本研究涉及的七属共计 68 种，占世界种类总数的 21%，东亚种数的 38%；特有种类共计 26 种，占世界种类总数的 8%，东亚种数的 14%。

3.3 淡水动物地理区系成分分析

Bănărescu（1992）把世界动物地理版图（南极洲除外）划分为 8 个大区和 2 个过渡带，其中中印区包括 3 个亚区：东亚亚区（EA）、高亚亚区（HA）和南亚亚区（SA）。东亚亚区包括日本、朝鲜半岛、俄罗斯远东地区和中国的吉林、辽宁、河北、河南、贵州、湖北、陕西、重庆、四川、浙江北部、内蒙古东部；高亚亚区包括中亚地区和中国的内蒙古西部、甘肃、宁夏、青海、新疆和西藏西北部等几个省级行政区；南亚亚区包括南亚次大陆和东南亚各国以及中国的浙江南部、西藏东南部、云南、海南、福建、广西、台湾等省级行政区。

表 3.3.1 给出了七属在中印区各亚区的分布情况，从中可以看出，七个属在东亚、南亚、高亚都有分布，有五个属分布在三个亚区。

表 3.3.1　　本研究七属在中印区各亚区的分布

属　名	EA	SA	HA	EA+SA	EA+HA	EA+HA+SA
Chaetocladius	●		●		●	
Heleniella	●	●	●		●	●

续表

属 名	EA	SA	HA	EA+SA	EA+HA	EA+HA+SA
Heterotrissocladius	●	●	●		●	
Krenosmittia	●	●	●		●	
Limnophyes	●	●	●	●	●	●
Mesosmittia	●		●		●	
Orthocladius	●	●	●	●	●	●
总计	7	5	7	2	7	3

依据上述区划，东亚本研究七属180种共有六种分布类型。统计结果显示：由于上述各区系中所分布种类的统计数量有叠加，即有些种类不仅分布在一个亚区，把这种因素考虑在内得出的结果如图3.3.1所示，东亚亚区特有种为136种，占七属种类总数的80%；南亚亚区特有种为12种，占七属种类总数的7%；高亚亚区特有种为13种，占七属种类总数的7%。从以上分析数据可知，在种级阶元上，东亚亚区无论在分布总数和特有种数量上都占绝对优势。

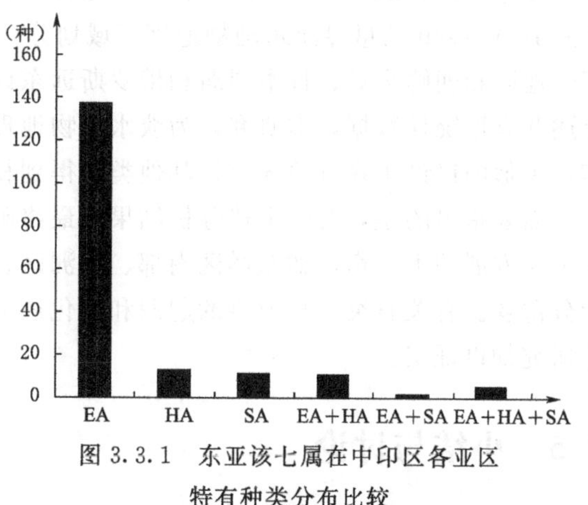

图3.3.1 东亚该七属在中印区各亚区特有种类分布比较

在世界淡水动物地理各区中，本研究七属中印区种类数量高于全北区等其他亚区，占据优势，种级阶元的特有性很高。而在中印区内部，种类又集中在东亚亚区，因此我们认为东亚亚区有可能是该七属在世界上的物种形成和分化的热点地区。但是本研究标本多数是来自东亚亚区，这也可能是东亚亚区种类数量分布较多的一个原因。

3.4 关于世界生物地理两种区划合理性讨论

Sclater (1858) -Wallace (1876) 传统的动物地理区划自100多年前提出以来，就被广泛沿用至今，但是由于该区划是基于陆生动物特别是脊椎动物的分布资料而建立的，也就是说，像海洋、江河、湖泊等大的物理隔障，常常被作为各地理分区的界限。但是由于水生动物的特殊生活环境，大的水体已不能作为地理隔障对地理分布产生较大的影响。而依据陆生动物分布为主建立的传统区划将一些被水体隔开，但是却十分接近的地区分在两个不同的大区，显然具有明显的缺陷和局限性。长时间以来，水生动物特别是淡水动物的分布是否应该有“自己的”区划一直有所争论。Bănărescu (1992) 依据淡水动物的分布提出了世界淡水动物地理区划，将传统古北区的东南部和传统东洋区的全部归为中印区，有关区划已在本书前面述及（图1.7）。昆虫类动物整体上被认为是陆生动物，但包括摇蚊在内的十几个目的昆虫属于水生动物，究竟两种区划谁更合理，一直是水生动物学者们感兴趣的问题。有关摇蚊科昆虫的生物地理研究，郭玉红（2005）、张瑞雷（2005）、刘跃丹（2006）、齐鑫（2007）、程铭（2008）、傅悦（2010）、孙慧（2010）等先后依据摇蚊科不同类群做过初步的探讨。本书通过对直突摇蚊亚科7个属现有种类分布的分析，特别是中国南部（传统分区属于东洋区）和日本地区（传统分区属于古北区）共有种类的分布比较，对两种区划摇蚊科昆虫的相对合理性进一步探讨。

按照传统大区比较，东亚170个已知种中，古北区和东洋区已知种类和特有种类如图3.1和表3.1所示。与我国相邻的日本在传统动物地理分布区划中属于古北区，根据本研究的统计，中国已知种与日本有共同分布的共有7种，在我国南部省份（属传统东洋区）均有分布。两者的共有性反映出将两者分在不同的生物地理大区具有明显的缺陷。相反，依照Bănărescu的世界淡水动物地理区域划分，中国已知种都囊括在中印区中，而中国大部分地区和朝鲜半岛、日本列岛和俄罗斯远东地区又共同归属在中印区的东亚亚区，依据上述共有性统计数据，本研究认为淡水动物地理区划分区对于摇蚊的区系成分更为合理可信，类似的讨论也在有关摇蚊科其他类群得到相同的结果。

需要指出的是，对于上述分析结果的最终确认还需要考虑到目前世界上各地区摇蚊研究工作发展的不平衡，如东洋区南部、非洲区、澳洲区和新热带区的广大地区摇蚊研究仍十分薄弱。有关直突摇蚊亚科的起源和演化还需进一步的历史生物地理学和支序生物地理学研究加以证实。

3.5 小结与讨论

(1) 本研究东亚七属已记录180种，占世界总数319种的56%，说明东亚具有该七属较高的物种多样性。

(2) 东亚在中印区各亚区种类数和特有种分布统计显示，从属级阶元看，东亚、南亚、高亚都占优势。从种级阶元看，东亚分布占绝对优势，反映出东亚地区具有较高的物种多样性。

(3) 依据Sclater（1858）-Wallace（1876）传统的动物地理区划，其中古北区特有种类占优势，典型的南大陆（冈瓦纳）区系成分所占比例较小，由此可以初步推测本研究七属为亚热带和温带分布。由于目前澳洲、南美洲、非洲以及东洋区的东南亚地区研究尚十分薄弱，所以上述推测可能与目前各地区研究程度不同有关。

(4) 依据Sclater（1858）-Wallace（1876）传统动物地理区划，本研究七属东亚共有六种分布类型，其种类具有世界全部6大区系成分，从整体上看与世界分布类型和特点基本相同。古北区和东洋区特有成分集中了东亚的大部分种类。

(5) 依据Bănărescu淡水动物地理区划，本研究七属在中印区具有较高的特有性，表明东亚地区无疑是世界上该类群起源和物种分化主要地区之一。

(6) 依据Bănărescu世界淡水生物地理区划，该七属在中印区各亚区的种级分布类型有六种，主要以东亚区系分布为主，其特有种占80%，推断出东亚亚区应为该类群的重要起源和物种分化地区之一。

(7) 书中对Bănărescu的世界淡水生物地理区划和Sclater（1858）-Wallace（1876）

传统动物地理区划的合理性进行了比较分析。种类分布统计表明，中国南部（传统的中国东洋区）与日本（传统的古北区）区系近似，根据本研究的统计中国该七属已知种与日本有共同分布的共有 12 种，约占中国已知种类的 20%，其中 10 种在我国南部省份（属传统东洋区）均有分布，且共有的种类在我国南部省份（属传统东洋区）均有分布，由此进一步证实 Bănărescu 动物地理区划对于营水生生活的摇蚊较之传统区划更为适合，类似讨论也在摇蚊科其他类群得到相同结果，由此求证了传统区划对水生动物的局限和 Bănărescu (1992) 提出的淡水动物地理区划将传统古北区的东南部和传统东洋区的全部归为中印区的合理性。

应当指出的是，由于在东亚广大的地理范围内，各国各地的研究深入程度差别很大，本地区内中国、日本和俄罗斯研究相对较强，发现的种类较多，而蒙古、韩国、朝鲜等国的记录较少，还有大量种类有待发现。因此，本书对生物地理分布格局和生物多样性的分析结果均具有一定的局限性。

参 考 文 献

程铭．中国长足摇蚊亚科系统学研究（双翅目：摇蚊科）[D]．天津：南开大学，2009.

傅悦．东亚直突摇蚊亚科五属系统学研究（双翅目：摇蚊科）[D]．天津：南开大学，2010.

郭玉红．中国长跗摇蚊族系统学研究（昆虫纲：双翅目：摇蚊科）[D]．天津：南开大学，2005.

黄邦恺．福建昆虫 [J]．福州：福建科学技术出版社，2003，8：43－65.

刘跃丹．中印区心突摇蚊属群系统学研究（双翅目：摇蚊科）[D]．天津：南开大学，2006.

齐鑫．中国多足摇蚊属复合体系统学研究（双翅目：摇蚊科）[D]．天津：南开大学，2007.

孙慧．中国直突摇蚊亚科布摇蚊复合体及直突摇蚊复合体七属系统学研究（双翅目：摇蚊科）[D]．天津：南开大学，2010.

唐红渠．中国摇蚊幼虫生物系统学研究（双翅目：摇蚊科）[D]．天津：南开大学，2006.

王士达，钱秋萍，谢翠娴．武昌东湖地区摇蚊科昆虫的研究．水生生物学集刊 [J]．1977，6（2）：227－240.

王士达，王俊才．辽宁省摇蚊幼虫的研究 [J]．水生生物学报，1991，15（1）：35－44.

王新华，纪炳纯，郑乐怡．中国摇蚊亚科记述Ⅰ．间摇蚊属，狭摇蚊属，弯铗摇蚊属（双翅目：摇蚊科）[J]．南开大学学报，1989，(4)：31－34.

王新华，郑乐怡，纪炳纯．中国摇蚊亚科记述Ⅱ．（双翅目：摇蚊科）[J]．南开大学学报，1991，(1)：12－16.

王新华，纪炳纯，郑乐怡．中国摇蚊亚科记述Ⅲ．哈摇蚊属（双翅目：摇蚊科）[J]．动物分类学报，1993，18（4）：459－465.

王新华，郑乐怡，纪炳纯．中国摇蚊亚科记述Ⅳ．拟隐摇蚊属（双翅目：摇蚊科）[J]．动物分类学报，1994，19（2）：206－209.

颜京松，叶沧江．白洋淀摇蚊幼虫及二新种记述 [J]．昆虫学报，1977，20（2）：183－198.

颜京松，王基琳．青海湟水摇蚊科新记录 [J]．昆虫分类学报，1982，4（3）：233－238.

叶沧江，王基琳．青海省摇蚊科幼虫．高原生物学集刊 [J]．1982，1：101－110.

张荣祖．中国自然地理－动物地理 [M]．北京：科学出版社，1979.

张荣祖．中国动物地理区划的再修订 [J]．动物分类学报增刊，1998，23：207－222.

张荣祖．中国动物地理 [M]．北京：科学出版社，1999.

张瑞雷．中国多足摇蚊属系统学研究（双翅目：摇蚊科）[D]．天津：南开大学，2005.

郑乐怡，归鸿．昆虫分类 [M]．南京：南京师范大学出版社，1999.

郑乐怡．动物分类原理与方法 [M]．北京：高等教育出版社，1987.

朱弘复．动物分类学理论基础 [M]．上海：上海科学技术出版社，1987.

Albu, P. Chironomidae (Diptera) din cîteva lacuri din Masivul Retezat. (Chironomids (Diptera) from some lakes in the Retezat Mountains [J]. Studii Cerc. Biol., Ser. Biol. anim, 1972, 24: 309－313.

Andersen F S. Über die Metamorphose der Ceratopogoniden und Chironomiden Nordost－Grönlands [J]. Meddelelser om Grønland, 1937, 116: 1－95.

Andersen T, Mendes H F. Neotropical and Mexican *Mesosmittia* Brundin, with the description of four new species [J]. Spixiana, 2002, 25: 141－155.

Andersen T, Wang X. Darkwinged *Heleniella* Gowin, 1943 from Thailand and China (Insecta, Diptera, Chironomidae, Orthocladiinae) [J]. Spixiana, 1997, 20: 151－160.

Ashe P. A catalogue of chironomid genera and subgenera of the world including synonyms (Diptera: Chironomidae) [J] . Entomologica scandinavica supplement, 1983, 17: 1-68.

Ashe P, Cranston P S. Family Chironomidae. In: Soós, Á. & Papp, L. (Eds), Catalogue of Palaearctic Diptera Psychodidae. Budapest: Chironomidae. Vol. 2. Akadémiai Kiadó, 1990.

Bănărescu P. Zoogeography of Fresh waters. General distribution and dispersal of freshwater animals in North America and Eurasia [M] . Aula-Verlag: Wiesbaden, 1992.

Bhattacharyay S, Chattopadhyay S, Chaudhuri P K. Four new species of *Chaetocladius* (Diptera, Chironomidae) from India [J] . European Journal of Entomology, 1993, 90: 87-94.

Brinkhurst R O, Hamilton A L, Herrington H B. Components of the bottom fauna of the St. Lawrence Great Lakes [M] . Toronto: Great Lakes Institute of the University of Toronto, 1968.

Brundin L. Zur Kenntnis der schwedischen Chironomiden [J] . Arkiv för Zoologi, 1947, 39A: 1-95.

Brundin L. Chironomiden und andere Bodentiere der südschwedischen Urgebirgsseen. Ein Beitrag zur Kenntnis der bodenfaunistischen Charakterzüge schwedischer oligotropher [M] . Drottningholm: Report Institute of Freshwater Research, 1949.

Brundin L. Zur Systematik der Orthocladiinae (Dipt., Chironomidae) [M] . Drottningholm: Report Institute of Freshwater Research, 1956.

Caldwell B A, Hudson, P L, Lenat D R, Smith D R. A revised annotated checklist of the Chironomidae (Insecta: Diptera) of the southeastern United States [J] . Transactions of the Royal entomological Society of London, 1997, 123: 1-53.

Chaudhuri P K, Ghosh M. Record of *Chaetocladius* Kieffer (Diptera: Chironomidae) from India [J] . Folia Entomologica Hungarica, 1982, 63: 5-7.

Chaudhuri P K, Hazra N, Alfred J R B. A checklist of chironomid midges (Diptera: Chironomidae) of the Indian subcontinent [J] . Oriental Insects, 2001, 35: 335-372.

Chaudhuri P K, Sinharay D C, Dasgupta S K. A study on Orthocladiinae (Diptera, Chironomidae) of India. Part II. Genus *Limnophyes* Eaton [J] . Aquatic Insects, 1979, 1: 107-134.

Chernovskii A A. Opredelitel' lichinok komarov semeistva Tendipedidae. (Identification of larvae of the midge family Tendipedidae.) Opr. Faune SSSR [J] . Izd. Zool. Inst. Akad. Nauk SSSR, 1949, 31: 1-186.

Coe R L. Family Chironomidae Handbk Ident [J] . Br. Insects, 1950, 9: 121-206.

Coffman W P. Energy flow in woodland stream ecosystem: II. The taxonomic composition and phenology of the Chironomidae as determined by the collection of pupal exuviae [J] . Archiv für Hydrobiologie, 1973, 71: 281-322.

Coffman W P, Ferrington L C J. Chironomidae. In: Merritt, R. W. and Cummins, K. W. (eds.): An introduction to the aquatic insects of North America [M] . Dubuque: Kendall Publs, 1984.

Cranston P S. The development stages of Limnophyes globifer (Lundström) (Diptera: Chironomidae) [J] . Hydrobiologia, 1979, 67: 19-25.

Cranston P S. The metamorphosis of *Symposiocladius lignicola* (Kieffer) n. gen., n. comb., a wood-mining Chironomidae (Diptera) [J] . Entomologica scandinavica, 1983, 13: 419-429.

Cranston P S. The taxonomy and ecology of *Orthocladius* (*Eudactylocladius*) *fuscimanus* (Kieffer), a hygropetric chironomid (Diptera) [J] . Journal of Natural History, 1984, 18: 873-895.

Cranston P S. *Compterosmittia* Sæther (Diptera: Chironomidae) the immature stages and revisional notes [J] . Bulletin of the North American Benthological Society, 1987, 4: 116.

Cranston P S. Nearctic *Orthocladius* subgenus *Eudactylocladius* revised (Diptera: Chironomidae) [J] . Journal of the Kansas Entomological Society, 1998, 71: 272-295.

Cranston P S, Armitage P D. The Canary Island Chironomidae described by T. Becker and by Santos Abreu (Diptera, Chironomidae) [J] . Dt. ent. Z. , N. F. , 1988, 35: 341 - 354.

Cranston P S, Martin J. Family Chironomidae. In: Evenhuis, N. L. (Ed.), Catalog of the Diptera of the Australasian and Oceanian Regions [M] . Honolulu: Bishop Museum, 1989.

Cranston P S, Oliver D R. Additions and corrections to the Nearctic Orthocladiinae (Diptera: Chironomidae) [J] . The Canadian Entomologist, 1988, 120: 425 - 462.

Cranston P S, Oliver D R, Sæther O A. The adult males of Orthocladiinae (Diptera: Chironomidae) of the Holarctic region. Keys and diagnoses [J] . Entomologica scandinavica Supplement, 1989, 34: 165 -352.

Cranston P S, Sæther O A. *Rheosmittia* (Diptera: Chironomidae): A generic validation and revision of the western Palaearctic species [J] . Journal of Natural History, 1986, 20: 31 - 51.

Dittmar H. Die quantitative Analyse des Fliesswasser - Benthos [J] . Archiv für Hydrobiologie Supplement, 1955, 22: 295 - 300.

Eaton A E. Breves dipterarum uniusque lepidopterarum Insulae Kerguelensi indigenarum diagnoses [J] . Entomologist's Monthly Magazine, 1875, 12: 58 - 61.

Edwards F W. British non - biting midges (Diptera, Chironomidae) [J] . Transactions of the Entomological Society of London, 1929, 77: 279 - 430.

Edwards F W. Mycetophilidae, Culicidae, and Chironomidae and additional records of Simuliidae, from the Marquesas Islands [J] . Bull. Bernice P. Bishop Mus, 1933, 114: 85 - 92.

Edwards F W. Diptera from Bear Island [J] . Annals & magazine of natural history Ser. 10, 1935, 15: 531 - 543.

Edwards F W. On the European Podonominae (adult stage) . In: Thienemann, A. (1937b) . Podonominae, eine neue Unterfamilie der Chironomiden (Chironomiden aus Lappland I) [M] . Besprech: Int. Revue ges. Hydrobiol. Hydrogr, 1937.

Edwards F W. Chironomidae (Diptera) collected by Prof. Aug. Thienemann in Swedish Lappland [J] . Annals & magazine of natural history Ser. 10, 1939, 20: 140 - 148.

Fagnani J P, Soponis A R. The occurence of setal tufts on larvae of *Orthocladius* (*Orthocladius*) *annectens* Sæther (Diptera, Chironomidae) . In: Fittkau, E. J. (ed.): Festschrift zu Ehren von Lars Brundin [J] . Spixiana Supplement, 1988, 14: 139 - 142.

Ferrington L C J. Drift dynamics of Chironomidae larvae: I. Preliminary results and discussion of importance of mesh size and level of taxonomic identification in resolving Chironomidae diel drift patterns [J] . Hydrobiologia, 1984, 114: 215 - 227.

Fittkau E J, Reiss F. Chironomidae [J] . Limnofauna Europaea. 2. Aufl. , 1978: 404 - 440.

Fittkau E J, Schlee D, Reiss F. Chironomidae [J] . Limnofauna Europaea, 1967: 346 - 381.

Freeman, P. Chironomidae (Diptera) from Western Cape Province [J] . Proceedings of the Royal Entomological Society of London, Series *B*, 1953, 22: 201 - 213.

Freeman, P. A study of the Chironomidae (Diptera) of Africa South of the Sahara. Ⅲ [J] . Bulletin of the British Museum (Natural History), 1957, 5: 323 - 426.

Goetghebuer, M. Chironomides de Belgique et spécialement de la zone des Flandres [J] . Memoires du Musée Royal d'Histoire Naturelle de Belgique, 1921, 4: 1 - 210.

Goetghebuer M. Diptères. Chironomidae Ⅳ. (Orthocladiinae, Corynoneurinae, Clunioninae, Diamesinae) [J] . Faune of France, 1932, 23: 1 - 204.

Goetghebuer M. Ceratopogonidae et Chironomidae récoltés par M. le Prof. Thienemann dans les environs de Garmisch - Partenkirchen (Haute - Bavière) et par M. Geijskes près de Bâle, dans le Röserenbach [J] . Bulletin et Annales de la Societe Royale Belgique, 1934, 74: 334 - 350.

Goetghebuer M. Quelques Chironomides nouveaux de l'Europe [J]. Bulletin et Annales de la Societe Royale Belgique, 1938, 78: 453 - 464.

Goetghebuer M. Chironomides de Laponie Suédoise [J]. Bulletin et Annales de la Societe Royale Belgique, 1940, 80: 55 - 72.

Goetghebuer M. Ceratopogonidae et Chironomidae nouveaux ou peu connus d'Europe (11e note) [J]. Bulletin du Musée Royal d'Histoire Naturelle de Belgique, 1942, 46: 1 - 16.

Goetghebuer M. Ceratopogonidae et Chironomidae nouveaux ou peu connus d'Europe (Douzième note) [J]. Biol. Jaarb., 1944, 11: 35 - 44.

Goetghebuer M. Tendipedidae (Chironomidae). Subfamilie Orthocladiinae [J]. Die Fliegen der palaearktischen Region, 1940 - 1950, 13g: 1 - 208.

Gowin F. Orthocladiinen aus Lunzer Fliessgewässern. II [J]. Archen. Hydrobiology, 1943, 40: 114 - 122.

Guo Y, Wang X. Description of four new species of *Krenosmittia* Thienemann & Krüger from China (Diptera: Chironomidae: Orthocladiinae) [J]. Studia dipterologica, 2004, 11: 493 - 499.

Halvorsen G A, Willassen E, Sæther O A. Chironomidae (Dipt.) from Ekse, Western Norway [J]. Fauna norvegica, serie B, 1982, 29: 115 - 121.

Harrison A D. Chironomidae from Ethiopia, Part 2. Orthocladiinae with two new species and a key to *Thienemanniella* Kieffer (Insecta, Diptera) [J]. Spixiana, 1992, 15: 149 - 195.

Hayford B. New Records of Chironomidae (Insecta: Diptera) from Mongolia with Review of Distribution and Biogeography of Mongolian Chironomidae [J]. Journal of the Kansas Entomological Society, 2005, 78 (2): 192 - 200.

Henson E B. A review of Great Lakes benthos research [J]. Great Lakes Research Division. University of Michigan. Publication, 1966, 14: 37 - 54.

Hofmann W. Zur Taxonomie und Palökologie subfossiler Chironomiden (Dipt.) in Seesedimenten [J]. Arch. Hydrobiol., Beih, 1971, 6: 1 - 50.

Holmgren A E. Bidrag til Kännedomen om Beeren Eilands och Spetsbergens Insekt - Fauna. (Contribution to the knowledge of Bear Island and Spitsbergen insect fauna) [J]. K. svenska VetenskAkad. Handl, 1869, 8: 1 - 56.

Jacobson G. Compte rendu de l'expédition envoyée par l'Académie Impériale des Sciences à Novaia Zemlia en été 1896. IV [J]. Zap. imp. Akad. Nauk, Ser. 8, 1898, 8: 171 - 244.

Johannsen O A. Aquatic Diptera. III. Chironomidae: Subfamilies Tanypodinae, Diamesinae and Orthocladiinae [C]. Memory Cornell University Agriculture Experimental Station, 1937, 205: 3 - 84.

Johannsen O A. Immature and adult stages of new species of Chironomidae (Diptera) [J]. Entomological News, 1942, 53: 70 - 77.

Johnson M G, Brinkhurst R O. Production of benthic macroinvertebrates of Bay of Quinte and Lake Ontario [J]. Journal of the Fisheries Research Board of Canada, 1971, 28: 1699 - 1714.

Kertész K. Catalogus dipterorum hucusque descriptorum [M]. Bpest: Leipzig Press, 1902.

Kieffer J J. Diagnoses de nouveaux Chironomides d'Allemagne [J]. Bull. Soc. Hist. nat. Metz, 1909, 26: 37 - 56.

Kieffer J J. Nouveux Tendipédides du groupe Orthocladius (Dipt.). 2. note [J]. Bulletin de la Société entomologique de France, 1911, 199 - 202.

Kieffer J J. Nouveaux Chironomides (Tendipédides) d'Allemagne [J]. Bull. Soc. Hist. nat. Metz, 1913, 28: 7 - 35.

Kieffer J J. South African Chironomidae (Diptera) [J]. Annals of the South African Museum, 1914, 10: 259 - 270.

Kieffer J J. Chironomides d'Europe conservés au Musée National Hongrois de Budapest [J] . Annales historico - naturales Musei nationalis hungarici, 1919, 17: 1 - 160.

Kieffer J J. Chironomides de la Nouvelle - Zemble [J] . Report of the scientific results of the Norwegian expedition to Novaya Zemlya, 1922, 2: 1 - 24.

Kieffer J J. Nouvelle contribution à l'étude des Chironomides de la Nouvelle - Zemble [J] . Report of the scientific results of the Norwegian expedition to Novaya Zemlya, 1923, 9: 3 - 11.

Kieffer J J. Chironomides nouveaux ou rares de l'Europe centrale [J] . Bulletin de la Société d'histoire naturelle de la Moselle, 1924, 30: 11 - 110.

Kieffer J J. Chironomiden der 2. Fram - Expedition (1898 - 1902) [J] . Norsk ent. Tidsskr, 1926, 2: 78 - 89.

Kong F, Liu W, Wang X. *Mesosmittia* Brundin from China (Diptera: Chironomidae) [J] . Acta Zootaxonomica Sinica, 2011, 36 (4): 890 - 895.

Kong F, Wang X. *Heterotrissocladius* Spärck from China (Diptera: Chironomidae) [J] . Zootaxa, 2011, 2733: 65 - 68.

Kong F, Liu W, Wang X. Two new record subgenera of *Orthocladius* from China (Diptera: Chironomidae) [J] . Acta Zootaxonomica Sinica, 2012 a, 37 (1): 181 - 184.

Kong F, Liu W, Wang X. Subgenera *Mesorthocladius* from China (Diptera: Chironomidae) [J] . Acta Zootaxonomica Sinica, 2012 b, 37 (2): 389 - 391.

Lehmann J. Chironomidae (Diptera) aus Fließgewässern Zentralafrikas. Teil Ⅱ: Die Region um Kisangani, Zentralzaire [J] . Spixiana, Supplement, 1981, 5: 1 - 85.

Langton P H. A key to pupal exuviae of British Chironomidae [M] . London: *March*, *Camb.*, 1984.

Langton P H, Cranston P S. Pupae in nomenclature and identification: West Palaearctic *Orthocladius* s. str. (Diptera: Chironomidae) revised [J] . Systematic Entomology, 1991, 16: 239 - 252.

Langton P H, Moubayed J. *Limnophyes roquehautensis* sp. n. and *L. inanispatina* sp. n. from southern France (Diptera, Chironomidae) [J] . Nouvelle Revue d'Entomologie, 2001, 18: 3 - 8.

Lehmann J. Die Chironomiden der Fulda. Systematische, ökologische und faunistische Untersuchungen [J] . Archives of Hydrobiology Supplement, 1971, 37: 466 - 555.

Lundström C. Diptera Nematocera aus den arctischen Gegenden Sibiriens [J] . Zap. imp. Akad. Nauk, 1915, 29: 1 - 33.

Makarchenko E A, Makarchenko M A. A Review of the Chironomidae (Diptera) from the Kuril Islands, Kamchatka Peninsula and bordering territories. Results of recent research on North East Asian biota [J] . Natural History Research Special Issue, 2000, 7: 181 - 197.

Makarchenko E A, Makarchenko M A. Fauna chironomid podsemeistva Orthocladiinae (Diptera, Chironomidae) ostrova Vrangelya. (Chironomid fauna of the subfamily Orthocladiinae (Diptera, Chironomidae) of Wrangel Island.) [J] . Chteniya pamyati Vladimira Yakovlevicha Levanidova (V. Y. Levanidov's Biennial Memorial Meeting, 2001, 1: 174 - 186.

Makarchenko E A, Makarchenko M A. Novye i maloizvestnye vidy khironomid (Diptera, Chironomidae) rossiiskogo Dal'nego Vostoka. (A new and little known species of chironomids (Diptera, Chironomidae) from the Russian Far East [J] . Chteniya pamyati Vladimira Yakovlevicha Levanidova (Vladimir Ya. Levanidov's Biennial Memorial Meetings), 2003, 2: 204 - 217.

Makarchenko E A, Makarchenko M A. *Chaetocladius* Kieffer (Diptera, Chironomidae, Orthocladiinae) in the Russian Far East [J] . Euroasian Entomological Journal, 2004, 3 (4): 311 - 317 [in Russian] .

Makarchenko E A, Makarchenko M A. New or little - known chironomids of Orthocladiinae (Diptera: Chironomidae) from the Russian Far East [J] . Russian Entomological Journal, 2006a, 15: 83 - 92.

Makarchenko E A, Makarchenko M A. Three new species of chironomids (Diptera, Chironomidae, Orthocladiinae) from the Russian Far East [J]. Russian Entomological Journal, 2006b, 15 (1): 73-77.

Makarchenko E A, Makarchenko M A. *Chaetocladius* (s. str.) *amurensis* sp. n. (Diptera, Chironomidae) from the Amur River basin (Russian Far East) [J]. Eurasian Entomological Journal, 2007, 5 (4): 276-277.

Makarchenko E A, Makarchenko M A. Fauna and distribution of the Orthocladiinae of the Russian Far East. In: Wang, X. & Liu, W. (Eds). Proceedings of the 17th International Symposium on Chironomidae [C], Tianjin: Nankai University Press, 2011.

Meigen J W. Systematische Beschreibung der bekannten europäischen zweiflügeligen Insekten [J]. Erster Teil. F. W. Forstman, 1818: 1-11.

Meigen J W. Systematische Beschreibung der bekannten europäischen zweiflügeligen Insekten [M]. Teil Ⅵ. Hamm. Ⅺ, 1830.

Murray D A. *Limnophyes platystylus* new species (Diptera: Chironomidae, Orthocladiinae) from Ireland. In: Andersen, T. (Ed.) Contributions to the Systematics and Ecology of Aquatic Diptera. A Tribute to Ole A. Sæther [M]. Ohio: The Caddis Press, 2007.

Murray D A, Ashe P. An inventory of the Irish Chironomidae (Diptera) [J]. Memoirs of the American Entomological Society, 1983, 34: 223-233.

Oliver D R. A review of the subfamily Orthocladiinae (Chironomidae, Diptera) of Bear Islands [J]. Astarte, 1962, 20: 1-19.

Oliver D R. Entomological studies in the Lake Hazen Area, Ellesmere Island, including lists of species of Arachinida, Collembola and Insecta [J]. Arctic, 1963, 16: 175-180.

Oliver D R, Dillon M E, Cranston P S. A catalog of Nearctic Chironomidae [M]. Ottawa: Research Branch Agriculture Canada Publication, 1990.

Pankratova V Y. Lichinki i kukolki komarov podsemeistva Orthocladiinae fauny SSSR (Diptera, Chironomidae = Tendipedidae). (Larvae and pupae of midges of the subfamily Orthocladinae (Diptera, Chironomidae = Tendipedidae) of the USSR fauna.) [M]. Leningr: Izd. Nauka, 1970.

Pinder L C V. A key to the adult males of British Chironomidae. Vol. 1, The key; Vol. 2, Illustrations of the hypopygia. Freshwater Biological Association [M]. London: Scientific Publication, 1978.

Pinder L C V, Cranston P S. Morphology of the male imagines of *Orthocladius* (*Pogonocladius*) *consobrinus* and *O. glabripennis* with observations on the taxonomic status of *O. glabripennis* (Diptera: Chironomidae) [J]. Entomologica scandinavica, 1976, 7: 19-23.

Prat N. Quironómidos de los embalses españoles (1. a parte) (Diptera) [J]. Graellsia, 1979, 33: 37-96.

Reiss F. Neue Chironomiden-Arten (Diptera) aus Nepal [J]. Khumbu Himal, 1968, 3: 55-73.

Ringe F. *Heleniella serratosioi* n. sp., eine neue Orthocladiinae (Dipt., Chir.) aus der Emergenz von Rohrwiesenbach und Kalkbach. Schlitzer Produktionsbiologische Studien (13) [J]. Arch. Hydrobiol., 1976, 77: 254-266.

Roback S S. The immature tendipedids of the Philadelphia area (Diptera: Tendipedidae) [J]. Monographs of the Academy of Natural Sciences of Philadelphia, 1957, 9: 1-152.

Romaniszyn W. Ochotkowate-Tendipedidae. Larwy. Klucze do oznaczania owadów Polski. Cz. 28, Zesz. 14a Muchówki-Diptera. (Keys for the identification of Polish insects) [J]. Polski Zwiazek entomologiczny, 1958, 22: 1-137.

Rossaro B. Note sulle Orthocladiinae italiane con segnalazione di specie nuove per la nostra fauna (Diptera Chironomidae) [J]. Bulletin of the Entomological Society of Italy, 1977, 109: 117-126.

Rossaro B. Composizione tassonomica e fenologia delle Orthocladiinae (Dipt. Chironomidae) nel Po a Caorso (Piacenza), determinate mediante analisi delle exuvie delle pupe [J] . Rivta Idrobiol. , 1978 a, 17: 287 - 300.

Rossaro B. Contributo alla conoscenza dei generi *Orthocladius*, *Parorthocladius* e *Synorthocladius*. Rassegna delle specie catturate sinora in Italia [J] . Bollettino della Società Entomologica Italiana, 1978 b, 110: 181 - 188.

Rossaro B. Chironomidi, 2 (Diptera: Chironomidae: Orthocladiinae) . In: Ruffo, S. (ed.): Guide per il riconoscimento delle specie animali delle acque interne italiane [M] . Verona: Cons. naz. Ric, 1982.

Rossaro B, Casalegno C. Description of the pupal exuviae of some species belonging to *Orthocladius* s. str. van der Wulp, 1874 (Diptera: Chironomidae: Orthocladiinae), with a new key to species of West Palaearctic region [J] . Zootaxa, 2001, 7: 1 - 20.

Rossaro B, Pietrangelo A. Description of a new species of *Orthocladius* subgenus *Euorthocladius* (Diptera, Chironomidae) [J] . Fragm. ent. , 1992, 24: 45 - 49.

Rossaro B, Prato S. Description of six new species of the genus *Orthocladius* (Diptera, Chironomidae) [J] . Fragm. ent. , 1991, 23: 59 - 68.

Rossaro B, Casalegno C, Lencioni V. West Palaearctic species belonging to the subgenus *Orthocladius* s. str. (Diptera, Chironomidae: Orthocladiinae) [J] . Bollettino di Zoologia e di Bachicoltura, Ser. Ⅱ, 2002, 34: 227 - 232.

Sahin Y. Doguve Guneydogu Anadolu Bölgeleri Akasu ve Göllerindeki Chironomidae (Diptera) Larvalarinin Teshisive Dagilislari. (Identification and distribution of Chironomidae (Diptera) larvae in rivers and lakes of East and Southeast Anatolia.) [J] . Anadolu Üniv. Yayinlari, 1984, 57: 1 - 145.

Santos - Abreu E. Ensayo de una Monografia de los Tendipedidos de las Isles Canarias [C] . Barcelona: Memorias de la Real Academia de Ciencias Naturalesy Artes de Barcelona, 1918.

Sasa M. A morphological study of adults and immature stages of 20 Japanese species of the family Chironomidae (Diptera) [J] . Research Report from the National Institute of Environmental Studies, 1979, 7: 1 - 149.

Sasa M. Studies on chironomid midges of the Tama River. Part 6. Description of the subfamily Orthocladiinae recovered from the main stream in the June survey [J] . Research Report from the National Institute of Environmental Studies, Japan, 1983, 43: 69 - 99.

Sasa M. Studies on chironomid midges in lakes of the Nikko National Park. Part Ⅱ. Taxonomical and morphological studies on the chironomid species collected from lakes of the Nikko National Park [J] . Research Report from the National Institute of Environmental Studies, 1984, 70: 16 - 215.

Sasa M. Studies on chironomid midges of some lakes in Japan. Part Ⅲ. Studies on the chironomids collected from lakes in the Mount Fuji area (Diptera, Chironomidae) [J] . Research Report from the National Institute for Environmental Studies, 1985, 83: 101 - 160.

Sasa M. Studies on the chironomid midges collected from lakes and streams in the southern region of Hokkaido, Japan. In: Sasa, M. , Sugaya, Y. and Yasuno, M. : Studies on the chironomid midges of lakes in southern Hokkaido [J] . Research Report from the National Institute for Environmental Studies, 1988, 121: 9 - 76.

Sasa M. Studies on the chironomid midges (Diptera, Chironomidae) of Shou River. In: Some characteristics of Nature Conservation within the chief rivers in Toyama Prefecture (The upper reach of Shou River) [J] . 1989: 26 - 45.

Sasa M. Studies on the chironomid midges of Jinzu River (Diptera, Chironomidae) . In: Some characteristics of Nature Conservation within the chief rivers in Toyama Prefecture (The upper reach of Jinzu River) [M] . Toyama: Environmental Pollution Research Centre, 1990.

Sasa M. Annex studies on the chironomids of some rivers and lakes in Japan. Part 2. Studies on the chironomids of the Lake Towada area, Aomori. In: Some characteristics of Nature Conservation within the chief rivers in Toyama Prefecture (The upper reach of Jyonganji River, Hayatsuki River and Katakai River) [M]. Toyama: Environmental Pollution Research Centre, 1991.

Sasa M. Studies on the chironomid midges (Yusurika) collected in Toyama and other area of Japan, 1993. Part 5. The chironomids collected from lakes in the Aizu District (Fukushima). Some characteristics of water quality and aquatic organism in the chief lakes in Toyama Prefecture (Lake Nawagaike) [M]. Toyama: Environmental Pollution Research Centre, 1993.

Sasa M. Studies on the chironomids in Japan [M]. Toyama: Research Report from Toyama Prefectural Environmental Pollution Research Centre, 1996.

Sasa M, Arakawa R. Seasonal changes of chironomid species emerging from Lake Furudo [M]. Toyama: Research Report from Toyama Prefectural Environmental Pollution Research Centre, 1994.

Sasa M, Hirabayashi K. Studies on the additional chironomids (Diptera, Chironomidae) collected at Kamikochi and Asama - Onsen, Nagano, Japan [J]. Japanese Journal of Sanitary Zoology, 1993, 44: 361-393.

Sasa M, Kamimura K. Chironomid midges collected on the shore of lakes in the Akan National park, Hokkaido (Diptera, Chironomidae). In: Yasuno, M., Sugaya, Y., Sasa, M. & Kamimura, K.: Studies on the chironomid midges of lakes in the Akan National Park [M]. Hokkaido: Research Report from the National Institute for Environmental Studies, 1987.

Sasa M, Kawai K. Studies on chironomid midges of Lake Biwa (Diptera, Chironomidae) [J]. Lake Biwa Study Monogr, 1987, 3: 1-119.

Sasa M, Nishino M. Notes on the chironomid species collected in winter on the shore of Lake Biwa [J]. Japanese Journal of Sanitary Zoology, 1995, 46: 1-8.

Sasa M, Ogata K. Taxonomic studies on the chironomid midges (Diptera, Chironomidae) collected from the Kurobe Municipal Sewage Treatment Plant [J]. Medical Entomology / Zoology, 1999, 50: 85-104.

Sasa M, Okazawa T. Part 1. Studies on the chironomids of the Jyoganji River, Toyama (Diptera, Chironomidae). In: Some characteristics of Nature Conservation within the chief rivers in Toyama Prefecture (The upper reach of Jyonganji River, Hayatsuki River and Katakai River) [M]. Toyama: Research Report from Toyama Prefectural Environmental Pollution Research Centre, 1991.

Sasa M, Okazawa T. Studies on the chironomid midges (yusurika) of Kurobe River [M]. Toyama: Research Report from Toyama Prefectural Environmental Pollution Research Centre, 1992a.

Sasa M, Okazawa T. Studies on the chironomid midges (yusurika) of Toga Mura, Toyama. Part 2. The subfamily Orthocladiinae [M]. Toyama: Research Report from Toyama Prefectural Environmental Pollution Research Centre, 1992b.

Sasa M, Suzuki H. Studies on the Chironomidae (Diptera, Insecta) collected in Mongolia [J]. Japanese Journal of tropical Medicine, 1997, 25: 149-189.

Sasa M, Suzuki H. Studies on the chironomid midges collected in Hokkaido and northern Honshu [J]. Tropical Medicine, 1998, 40: 9-43.

Sasa M, Suzuki H. Studies on the chironomid midges collected on Yakushima Island, Southwestern Japan [J]. Tropical Medicine, 2000, 42: 53-134.

Sasa M, Yamamoto M. A checklist of Chironomidae recorded from Japan [J]. Japanese Journal of Sanitary Zoology, 1977, 28: 301-318.

Sasa M, Suzuki H, Sakai T. Studies on the chironomid midges collected on the shore of Shimanto River in

April, 1998. Part 2. Description of additional species belonging to Orthocladiinae, Diamesinae and Tanypodinae [J] . Tropical Medicine, 1998, 40: 99 - 147.

Sasa M, Kawai K, Ueno R. Studies on the chironomid midges of Oyabe River, Toyama, Japan. In: Some Characteristics of Nature Conservation within the Chief Rivers in Toyama Prefecture (The Upper Reach of Oyabe River) [M] . Toyama: Research Report from Toyama Prefectural Environmental Pollution Research Centre, 1988.

Sasa M, Suzuki H, Sakai T. Studies on the chironomid midges collected on the shore of Shimanto River in April, 1998. Part 2. Description of additional species belonging to Orthocladiinae, Diamesinae and Tanypodinae [J] . Tropical Medicine, 1998, 40: 99 - 147.

Sæther O A. Notes on the bottom fauna of two small lakes in northern Norway [J] . Norwegian journal of zoology, 1967, 14: 96 - 124.

Sæther O A. Chironomids of the Finse area, Norway, with special reference to their distribution in a glacier brook [J] . Archives of Hydrobiology, 1968, 64: 426 - 483.

Sæther O A. Some Nearctic podonominae, Diamesinae, and Orthocladiinae (Diptera: Chironomidae) [J] . Bulletin of the Fisheries Research Board of Canada. 1969, 170: 1 - 154.

Sæther O A. Nearctic and Palaearctic *Heterotrissocladius* (Diptera: Chironomidae) [J] . Bulletin of the Fisheries Research Board of Canada, 1975, 193: 1 - 67.

Sæther O A. Taxonomic studies on Chironomidae: *Nanocladius*, *Pseudochironomus*, and the *Harnischia* complex [J] . Bulletin of the Fisheries Research Board of Canada, 1977: 1 - 143.

Sæther O A. A glossary of chironomid morphology terminoloy (Diptera: Chironomidae) [J] . Entomologica scandinavica Supplement, 1980, 14: 1 - 51.

Sæther O A. Orthocladiinae (Diptera: Chironomidae) from the British West Indies, with descriptions of *Antillocladius* n. gen. , *Lipurometriocnemus* n. gen. , *Compterosmittia* n. gen. and *Diplosmittia* n. gen [J] . Entomologica scandinavica Supplement, 1981, 16: 1 - 46.

Sæther O A. Orthocladiinae (Diptera: Chironomidae) from S. E. USA, with descriptions of *Plhudsonia*, *Unniella*, *Platysmittia* n. genera and *Atelopodella* n. subgen [J] . Entomologica scandinavica, 1982, 13: 465 - 510.

Sæther O A. A review of Holarctic *Gymnometriocnemus* Goetghebuer, 1932, with the description of *Raphidocladius* subgen. n. and *Sublettiella* gen. n. (Diptera: Chironomidae) [J] . Aquatic Insects, 1983, 5: 209 - 226.

Sæther O A. The immatures of *Antillocladius* Sæther, 1981 (Diptera: Chironomidae) [J] . Aquatic Insects, 1984, 6: 1 - 6.

Sæther O A. *Heleniella parva* sp. n. (Diptera: Chironomidae) from South Carolina and Tennessee, U. S. A [J] . Entomologica scandinavica, 1985a, 15: 532 - 535.

Sæther O A. The imagines of *Mesosmittia* Brudin, 1956, with description of seven new species [J] . Spixiana Supplement, 1985b, 11: 37 - 54.

Sæther O A. *Limnophyes er* sp. n. (Diptera: Chironomidae) from Finland, with new Nearctic records of previously described species [J] . Entomologica scandinavica, 1985c, 15: 540 - 544.

Sæther O A. 1986. On the systematic positions of *Dolichoprymna*, *Amblycladius* and *Kloosia* (Diptera: Chironomidae) . Abstracts of First International Congress of Dipterology (ISBN 963 7251 626): 215.

Sæther O A. On the systematic positions of *Dolichoprymna*, *Amblycladius* and *Kloosia* (Diptera: Chironomidae) [C] . Budapest: Abstracts of the First International Congress of Dipterology, 1986.

Sæther O A. A review of the genus *Limnophyes* Eaton from the Holarctic and Afrotropical regions (Diptera: Chironomidae, Orthocladiinae) [J] . Entomologica Scandinavica Supplement, 1990, 35: 1 -135.

Sæther O A. A new orthocladius from vernal pools and streams in Ohio, USA (Diptera: Chironomidae) [J]. Netherlands Journal of Aquatic Ecology, 1993, 26: 191-196.

Sæther O A. Afrotropical records of the orthoclad genus *Mesosmittia* Brudin (Insecta, Diptera, Chironomidae) [J]. Spixiana, 1996, 19: 289-292.

Sæther O A. A Review of *Orthocladius* subgen. *Symposiocladius* Cranston (Diptera: Chironomidae) [J]. Aquatic Insects, 2003, 25 (4): 281-317.

Sæther O A. The chironomids described by Lundström (1918) from arctic Siberia (Diptera, Chironomidae) with a redescription of *Derotanypus sibiricus* (Kruglova & Chernovskii) [J]. Zootaxa, 2004 a, 595: 1-35.

Sæther O A. Three new species of *Orthocladius* subgenus *Eudactylocladius* (Diptera: Chironomidae) from Norway [J]. Zootaxa, 2004 b, 508: 1-12.

Sæther O A. A new subgenus and new species of Orthocladius van der Wulp, with a phylogenetic evaluation of the validity of the subgenera of the genus (Diptera: Chironomidae) [J]. Zootaxa, 2005, 974: 1-56.

Sæther O A. Japanese *Pseudosmittia* Edwards (Diptera: Chironomidae) [J]. Zootaxa, 2006, 1198: 21-51.

Sæther O A, Schnell O A. *Heterotrissocladius brundini* spec. nov. from Norway (Diptera, Chironomidae) [J]. Spixiana Supplement, 1988, 14: 57-64.

Sæther O A, Spies M. Fauna Europaea: Chironomidae [M]. Fauna Europaea version 1.1, 2004.

Sæther O A, Ashe P, Murray D E. 2000a. Family Chironomidae. In: Papp L and Darvas B. (eds): Contributions to a Manual of Palaearctic Diptera [M]. Budapest, 2000.

Sæther O A, Sublette J E, Willassen E. Chironomidae (Diptera) from the 2nd Fram Expedition (1898-1902) to Arctic North America described by J J Kieffer [J]. Entomologica scandinavica, 1984, 15: 249-275.

Säwedal L. The non-biting midges (Diptera; Chironomidae) of the Abisko area [J]. Fauna norrland, 1978: 1-174.

Schnell Ø A. Twentyeight Chironomidae (Diptera) new to Norway [J]. Fauna norv., Ser. B, 1988, 35: 1-4.

Sclater P L. On the general geographical distribution of the members of the class Aves. Zoological Journal of the Linnaean Society, 1858, 2: 130-145.

Serra-Tosio B, Surles. Orthocladiinae du genre *Heleniella* Gowin (Diptera, Chironomidae) [J]. Dt. ent. Z. N. F, 1967, 14: 153-162.

Singh S. Entomological survey of the Himalaya. 29. On a collection of nival Chironomidae (Diptera) from the north-west (Punjab) Himalaya [J]. Proceedings of the National Academy of Science of India, 1958, 28: 308-314.

Soponis A R. A revision of the Nearctic species of *Orthocladius* (*Orthocladius*) van der Wulp (Diptera: Chironomidae) [J]. Memoirs of the Entomological Society of Canada, 1977, 102: 1-187.

Soponis A R. Notes on *Orthocladius* (*Orthocladius*) *frigidus* (Zetterstedt) with a redescription of the species (Diptera: Chironomidae). In: Sæther, O. A. (ed.): A conspectus of contemporary studies in Chironomidae (Diptera). Contributions from the IXth International Symposium on Chironomidae, Bergen, Norway, 1985 [J]. Entomologica scandinavica Supplement, 1987, 29: 123-131.

Soponis A R. A revision of the Holarctic species of *Orthocladius* (*Euorthocladius*) (Diptera: Chironomidae) [J]. Spixiana Supplement, 1990, 13: 1-56.

Spärck R. Beiträge zur Kenntnis der Chironomidenmetamorphose Ⅰ-Ⅳ [J]. Ent. Meddr, 1922, 14:

32-109.

Spies M, Reiss F. Catalog and bibliography of Neotropical and Mexican Chironomidae (Insecta, Diptera) [J]. Spixiana Supplement, 1996, 22: 61-119.

Steiner J W. Descriptions of the Nearctic larvae of *Pseudosmittia gracilis*, *Mesocricotopus thienemanni* and *Heleniella* nr. *ornaticollis* (Diptera: Chironomidae: Orthocladiinae) [J]. Pan-pacific Entomologist, 1984, 60: 88-93.

Strenzke K. Systematik, Morphologie und Ökologie der terrestrischen Chironomiden [J]. Arch. Hydrobiol. Suppl., 1950, 18: 207-414.

Stur E, Wiedenbrug S. Two new orthoclad species (Diptera: Chironomidae) from Luxemburg [J]. Aquatic Insects, 2005, 27: 127-131.

Sublette J E. Type specimens of Chironomidae (Diptera) in the Canadian National Collections, Ottawa [J]. Journal of the Kansas Entomological Society, 1967, 40: 290-331.

Sublette J E. Type specimens of Chironomidae (Diptera) in the Cornell University Collection [J]. Journal of the Kansas Entomological Society, 1967, 40: 477-564.

Sublette J E. Type specimens of Chironomidae (Dipt.) in the Illinois Natural History Survey Collection, Urbana [J]. Journal of the Kansas Entomological Society, 1970, 43: 44-95.

Sublette J E, Sublette M S. Family Chironomidae. In: Delfinado, M. and Hardy, E. D. (eds.). Catalogue of the Diptera of the Oriental Region [M]. Honolulu: University of Hawaii, 1973.

Sublette J E, Wirth W W. The Chironomidae and Ceratopogonidae (Diptera) of New Zealand's subantarctic islands [J]. New Zealand Journal of Zoology, 1980, 7: 299-378.

Thienemann, A. Chironomiden-Metamorphosen. X. "*Orthocladius-Dactylocladius*" (Dipt.) [J]. Stettin. ent. Ztg. 1935, 96: 201-224.

Thienemann A. Alpine Chironomiden. (Ergebnisse von Untersuchungen in der Gegend von Garmisch-Partenkirchen, Oberbayern) [J]. Archiv für Hydrobiologie Supplement, 1936, 30: 167-262.

Thienemann A, Krüger F. Terrestrische Chironomiden Ⅱ [J]. Zoologischer Anzeiger, 1939, 127: 246-258.

Thienemann A. Lappländische Chironomiden und ihre Wohngewässer. (Ergebnisse von Untersuchungen im Abiskogebiet in Schwedisch-Lappland) [J]. Archiv für Hydrobiologie Supplement, 1941, 17: 1-253.

Thienemann A. Lunzer Chironomiden. Ergebnisse von Untersuchungen der stehenden Gewässer des Lunzer Seengebietes (Niederösterreich) [J]. Archiv für Hydrobiologie Supplement, 1950, 18: 1-202.

Thienemann A. Chironomus. Leben, Verbreitung und wirtschaftliche Bedeutung der Chironomiden [J]. Binnengewässer, 1954, 20: 1-834.

Thienemann A, Krüger F. "*Orthocladius*" *abiskoensis* Edwards und *rubicundus* (Mg.), zwei "Puppen-Species" der Chironomiden. (Chironomiden aus Lappland. Ⅱ.) [J]. Zoologische Anzeiger, 1937, 117: 257-267.

Tilley L J. Some larvae of Orthocladiinae, Chironomidae from Brooks Range, Alaska, with provisional key (Diptera) [J]. Pan-pacific entomologist, 1979, 55: 127-146.

Tokunaga M. Chironomidae from Japan (Diptera). XI. New or little-known midges, with special reference to the metamorphosis of torrential species [J]. Philippine Journal of Science, 1939, 69: 297-345.

Tokunaga M. Diptera, Chironomidae [J]. Insects of Micronesia, 1964, 5: 485-628.

Tuiskunen J. The Fennoscandian species of Parakiefferiella Thienemann (Diptera, Chironomidae, Orthocladiinae) [J]. Annales Zoologici Fennici, 1986, 23: 175-196.

Tuiskunen J, Lindeberg B. Chironomidae (Diptera) from Fennoscandia north of 68° N, with a description of ten new species and two new genera [J]. Annales Zoologici Fennici, 1986, 23: 361 - 393.

Turcotte P, Harper P P. Drift patterns in a high Andean stream [J]. Hydrobiologia, 1982, 89: 141 -151.

Walker F. Insecta britannica [J]. Diptera. 1856, 3: 1 - 352.

Wallace A R. The geographical distribution of animals, with a study of the relation of living and extinct faunas as elucidating the past changes of the earth' s surface. London: Macmillan and Co., 1876.

Wang X. A new species of *Limnophyes* Eaton from China (Diptera: Chironomidae) [J]. Acta Scientiarum Naturalium University Nankaiensis, 1997, 30 (4): 5 - 7.

Wang X, Sæther O A. *Limnophyes* Eaton from China, with description of five new species (Diptera: Chironomidae) [J]. Entomologica scandinavica, 1993, 24: 215 - 226.

Wang X, Zheng L. Two new species of *Mesosmittia* from China (Diptera: Chironomidae) (in Chinese with English summary) [J]. Acta Entomologica Sinica, 1990, 33: 486 - 489.

Wang X. A revised checklist of Chironomidae from China (Diptera). In: Hoffrichter, O. (Ed.), Late 20th Century Research on Chironomidae. An Anthology from the 13th International Symposium on Chironomidae [M]. Achen: Shaker Verlag, 2000.

Wulp F M. Dipterologische aanteekeningen [J]. Tijdschrift voor Entomologie, 1874, 17: 109 - 148.

Wülker W. Eine spanische *Halliella* (Dipt. Chironomidae) [J]. Archiv für Hydrobiologie Supplement, 1957, 24: 281 - 296.

Yamamoto K D. A comparison of salivary gland chromosomes of Chironomus larvae of acid - polluted strip - mine lakes [J]. M. S. Res. Rep., Sth. Ⅲ. Univ., Carbondale, 1977, 24 pp.

Yamamoto M. A catalog of Japanese Orthocladiinae (Diptera: Chironomidae) [J]. Acta Dipterologica, 2004, 21: 1 - 121.

Yamamoto M. Redescription of *Mesosmittia patrihortae* Sæther, 1985, from Japan (Diptera, Chironomidae) [J]. Japanese Journal of Systematic Entomology, 2008, 14: 13 - 16.

Zavrel J. Pohlavní dvojtvárnost larev a kukel pakomáru (Geschlechtsdimorphismus der Chironomidenlarven und - puppen) [J]. Spisy Přír. Fak. Masaryk. Univ., 1938, 257: 1 - 23.

Zetterstedt J W. Dipterologis Scandinaviae. Sect. 3 [J]. Diptera, 1838, 477 - 868.

附录A　东亚直突摇蚊亚科七属雄虫种类名录及分布

（★新种；▲中国新记录；●旧有记录；◎新组合；▽中国首次记录雄成虫）

1 圆叶毛突摇蚊 *Chaetocladius absolutus* Wang, Kong & Wang
2 阿穆尔毛突摇蚊 *Chaetocladius amurensis* Makarchenko & Makarchenko
3 秋毛突摇蚊 *Chaetocladius autumnalis* Makarchenko & Makarchenko
4 细尾毛突摇蚊 *Chaetocladius dentiforceps* (Edwards)
5 优美毛突摇蚊 *Chaetocladius elegans* Makarchenko & Makarchenko
6 群马毛突摇蚊 *Chaetocladius gunmatertia* (Sasa & Wakai)
7 白山毛突摇蚊 *Chaetocladius hakusanprimus* (Sasa & Okazawa)
8 霍姆格伦毛突摇蚊 *Chaetocladius holmgreni* (Jacobson, 1898)
9 弯铗毛突摇蚊 *Chaetocladius insularis* Makarchenko & Makarchenko
10 科托毛突摇蚊 *Chaetocladius ketoiensis* Makarchenko & Makarchenko
11 木毛突摇蚊 *Chaetocladius ligni* Cranston & Oliver
12 裸瓣毛突摇蚊 *Chaetocladius nudisquama* Makarchenko & Makarchenko
13 尾辻毛突摇蚊 *Chaetocladius otujiprimus* Sasa & Okazawa
14 小矢部毛突摇蚊 *Chaetocladius oyabevenustus* Sasa, Kawai & Ueno
15 裸尾毛突摇蚊 *Chaetocladius perennis* (Meigen)
16 伪木毛突摇蚊 *Chaetocladius pseudoligni* Makarchenko & Makarchenko
17 庄川毛突摇蚊 *Chaetocladius shouangulatus* Sasa
18 棍棒毛突摇蚊 *Chaetocladius tatyanae* Makarchenko & Makarchenko
19 特努毛突摇蚊 *Chaetocladius tenuistylus* Brundin
20 藏毛突摇蚊 *Chaetocladius tibetensis* Wang, Kong & Wang

分布地区/国家		1	2	3	4	5	6	7	8	9	10	11	12	13	14	15	16	17	18	19	20
中国	北京																				
	天津																				
	河北																				
	山西																				
	内蒙古				●																
	辽宁																				
	吉林																				
	青海																				
	江苏																				
	浙江														▲						
	安徽																				
	福建																				
	江西																				
	山东																				
	河南																				
	湖北																				
	湖南																				
	广东																				
	广西																				
	海南																				
	重庆																				
	四川																				
	贵州																				
	云南																				
	西藏	★																			★
	陕西																				
	甘肃																				
	宁夏																				
	新疆																				
	台湾																				
朝鲜																					
韩国																					
日本							●	●						●	●			●			
蒙古																					
俄远东			●	●	●	●			●	●	●	●	●			●	●		●	●	

21 东雅毛突摇蚊 *Chaetocladius togaconfusus* Sasa & Okazawa
22 百濑毛突摇蚊 *Chaetocladius toganomalis* Sasa & Okazawa
23 利贺毛突摇蚊 *Chaetocladius togatriangulatus* （Sasa & Okazawa）
24 三角毛突摇蚊 *Chaetocladius triquetrus* Wang，Kong & Wang
25 裸毛突摇蚊 *Chaetocladius unicus* Makarchenko & Makarchenko
26 多变毛突摇蚊 *Chaetocladius variabilis* Makarchenko & Makarchenko
27 短铗毛胸摇蚊 *Heleniella curtistila* Sæther
28 黑翅毛胸摇蚊 *Heleniella nebulosa* Andersen & Wang
29 雄猿毛胸摇蚊 *Heleniella osarumaculata* Sasa
30 尾辻毛胸摇蚊 *Heleniella otujimaculata* Sasa & Okazawa
31 常氏异三突摇蚊 *Heterotrissocladius changi* Sæther
32 禅寺异三突摇蚊 *Heterotrissocladius chuzedecimus* （Sasa）
33 弯叶异三突摇蚊 *Heterotrissocladius flectus* Kong & Wang
34 寡毛异三突摇蚊 *Heterotrissocladius grimshawi* （Edwards）
35 上高地异三突摇蚊 *Heterotrissocladius kamibeceus* Sasa & Hirabayashi
36 麦异三突摇蚊 *Heterotrissocladius maeaeri* Brundin
37 软异三突摇蚊 *Heterotrissocladius marcidus* （Walker）
38 四节异三突摇蚊 *Heterotrissocladius quartus* Kong & Wang
39 三角异三突摇蚊 *Heterotrissocladius reductus* Kong & Wang
40 小盾异三突摇蚊 *Heterotrissocladius scutellatus* （Goetghebuer）

分布地区/国家		21	22	23	24	25	26	27	28	29	30	31	32	33	34	35	36	37	38	39	40
中国	北京																				
	天津																				
	河北																				
	山西																				
	内蒙古																				
	辽宁				★																
	吉林																	●			
	青海																				
	江苏																				
	浙江								●					★							
	安徽																				
	福建								●											★	
	江西																				
	山东																				
	河南								●												
	湖北																				
	湖南																				
	广东																				
	广西																		★		
	海南																				
	重庆							●													
	四川							●										●			
	贵州								●					★							
	云南							●													
	西藏								●									●			
	陕西								●												
	甘肃							●													
	宁夏							●													▲
	新疆																				
	台湾																				
朝鲜																					
韩国																					
日本		●	●	●						●	●		●			●		●			
蒙古																		●			
俄远东						●	●			●		●			●		●	●			

41 苏异三突摇蚊 *Heterotrissocladius subpilosus* (Kieffer)
42 色带克莱斯密摇蚊 *Krenosmittia anaulata* Guo & Wang
43 矩形克莱斯密摇蚊 *Krenosmittia borealpina* (Goetghebuer)
44 哈沃森克莱斯密摇蚊 *Krenosmittia halvorseni* (Cranston & Sæther)
45 黑部克莱斯密摇蚊 *Krenosmittia kurobeminuta* (Sasa & Okazawa)
46 晶脊克莱斯密摇蚊 *Krenosmittia lophos* Guo & Wang
47 江川克莱斯密摇蚊 *Krenosmittia seiryuopeus* (Sasa, Suzuki & Sakai)
48 利贺克莱斯密摇蚊 *Krenosmittia togapirea* (Sasa & Okazawa)
49 富山克莱斯密摇蚊 *Krenosmittia toyamaquerea* (Sasa)
50 吴羽克莱斯密摇蚊 *Krenosmittia toyamateua* (Sasa)
51 截形克莱斯密摇蚊 *Krenosmittia truncatata* Guo & Wang
52 郑氏克莱斯密摇蚊 *Krenosmittia zhengi* Guo & Wang
53 智特克莱斯密摇蚊 *Krenosmittia zhiltzovae* Makarchenko & Makarchenko
54 长刺沼摇蚊 *Limnophyes aagaardi* Sæther
55 利尻沼摇蚊 *Limnophyes akanangularius* Sasa & Kamimura
56 屈斜沼摇蚊 *Limnophyes akannonus* Sasa & Kamimura
57 阿卡沼摇蚊 *Limnophyes akanundecimus* Sasa & Kamimura
58 安徒生沼摇蚊 *Limnophyes anderseni* Sæther
59 浅间沼摇蚊 *Limnophyes asamanonus* Sasa & Hirabayashi
60 尖尾沼摇蚊 *Limnophyes asquamatus* Andersen

分布地区/国家		41	42	43	44	45	46	47	48	49	50	51	52	53	54	55	56	57	58	59	60
中国	北京																				
	天津																				
	河北																				
	山西																				
	内蒙古																				
	辽宁																				
	吉林		●																		●
	青海																				
	江苏																				
	浙江																				
	安徽																				
	福建											●									●
	江西																				
	山东																				
	河南																				
	湖北																				
	湖南																				
	广东																				
	广西																				
	海南																				
	重庆																				
	四川		●																		●
	贵州																				
	云南		●																		
	西藏																				
	陕西																				
	甘肃																				
	宁夏		●				●						●								
	新疆																				●
	台湾																				
朝鲜																					
韩国																					
日本		●				●		●	●	●	●					●	●	●		●	
蒙古		●																			
俄远东		●		●	●					●				●	●		●		●		●

61 双毛沼摇蚊 *Limnophyes bicornis* sp. n.

62 圆钝沼摇蚊 *Limnophyes brachytomus* (Kieffer)

63 具瘤沼摇蚊 *Limnophyes bullus* Wang & Sæther

64 克氏沼摇蚊 *Limnophyes cranstoni* Sæther

65 低尾沼摇蚊 *Limnophyes difficilis* Brundin

66 爱德华沼摇蚊 *Limnophyes edwardsi* Sæther

67 爱托尼沼摇蚊 *Limnophyes eltoni* (Edwards)

68 吴羽沼摇蚊 *Limnophyes famigeheus* Sasa

69 富士沼摇蚊 *Limnophyes fujidecimus* Sasa

70 朝鲜沼摇蚊 *Limnophyes gelasinus* Sæther

71 无凹沼摇蚊 *Limnophyes gurgicola* (Edwards)

72 敏捷沼摇蚊 *Limnophyes habilis* (Walker)

73 长崎沼摇蚊 *Limnophyes ikikeleus* Sasa & Suzuki

74 黑部沼摇蚊 *Limnophyes jokaoctavus* Sasa & Ogata

75 上高地沼摇蚊 *Limnophyes kaminovus* Sasa & Hirabayashi

76 泸定沼摇蚊 *Limnophyes ludingensis* sp. n.

77 立山町沼摇蚊 *Limnophyes mikuriensis* Sasa

78 无突沼摇蚊 *Limnophyes minerus* Liu & Yan

79 微小沼摇蚊 *Limnophyes minimus* (Meigen)

80 纳塔沼摇蚊 *Limnophyes natalensis* (Kieffer)

分布地区/国家		61	62	63	64	65	66	67	68	69	70	71	72	73	74	75	76	77	78	79	80
中国	北京											●									
	天津																			●	
	河北																				
	山西																				
	内蒙古			●		●															
	辽宁											●									
	吉林																				
	青海																				
	江苏																				
	浙江																				
	安徽																				
	福建	★										●								●	
	江西																			●	
	山东												●								
	河南												●								
	湖北			●									●						●	●	
	湖南																			●	
	广东																				
	广西					●														●	
	海南																				
	重庆											●								●	
	四川			●		●						●	●				★		●	●	
	贵州																			●	
	云南												●							●	
	西藏																			●	
	陕西					●															
	甘肃		●																		
	宁夏		●	●		●						●								●	
	新疆																			●	
	台湾																			●	
朝鲜											●										
韩国																					
日本									●	●				●	●	●		●			
蒙古																				●	
俄远东					●		●	●													●

81 鄂霍沼摇蚊 *Limnophyes okhotensis* Makarchenko & Makarchenko
82 长棘沼摇蚊 *Limnophyes opimus* Wang & Sæther
83 圆脊沼摇蚊 *Limnophyes orbicristatus* Wang & Sæther
84 小矢部沼摇蚊 *Limnophyes oyabegrandilobus* Sasa, Kawai & Ueno
85 大美桥沼摇蚊 *Limnophyes oyabehiematus* Sasa, Kawai & Ueno
86 浅色沼摇蚊 *Limnophyes palleocestus* Wang & Sæther
87 五鬃沼摇蚊 *Limnophyes pentaplastus* (Kieffer)
88 宽圆沼摇蚊 *Limnophyes pseudopumilio* Makarchenko & Makarchenko
89 多毛沼摇蚊 *Limnophyes pumilio* (Holmgren)
90 塞利沼摇蚊 *Limnophyes schelli* Sæther
91 锥沼摇蚊 *Limnophyes strobilifer* Makarchenko & Makarchenko
92 细长沼摇蚊 *Limnophyes subtilus* Liu & Yan
93 奥多摩沼摇蚊 *Limnophyes tamakireides* Sasa
94 南浅川沼摇蚊 *Limnophyes tamakitanaides* Sasa
95 于坝沼摇蚊 *Limnophyes tamakiyoides* Sasa
96 隆铗沼摇蚊 *Limnophyes triangulus* Wang
97 对马沼摇蚊 *Limnophyes tusimofegeus* (Sasa & Suzuki)
98 双尾沼摇蚊 *Limnophyes verpus* Wang & Sæther
99 弗兰格尔沼摇蚊 *Limnophyes vrangelensis* Makarchenko & Makarchenko
100 大隅沼摇蚊 *Limnophyes yakyabeus* Sasa & Suzuki

分布地区/国家		81	82	83	84	85	86	87	88	89	90	91	92	93	94	95	96	97	98	99	100
中国	北京							▽													
	天津																		●		
	河北																				
	山西																				
	内蒙古																				
	辽宁							▽													
	吉林		●					▽													
	青海																				
	江苏																				
	浙江																				
	安徽																				
	福建							▽											●		
	江西																		●		
	山东						●														
	河南																				
	湖北																		●		
	湖南						●												●		
	广东			●																	
	广西						●												●		
	海南			●			●														
	重庆																		●		
	四川						●	▽					●						●		
	贵州																		●		
	云南						●												●		
	西藏			●															●		
	陕西							▽													
	甘肃						●										●				
	宁夏		●																●		
	新疆						●														
	台湾																				
朝鲜																					
韩国																					
日本					●	●		●						●	●	●		●			●
蒙古																					
俄远东		●						●	●	●	●	●							●	●	

101 屋久沼摇蚊 *Limnophyes yakycedeus* Sasa & Suzuki
102 鹿儿岛沼摇蚊 *Limnophyes yakydeeus* Sasa & Suzuki
103 尖铗肛脊摇蚊 *Mesosmittia acutistyla* Sæther
104 无棘肛脊摇蚊 *Mesosmittia apsensis* Kong & Wang
105 短肛脊摇蚊 *Mesosmittia brevae* Kong & Wang
106 纺锤肛脊摇蚊 *Mesosmittia gracila* Kong & Wang
107 侧毛肛脊摇蚊 *Mesosmittia patrihortae* Sæther
108 短赭直突摇蚊 *Orthocladius*（*Eudactylocladius*）*brevis* Kong，Sæther & Wang
109 缺叶直突摇蚊 *Orthocladius*（*Eudactylocladius*）*dubitatus* Johannsen
110 无突赭直突摇蚊 *Orthocladius*（*Eudactylocladius*）*fengen*sis Kong，Sæther & Wang
111 角叶直突摇蚊 *Orthocladius*（*Eudactylocladius*）*gelidorum*（Kieffer）
112 多毛直突摇蚊 *Orthocladius*（*Eudactylocladius*）*gelidus* Kieffer
113 尖秃直突摇蚊 *Orthocladius*（*Eudactylocladius*）*interctus* Kong，Sæther & Wang
114 突叶直突摇蚊 *Orthocladius*（*Eudactylocladius*）*musester* Sæther
115 奥利弗直突摇蚊 *Orthocladius*（*Eudactylocladius*）*olivaceus* Kieffer
116 尖角直突摇蚊 *Orthocladius*（*Eudactylocladius*）*priomixtus* Sæther
117 中村赭直突摇蚊 *Orthocladius*（*Eudactylocladius*）*seiryugeheus* Sasa，Suzuki & Sawai
118 苏伯来直突摇蚊 *Orthocladius*（*Eudactylocladius*）*sublettorum* Cranston
119 屋久杉赭直突摇蚊 *Orthocladius*（*Eudactylocladius*）*yakyefeus*（Sasa & Suzuki）
120 阿比斯库直突摇蚊 *Orthocladius*（*Eorthocladius*）*abiskoensis* Thienemann & Krüger

分布地区/国家		101	102	103	104	105	106	107	108	109	110	111	112	113	114	115	116	117	118	119	120
中国	北京																				
	天津							●													
	河北			▲		★		●													
	山西																				
	内蒙古																				
	辽宁																				
	吉林							●													
	青海																				
	江苏							●													
	浙江																				
	安徽																				
	福建																				
	江西																				
	山东							●													
	河南							●													
	湖北							●							▲						
	湖南																				
	广东																				
	广西							●													
	海南																				
	重庆							●													
	四川							●						★					▲		
	贵州							●													
	云南							●	★												
	西藏																				
	陕西				★			●			★										
	甘肃						★										▲				
	宁夏																				
	新疆																				
	台湾																				
朝鲜																					
韩国																					
日本		●	●															●		◎	
蒙古																●					●
俄远东										●		●	●			●					●

121 短尖真直突摇蚊 *Orthocladius*（*Euorthocladius*）*albidus* Kong & Wang
122 浅间真直突摇蚊 *Orthocladius*（*Euorthocladius*）*asamadentalis* Sasa & Hirabayashi
123 弯铗直突摇蚊 *Orthocladius*（*Euorthocladius*）*flectus* Kong & Wang
124 低叶直突摇蚊 *Orthocladius*（*Euorthocladius*）*insolitus* Makarchenko & Makarchenko
125 金氏直突摇蚊 *Orthocladius*（*Euorthocladius*）*kanii*（Tokunaga）
126 奥入濑直突摇蚊 *Orthocladius*（*Euorthocladius*）*oiratertius* Sasa
127 长脊直突摇蚊 *Orthocladius*（*Eorthocladius*）*rivicola* Kieffer
128 鼻状真直突摇蚊 *Orthocladius*（*Eorthocladius*）*rivulorum* Kieffer
129 萨克斯直突摇蚊 *Orthocladius*（*Eorthocladius*）*saxosus*（Tokunaga）
130 黑部真直突摇蚊 *Orthocladius*（*Euorthocladius*）*shoufukuquintus* Sasa
131 笑福真直突摇蚊 *Orthocladius*（*Euorthocladius*）*shoufukuseptimus* Sasa
132 伸展直突摇蚊 *Orthocladius*（*Euorthocladius*）*suspensus*（Tokunaga）
133 提尼曼直突摇蚊 *Orthocladius*（*Euorthocladius*）*thienemanni* Kieffer
134 藏直突摇蚊 *Orthocladius*（*Euorthocladius*）*tibetensis* Kong，Sæther & Wang
135 利贺真直突摇蚊 *Orthocladius*（*Euorthocladius*）*togaflextus* Sasa & Okazawa
136 富山真直突摇蚊 *Orthocladius*（*Euorthocladius*）*togahamatus*（Sasa & Okazawa）
137 高叶直突摇蚊 *Orthocladius*（*Mesorthocladius*）*frigidus*（Zetterstedt）
138 克里氏直突摇蚊 *Orthocladius*（*Mesorthocladius*）*klishkoae* Makarchenko & Makarchenko
139 板直突摇蚊 *Orthocladius*（*Mesorthocladius*）*lamellatus* Sæther
140 鲁塞尔直突摇蚊 *Orthocladius*（*Mesorthocladius*）*roussellae* Soponis

分布地区/国家		121	122	123	124	125	126	127	128	129	130	131	132	133	134	135	136	137	138	139	140
中国	北京																				
	天津																				
	河北																	●			
	山西																				
	内蒙古																				
	辽宁					●															
	吉林																				
	青海																				
	江苏																				
	浙江																				
	安徽																				
	福建																				
	江西																				
	山东																				
	河南																				
	湖北													●							
	湖南																				
	广东																				
	广西																				
	海南																				
	重庆																				
	四川	★												●				●			
	贵州												●								
	云南																				
	西藏														★						
	陕西			★																	
	甘肃																	●			
	宁夏													●							
	新疆																				
	台湾																				
朝鲜																					
韩国													●								
日本			●			●	●			●	●	●	●			●	●	●			
蒙古																		●			
俄远东					●	●		●	●	●								●	●	●	●

141 钝叶直突摇蚊 *Orthocladius* (*Mesorthocladius*) *tornatilis* Kong & Wang
142 长钝直突摇蚊 *Orthocladius* (*Mesorthocladius*) *vaillanti* Langton & Cranston
143 胖脊直突摇蚊 *Orthocladius* (*Orthocladius*) *absolutus* Kong, Sæther & Wang
144 尖细直突摇蚊 *Orthocladius* (*Orthocladius*) *appersoni* Soponis
145 琵琶直突摇蚊 *Orthocladius* (*Orthocladius*) *biwainfirmus* Sasa & Nishino
146 枥木直突摇蚊 *Orthocladius* (*Orthocladius*) *chuzesextus* Sasa
147 双刺直突摇蚊 *Orthocladius* (*Orthocladius*) *cognatus* Makarchenko & Makarchenko
148 圆盾直突摇蚊 *Orthocladius* (*Orthocladius*) *defensus* Makarchenko & Makarchenko
149 细长直突摇蚊 *Orthocladius* (*Orthocladius*) *dorenus* (Roback)
150 窄刺直突摇蚊 *Orthocladius* (*Orthocladius*) *excavatus* Brundin
151 光铗直突摇蚊 *Orthocladius* (*Orthocladius*) *glabripennis* (Goetghebuer)
152 哈直突摇蚊 *Orthocladius* (*Orthocladius*) *hazenensis* Soponis
153 方铗直突摇蚊 *Orthocladius* (*Orthocladius*) *linevitshae* Makarchenko & Makarchenko
154 马卡直突摇蚊 *Orthocladius* (*Orthocladius*) *makabensis* Sasa
155 三角直突摇蚊 *Orthocladius* (*Orthocladius*) *manitobensis* Sæther
156 隆脊直突摇蚊 *Orthocladius* (*Orthocladius*) *nitidoscutellatus* Lundström
157 六刺直突摇蚊 *Orthocladius* (*Orthocladius*) *oblidens* (Walker)
158 比德直突摇蚊 *Orthocladius* (*Orthocladius*) *pedestris* (Kieffer)
159 短尖直突摇蚊 *Orthocladius* (*Orthocladius*) *rhyacobius* Kieffer
160 无脊直突摇蚊 *Orthocladius* (*Orthocladius*) *rubicundus* (Meigen)

分布地区/国家		141	142	143	144	145	146	147	148	149	150	151	152	153	154	155	156	157	158	159	160
中国	北京																				
	天津																				
	河北			★																	
	山西																				
	内蒙古																			▲	
	辽宁														●						
	吉林	★													●						
	青海																				
	江苏																				
	浙江									▲						▲					
	安徽																				
	福建																				
	江西																				
	山东																				
	河南										▲										
	湖北																				
	湖南																				
	广东																				
	广西																				
	海南																				
	重庆																				
	四川		▲							▲							▲				
	贵州										▲	●									
	云南									▲											
	西藏																				
	陕西																				
	甘肃														●						
	宁夏																				
	新疆																				
	台湾																				
朝鲜																					
韩国																					
日本						●	●					●			●						
蒙古																					
俄远东					●			●	●	●			●	●				●	●		●

161 萨哈林直突摇蚊 *Orthocladius* (*Orthocladius*) *sakhalinensis* Makarchenko & Makarchenko
162 指直突摇蚊 *Orthocladius* (*Orthocladius*) *setosus* Makarchenko & Makarchenko
163 半圆直突摇蚊 *Orthocladius* (*Orthocladius*) *tamanitidus* Sasa
164 乌兰巴托直突摇蚊 *Orthocladius* (*Orthocladius*) *ulaanbaatus* Sasa & Suzuki
165 伊豆直突摇蚊 *Orthocladius* (*Orthocladius*) *yugashimaensis* Sasa
166 寄莼直突摇蚊 *Orthocladius* (*Pogonocladius*) *consobrinus* (Holmgren)
167 福田直突摇蚊 *Orthocladius* (*Symposiocladius*) *futianensis* Kong & Wang
168 直茎直突摇蚊 *Orthocladius* (*Symposiocladius*) *holsatus* Goetghebuer
169 木直突摇蚊 *Orthocladius* (*Symposiocladius*) *lignicola* Kieffer
170 塞利直突摇蚊 *Orthocladius* (*Symposiocladius*) *schnelli* Sæther

分布地区/国家		161	162	163	164	165	166	167	168	169	170
中国	北京										
	天津										
	河北										
	山西										
	内蒙古										
	辽宁										
	吉林										
	青海						▲				
	江苏										
	浙江									▲	
	安徽										
	福建								▲		▲
	江西										
	山东										
	河南										
	湖北										
	湖南										
	广东										
	广西										
	海南										
	重庆										
	四川										
	贵州										
	云南							★			
	西藏										
	陕西										
	甘肃										
	宁夏										
	新疆										
	台湾										
朝鲜											
韩国											
日本				●		●					
蒙古					●		●		●		
俄远东		●	●			●				●	●

附录B 中国直突摇蚊亚科七属错误鉴定及修订后种名对照

错误鉴定种类	修订后的种类
Heleniella osarumaculata Sasa 浙江标本（Wang 2000：636）	*Heleniella nebulosa* Andersen & Wang 黑翅毛胸摇蚊
Limnophyes fuscipygmus Tokunaga 台湾标本（Wang 2000：636）	*Limnophyes minimus*（Meigen） 微小沼摇蚊
Orthocladius（*Orthocladius*）*obumbratus* Johansen 河南标本（Wang 2000：637）	*Orthocladius*（*Orthocladius*）*excavatus* Brundin 窄刺直突摇蚊
Orthocladius（*Orthocladius*）*saxicola* Kieffer 宁夏标本（Wang 2000：637）	*Cricotopus annulatus* Goetghebuer 轮环足摇蚊
Orthocladius（*Orthocladius*）*yugashimaensis* Sasa 辽宁标本（Wang 2000：637）	*Orthocladius*（*Orthocladius*）*excavatus* Brundin 窄刺直突摇蚊

附录C 日本直突摇蚊亚科七属错误鉴定及修订后种名对照

错误鉴定种类	修订后的种类
Krenosmittia yakylemea (Sasa & Suzuki) Yamamoto 2004: 45	*Krenosmittia kurobenminuta* (Sasa & Okazawa) 黑部克莱斯密摇蚊
Limnophyes kibunefuscus Sasa Yamamoto 2004: 45	*Limnophyes pentaplastus* (Kieffer) 五鬃沼摇蚊
Limnophyes kibunepilosus Sasa Yamamoto 2004: 45	*Limnophyes pentaplastus* (Kieffer) 五鬃沼摇蚊
Limnophyes oiraquartus Sasa Yamamoto 2004: 48	*Limnophyes pentaplastus* (Kieffer) 五鬃沼摇蚊
Limnophyes yakyefeus Sasa & Suzuki Yamamoto 2004: 50	*Orthocladius* (*Eudactylocladius*) *yakyefeus* (Sasa & Suzuki) 屋久杉赭直突摇蚊
Orthocladius (*Eudactylocladius*) *biwaniger* Sasa & Nishino; Yamamoto 2004: 57	*Orthocladius* (*Orthocladius*) *biwainfirmus* Sasa & Nishino 琵琶直突摇蚊
Orthocladius (*Euorthocladius*) *oirasecundus* Sasa; Yamamoto 2004: 58	*Orthocladius* (*Mesorthocladius*) *frigidus* (Zetterstedt) 高叶直突摇蚊
Orthocladius (*Euorthocladius*) *shoufukusextus* Sasa; Yamamoto 2004: 59	*Orthocladius* (*Euorthocladius*) *shoufukuquintus* Sasa; 黑部真直突摇蚊
Orthocladius (*Euorthocladius*) *tusimoopeus* Sasa & Suzuki; Yamamoto 2004: 59	*Orthocladius* (*Euorthocladius*) *thienemanni* Kieffer 提尼曼直突摇蚊
Orthocladius (*Orthocladius*) *chuzeseptimus* Sasa Yamamoto 2004: 59	*Orthocladius* (*Orthocladius*) *glabripennis* (Goetghebuer) 光铗直突摇蚊
Orthocladius (*Orthocladius*) *filamentosus* (Tokunaga); Yamamoto 2004: 60	*Orthocladius* (*Mesorthocladius*) *frigidus* (Zetterstedt) 高叶直突摇蚊
Orthocladius (*Orthocladius*) *kamihiroi* Sasa & Hirabayashi; Yamamoto 2004: 61	*Orthocladius* (*Orthocladius*) *chuzesextus* Sasa 枥木直突摇蚊
Orthocladius (*Orthocladius*) *kamisemai* Sasa & Hirabayashi; Yamamoto 2004: 61	*Orthocladius* (*Orthocladius*) *excavatus* Brundin 窄刺直突摇蚊
Orthocladius (*Orthocladius*) *seiryugeheus* Sasa & Suzuki; Yamamoto 2004: 61	*Orthocladius* (*Eudactylocladius*) *seiryugeheus* Sasa, Suzuki & Sawai 中村赭直突摇蚊
Orthocladius (*Orthocladius*) *tamaputridus* Sasa Yamamoto 2004: 61	*Orthocladius* (*Orthocladius*) *yugashimaensis* Sasa 伊豆直突摇蚊
Orthocladius (*Orthocladius*) *tamarutilus* Sasa Yamamoto 2004: 61	*Orthocladius* (*Orthocladius*) *tamanitidus* Sasa 半圆直突摇蚊
Orthocladius (*Orthocladius*) *toyamakeleus* Sasa Yamamoto 2004: 61	*Psectrocladius toyamakeleus* (Sasa) 富山刀突摇蚊